数字孪生数据创建平台
——MicroStation 基础应用

Bentley 软件（北京）有限公司　组编
赵顺耐　编著

机械工业出版社
CHINA MACHINE PRESS

本书介绍了数字孪生的概念和流程，帮助读者了解当前数字化的环境和趋势，并快速建立 MicroStation 直觉式绘图环境。本书分为 13 章，从数字孪生基础概念讲到数字孪生生态环境，然后进一步讲述如何使用 MircoStation。内容包括使用方法、工作环境、空间定位、对象创建与修改、视图、三维操作、引用、单元对象、图纸输出、注释对象、打印输出。

本书不仅适合作为广大学习、使用 MicroStation 软件人员的参考书，而且也可作为建筑行业的专业人员、研究人员、软件开发工程师、BIM 爱好者及高校师生的常备参考书。

图书在版编目（CIP）数据

数字孪生数据创建平台：MicroStation 基础应用/Bentley 软件(北京)有限公司组编；赵顺耐编著.—北京：机械工业出版社，2020.12（2024.8 重印）

ISBN 978-7-111-66975-3

Ⅰ.①数…　Ⅱ.①B…②赵…　Ⅲ.①建筑设计-计算机辅助设计-应用软件-教材　Ⅳ.①TU201.4

中国版本图书馆 CIP 数据核字（2020）第 233503 号

机械工业出版社（北京市百万庄大街 22 号　邮政编码 100037）
策划编辑：刘志刚　责任编辑：刘志刚　张大勇
责任校对：刘时光　封面设计：张　静
责任印制：张　博
中煤（北京）印务有限公司印刷
2024 年 8 月第 1 版第 3 次印刷
184mm×260mm · 17.75 印张 · 472 千字
标准书号：ISBN 978-7-111-66975-3
定价：95.00 元

电话服务	网络服务
客服电话：010-88361066	机　工　官　网：www.cmpbook.com
010-88379833	机　工　官　博：weibo.com/cmp1952
010-68326294	金　书　网：www.golden-book.com
封底无防伪标均为盗版	机工教育服务网：www.cmpedu.com

《Bentley软件应用系列教程》

丛书编委会

主　编

李　翔

编委会成员

宫雪辉　符永安　洪仁植

力培文　余良飞　陈　晨

张　茜　齐雅轩　王玥星

学习MicroStation十二年
它在持续地成长
对它也不断有新的认识
从简单到复杂，再从复杂到简单

个体很简单
群体有些复杂
将复杂变得简单
世界也会变得不同
MicroStation也是一样

没有复杂的功能
只有需要思考的原则和流程
简单的模型创建
放到数字孪生环境下
MicroStation的意义也变得不同

希望我说得足够简单
让你理解它的初衷
建议先阅读前言
这样你就可以更好地开始

希望你有所得
收获自己的东西

本 书 序

每次在和用户及合作伙伴交流时，一个经常困扰高层领导们的问题是：掌握 MicroStation 操作的专业技术人才相对需求而言还远不足够，进一步分析，原因之一归结为市售书籍数量的缺乏，尤其是系统性讲述应用方法的中文书籍的缺乏。因此，得知赵老师此书的创作计划时，很是兴奋，因为又将有一批工程师和在校学生在未来的数年内，借助于本书的指导，成长为 MicroStation 高手，并将其所学应用到中国基础设施建设的数字化大业之中。

2020 年一场改变全世界的疫情，让各行业的数字化进程都大大加速，不同企业疫情前在数字化中的投入和战略选择，最终表现为各自在此次冲击中“回复力”的大相径庭。正所谓：“潮水退去让人看清谁在裸泳”。当前，在我国大力推动数字经济和“新基建”的背景下，工程建设行业数字化转型需求尤其强烈。对企业来说，数字化转型成功开展的关键，是具备创新思维能力的数字化专业人才。只有当这些人才开始基于企业自身情况深入思考传统业务和数字化碰撞带来的结构性机会，企业才有机会在员工赋能、业务运营、产品服务转型等关键领域逐步创造数字化新价值。

MicroStation，可以简化理解为是所有 Bentley Open 系列专业 BIM 应用软件的底层平台，而 MicroStation CE 版本的发布有着其特殊的时代背景：一个传统桌面软件全面拥抱互联网新技术、新理念、新商业模式的变革时代。表现在 MicroStation 上，具体有如下几点：

首先，MicroStation CE 版本再造了软件的交付方式，通过在线安装和在线升级，软件新版本发布的周期也从以年为单位缩短为以月为单位，这符合软件行业趋势的“敏捷”和“持续交付”理念，传统软件也在向大家习以为常的互联网 App 的交付模式进行转变。

其次，桌面软件增加了用户概念，它的作用有三大方面，首先，通过识别每个用户的使用模式，向其推荐更个性化的功能学习内容、线上活动等；第二，统一的用户授权，可以让桌面端和云服务实现无缝对接，用户可以丝滑无感地从桌面端应用中获取云服务带来的便捷；最后，以用户名为主的鉴权方式也更好的帮助企业管理授权，进而使企业应用软件的成本变得更加可预测。

当然，以上仅仅是 MicroStation CE 版本几个时代性赋予的变化，在软件功能和效能上，CE 版本的革新还有很多，在本书中也有着详细介绍。与此同时，因为践行“敏捷”和“持续交付”，所以在您阅读本书时，很可能又有一大波新功能又集成进了 MicroStation CE 最新版本之中。

本书的作者赵顺耐先生，被同事和用户们亲切地称呼为“赵大师”，是 Bentley 中国的元老级技术专家，也是与我共事多年的老战友，顺耐对 MicroStation 有着深厚的感情和深刻的理解。在此之前，顺耐编著过多本深受读者好评的技术类书籍，他在公众号上发表的文章也受到行业同仁的高度认可和关注。这本书相比以往，在软件本身的工作流程这条主线外，还额外增加了数据逻辑这层脉络，并深入浅出地阐述了 MicroStation 与云服务、数字孪生这一系列前沿性行业技术趋势的关系，而这些都正是企业数字转型人才所需要具备的核心知识领域。

衷心希望有更多的专业人士借助本书，助力中国基础设施建设企业迎接数字化转型的挑战和机遇。

Bentley 软件全球副总裁　李翔

推荐寄语

赵耐顺，一位敬业的软件应用工程师，一位被广大用户尊敬的讲师，一位多产的数字化专业著作作者，一位本人在这个领域里10多年的好朋友，赵老师在Bentley工作多年，具有扎实的理论基础和丰富的项目实施经验，之前出版过《AECOsim Building Designer使用指南·设计篇》《AECOsim Building Designer协同设计管理指南》《Bentley BIM解决方案应用流程》3本专著，均为Bentley的广大用户们所喜爱，这次又把他十几年的数字化实施经验和感悟总结在本书中。

个人觉得这本书不错，相信会给广大MicroStation的用户们许多有益的帮助和启发，愿意推荐给大家！

——陈健　中国电建集团华东勘测设计研究院有限公司数字公司技术总监

数字化大潮席卷全球，数字孪生方兴未艾，掌握数字孪生技术将令你的职业生涯领先一步。与作者赵顺耐老师相识多年，他是我见过非常好的Bentley技术专家，具有丰富的技术应用和培训经验，特别是基础设施行业的数字化实施经验。本书基于Bentley MicroStation CONNECT Edition软件，是BIM或数字孪生虚拟数字世界创建从入门到精通的全方位学习宝典。为有志于BIM或数字孪生虚拟数字世界建设的专业人员提供了从入门到精通的全方位学习指南。

——耿振云　中水北方勘测设计研究有限责任公司副总工程师

智慧水利事业部执行总经理

作为Bentley十几年的老用户，对Bentley有很深的感情。随着数字孪生的提出，很高兴看到Bentley在技术层面也有了更深入的发展与思考。赵大师这本书深入浅出地讲解Bentley最基本的技术操作以及iTwin背后强大的数据管理与应用，让我们看到数字孪生不再是一个口号，不愧是Bentley的技术大牛，强烈推荐！

——滕彦　上海勘测设计研究院有限公司智慧工程研究院副院长

与本书作者相识已10余载，从最初的MicroStation XM版到V8i版再到现在的CONNECT版，想当初连英文的学习资料都难找，只能各自瞎摸，万般艰辛；最后本书作者把软件几百页的全英文说明文件硬啃了下来，才有了最初的软件中文使用说明。

通过这么多年软件的发展，技术的日新月异，以及使用中累积的经验和技巧，作者在本书中，完整阐述了当前数字孪生的概念，以及如何采用MicroStation CONNECT Edition建立和应用数字孪生模型的全过程流程和具体操作，以及更深层次的软件环境、界面设置等。

该书沉浸了作者10多年的技术、经验和技巧，强烈推荐该书作为各位学习MicroStation的新手以及老手的宝典，快加入到数字孪生的时代大潮中来吧！

——杨益　广东省水利电力勘测设计研究院有限公司 数字中心主任

27年的工作经历告诉我，本系列软件是学习成本低，使用效率高，痛苦感少，成就感高的软件，用久了会影响你的设计思维，像设计大师或者其公司主创人员一样去思考，从此摆脱初级思维迈向成功之路，如Bentley一贯的口号——“直观，易用”。现在就让我们学习这本书，换来数个星期后全新的自己吧！

——邢豫元　资深建筑师，MicroStation“骨灰级”用户

前　言

基础设施行业数字化进程，已经从图纸驱动、模型驱动进入到了现在的数据驱动时代。数字孪生“Digital Twin”是基于数据驱动的技术体系，通过数据描述将“物理对象”及与其相对应的“虚拟对象”进行双向的数据同步，成为智慧基础设施的基础。通过数字孪生帮助人们做决策、优化运行、提高性能，这就是“iBIM”（智慧 BIM）时代、也是数字孪生“Digital Twin”时代的特征和优势。

本书的主角是“MicroStation CONNECT Edition”（简称 MSCE），那为何要先说数字孪生呢？

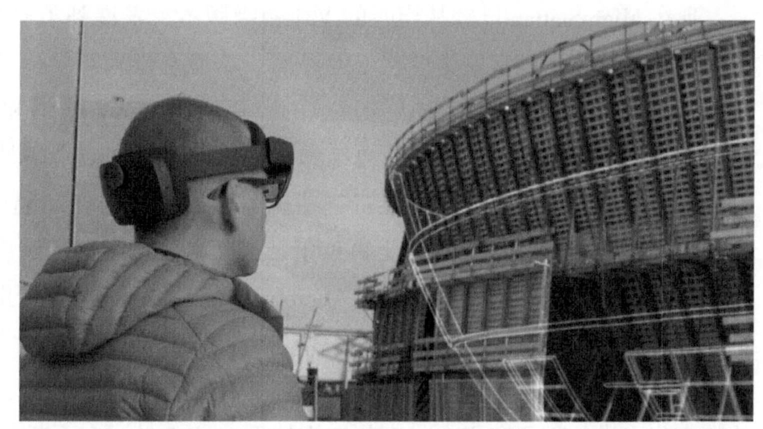

数据驱动，数字孪生

因为，无论是基础设施数字化，还是做任何事情，我们必须从弄清楚“目的和问题”开始，然后设计技术路线“Roadmap”和工作流程“Workflow”，最后才是选择合适的工具“Tools”。对于基础设施行业来讲，我们要经历不同的阶段、设置不同的角色，然后使用不同的工具建立、更新、维护相应的数据内容。我们需要连接其他的角色、项目以及相关参与方，实现最终且智能的基础设施，就像我们正在做的智能城市“Smart Cities”一样。

所以，要实现智能的基础设施，就需要相互连接的数字孪生模型，这也对应本书封面上的那句话“CONNECTED Digital Twin Advancing Going Digital in Infrastructural——互联数字孪生模型推动基础设施数字化”。

数字孪生需要数字表达、数据同步和数据应用。数据时时刻刻在产生、更新和被使用。在具体实施上，需要在一个互联的数字孪生体系下，对工程数据，特别是信息模型进行维护，这就是 MSCE 的职责所在，也是它的优势所在。它作为一个“数据入口”不仅仅创建数据，还通过兼容数据的方式，来为数字孪生模型提供准确的数据。

在数据创建上，Bentley 建立了以 MicroStation 为基础的“Open 数据创建体系”（相关软件系统），例如：OpenBuilding Designer、OpenPlant Designer、OpenRoads Designer 等。但作为整个 Bentley 数字孪生方案（iTwin），这还远远不够。

Bentley 在过去的 36 年时间里，一直通过平台创新来推动基础设施行业数字化的进程，并基于开源的系统来推动整个行业。

我在 Bentley 已经工作了 12 年，从学习一个工具软件，实施一个项目，到现在思考如何帮助企业甚至某个行业推进数字化，产生预期的结果并进行良性迭代。我深知事情并不会像我们想象的那么容易，但基于全局的考量，基于流程的相互协作，基于目的的热情推动，任何努力都会在现在和不远的将来得到回报。

对于 MicroStation 的学习，也是如此。多想“为什么（Why）”比“如何做（How）”更重要，前者弄清楚了，再去思考后者时，就会有目的性，也会对用“组合”工具来解决问题得心应手。

大概是 10 年前，那时我刚刚加入 Bentley 公司，在一个用户那里培训 MicroStation 时，录制了 100 段视频，很多用户用它们来学习 MicroStation。现在看来，那套视频还是有些“工具化”，没有区分基础内容和高级内容，而且也没有配套的书籍。

现在 MicroStation 已经从当时的 V8i 初级版本，发展到了 CONNECT Edition Update13。虽然一些核心的技术没有发生变化，但界面、功能、流程都发生了很多的更新。本书是结合我自己过去 12 年对技术浅显的认知形成的，相信如果结合本书和 MicroStation 的帮助文件，不断地进行练习、尝试，并思考、总结和梳理，你会感觉一些培训视频也就不那么必要了。

在组织本书内容时，我往往将一些有关联的内容放在一起，例如讲到网格“Mesh”时，我会回顾“面”的内容，这样更聚焦于某类工程应用问题的解决。本书也没有严格按照功能分类。毕竟这是一本助你快速学习 MicroStation 的书，而不是帮助文件。在顺序上，也考虑了“先易后难”的顺序，后面的内容很多是以前面的内容为基础，同时，先讲应用，后说原理。

不知不觉在前言中说了这么多，希望能让你有兴趣继续阅读本书。当然，对于基础设施的数字化来讲，需要我们有丰富的知识体系，这也是一个不断积累的过程。

本书在编写过程中，几经斟酌和修改，但由于时间仓促，书中难免有不足之处，恳请广大读者批评指正。

本书适用于“自我学习、高效教学、项目培训”等工程数字化应用场景，您可以根据需要选取相关内容。关注封底公众号获取更多资讯内容。

Bentley Digital：教学试用分享

Bentley官方微信: 最新动态新闻

赵顺耐

目　录

简 短 说 明

为了让读者能更好地使用本书，特做如下说明：

（1）MicroStation 有不同版本，对某些术语的解释会有更新，为了更加准确地描述内容，本书直接采用 MicroStation CONNECT Edition 英文版作为本书介绍的软件版本。在一些关键内容上，本书会采用中英文同时描述的方式，例如“动态视图 Dynamic View”，有时也会用到一些简写，例如在某些场合会用“DV”代替“Dynamic View”。

（2）MicroStation CONNECT Edition 会不断地进行版本更新，有些功能和流程也会有更新和变化，本书以 Update 13 版本作为描述的内容依据。

（3）本书的一些图片来源于 MicroStation CONNECT Edition 的“Help”文件。

（4）由于 MicroStation CONNECT Edition 这个名称有点长，在大多数场合，本书会用“MicroStation”来代替，用“MSCE”代表特定的版本。

（5）在一些操作里，本书用“Optional”代表这一步是否需要取决于你的具体需求。

另外，由于本书编著者经验有限，对某些内容的理解会有失偏颇和错误，对某些措辞和描述也有失准确，还请海涵指正，谢谢！

第一篇

互联数字孪生

在前言中，我们简单介绍了数字孪生Digital Twin和CONNECTED的概念，在本篇，我们会对它们做一些深入的描述，虽然，这些内容不直接与本书中MicroStation的功能介绍有太多的影响。但数字孪生是整个基础设施行业的大背景和趋势。明白了数字孪生的体系架构和技术路线，可以帮助我们更好、更深入地理解一些细节内容，这样才能更好地与项目中的不同角色协作。

数字孪生是系统、项目、资产的数字表达与信息的双向同步，所以，它是我们为何要使用MicroStation相关软件创建、更新数据信息的目的所在，是数据的应用场合。所以，明白了目的也就可以清晰地规划流程，而不仅仅是简单使用工具。数字孪生工作关系如图0-0-1所示。

图0-0-1　数字孪生工作关系

第1章 数字孪生驱动智慧时代

1.1 数据驱动的 iBIM 时代

数字孪生 Digital Twin 是通过数字化的方式，建立、维护一个虚拟的数字镜像，与物理对象进行数据同步。然后利用这个数字孪生模型来帮助我们决策、优化性能，提升服务品质和抗风险的能力。

对于整个基础设施 Infrastructure（图 1-1-1）来讲，有不同的资产 Asset，资产之间也是连接的。例如数字化的道路、铁路、桥梁、隧道将数字化的城市连接起来，数字化的道路又是在数字化的地理环境 GIS 和数字化的地质环境中建立的。

图 1-1-1　基础设施所包含的内容

智能化的基础设施也需要和其他的系统连接才能够提供数字化的服务。例如，汽车自动驾驶系统（图 1-1-2），需要基于数字化的道路系统，包括道路系统、信号系统、天气系统等。通过传感器实时探测周边的环境数据，然后做出驾驶的决策。

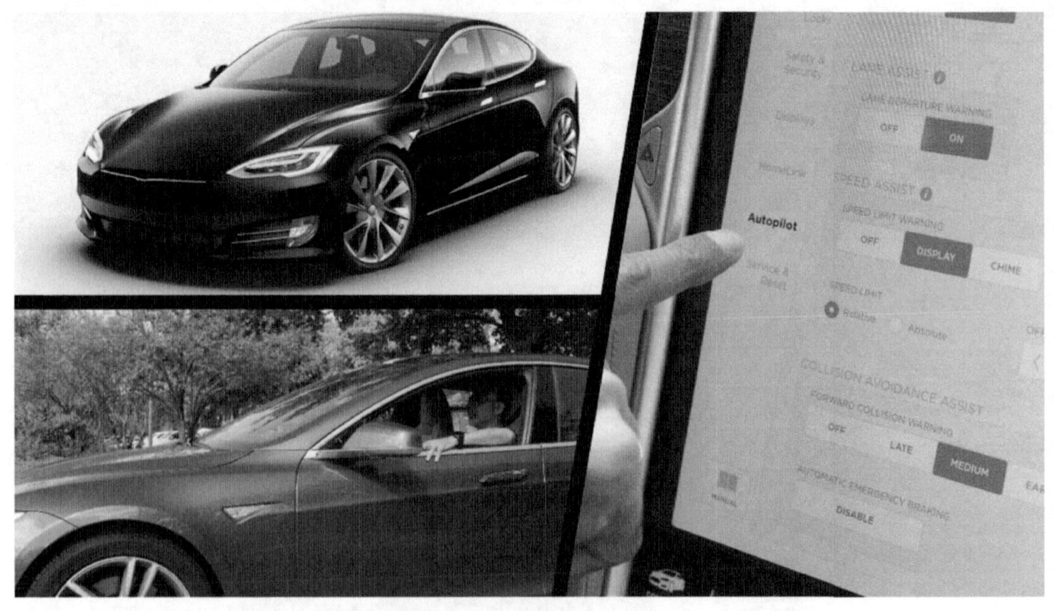

图 1-1-2　基于数字化交通系统的自动驾驶

同样，对于整个城市来讲，管理者需要基于为公众提供服务的需求，决策是否新建、改建基础设施，然后寻找设计方、施工方、监理方等不同的供应商，通过数字化移交的方式，在项目流程中，数据信息被创建和传递，在这个过程中，不同的参与方、不同的阶段，也需要被连接。

对于数字孪生 Digital Twin 来讲，加上 CONNECTED 再合适不过。所以，在筹划本书的过程中，创造了一个“组合词”——CONNECTED Digital Twin——来让你更加清楚了理解一些概念。

1991 年，数字孪生“Digital Twins”第一次在大卫·格林特（David Gelernter）的书《镜像世界》（Mirror Worlds）（图 1-1-3）中被提及。2002 年，迈克尔·格里夫斯（Michael Grieves）第一次将此概念应用到制造行业，并用于推动产品的全生命周期管理（PLM）。

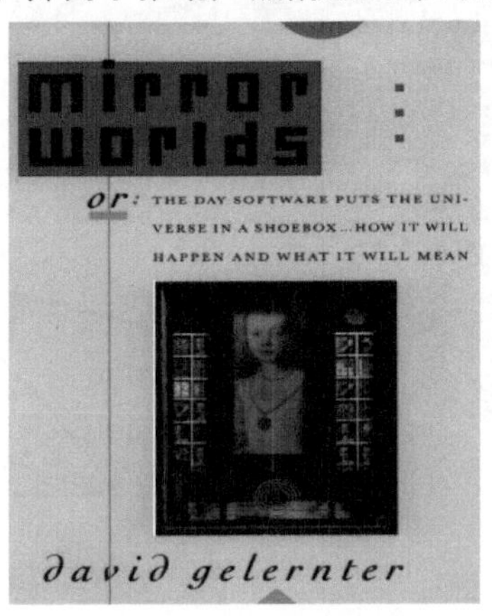

图 1-1-3 《镜像世界》（Mirror Worlds）

数字孪生作为物理世界的一种镜像，关注在信息的表达、更新与信息的利用。这种理念会被应用到各个行业。当然也包括基础设施行业。

作为基础设施行业的从业者，特别是关注在数字化的人员，一定见过图 1-1-4。在基础设施行业中，无论是最早的 CAD，还是已经被广泛应用的 BIM 技术，以及现在所说的数字孪生 Digital Twin 都是数字化的过程。

基于技术的发展，解决的核心问题，以及需求的定义，将数字化的进程划分为不同的阶段。

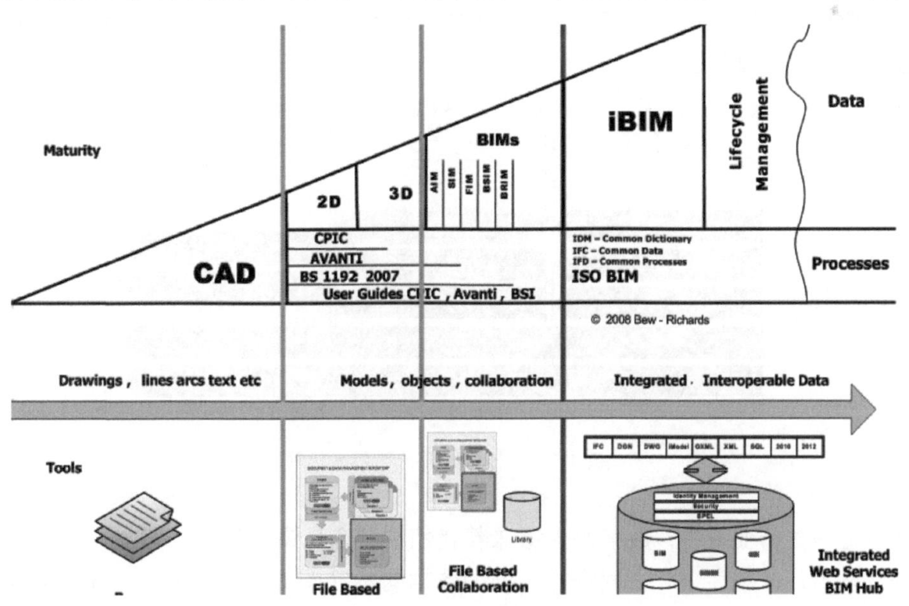

图 1-1-4 数字化成熟度模型

在图 1-1-5 中，我们可以看到这描述了基础设施行业数字化和 CAD（计算机辅助设计）的发展阶段。每个阶段都有相应的评判标准。

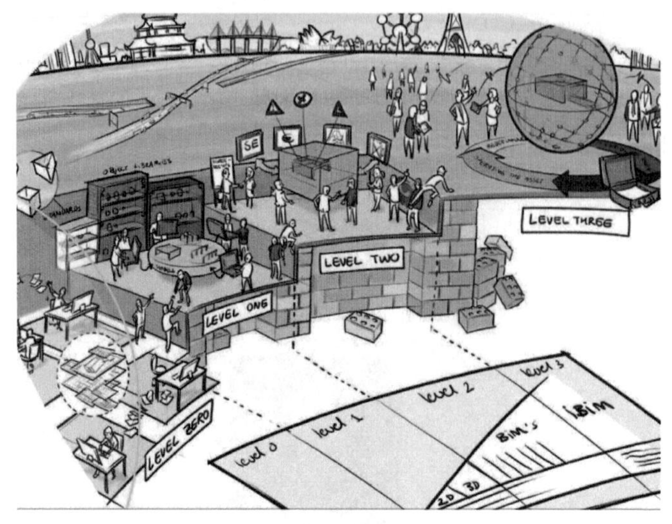

图 1-1-5　不同的数字化阶段

- Level 0：传统的手工绘图时代。
- Level 1：协作的 CAD 绘图时代，有了图层区分对象的手段，有了初步的三维模型表达。也有了方法论来指导项目级的实施。
- Level 2：协作的三维信息模型时代。有了专业对象的划分，有了 BIM 信息模型的综合，有了流程、标准和协作机制的内容。
- Level 3：数据协作，也称之智能 BIM 时代，或者说称之为数字孪生。

但下一步如何推进？行业的需求，已经由协作的需求，变成了对智能化的需求。我们的技术协作体系也需要进行更新，这就是 iBIM 时代，也就是数字孪生。

全球行业咨询机构 Gartner 已经将数字孪生技术列为 2019 年度十大技术趋势之一（图 1-1-6），数字孪生也是智能指挥的基础。

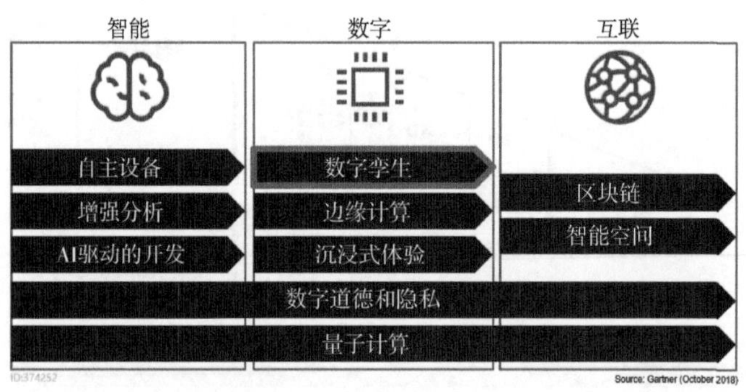

图 1-1-6　2019 全球十大技术趋势

对于基础设施行业来讲，数字孪生意味着我们在其全生命周期中，建立一个虚拟的数字资产，并在物理资产、数字资产之间进行双向的数据同步（图 1-1-7）。因为，我们需要利用信息来做决策以优化资产性能。这些信息可能来源于物理资产（例如现场检修的数据），也可能来源于数字资产（例如通过模拟发现了隐患），需要做变更。

图 1-1-7　物理资产与数字资产双向同步

没有任何技术是凭空产生的，都会有相应的连续性。对于基础设施行业来讲，更是如此。纵观基础设施行业数字化的进程（图 1-1-8），我们经过了三个阶段：图形驱动、模型驱动和数据驱动。智慧化的资产需要数据驱动做出精确的预判、决策，这也与我们的数字化进程匹配一致。

图 1-1-8　数字化进程

如果我们关注过全球相关的 BIM 标准，我们会知道英国在标准体系的方向战略上，走在了前列。对于数字孪生，他们也提出了数字化国家的战略 NDT（National Digital Twin），如图 1-1-9 所示。

图 1-1-9　英国国家级数字孪生战略

对于数据的应用，已经是现在 BIM 应用的核心，实际上，用数字化更准确，整个基础设施行业正通过数字孪生技术迈向数字化 Going Digital。

作为指导原则，英国政府提出了数据利用的指导原则，这就是“Gemini”（双子，Twins 的另外一种说法），如图 1-1-10、图 1-1-11 所示。

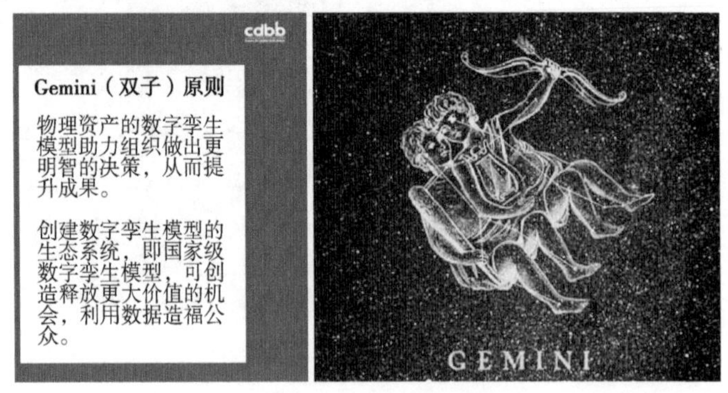

图 1-1-10　Gemini（双子）原则（一）

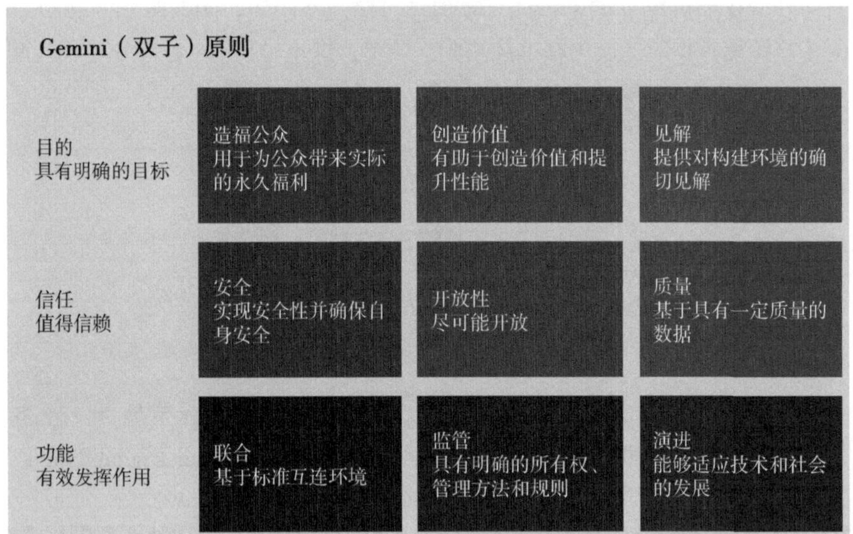

图 1-1-11　Gemini（双子）原则（二）

从上文可以看到，这些原则都是指向宏观的社会、经济和环保方向，其核心目的是让数据来产生更多的价值，BIM 的业务成果也体现在数据的利用上。

1.2　基于 4D 时间维度的数字孪生

“BIM 之后，数字孪生”，这从一个角度描述了当前的现状。数字孪生也成为满足行业需求的关键手段。因为，行业需求和技术方案总是互相促进，相互推动。

在基础设施行业中，数字技术（暂且用 BIM 来举例）已经提升了行业的协作效率，也从简单的工具层面，上升到协作、资产性能层面。而随着一些新技术的出现，工程技术（ET）开始融合一些运维技术（OT），一些智慧运维系统中的价值已经得到验证。例如资产运维与自动控制的结合。而两者的集合就是数字孪生中信息集成或者系统集成的概念。

同时，一些支持性新技术不断涌现，例如物联网（IOT），云技术（Cloud Computing），机器学习（Machine Learning），人工智能等（Artificial Intelligence）。传统的协作体系与标准也日渐成熟。

在表现层面，也更加成熟，包括 VR、MR 等新技术让用户范围不断扩大，沟通的成本也不断缩小。

这些内容都促使数字孪生技术的广泛应用，也成为满足行业需求的核心手段。但我们需要注意的是，只是传统 CAD 和 BIM 的模型文件组合，并不是数字孪生（图 1-2-1）。

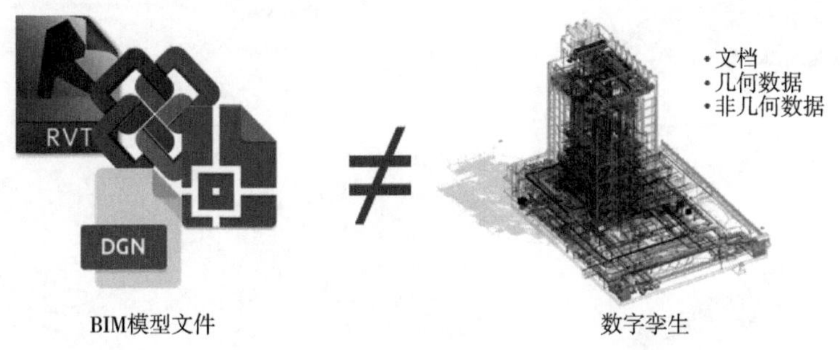

图 1-2-1　BIM 不等于数字孪生

无论是 CAD、GIS、BIM 的数据，都是静态的数据（图 1-2-2），没有实时更新的数据，就像一个人没有实时的心跳、血压等数据来表明他是一个真实存在的人。

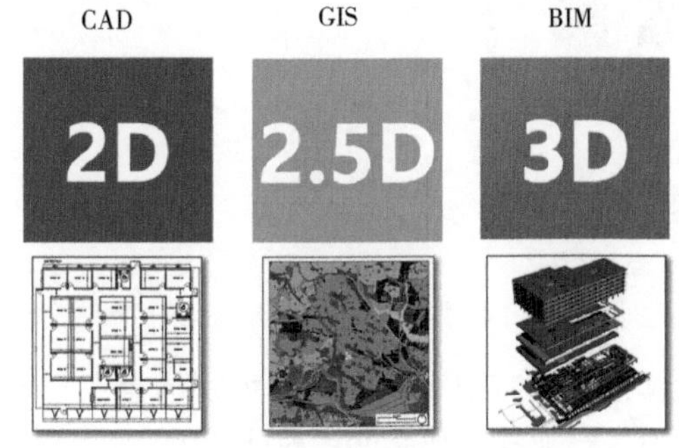

图 1-2-2　传统的“静态”数据

而数字孪生是在此基础上，更加准确的表达，而且可以表达时间维度上的信息变化，也就是“4D”，这里的“4D”是时间维度的变化，而非我们通常意义上所理解的狭义模拟。有了这个完整表达的数字孪生，我们才可以进行一些数据的应用和分析，这就是动态的数字孪生（图 1-2-3）。

图 1-2-3　动态的数字孪生

所以，数字孪生是数字信息的集成，是数字信息的同步和使用，是物理世界的数字表达（图 1-2-4）。

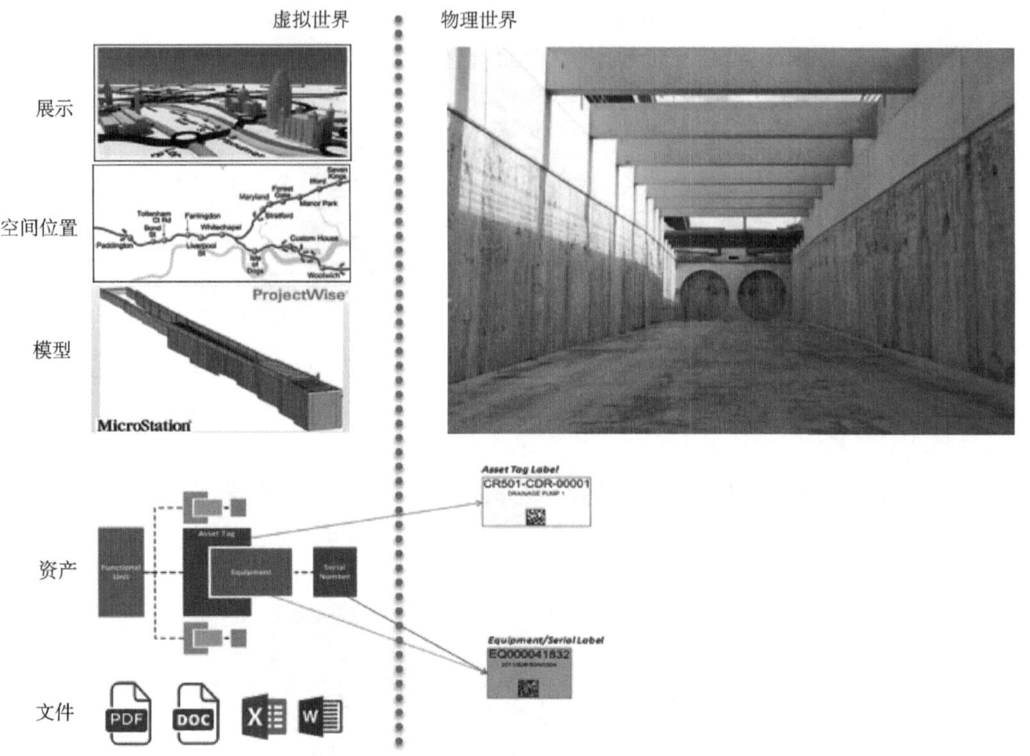

图 1-2-4　数字孪生是物理世界的数字表达

BIM 和数字孪生既有延续性，又有很多区别，其关注的重点也不同。所以，我们需要明晰其中的区别，才能够将基础设施行业推向数字孪生时代。

	BIM	数字孪生
信息对象的范围	以模型为主	项目的全部工程数据
针对的场景和用户	参与建设阶段的专业人士（工程师）为主	与项目全生命周期相关的参与者（包括非专业人士）
信息更新	从 虚拟 到 实物 （关注对施工的优化和指导性）	虚拟、实物 双向实时同步（通过IoT等设备）
信息的获取方式	专业软件访问模型	根据角色、场景不同使用不同的设备、服务 访问数据
数据语义标准	建模软件决定数据结构和定义	数据的所有者决定数据标准
IT 技术	计算机及系统软件技术	云计算和微服务
对数据的管理	部分软件可以在其应用环境中实现BIM模型内容的变更追踪	完全针对数据变更历史而设计的技术方案，可以完整、精确追踪数据变化，按时间查看工程数据全貌

图 1-2-5　BIM 与数字孪生的差异

所以，我们需要明确 BIM 和数字孪生的差异（图 1-2-5），才能很好地发挥各自的作用。BIM 和数字孪生相同点是：都是为了满足行业的需求，而且沿用了已有的 BIM 体系和标准。所以，对于数字孪生来讲，仍然是建立在现有的标准体系上。对于已有 BIM 体系的梳理，这将非常有益于我们理解数字孪生。

1.3 数字孪生的关键特性

数字孪生（Digital Twin）是物理资产、流程或系统的数字化表达，也是我们利用工程信息（Engineering Information）来感知、提升性能的方式。数字孪生三个关键特性如图 1-3-1 所示。

数字孪生持续的与外部数据源进行数据同步，以表达对象实时的状态、工作性能以及位置。这包括与外部的传感器信息、持续的测绘测量信息等。

数字孪生不仅可以使资产、项目以及系统可视化（这不仅仅是指三维的可视化），还可以进行状态检查，可以对数据信息进行分析利用，以对资产、项目进行预测、决策，对性能进行优化。

数字孪生是一种基础设施行业迈向数字化的方式，通过建立数字孪生模型来实现。

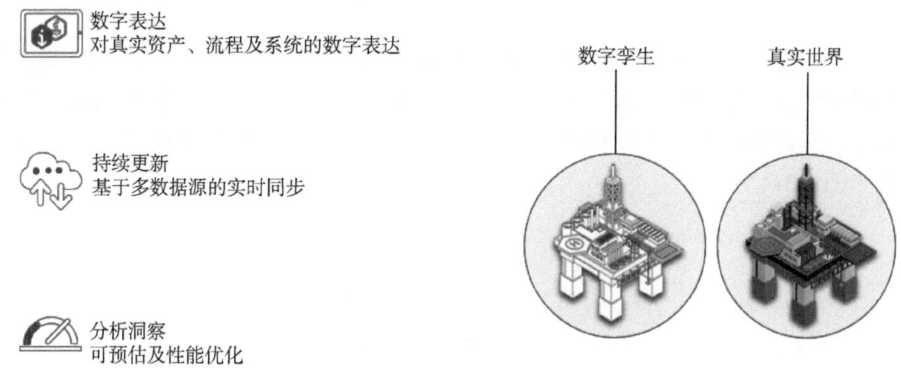

图 1-3-1　数字孪生三个关键特性

数字孪生是工程技术（ET）、运维技术（OT）和信息技术（IT）的集成（图 1-3-2），我们可以结合数字孪生和真实世界来做多样的展示、追溯与数据洞察（图 1-3-3）。

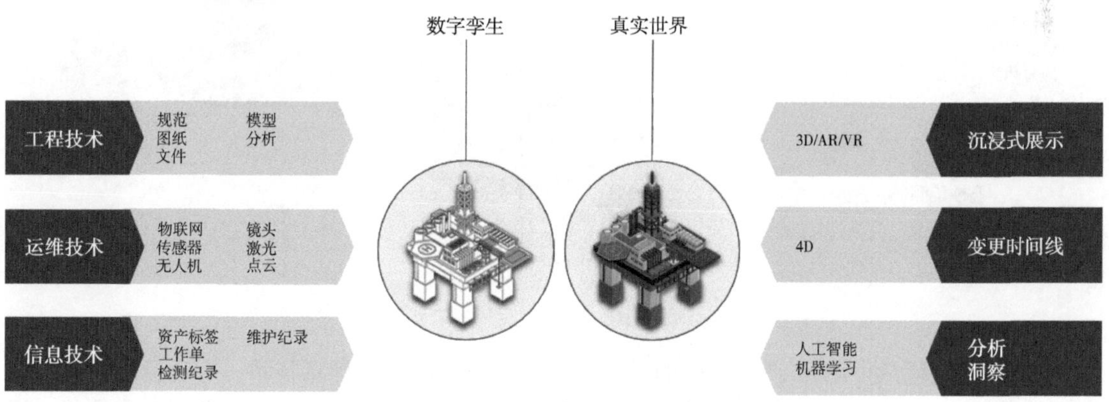

图 1-3-2　数字孪生是技术的集成

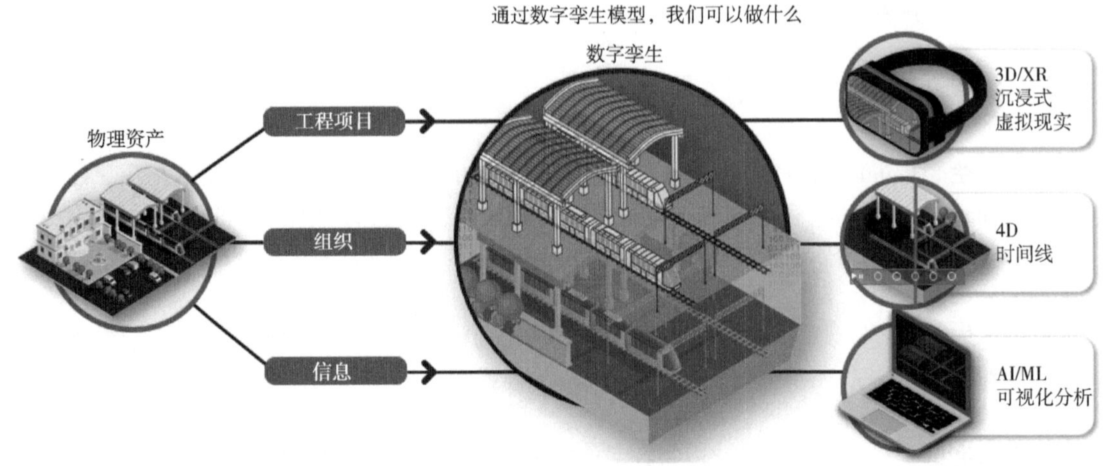

图 1-3-3　数字资产的用途

基础设施行业是协作的过程，是基于全生命周期的，所以，在数字孪生工作模式下，工作都是围绕数字孪生模型展开的。数字孪生在具体实施上，可以是一个系统 System，也可以是一个项目 Project，当然最重要的还是资产 Asset。在整个过程中，一些先进技术被融合进来。数字孪生工作流如图 1-3-4 所示。

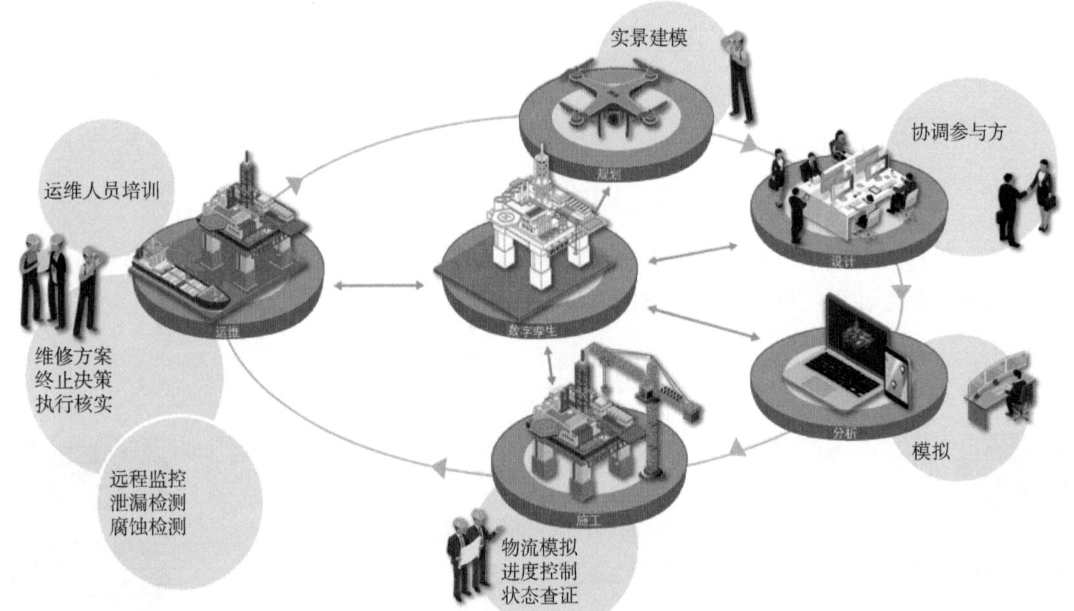

图 1-3-4　数字孪生工作流

数字孪生模型助力以资产为中心的组织融合其工程、运营和信息技术，实现沉浸式可视化和分析可见性。这些功能之所以能够实现，是因为融合“3D 和 4D”的可视化、实景建模、混合现实（XR）和岩土工程方面的功能或技术，从而助力获得地上与地下基础设施资产的沉浸式整体视图。

1.4 数字孪生的优势

Bentley 所说的数字孪生模型通常是“实时的”或“持续更新的”，从而突出了其与 BIM 的一些主要区别。

简单来说，数字孪生模型是来自不同类型的数据存储库的数据的组合或联合，包括文档、图纸、规范、照片、实景模型、工作订单和维护记录。数字孪生模型是机器学习和人工智能应用的理想平台，可助力形成深度见解，推动团队做出有关基础设施资产的更明智的决策。

- 数字孪生模型具有哪些优势？

数字孪生模型跨越资产全生命周期。对于资本支出项目，项目数字孪生模型提供了无风险的方式，用供应链模拟施工、物流和制造顺序，并优化客流设计，使项目参与方能够清晰了解洪水“和/或”极端天气状况发生时的紧急疏散和恢复能力。对于运营支出项目，性能数字孪生模型将真正成为组织的 3D 和 4D 运营系统，跟踪资产基于时间的变化。

此外，我们借助应用人工智能（AI）和机器学习（ML），设想了沉浸式数字化运营。数字孪生模型将有助于实现分析可见性和帮助团队形成深度见解，从而提高运营人员的工作效率，帮助他们预测和规避问题，并自信地做出快速反应。借助无人机、机器人以及基于人工智能的计算机视觉应用，我们设想通过逼真的数字孪生模型来实现检查任务的自动化，使专家能够远程进行检查，从而大幅提高生产率，并充分利用与稀缺资源相关的知识。

- 数字孪生模型的发展趋势是什么？

数字孪生模型将改变基础设施的设计、交付和管理。数字孪生模型将让我们能够为子孙后代建设更具快速恢复能力和更可持续的基础设施。信息的可访问性越强，平台越开放，数据被重新利用和创造价值的机会就越大。

下面是英国的数字孪生应用案例，如图 1-4-1 所示。

图 1-4-1　英国国家级数字孪生模型——从小项目开始做起

英国的国家级数字孪生模型是旨在提高英国基础设施效率的宏伟项目。剑桥试点项目旨在为一系列联合孪生模型奠定基础，这些模型通过安全共享的数据相连接。

从小项目开始做起的英国数字建造中心与 Bentley 软件公司等合作伙伴共同开展了剑桥大学的数字孪生模型试点项目，从而为国家级数字孪生模型提供支持。

合作团队的目标是为制造研究所（IFM）的建筑物和剑桥大学西校园开发一个持续更新的动态孪生模型，以证明其对设施管理以及“更高效的生产力和人类福祉”的影响。Bentley 软件在生成 BIM 模型中扮演了重要的角色。

建模完成后，下一步是在数字孪生模型中添加背景层，对模型本身中的对象进行分类，从而对其进行识别（图 1-4-2）。这包括创建“资产登记表”以及在 IFM 中创建关键设备的资产识别标签。

图 1-4-2　机器学习自动识别

目前为止，建筑中的 200 多项资产已被标记。实物对象上被贴上了条形码，相关资产数据存储在“RedBite”的资产管理解决方案“itemit”中。

数据可视化（图 1-4-3）有很多重要的经验值得学习。借助 Bentley 平台，环境传感器中的

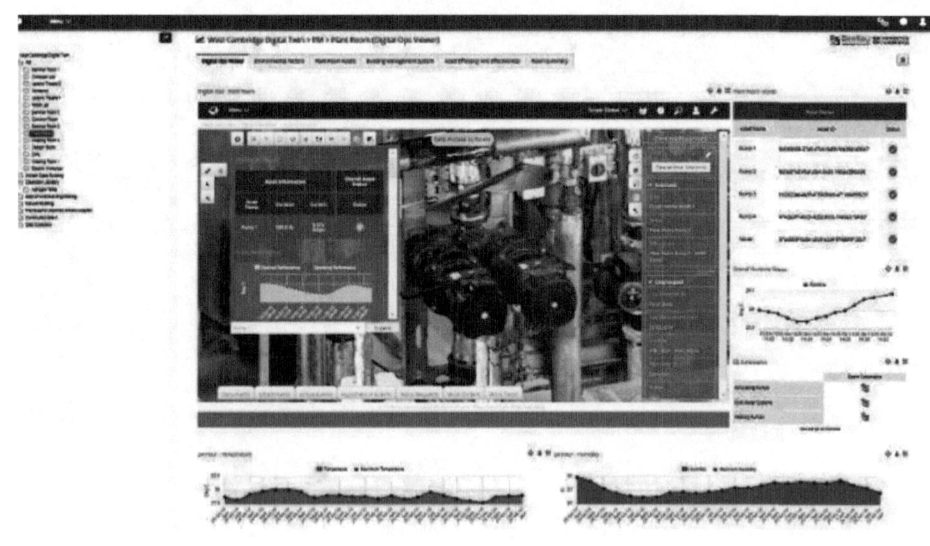

图 1-4-3　数据可视化

数据和建筑设备管理系统的数据会时刻传送到“AssetWise”中。然后将这些信息输入“AssetWise Operational Analytics”，以便深入了解数据和性能，从而预测资产故障或运营事件。

在接下来的两年里，该试点项目还将尝试探索数字孪生模型如何使用二氧化碳传感器通过交通建模或空气质量建模等方式来改善城市市民的生活水平。

第2章 数字孪生生态环境

Bentley 成立于 1984 年，到今天已经有 36 年的历史，核心理念在于“通过平台创新来推动基础设施行业数字化的进程”。

从“设计平台 MicroStation”“协同平台 Project Wise”“资产运维平台 Asset Wise”到现在的“数字孪生平台创新 iTwin”。

Bentley iTwin 数字孪生也已经有 10 年的时间，与其他的平台技术相结合，建立了完整的数字平台体系。

2.1 数字孪生关键特性

数字孪生要发挥作用，需要具备三个特点：

- 数据集成的统一 Aligned
- 数据变化的管理 Accountable
- 数据服务的应用 Acceptable

Bentley iTwin 技术体系如图 2-1-1 所示。

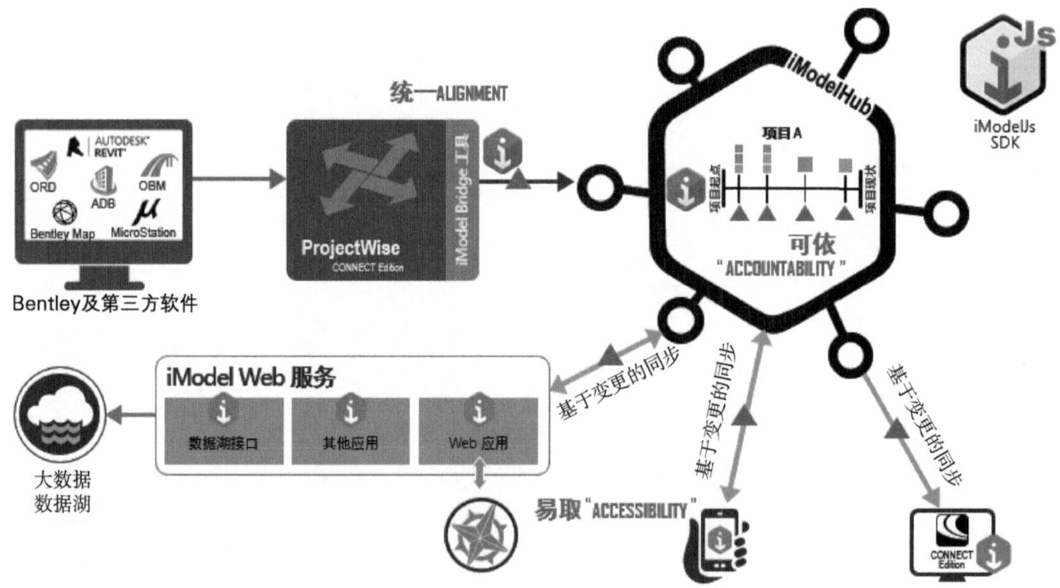

图 2-1-1 Bentley iTwin 技术体系

这三点也同样覆盖基础设施项目的全生命周期和产业链的生态系统。下面，我们将叙述 Bentley 是如何实现的。

- 数据集成的统一 Aligned。

Bentley 的设计平台 MicroStation 上包含众多应用软件，可以完整覆盖各专业数据的创建，包括：建筑、结构、工厂、电气、地形、地质、管廊、道路、桥梁、隧道、铁路等专业领域。

Bentley 丰富的专业数据创建如图 2-1-2 所示。

图 2-1-2　Bentley 丰富的专业数据创建

Bentley 的应用模块，从创建到分析保证了数据的可用性，同时作为数字孪生的数据来源，Bentley 采用了开放的技术体系，开放性建模工具与分析工具的结合如图 2-1-3 所示。

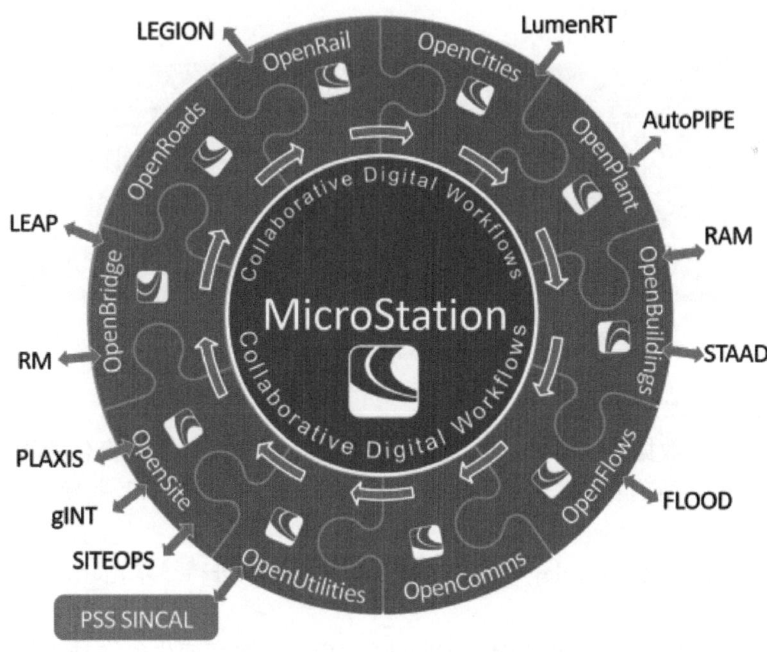

图 2-1-3　开放性建模工具与分析工具的结合

在数据存储方面，这些应用模块底层都通过统一的数据格式存储，实现数据集成的统一性，如图 2-1-4 所示。内部存储格式为 “iModel”，如果是第三方的数据，则提供了 “Bridge” 的插件进行数据转换，用户也可以基于开源的 “iModel. JS” 来进行数据转换。

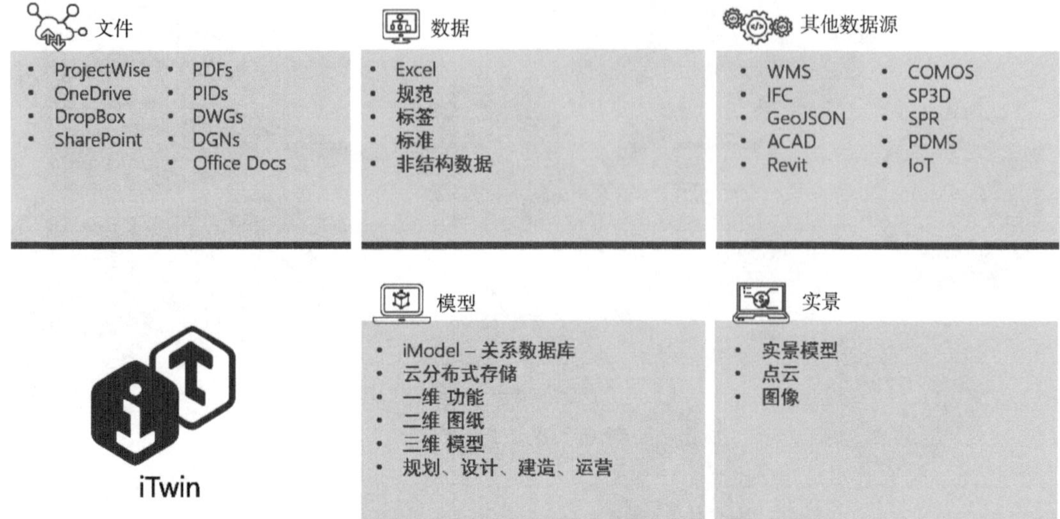

图 2-1-4　iTwin 对数据的集成

“iModel” 数据格式是一种关系型的数据库，具有强劲的 “SQL” 查询功能，支持大数据的存储。同时，“iModel” 数据格式，也是一种轻量化、自我描述的数据格式，如图 2-1-5 所示。不依赖于具体的数据环境，就可以做专业数据的表达。用户可以在此基础上进行扩展，同时可以与行业标准集成，例如 IFC。

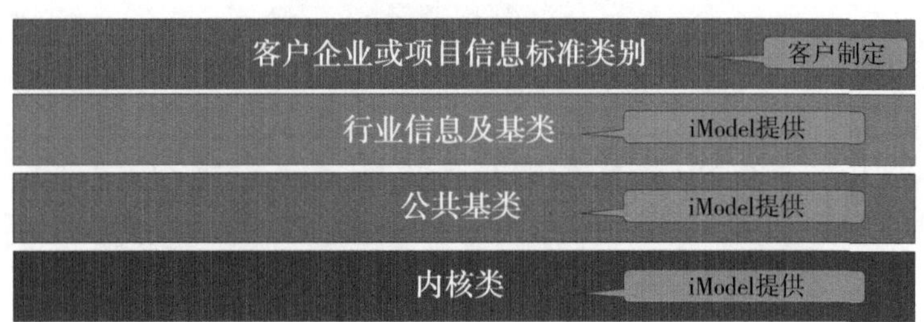

图 2-1-5　iModel 数据结构

- 数据变化的管理 “Accountable”。

“Bentley iTwin” 数据孪生平台，通过 “iModel Hub” 来实现数据变化的管理。让整个系统中，在某个时间点，所有的参与者都会有一个唯一正确的数字孪生模型，数据变化管理如图 2-1-6 所示。

为了支持中国云环境，Bentley 将 “iModel Hub” 在中国进行了本地化，该项目称为 “iModel Bank”。

无论是 “iModel Hub”，还是 “iModel Bank”，它都是数字孪生的数据中枢，实现数据库的分布存储，和不同参与方的分布式工作流程。

图 2-1-6　数据变化管理

结合建模过程，iModel Hub/Bank 的工作过程如图 2-1-7 所示。

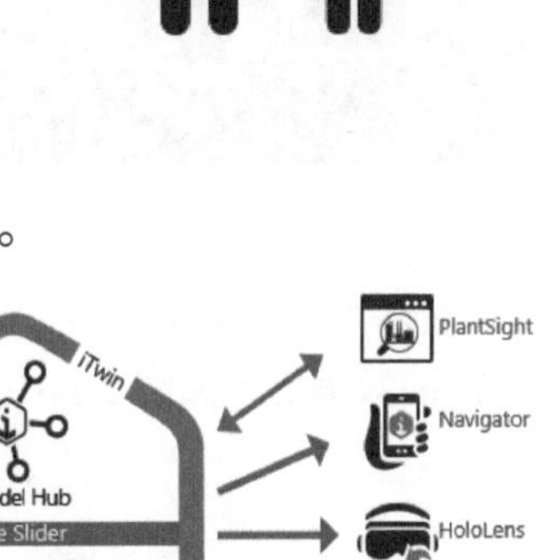

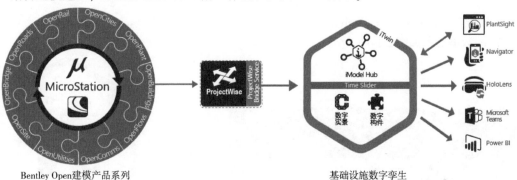

图 2-1-7　iModel Hub/Bank 工作过程

当一个项目开始时，“iModel Hub/Bank”就会建立一个项目，然后设定项目起点，之后维护整个数据变更的过程（图 2-1-8、图 2-1-9），你可以回溯到任何的时间点，找到那时正确的数据版本，基于此，也可以实现对象级别的版本对比功能。

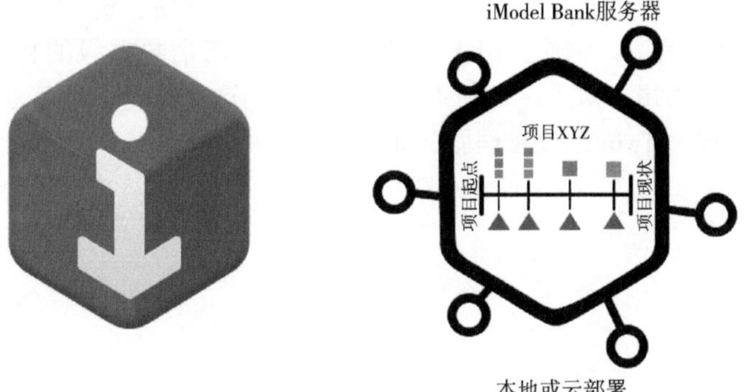

图 2-1-8　iModel Bank 对数据变更的管理

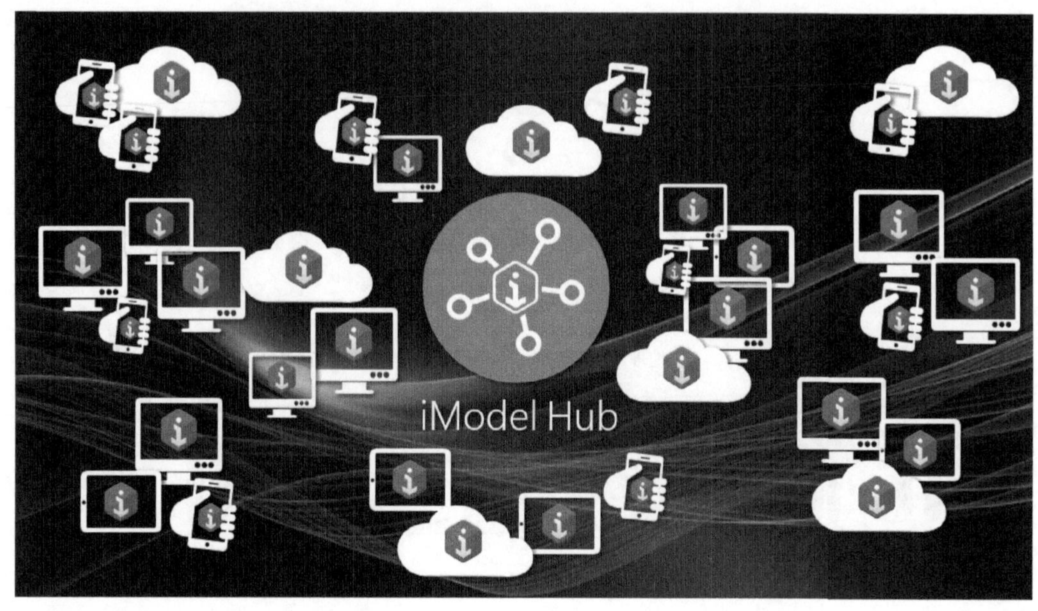

图 2-1-9　iModel Hub 实现分布式数据存储和同步

• 数据服务的应用“Accessible”。

iTwin 数据服务如图 2-1-10 所示。

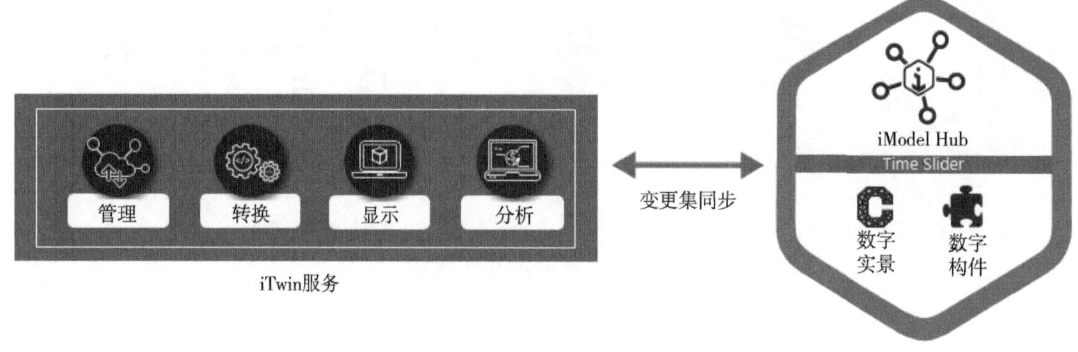

图 2-1-10　iTwin 数据服务

数字孪生实现了完整的数字化表达，它可以实现系统、项目、资产彻底的可视化，这种可视化既包括视觉的地理信息、地质、BIM 模型、管廊，也包括数据级的物联网、流程、状态、工况。用户可以通过移动端、网页端各种不同的方式访问这个完整的数字孪生模型，使项目团队信息一致，紧密协作。iTwin 绩效管理服务如图 2-1-11 所示。

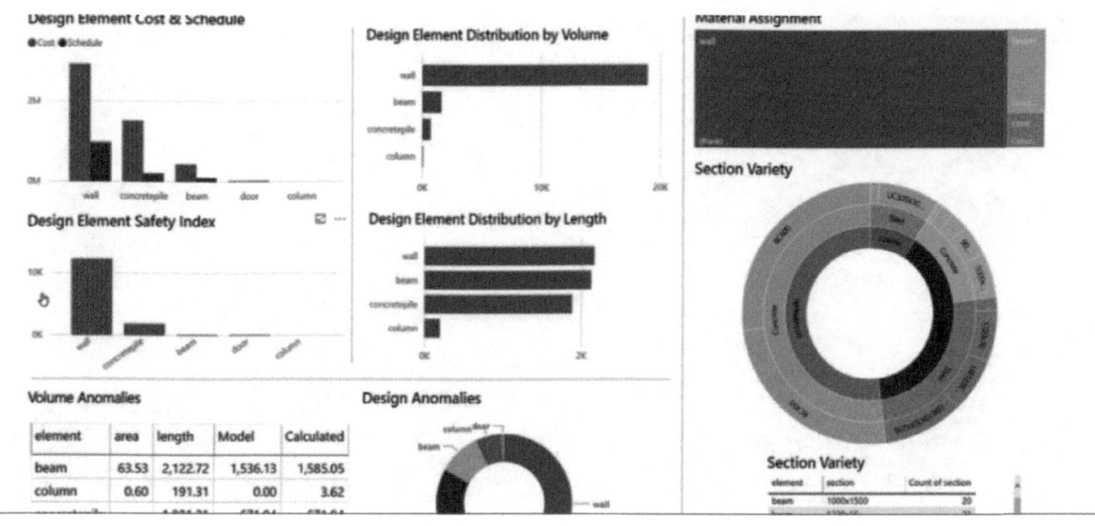

图 2-1-11　iTwin 绩效管理服务

数字孪生云服务可以帮助用户更好地利用数据，以云为基础，让多方紧密协作，以提升数据利用的价值。通过对数据的综合分析与模拟，可以实现对风险的有效预警，提升资产的性能，同时为优化资产运维提供策略，提升升级改造方案质量。4D 施工数据孪生实现对成本、盈利的预测与管理如图 2-1-12 所示。

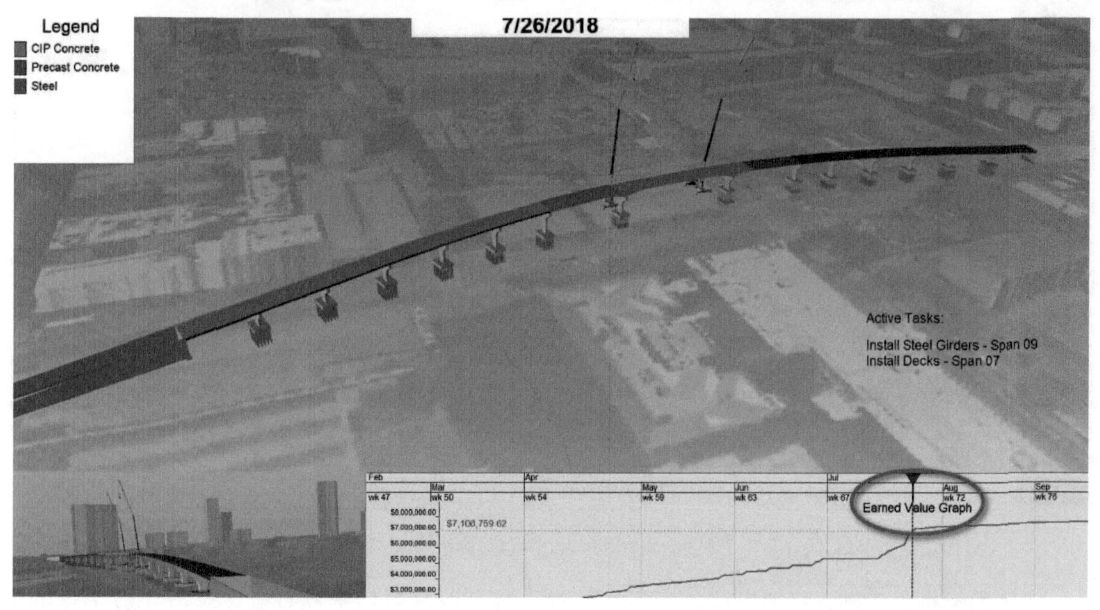

图 2-1-12　4D 施工数据孪生实现对成本、盈利的预测与管理

数字服务是对数据利用的服务，是智能化的基础。项目、城市数字化进程中，由于对数据的有效利用，而变得更加智慧、更加智能。iTwin 服务对河流的监控如图 2-1-13 所示。

图 2-1-13　iTwin 服务对河流的监控

综上所述，Bentley iTwin 数据孪生平台的体系架构、工作过程，以及对数据集成、数据变更管理以及数据服务的应用，可以用前文的图 2-1-1 来表达。

Bentley 通过平台创新的理念，为数字孪生提供完备的应用环境，如图 2-1-14 所示。

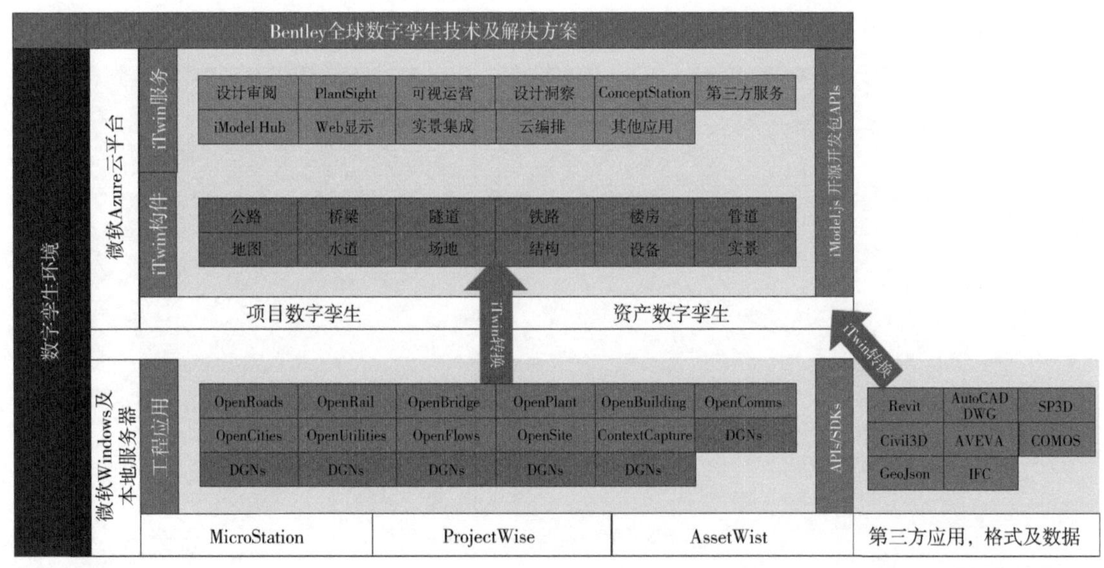

图 2-1-14　Bentley 数字孪生环境

以技术架构为基础，结合不同的角色和流程，就可以有效地推动基础设施行业数字化的进程。而传统 BIM 实施的三要素，在数字孪生时代同样适用，如图 2-1-15 所示。

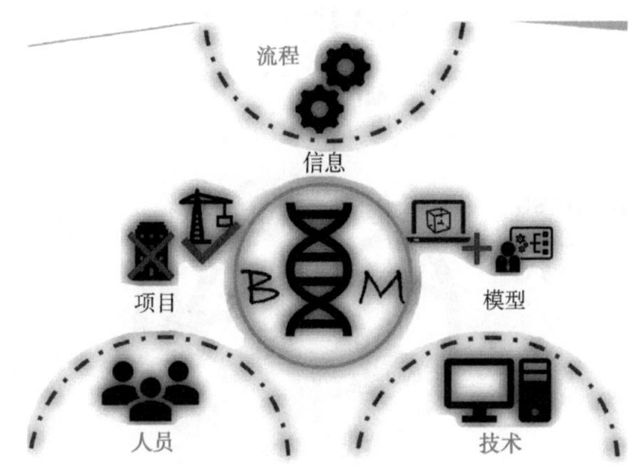

图 2-1-15　传统 BIM 实施的三要素，在数字孪生时代同样适用

在前面提到了英国的一套标准体系。这套标准体系的目的是建立一个通用的数据环境（Common Data Environment，CDE）。同样，数字孪生也同样要在一个 CDE 的环境下，将不同的角色、阶段连接起来。用不同的标准来控制数字化移交的数据要求，如图 2-1-16 所示。

图 2-1-16　全生命周期互联数据环境

2.2　如何建立数字孪生模型

要建立系统、项目、资产的数字孪生，就需要进行数据集成、数据同步和数据应用。这个过程不仅仅是在工具层面，更多的是在协作层面。

如前文所述，基础设施行业的特点就是“离散型”，数据分散在全生命周期不同阶段、不同专业、不同参与方的手里。需要根据上一章叙述的 BIM 协作流程来使所有的参与方，在数据标准和协作方式上达成一致。数字孪生包含的内容如图 2-2-1 所示。

Digital Twins are More Than the Model

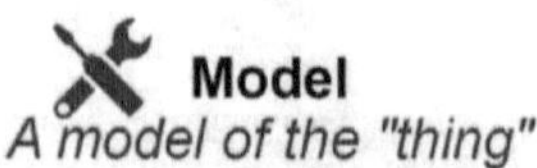

Uniqueness
Each physical thing has at least one unique twin

Control
Twins can control the "thing" they represent

Data
e.g., identity, status, context, ...

Monitor
Query state, obtain notifications

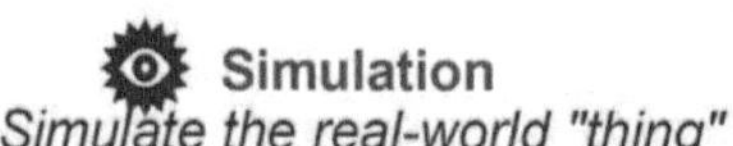

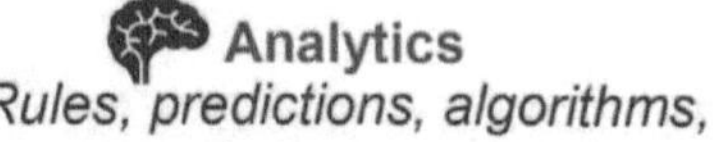

Gartner.

图 2-2-1 数字孪生包含更多的内容

下面叙述一个通用的过程供你参考，如图 2-2-2 所示。

1	2	3	4	5
参考 地理信息 地址岩土信息	共享 三维模型 基于云技术	增加 时间线 四维（4D）周期管理	连接 物联网 “IoT” 资产管理/运营	创建 分析预测 应用视图报告

图 2-2-2 如何创建数字孪生模型

1. 参考地理与地址信息

在已有 BIM 数据的基础上，我们必须要表达基础设施的实际位置信息。这个实际位置信息，既包括地理信息，也包括地质信息以及与其他资产的链接关系，这被称为“数字化的工作环境”。它保证了基础设施对象信息被正确表达，如图 2-2-3 ~ 图 2-2-5 所示。

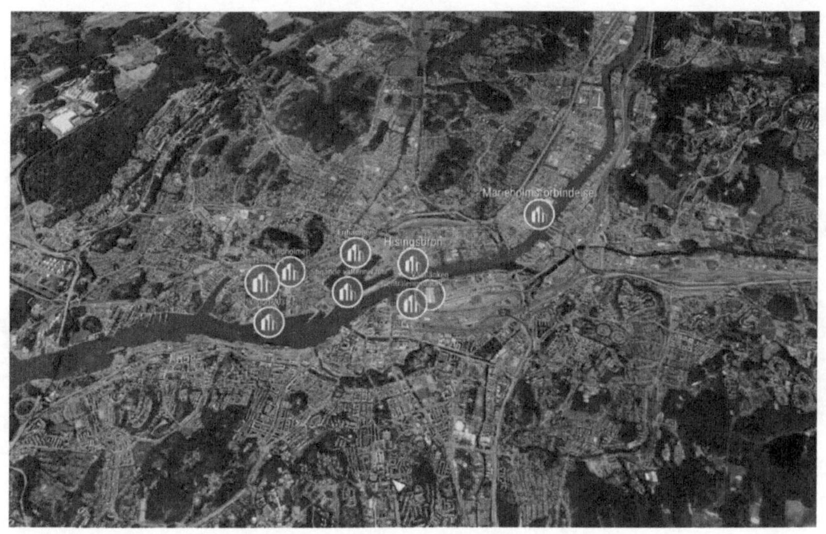

图 2-2-3　项目被放置在正确的地理位置上

图 2-2-4　正确表达基础设施的位置和环境

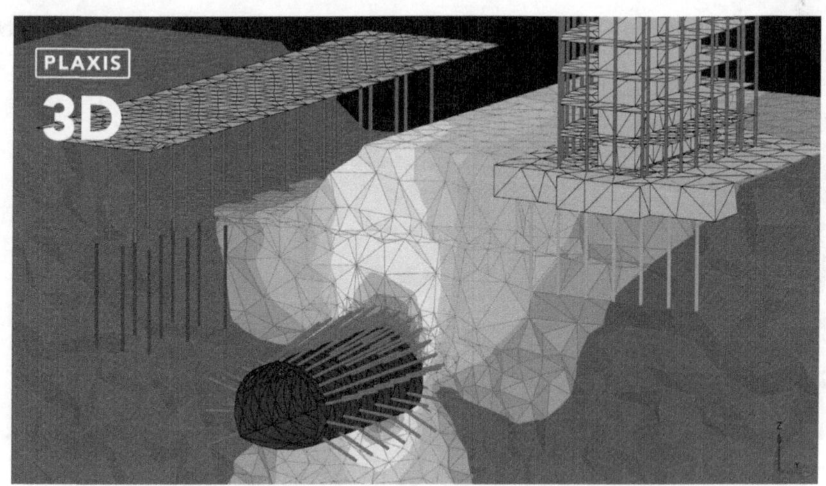

图 2-2-5　“Bentley PLAXIS”对地质的表达和分析

2. 基于云技术共享三维模型及信息

数据是在一个协作的过程中产生的，将来也会在一个协作的过程中被不同的角色、根据不同的授权进行维护。同时，这些数据，也需要被更多的角色使用。

所以，这里有两个关键因素：一是数据需要共享，二是数据需要被放到云上。

云技术的发展，改变了人们的协作模式，它使信息的传递更加便捷，同时也建立了巨大的数据消费市场，让数据产生更大的价值。云技术优势如图 2-2-6 ~ 图 2-2-8 所示。

图 2-2-6　云技术优势（一）　　图 2-2-7　云技术优势（二）

图 2-2-8　云技术优势（三）

3. 增加时间线

数据是变化的，我们不仅仅要使用数据的最终结果，又要控制数据变化的过程，增加时间线如图 2-2-9 所示。这非常像银行账户，银行提供了两种主要信息：一种是账户上有多少钱；另一种是账户的交易明细。对于数据来讲，也是如此。

图 2-2-9　项目时间线

在实际实施的过程中，不同的参与方根据角色权限的差别，同时维护数据，这是非常重要的事情，也是数字孪生的核心所在。Bentley iModelHub 对数据变化的管理如图 2-2-10 所示。

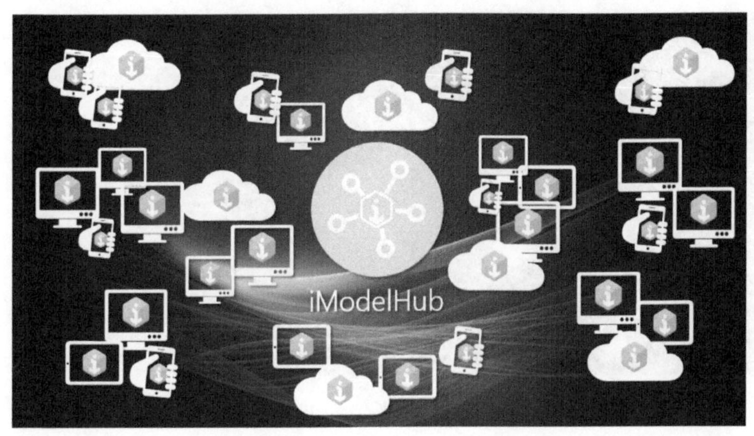

图 2-2-10　Bentley iModelHub 对数据变化的管理

4. 连接物联网“IOT”和“运维系统”

信息是变化的，所以，物联网的作用之一就是实时地通过传感器“反应”这些变化，这样数字孪生才能“活”起来就如同“万物互联”，如图 2-2-11 所示。然后，与资产的“运维系统”进行连接，实时反馈系统运行的工作状况具体案例如图 2-2-12、图 2-2-13 所示。

图 2-2-11　万物互联

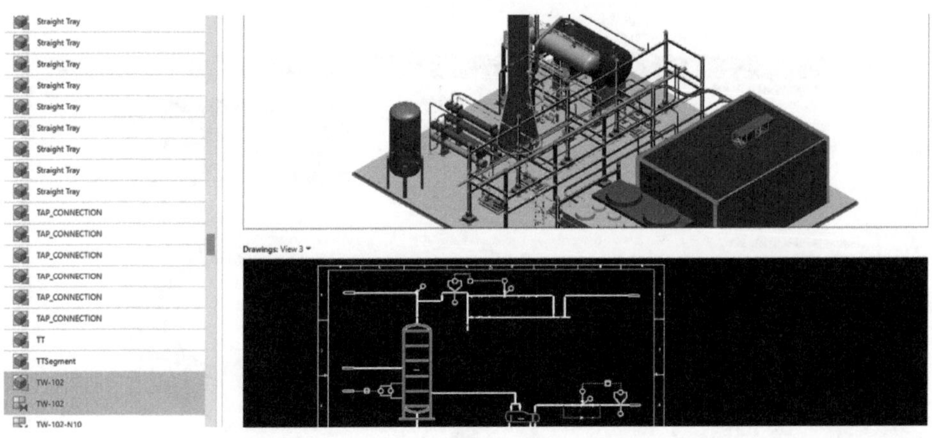

图 2-2-12　西门子将 Bentley iTwin 与“运维系统”结合

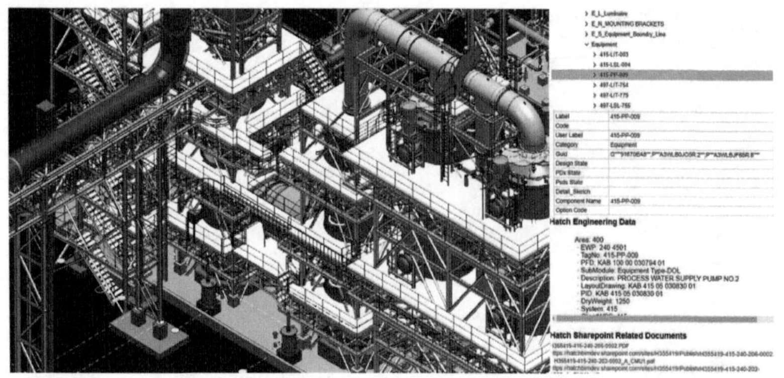

图 2-2-13 加拿大“HATCH”使用 Bentley iTwin 技术案例

在处理数据的过程中，可以利用实景建模、机器学习等技术，提升数据同步的效率，如图 2-2-14 所示。

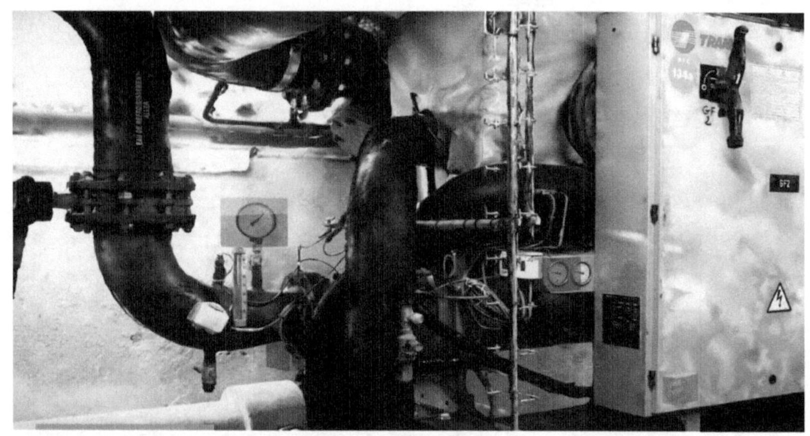

图 2-2-14 通过实景建模和机器学习自动识别温度计读数

5. 数据应用视图报告

数字孪生的价值在于提升资产的可靠性、服务职能，提升抗风险和变化的能力。需要利用实时的数据结果，进行分析优化，对风险进行预判，这就是利用数据，如图 2-2-15 ~ 图 2-2-17 所示。

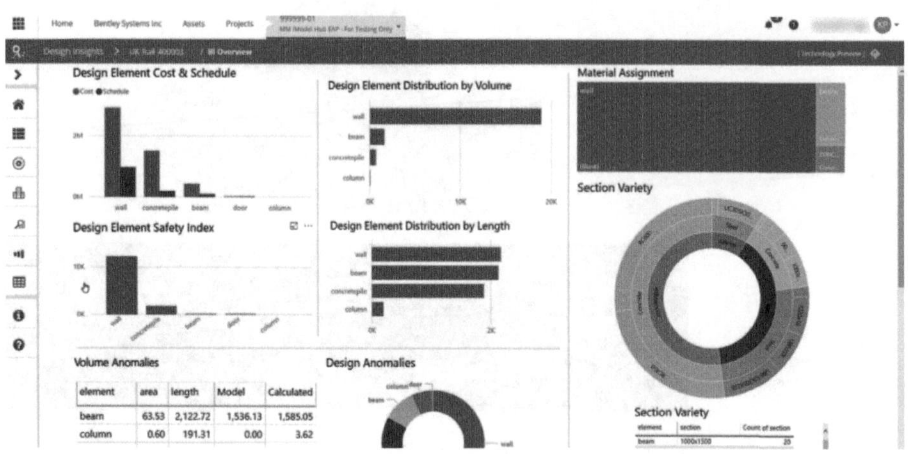

图 2-2-15 Bentley iTwin 用于数据分析

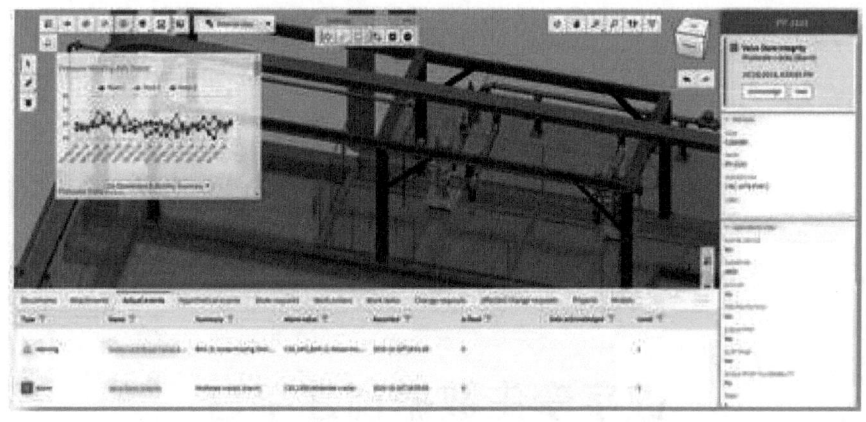

图 2-2-16　资产性能分析

图 2-2-17　与微软 VR 技术集成实现沉浸式项目管理

本篇总结

本篇简单介绍了 MicroStation 所处的基础设施数字化的大背景，介绍了 BIM 与数字孪生的区别和联系，要点总结如下：

（1）数字孪生就是为物理对象建立数字化的镜像，然后实时数据同步，并利用数据。

（2）数字孪生需要在整个生命周期中，保持数据统一、变化管理和利用数据服务。Bentley iTwin 数字孪生解决方案正是基于此原则。MicroStation 是为数字孪生创建、更新数据，通过对数据的兼容来保证数据的统一。

（3）数字孪生是“ET”“OT”“IT”的集成，是基于“CDE”来将不同的角色连接在一起的。

数字孪生数据创建平台
MicroStation CONNECT Edition

以 MicroStation 为平台的“Open”建模体系为数字孪生模型建立、更新数据提供基础。它是 Bentley 几乎所有专业建模软件的统一平台，这也是为何在 Bentley 体系下，各个专业之间可以达到数据集成协同的原因。现在“Open”系列的建模软件，都内置了 MicroStation 平台，所以，只要学会了 MicroStation 软件，就相当于学会了所有 Bentley 建模软件的 80%，剩下的，只需花费很短的时间来学习某些专业模块的功能即可。同时，你在本书中学到的原则，同样可以应用到专业应用软件中。

第二篇

快速开始

——MicroStation直觉式绘图环境

MicroStation在35年前通过“设计平台创新”为基础设施工程用户提供了直觉式的绘图环境。发展至今，很多的关键理念并没有发生变化，就像“精确绘图”和“参考引用”支持了工程项目分布式的空间协作。基于工作标准统一管理的理念更是匹配了项目级的标准管理。很多的命令设计得非常有前瞻性（就像DGN的文件格式超过20年的生命周期）。我们需要基于工程的需求来思考工作流程的组织，最后才是细节的操作。这样才会得到“渔”而非单个看似肥美的“鱼”。

1
自动生成表格
表格创建、布局、索引等
2
属性驱动图纸生成
使用对象属性来自动生成报告、注释和符号
3
功能组件
创建灵活的参数组件与预定义的变量
4
施工现场模型
利用持续的约束确保设计意图
5
参数实体与曲面
建模速度
集成参数化建模工作流程
6
项目类型
创建、管理和共享项目特征
7
强大搜索
使用新的搜索栏找到所需东西或寻求帮助
8
文本资料管理
标准化文本资料集在修改时同时更新
9
二维/三维线条类型
为详细设计和设计得更清楚设定二维/三维线条类型
10
可缩放网格
将现实环境与现实网格相结合

第3章 使用MicroStation CONNECT Edition

我们先从最简单的操作开始，学习快速使用 MicroStation，在这个过程中，我们只做必要的解释，不做太多细节展开，这样，可以让你利用已有的软件使用经验，快速地掌握 MicroStation。在后面的章节，我们再进行一些细节的展开。

我们利用 MicroStation 已有的工作环境，新建一个文件，然后进行一些简单操作，利用这个操作过程，介绍 MicroStation 核心的工具、对话框和设置。

3.1 新建 DGN 文件

MicroStation 的工作文件是 DGN 文件（*.dgn）。启动 MicroStation，选择“Example” WorkSpace（图3-1-1），系统自动选择预置的 MetroStation。这两步是设定 MicroStation 的工作环境，工作环境里预置了工程标准。

选择“New File”按钮，其他选项默认如图3-1-2所示。

然后单击“Save”按钮，MicroStation 自动打开新建的文件。

MicroStation 采用 Ribbon 界面，如图3-1-3所示的操作界面是个典型的三维工作环境，分别有三个视图“View”。

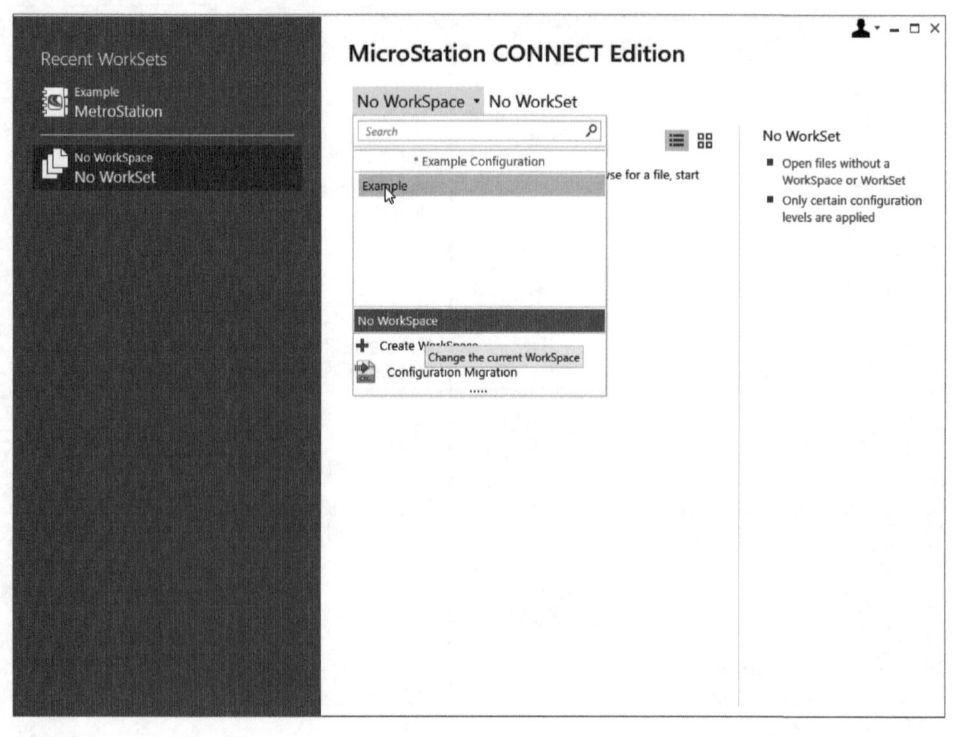

图3-1-1 选择工作环境

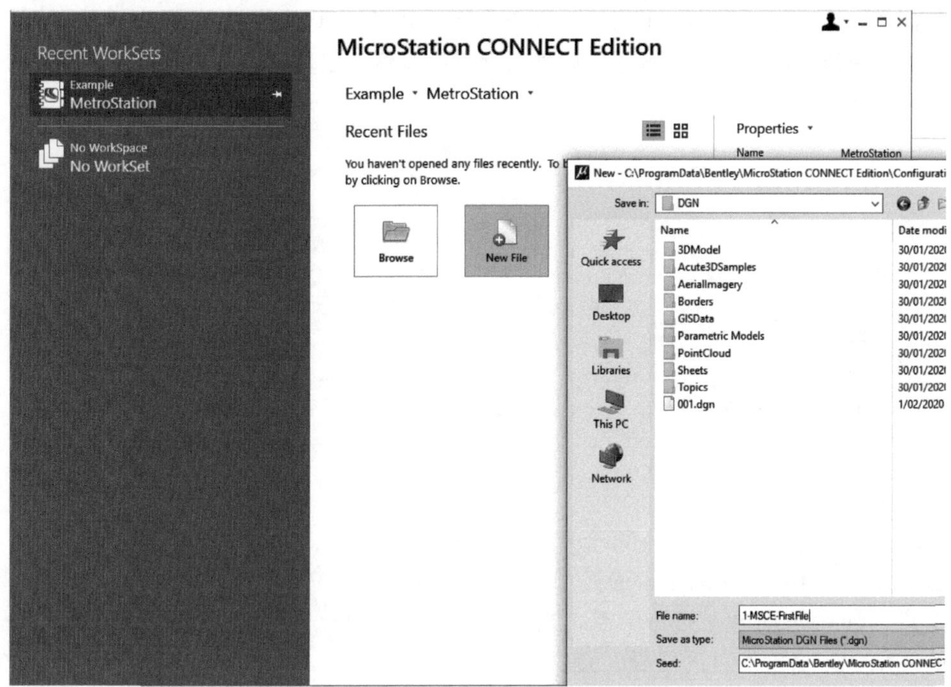

图 3-1-2 新建文件

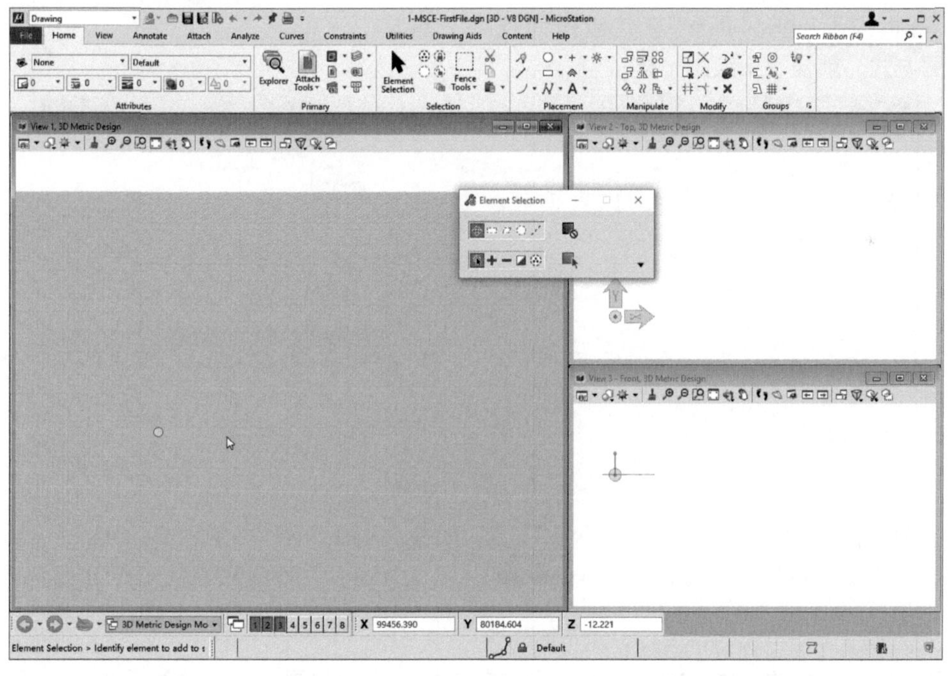

图 3-1-3 操作界面

3.2 绘制二维对象

单击鼠标左键选择绘制矩形命令，会发现原来的"Element Selection"对话框，变成了

“Place Block”对话框，如图 3-2-1 所示。这个对话框就是工具属性框。任何 MicroStation 工具都有相应的属性设置，这些属性设置通过属性对话框来设置。工具不同，其属性也不同。

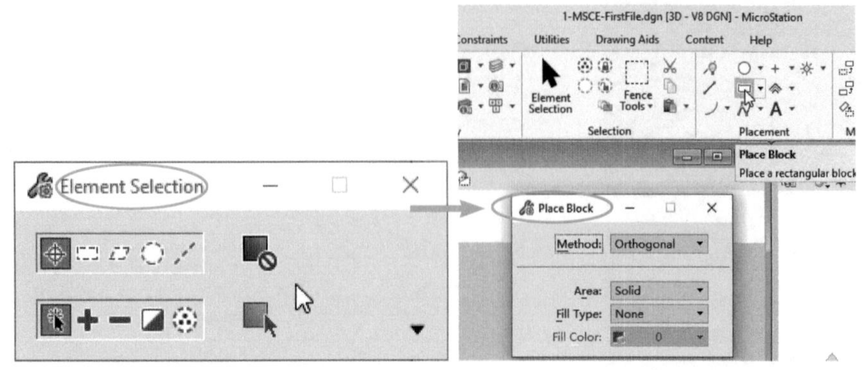

图 3-2-1　工具属性框

同时，在底部状态栏显示输入第一个点，如图 3-2-2 所示。

在右上角的“Top”视图里，通过单击鼠标左键确定第一个点，注意先别单击第二个点，当鼠标移动时，在下面的“X、Y、Z”的对话框里，会发现“数值在变化”，如图 3-2-3 所示。同时在视图中出现了一个十字坐标，这个坐标系就是精确绘图坐标系，下面的“X、Y、Z”对话框相当于一把“尺子”。这就是为何叫“直觉式”绘图方式，就像手工绘图一样。

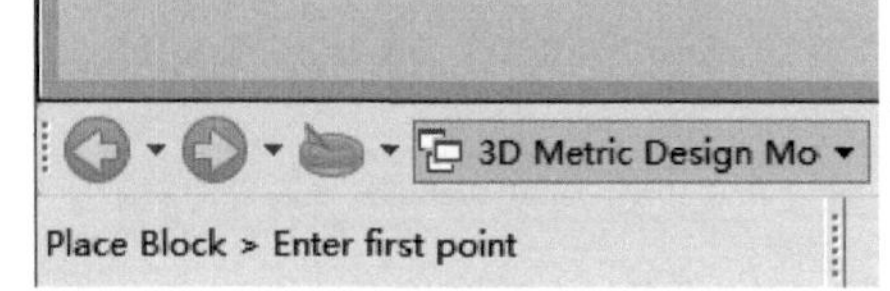

图 3-2-2　状态栏提示

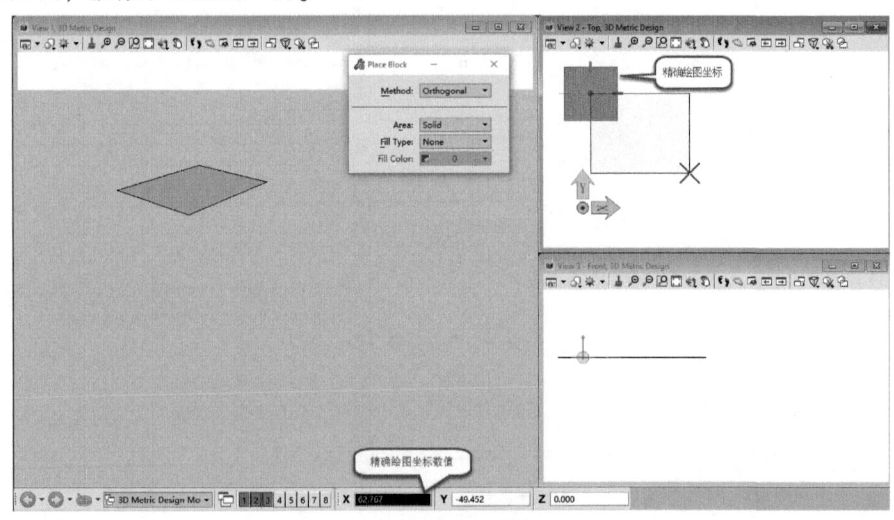

图 3-2-3　精确绘图坐标系

在移动鼠标位置的时候，MicroStation 会判断鼠标的当前位置，与精确绘图坐标系原点（第一个点）的位置关系，在 X、Y 区域内切换，焦点在 X、Y 轴位置，如图 3-2-4、图 3-2-5 所示。

当输入焦点在 X 时，直接用键盘输入“60”，不用刻意用鼠标点击 X 区域，因为焦点在 X 已经输入，系统会自动识别。

一旦输入“60”，会发现“X”图标被按下，这说明 X 值（轴）已经被锁定了，焦点自动到 Y 区域，如图 3-2-6 所示。

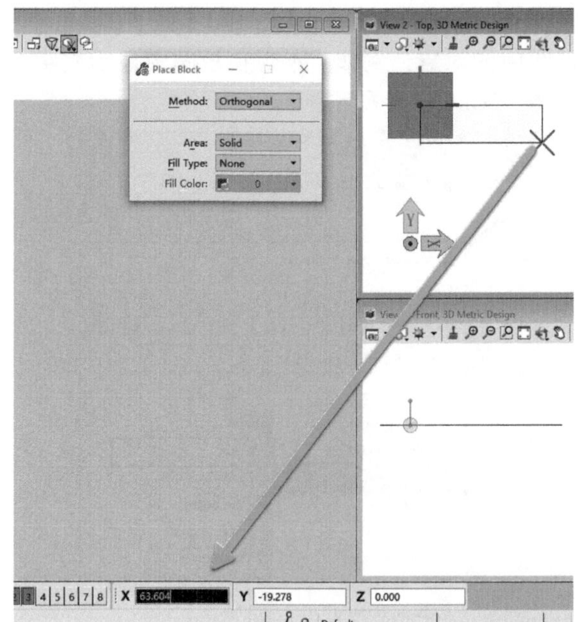

图 3-2-4　焦点在 X 轴位置

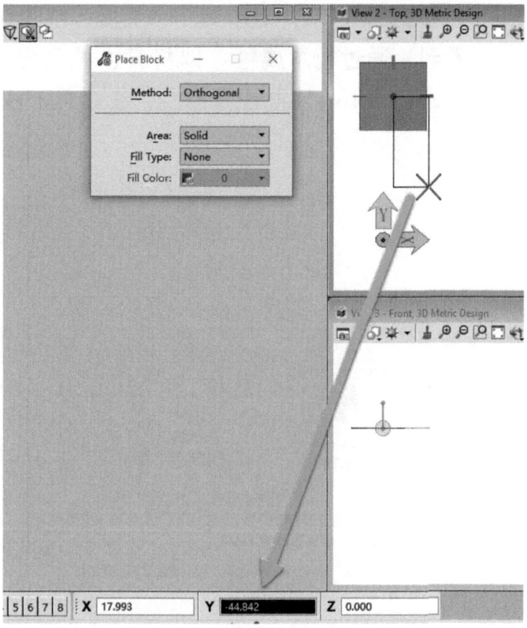

图 3-2-5　焦点在 Y 轴位置

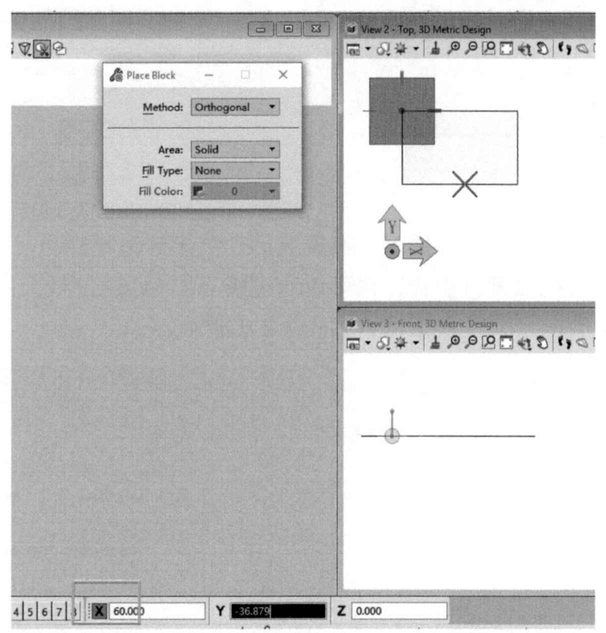

图 3-2-6　X 值（轴）锁定，输入区域到 Y

输入“30”，MicroStation 会自动输入 Y 区域，然后单击鼠标左键确认，矩形就绘制完成了。这时会发现，在状态栏，系统又提示输入第一点，这是让你绘制另一个矩形。如果不想绘制，点击选择命令回到默认状态（图 3-2-7），后面会介绍如何设置通过 <ESC> 键结束当前的命令。

在每个“View”的顶部都有一个工具条，来操作视图。在视图 1 中你会发现，矩形有透视效果，这是因为默认情况下视图 1 里有“相机”的设置。我们可以关闭相机，用等轴侧视图的方式显示矩形。

如图 3-2-8 所示，点击第一个工具“视图属性 View Attributes”。然后单击相机按钮“Camera”，可以看到，通过视图属性可以打开、关闭显示视图中的对象，例如，不想在视图中显示文字，就可以通过“Text”按钮来控制，在这里，我把网格“Grid”也关闭掉了。

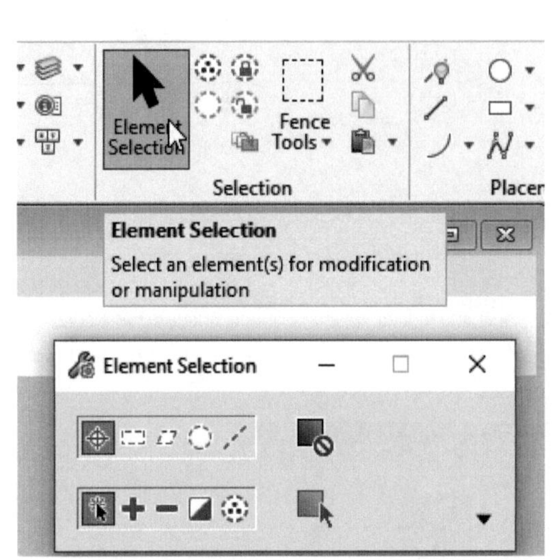

图 3-2-7　单击选择命令，工具属性框也发生了变化

图 3-2-8　视图属性

视图属性对话框是立即生效的，所以，设置完后，关闭对话框即可。

可以通过旋转工具对视图进行旋转，也可以通过按下鼠标滚轮拖动，进行放大缩小。不过，选择视图旋转命令，也有一个属性对话框，如图 3-2-9 所示。

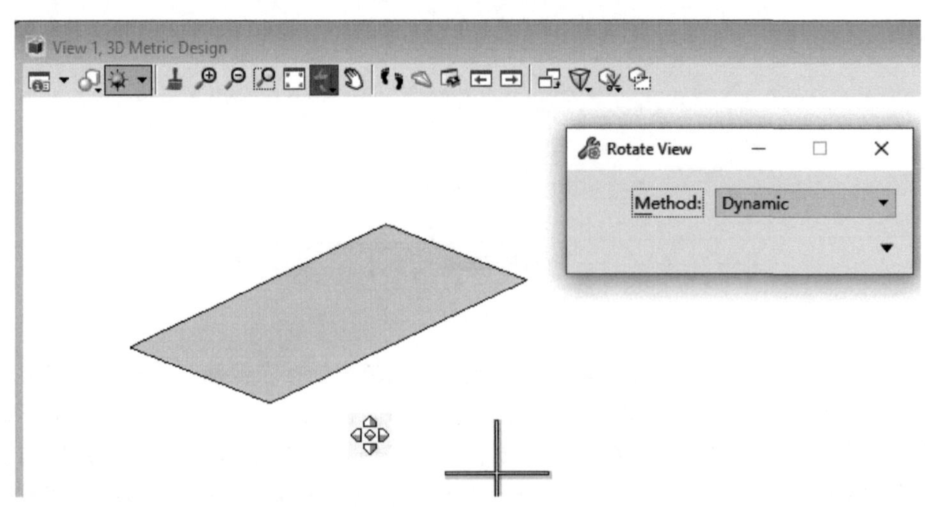

图 3-2-9　旋转视图

当然，通过在旋转命令上按住鼠标左键，或工具属性框里的“Method”选项，你都可以将

视图显示为标准视图，如图 3-2-10 所示。

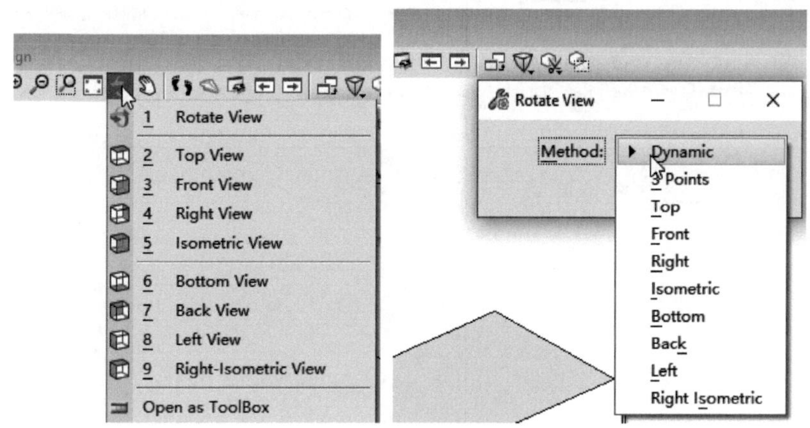

图 3-2-10 标准视图

当然还有很多的视图命令，自己摸索摸索就会了。

3.3 绘制一个三维对象

在 MicroStation 中，除了点、线、方、圆、弧等二维对象外，还有面、体、网格（Mesh），以及各种参数化对象。

上面我们新建的文件，是一个 3D 文件，在这个文件里，既可以创建二维对象，也可以创建三维对象。如果我们建立的是一个 2D 文件，那么，就不能创建三维对象，而相应的一些命令也无效。

在 MicroStation 界面的左上角有个工作任务下拉列表（图 3-3-1），选择工作的类型，当然这个列表，在后面的定制部分可以自己来定制。而里面的 “Task Navigation” 是为了兼容 “V8i” 的界面。

选择 “Modeling”，Ribbon 界面的工具条发生了变化。在 Home 里，可以发现我们设置当前的颜色为 “绿色”，线宽为 “3 号”，当然在这里还可以设置图层等属性，如图 3-3-2 所示。

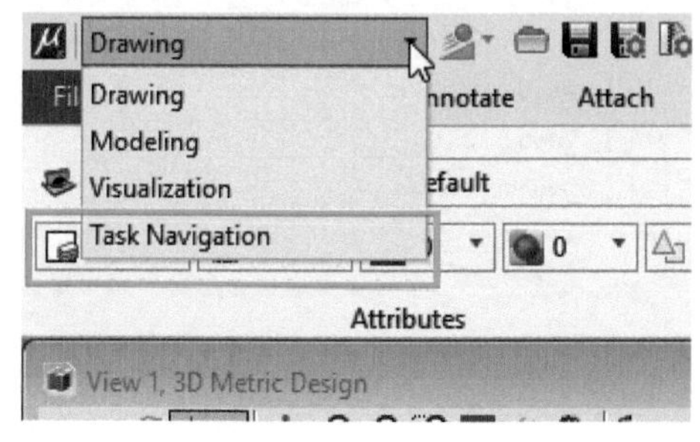

图 3-3-1 工作任务下拉列表

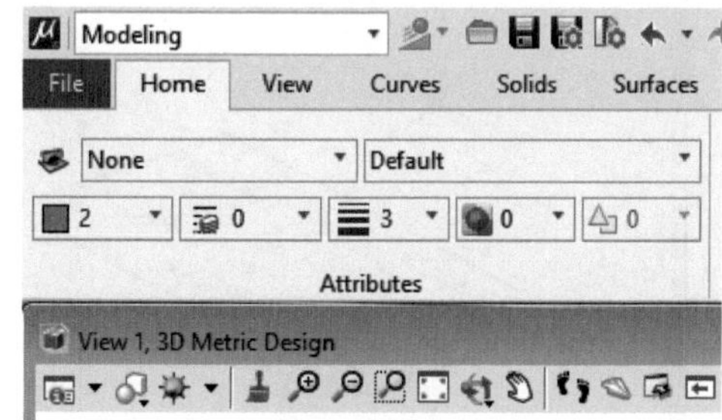

图 3-3-2 设置属性

我们选择 “Solids” 工具列表，如图 3-3-3 所示。

选择 “Slab” 命令，工具属性框也变成了 “立方体” 的属性设置。捕捉第一个点，然后单击鼠标左键。这时会发现精确绘图坐标系是正对着你的，也就是与 “轴侧视图” 对齐，而不是与已经绘制的矩形对齐，如果随便点击几下鼠标，绘制矩形，就会发现，已经绘制了一个空间的立方体（图 3-3-4）。

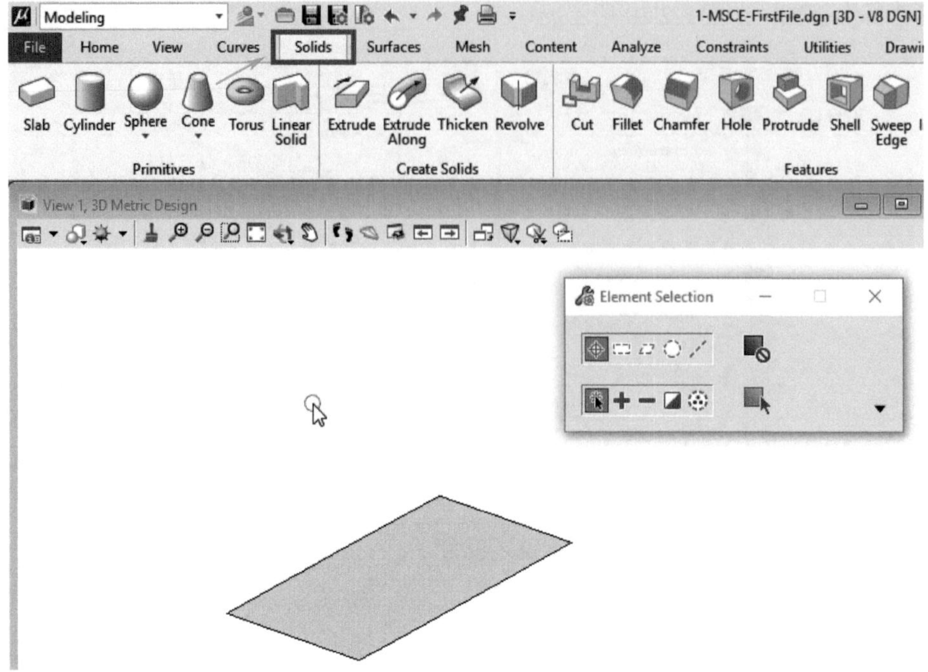

图 3-3-3　三维对象创建

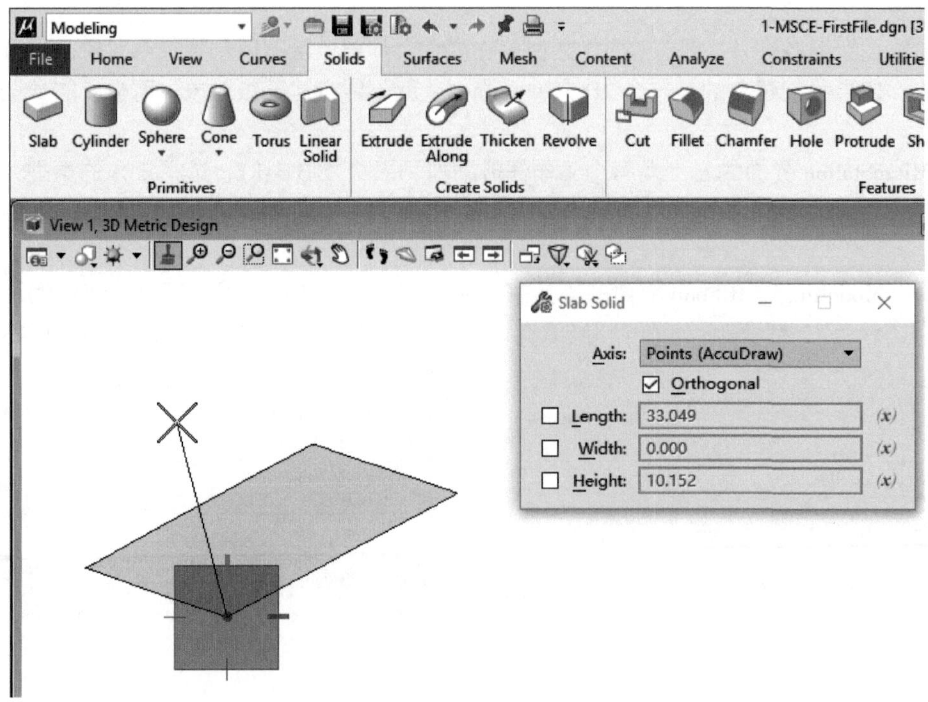

图 3-3-4　绘制立方体

在精确绘图坐标系保持焦点的情况下（也就是 X、Y、Z 的那个对话框，任何一个预期是黑色），然后按<T>键，这是一个精确绘图快捷键，可以输入到精确绘图对话框里，用来控制精确绘图坐标系的方向。“T”的意思是与“Top”面对齐（图 3-3-5），也可以尝试下<F>和<S>键，分别表示“Front”（前平面）和“Side”（侧面）。

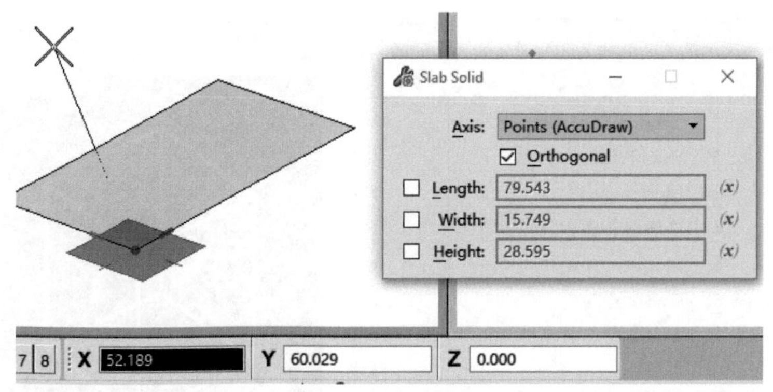

图 3-3-5　精确绘图快捷键 <T> 让精确绘图坐标系与 Top 面对齐

捕捉第二个点单击鼠标左键，如图 3-3-6 所示。

这时你会发现，精确绘图坐标系的位置没有移动，这是为了用同一个原点来定义立方体底面的宽和高。

然后捕捉矩形长边的中点，单击鼠标左键，这时会发现精确绘图坐标自动竖直，这时为了方便输入立方体的高度，直接输入“40”，然后单击鼠标左键，绘制完成的立方体如图 3-3-7 所示。

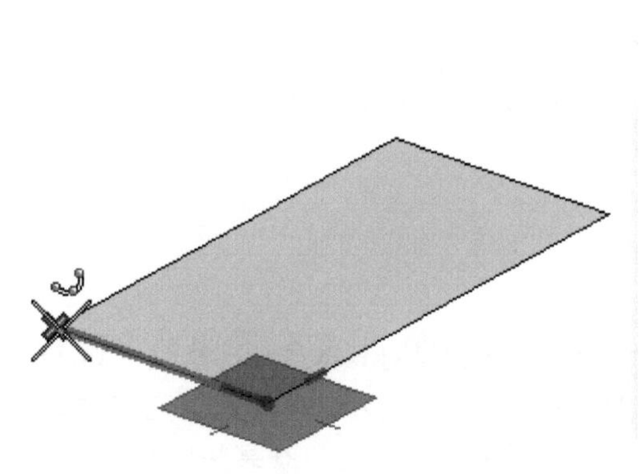

图 3-3-6　捕捉第二个点

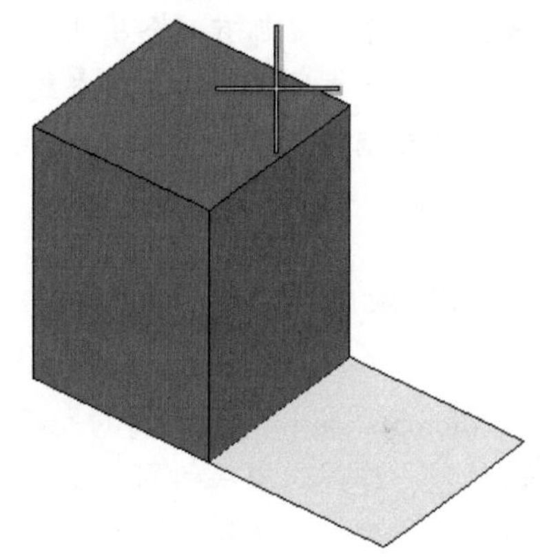

图 3-3-7　绘制完成的立方体

需要注意的是，精确绘图对话框里的 X、Y、Z 是基于精确绘图坐标系的，而不是基于世界坐标系。在 MicroStation 中，你不用刻意区分 X、Y、Z，这就像我们手中的尺子，对齐后，直接绘制想要的长度就行了，就像上文所述的高度 40，输入时会发现是在 X 轴上。无须考虑 X、Y、Z 区域，只需输入数字就可以，MicroStation 会自动处理。

绘制完成的立方体，默认是整体着色的，可以通过显示样式“Display Style”来选择不同的显示方式，例如线框显示方式（图 3-3-8）。在 MicroStation 中，工具旁有“小三角”的，表示是一组命令，“按住”就可以显示更多命令，在命令上单击鼠标左键，即可选择命令。

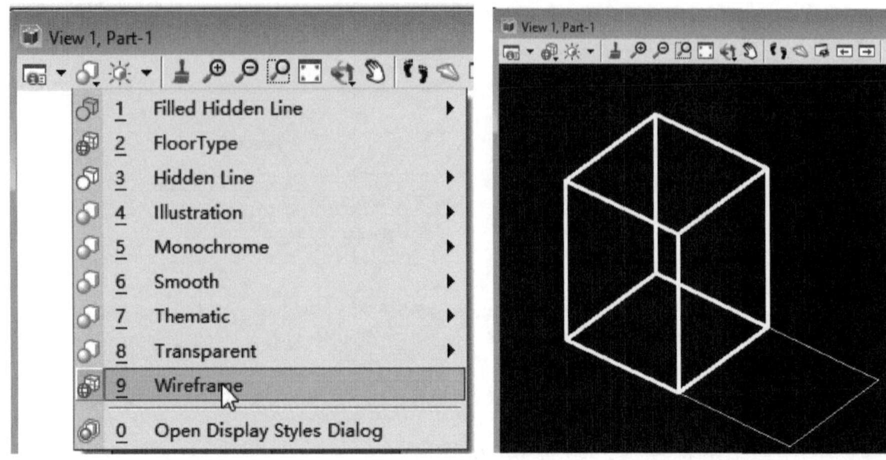

图 3-3-8 线框显示

通过以上的操作，你已经认识了最基本的 MicroStation 操作，稍加练习，就可以创建复杂的三维对象了。在这里我们总结要点如下：

- 在 MicroStation 中，执行命令分为三步：选命令，用工具属性框设置选项，看提示进行定位。
- 任何一个工具都有一个属性工具框。
- 单击鼠标左键是确认，单击鼠标右键是重置（不是结束）。
- 通过精确绘图快捷键 <T> <S> <F> 键可以将精确绘图坐标系与 “Top” “Side” “Front” 平面对齐。

3.4 基本的元素修改和操作

在 MicroStation 中，我们将对元素的处理分为两类：一类是对其本身进行修改 “Modify”，例如修改颜色、炸开对象等；另一类是整体操作 Manipulate，但不会破坏元素的完整性。例如复制、阵列对象等。以往我们只是用简单的编辑 “Edit” 来描述，不过这在某些程度上不太准确。

这两类操作可以通过 MicroStation 的 Modify 和 Manipulate 两个命令组完成（图 3-4-1），在这里我们只简单介绍基本操作，在后续的内容里再详细描述。

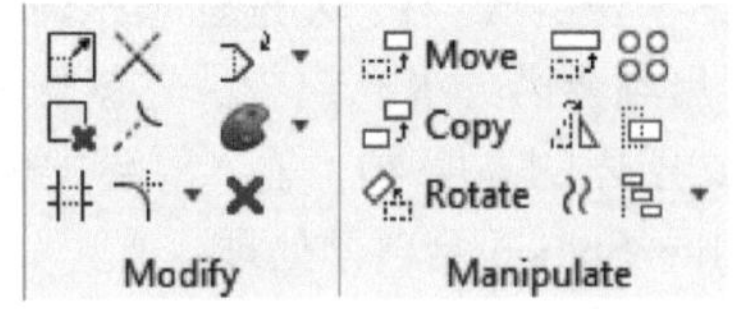

图 3-4-1 “Modify”（修改）和 “Manipulate”（操作）

3.4.1 元素操作

元素操作就是最常用的命令，需要注意的是以下三点：

（1）每个命令都有相应属性对话框，以设置参数。

（2）我们是在三维空间中进行操作，注意用 <T> <S> <F> 键来控制操作的位置和方向。例如，镜像时是以某个轴或面进行镜像，而如果是一个二维文件，镜像只涉及对称轴的操作。

（3）注意考虑是先选元素（一个或者多个）再选命令？还是先选命令后选元素？如果是后者，你可能只能通过单击鼠标左键的方式选择一个元素。

下面我们以镜像 Mirror（图 3-4-2）为例说明这个过程，其他的操作会在后文详细叙述。

我们先用“选择”命令选中两个对象，然后选择镜像命令，如图 3-4-3 所示。

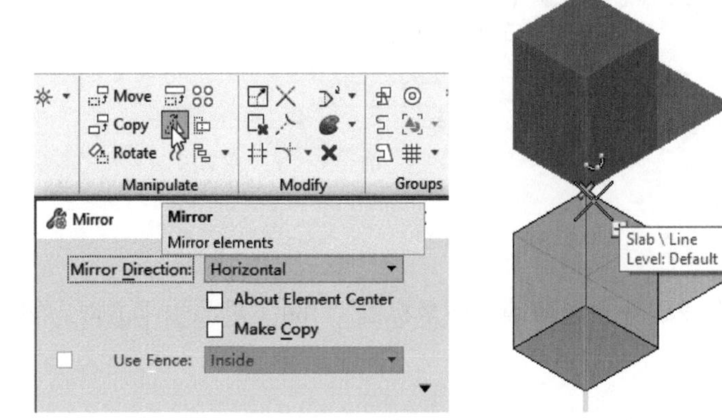

图 3-4-2　镜像命令

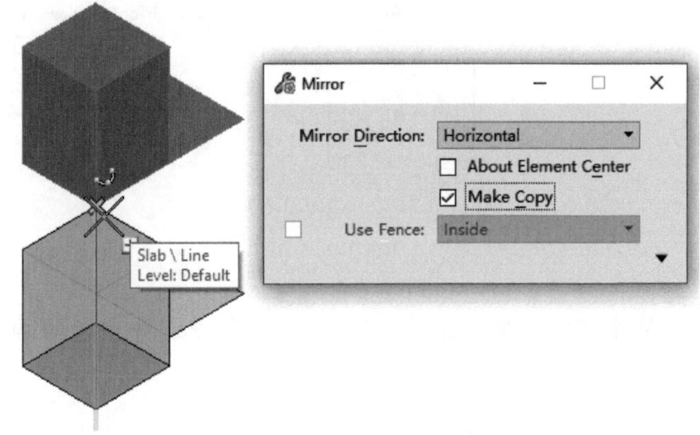

图 3-4-3　镜像参数，我们选中“Make Copy”

图 3-4-3 所示是个轴侧视图，属性框中是水平镜像，而对象临时是以视图方向的水平轴镜像的。这时你会发现鼠标可以捕捉点，但不要单击鼠标左键，因为单击鼠标左键意味着确认，表示接受当前的操作。

这时你用鼠标单击一下精确绘图对话框，让其获得焦点（焦点的概念后面会讲），如图 3-4-4 所示，需要注意，你这时仍然没有单击鼠标左键。

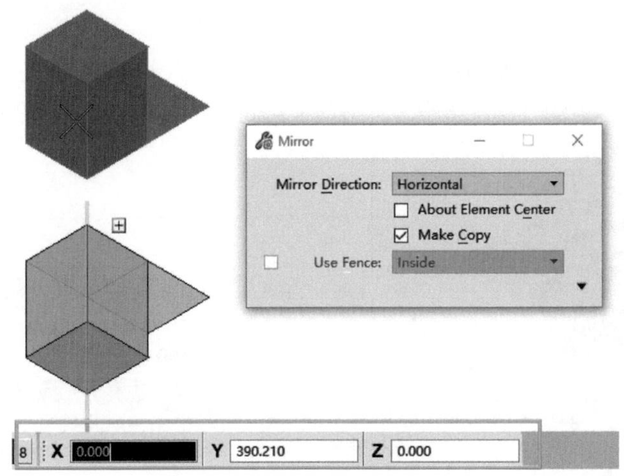

图 3-4-4　精确绘图对话框获得焦点

这时，捕捉到你将来镜像“水平轴”的一点，然后使用 <O> 键（不是零），这是一个精确绘图快捷键，目的是将精确绘图坐标放到捕捉的点上，完成后，你会发现，精确绘图坐标被放置在捕捉点上了，而且精确绘图坐标的方向是与视图对齐的（图 3-4-5）。

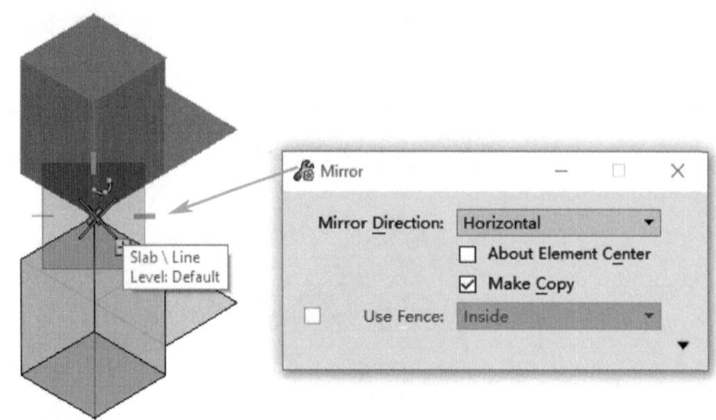

图 3-4-5　精确绘图坐标对齐视图

使用精确绘图快捷键 <T> 键，你会发现对象以精确绘图坐标的“Top”平面水平方向来镜像了，如图 3-4-6 所示。

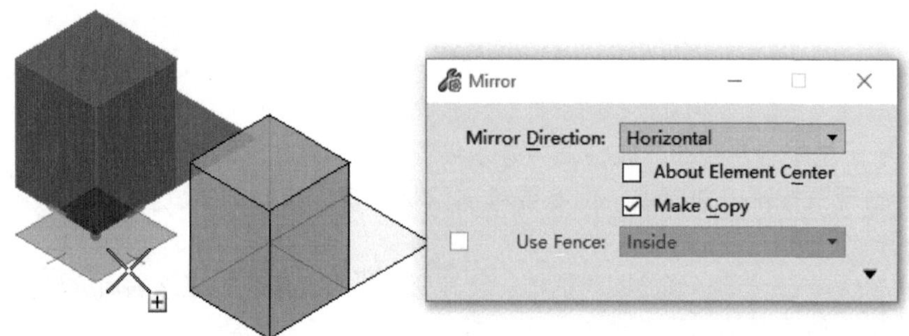

图 3-4-6　水平方向镜像

可以移动鼠标，选择水平镜像的轴，确认后，完成镜像。你也可以尝试使用 <S> <F> 键来调整精确绘图坐标的方向，这时的“水平镜像”的方向在空间上发生了变化，如图 3-4-7 所示。

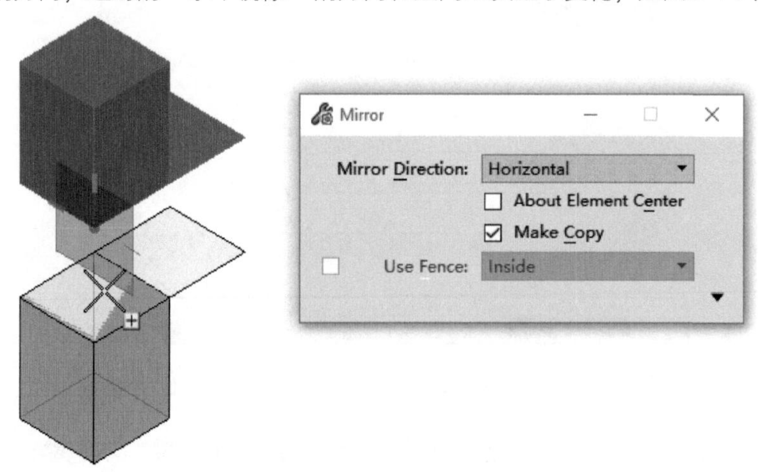

图 3-4-7　以侧面水平轴来镜像对象

当得到你想要的结果，单击鼠标左键完成操作。所以，在 MicroStation 中，所谓的水平和垂直是以精确绘图坐标系来讲的，它也分为 X、Y、Z 轴，但请注意，实际用 MicroStation 时，根本不用记忆这些，因为它采用的是直觉式的绘图方式，就像你用尺子绘图时，你也不会先想想如何确定尺子的方向再来绘图，而是在使用时，所见即所得，不行就调整。这就是 MicroStation 精确绘图的优越之处。

学会了这个命令，其他的命令你自己尝试一下就可以掌握了。选命令，设置参数，按照提示操作及定位。后面我们会讲解更多的精确绘图快捷键，然后灵活地在三维空间进行精确定位。几个例子练习后，你就可以熟练掌握，真正开始直觉式绘图了。

3.4.2 元素修改

元素被创建完成后，当你选择后，无论是二维对象，还是三维对象，都有些靶点存在。通过拖动这些靶点，结合精确绘图，就可以实现对象的编辑。

在选择工具框中，“Handler”选项用来设置对象是否显示靶点，如图 3-4-8 所示。

元素修改的命令比较简单，在这里我们只简单介绍一个插入顶点的工具“Insert Vertex”，如图 3-4-9 所示。

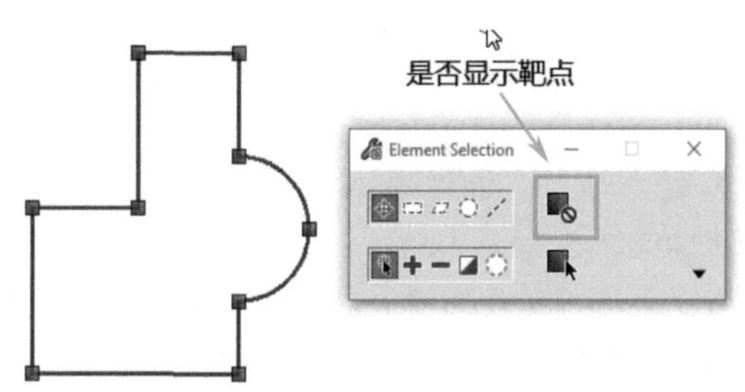

图 3-4-8 对象的靶点编辑

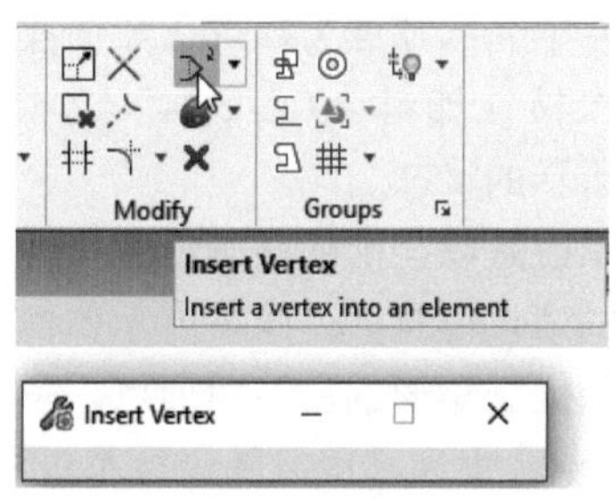

图 3-4-9 插入顶点工具

这个工具其实没有太多的属性来设置，所以，对话框里是空的，我们捕捉到如图 3-4-10 所示矩形的一个边的中点，然后单击鼠标左键，出现如下的操作：精确绘图坐标系被放置在捕捉的点上，精确绘图坐标对话框的数值也是以此为基点测量的。

系统提示输入新的顶点位置，你当然可以随便用鼠标点一下，但在工程绘图中，还是需要精确度量的。当我们移动鼠标指针靠近精确绘图坐标系的 X、Y 轴时，你会发现有粘连的提示，如图 3-4-11 所示。

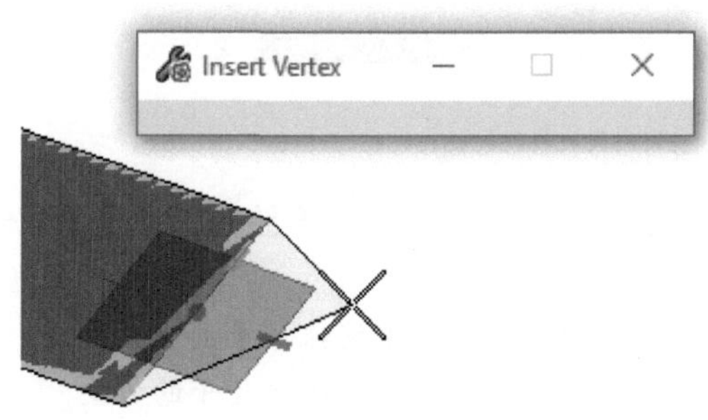

图 3-4-10 插入顶点

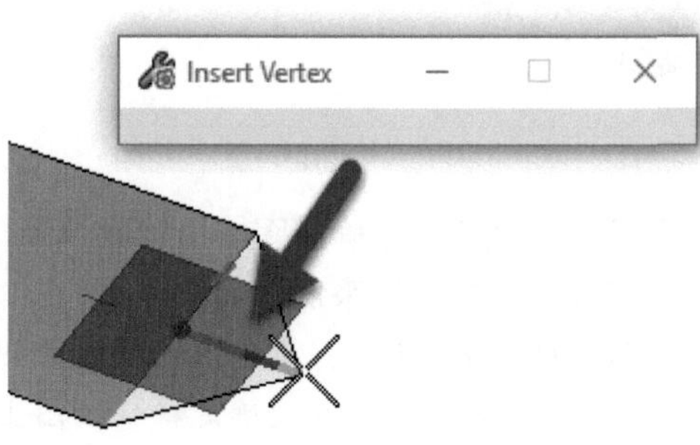

图 3-4-11 鼠标指针被粘连到坐标轴上

这时你输入“15”，注意这时在默认情况下精确绘图工具条有焦点，出现了如图 3-4-12 所示下的结果。X 区域被输入了“15”且被锁定，鼠标移动时，只能在精确绘图坐标的 Y 轴进行移动，Y 区域也获得焦点，再输入“10”，这个数值会被输入到 Y 区域，如图 3-4-13 所示。

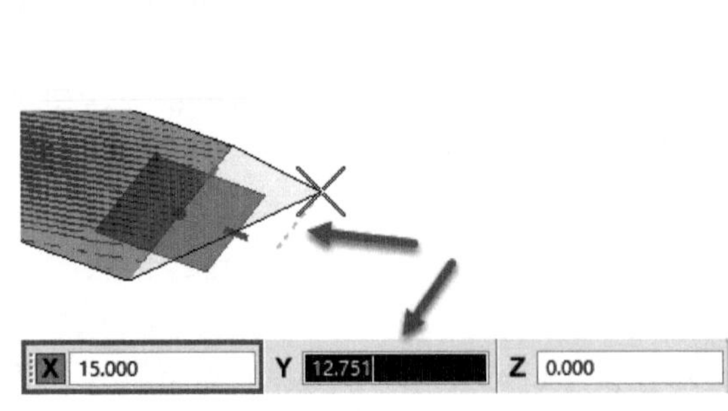

图 3-4-12　锁定 X 轴，输入数值到 Y 轴

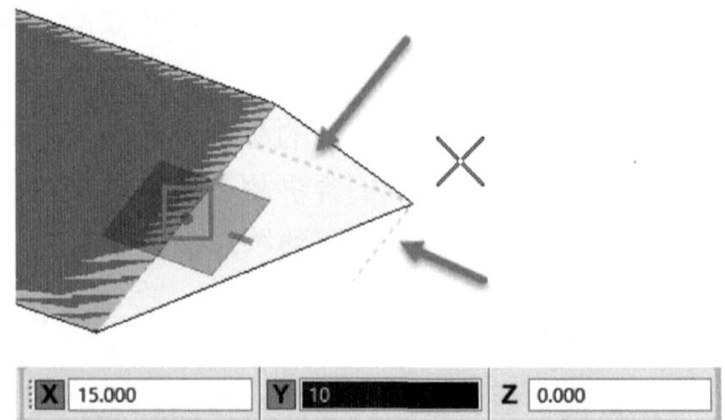

图 3-4-13　输入了 X、Y 数值，且锁定了两个轴

这时，单击鼠标左键就确定了新的顶点位置。从上面的操作可以看出，新的顶点位置（我们输入了“15，10”）是以我们捕捉到的矩形边的中点为基点的。如果我们不以此为基点，而是以矩形的左下角的顶点为基点该如何操作?

你可以按快捷键 <Ctrl> + <Z> 撤销上述操作，然后重新执行插入顶点命令，回到如图 3-4-14所示的状态。

这时系统是以当前的精确绘图坐标系的位置为基点，通过输入坐标数值或者捕捉到某个点来确定新的顶点位置。下面将展示如何移动精确绘图坐标。

首先捕捉到矩形的左下角顶点，需要注意，不要按鼠标左键。这时使用精确绘图快捷键 <O>（Origin），你会发现精确绘图坐标系被移到了新的基点上，再重复上述的操作来以此为基点定位新的顶点，如图 3-4-15 所示。

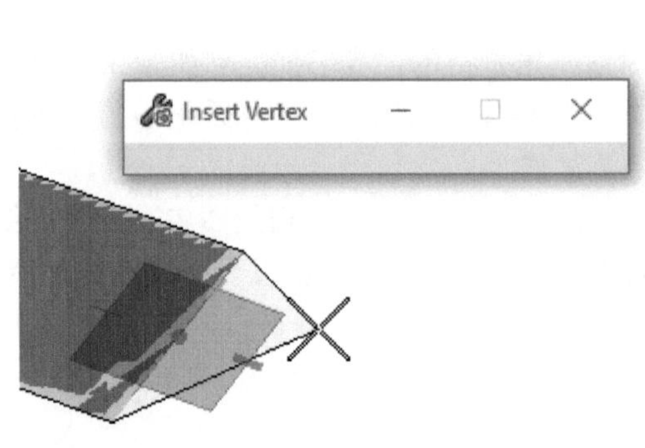

图 3-4-14　系统提示输入新的顶点

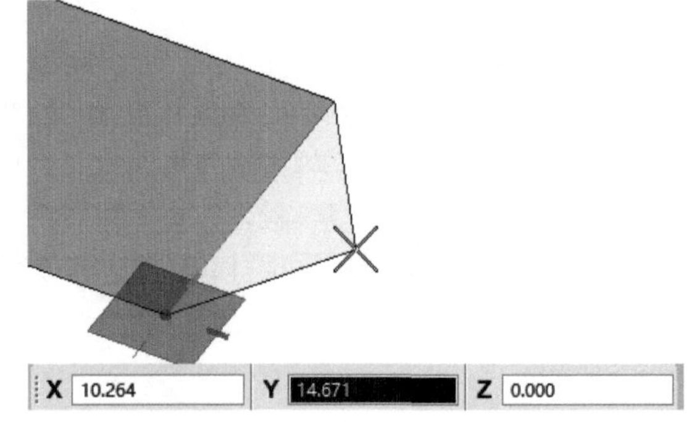

图 3-4-15　新的精确绘图基点

讲到这里，我们对精确绘图快捷键做个简单小结。精确绘图坐标系就像绘图时的一把尺子，可以通过精确绘图快捷键来操作这把尺子。

- 通过 <O> 键或者捕捉点来定位精确绘图坐标系的原点，决定了这把尺子的位置。
- 通过 <T> <S> <F> 键确定精确绘图坐标系的对齐方向，也就是这把尺子的方向。
- 通过在精确绘图对话框里输入数值，来确定目标点位置，这个目标点可以用来确定线的起点和中点，也可以是新的精确绘图坐标系位置。

3.5　DGN 文件组成

在一个 Excel 文件里，我们可以建立多个表单（Sheet），在 DGN 文件里也有类似的存储结构，我们称之为“Model”，我不太愿意翻译成“模型”。因为说一个 DGN 文件可以划分为不同的模型，感觉很难理解，所以，我们直接用“Model”来表示。Model 就像一个容器。对于工程文件来讲，每个容器可以放置二维或三维对象，也可以放置图纸对象。

如图 3-5-1 所示，我们可以通过“Model”命令，来对 DGN 文件的内容组织进行管理，每个 Model 都是独立的设置。例如不同的工作单位设置、不同的注释比例等。

我们刚才的操作就是在一个名为“3D Metric Design”的 Model 里进行的。通过“右键菜单”，可以修改 Model 的名称和属性（图 3-5-2）。

图 3-5-1　DGN 文件 Model 管理

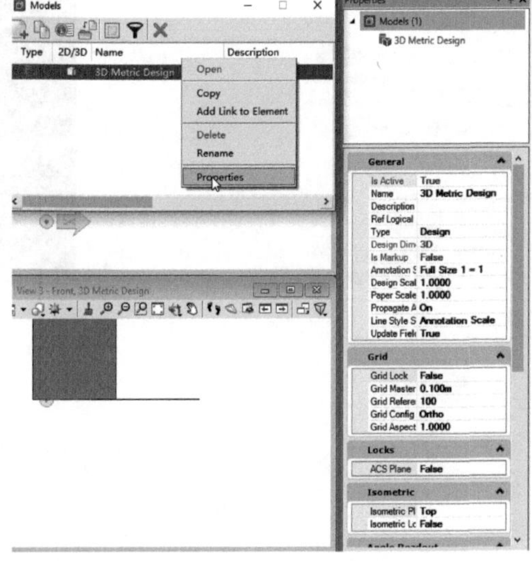

图 3-5-2　Model 属性设置

我们将 Model 改名为“Part-1”。然后按照如下的属性新建一个“Part-2”的“Model”。注意“Type”为“Design”，类型为“3D”。建立完毕后，这个 Part-2 的 Model 会自动打开，如果你想回到 Part-1 的 Model，在“Models”对话框里，双击 Part-1 就可以了，如图 3-5-3 所示。

在 Part-2 的 Model 中，可以再绘制一些内容，如图 3-5-4 所示，当然也可以尝试不同的命令，绘制不同的图形。

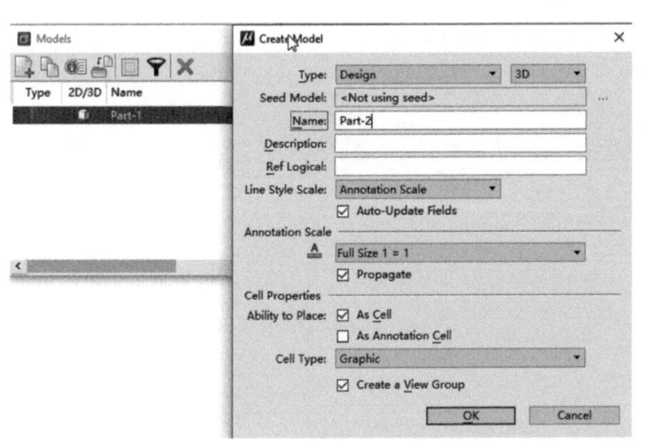

图 3-5-3　新建一个 Model

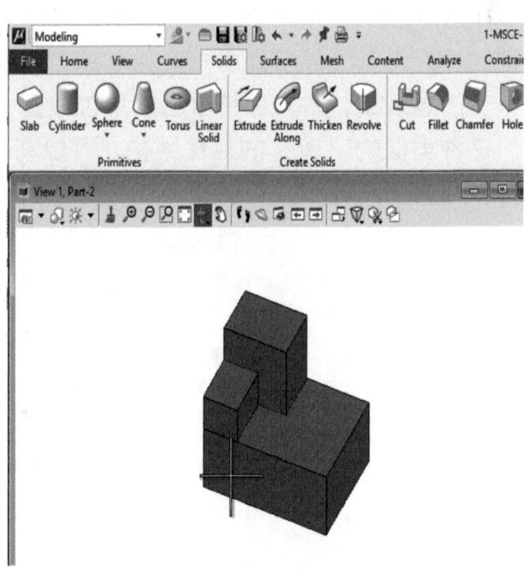

图 3-5-4　在 Model Part-2 中绘制的对象

如果建立一个 2D Design 类型的 Part-2 Model（图 3-5-5），那么你会发现精确绘图对话框没有 Z 轴内容的输入（图 3-5-6），因为在 2D 的 Model 里不能绘制三维对象，相应的命令也会被隐藏（图 3-5-7）。

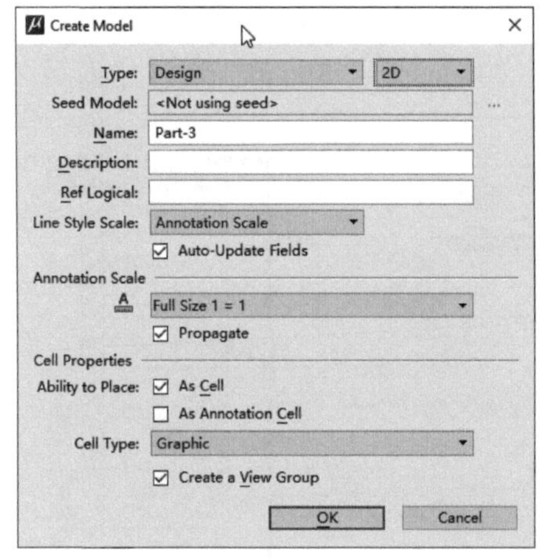

图 3-5-5　建立 2D 的 Model

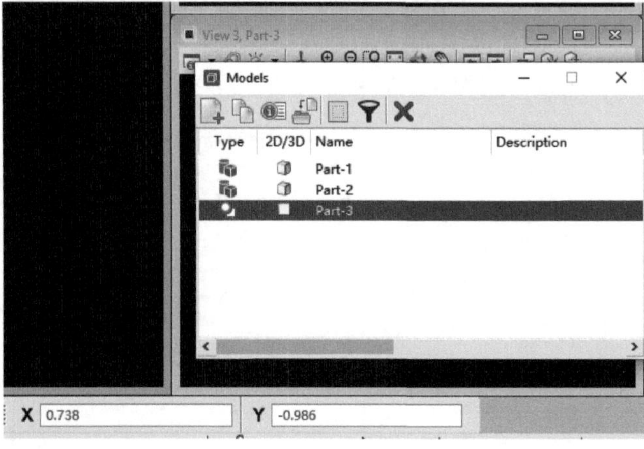

图 3-5-6　没有 Z 坐标

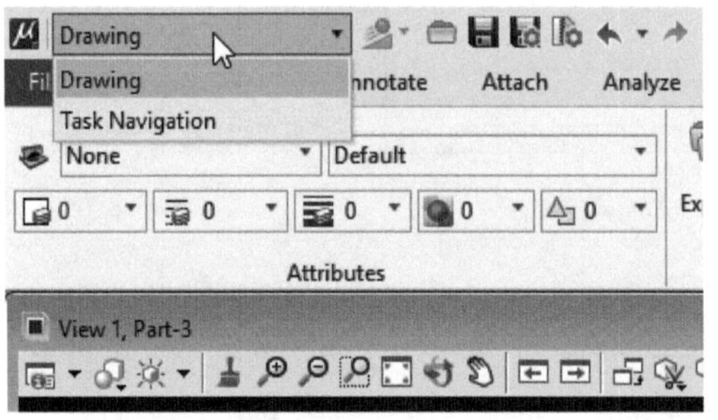

图 3-5-7　在 2D 的 Model 里三维命令被隐藏

DGN 的文件结构和我们后面讲的 Cell 单元文件库的结构（ *. cel）是一样的，本质上也是同一种文件。每个文件都是由一些独立的“存取区块”组成的，在整个 DGN、Cell 库文件里共享同一套图层系统，各自保持自己的单位设置。

这种类似的“库”的存储结构，可以将 Model 或者后面的单元在不同的 DGN 文件或者 Cell 库文件之间输入输出，可以使用这种方式将库进行合并（图 3-5-8）。

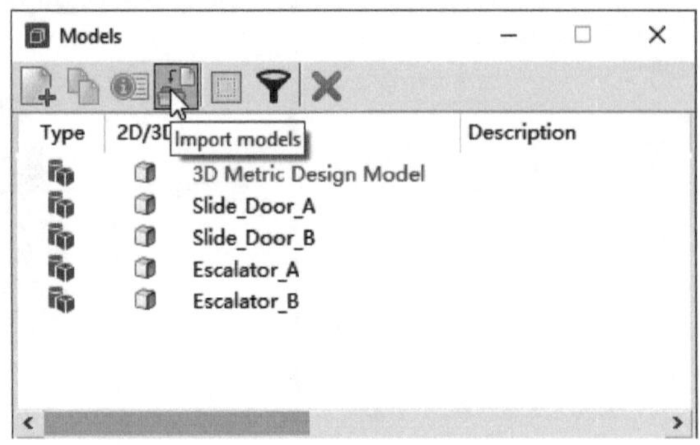

图 3-5-8　导入 Model 的命令

3.6 文件参考

对于某个专业设计来讲，我们倾向于将不同的部位、楼层、系统放置在不同的文件里，在每个文件里通过不同的图层来区分不同的对象类别，在 MicroStation 中也是一样。

从上面的内容中，我们可以在一个 DGN 文件中建立不同的 Model，至于你如何将项目的工程内容放置在不同的 DGN 文件的不同 Model 里，需要制定相应的原则以及文件的命名规则。在此我们不做细节的探讨。

不同部分的工程模型等内容，被放置不同的 DGN 文件的不同 Model 里（哪怕只有一个 Model）。如果我们想要浏览所有的模型怎么办？需要复制在一起吗？

当然不需要，MicroStation 提供了参考“Reference”的技术，允许你“引用”其他的对象。就相当于一个链接，当被参考的对象变化时，引用的场合会自动更新。当然，如被参考的对象被删除了，参考也就失效了。

我们通过如下的例子，来说明这个过程。

新建一个“2-MSCE-SecondFile. dgn”的文件，建立完毕后，点击“Reference”按钮，弹出如图 3-6-1 所示对话框。

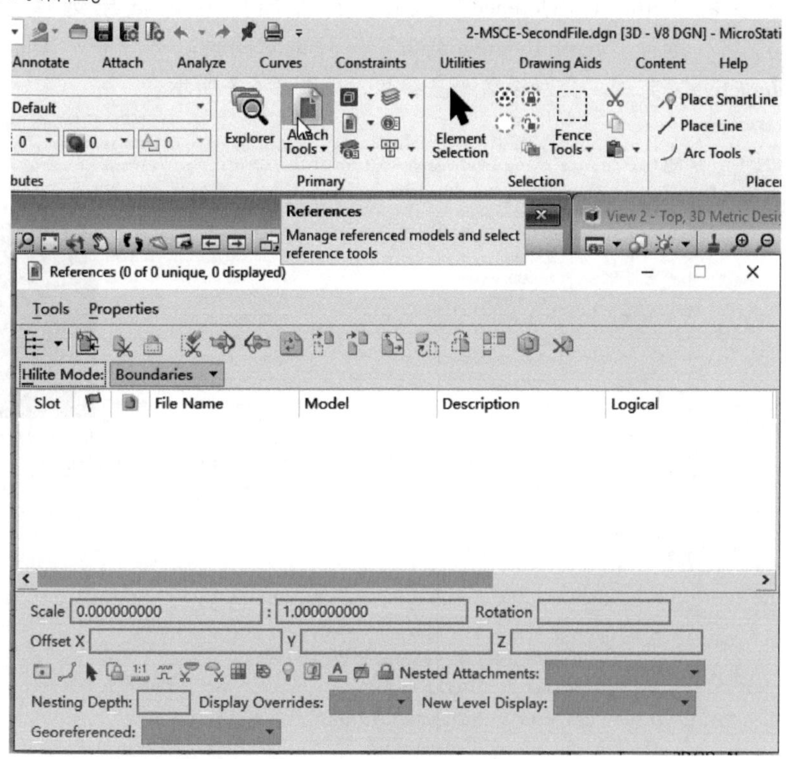

图 3-6-1　参考对话框

当前 Model 的名称为“3D Metric Design”，你可以修改一下名称（图 3-6-2）。

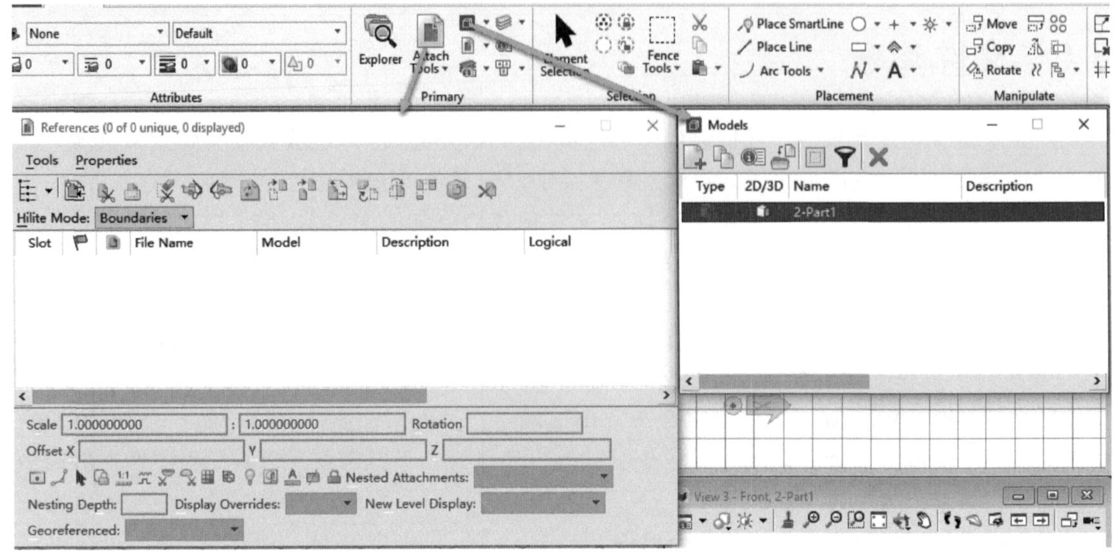

图 3-6-2　当前 Model 的参考情况（名称）

点击链接参考“Attach Reference”按钮，在弹出的对话框里选择文件“1-MSCE-FirstFile.dgn”文件，选择“Save Relative Path”保存相对路径。然后在“Attachment Method”里，选择“Interactive”方式，交互设置一些参数，如图 3-6-3 所示。

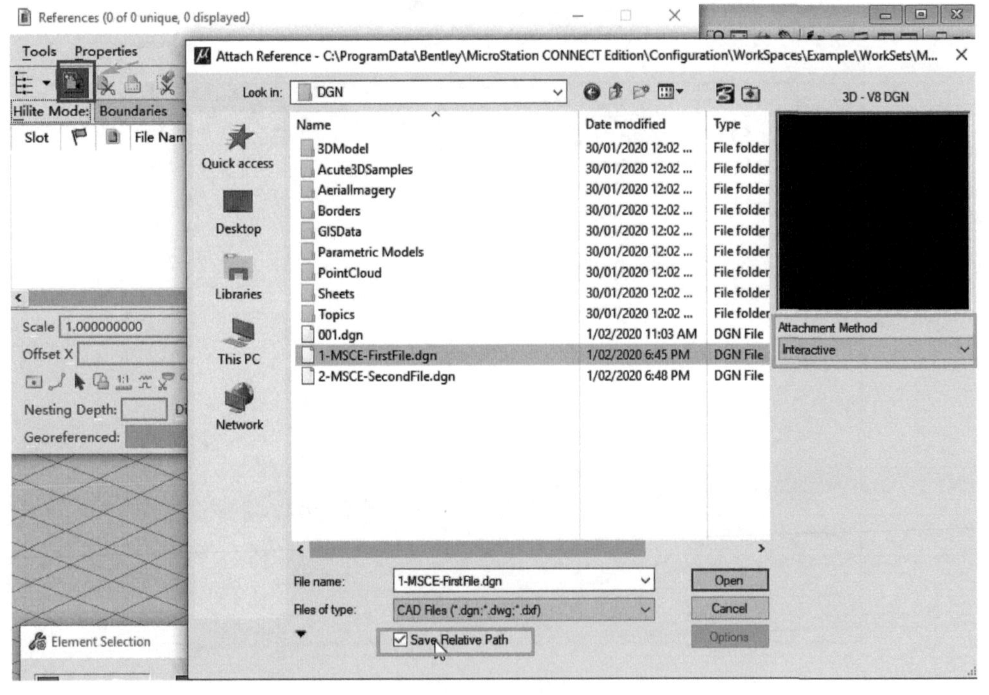

图 3-6-3　参考文件

点击“Open”按钮时，弹出如图 3-6-4 所示的对话框，选择“Part-1”Model。

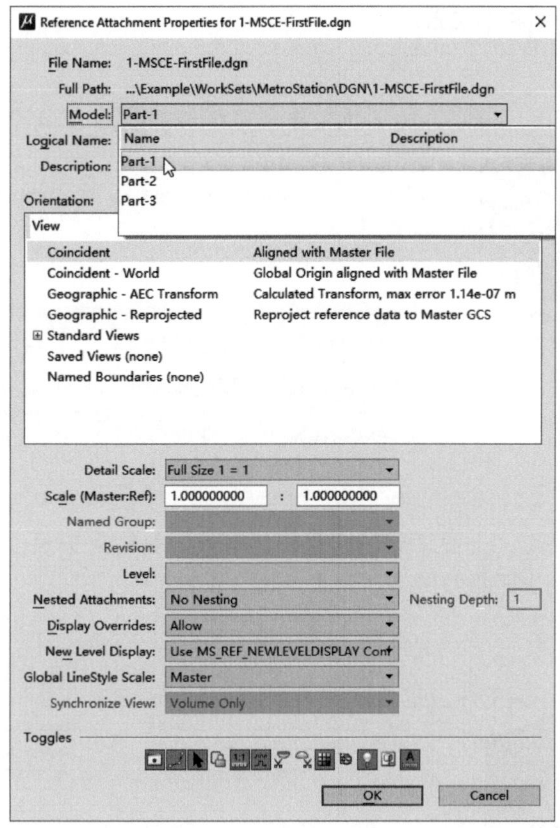

图 3-6-4　参考 Part-1 Model

点击“OK”按钮后，你会发现 Part-1 中的内容，已经被“引用”到当前文件了，如图 3-6-5 所示。

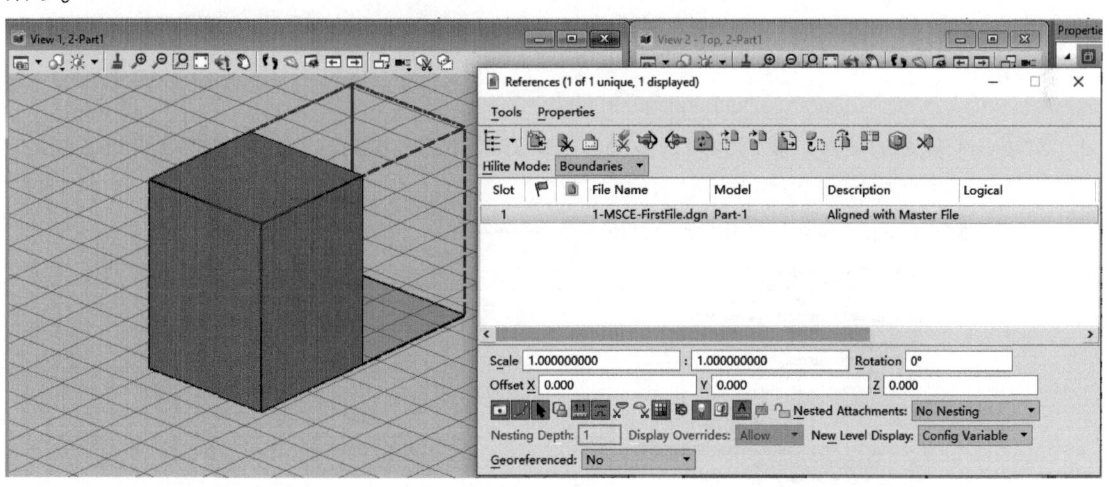

图 3-6-5　参考完成

通过这个过程你会知道，“参考”是一个 Model 对另个 Model 的参考。我们可以参考多个 DGN 文件的多个 Model，也可以对同一个 Model 参考多次。

在参考对话框里，有操作工具，例如移动参考，但需要注意的是，这种移动只是移动了当前放置参考的位置，对原来的文件没有任何更改。复制参考（图 3-6-6）等同于重复参考了一次相同的 Model，然后移动到新的位置。

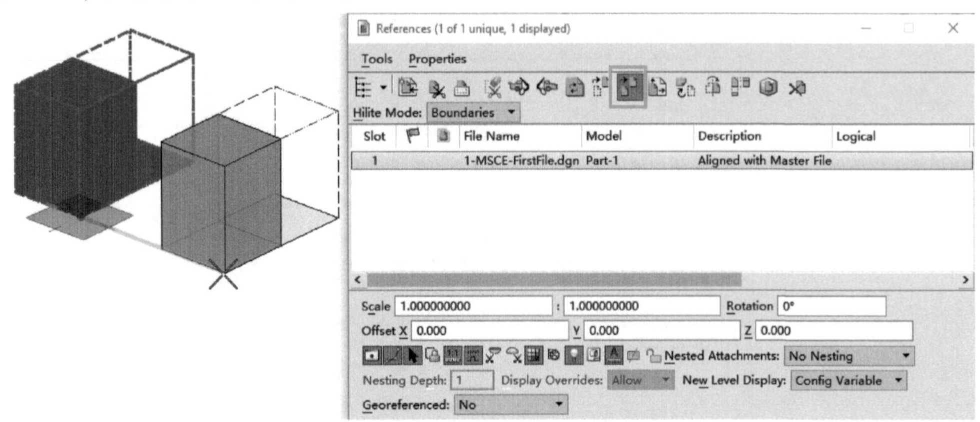

图 3-6-6　复制参考

用鼠标选择起点和终点，上面学到的定位仍然有效。复制完毕后，就会发现，在参考的对话框里多了一个参考，相当于重复参考了两次（图 3-6-7）。

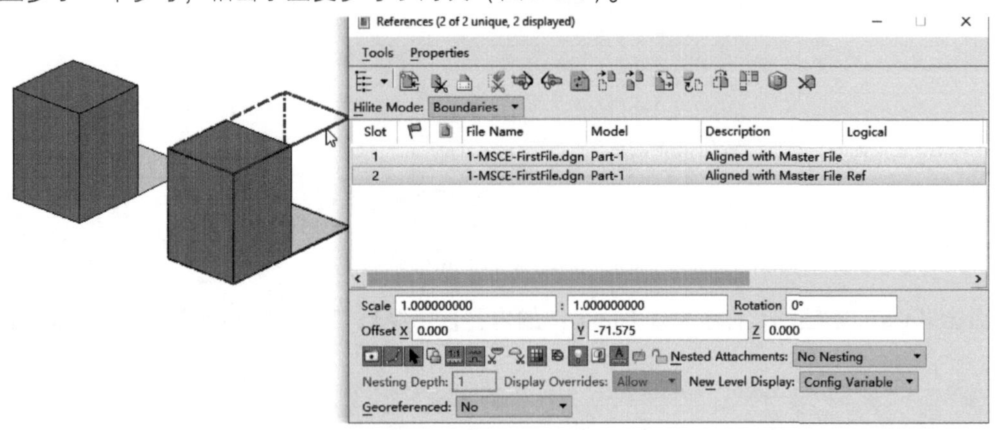

图 3-6-7　重复参考两次

对于一个复杂的项目，我们会用到多层参考的方式（图 3-6-8），在后面我们会详细叙述。

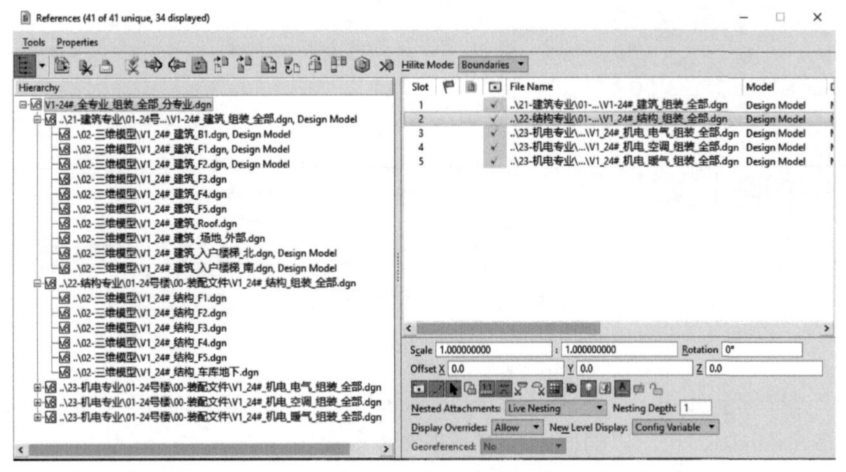

图 3-6-8　多层参考案例

小　结

MicroStation 有两大核心技术：

- 精确绘图，帮助你在三维空间中，快速进行定位。
- 参考技术，帮助你灵活组合工程内容。

学会了这两点，也就掌握了 MicroStation 的精髓。在后面的章节里，会对一些细节做详细的叙述。

你可以利用学到的内容，尝试绘制如图 3-7-1 ~ 图 3-7-3 所示的内容，如果有些部分不会操作，可以自己琢磨下，然后留着这些问题，学习下一个章节。

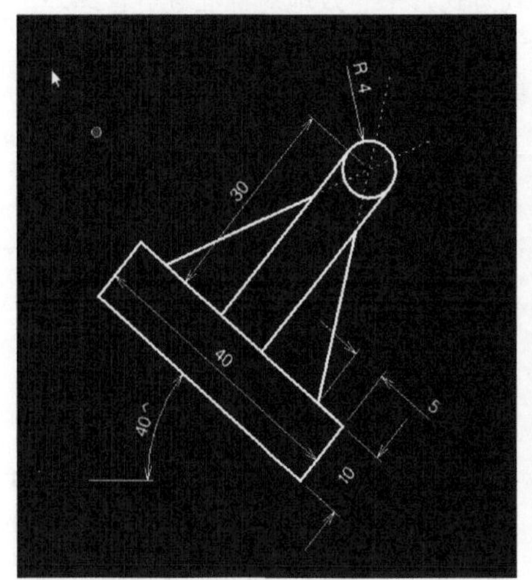

图 3-7-1　练习（一）

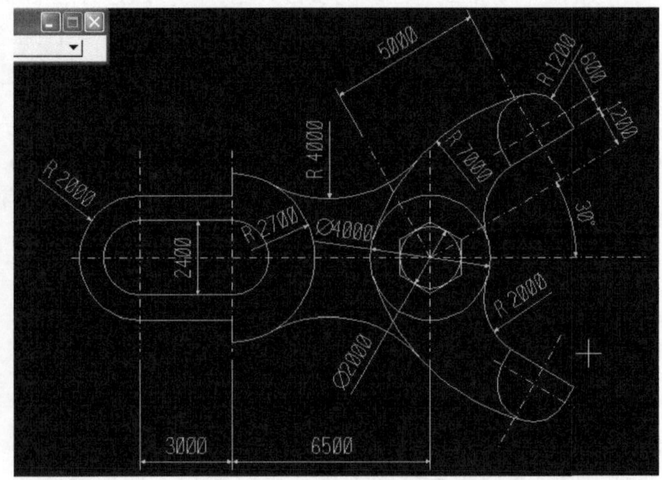

图 3-7-2　练习（二）

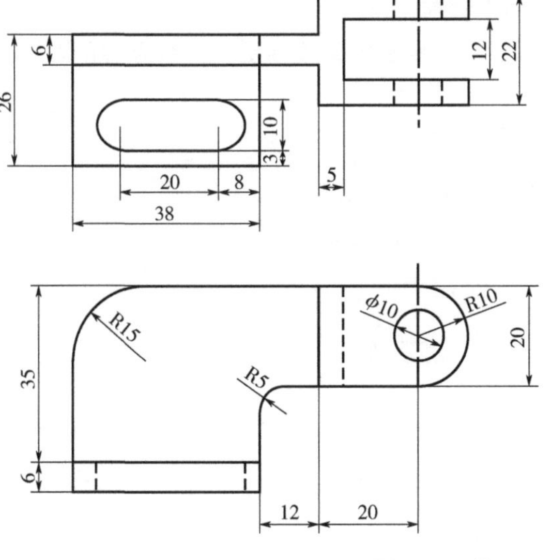

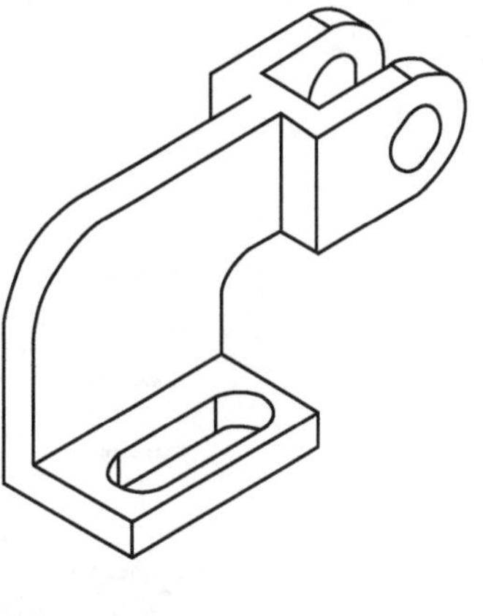

图 3-7-3　练习（三）

第 4 章 MicroStation工作环境

我们所有的工程项目，都需要有相应的标准。国家、区域、项目不同，所沿用的工程标准也不同。无论是工作单位、二维标注还是三维的构件库，都有很大的差异。我们需要使用正确的工程标准，创建、编辑正确的内容。

MicroStation 从一开始就考虑了这个问题，它用工作环境来对不同层次工程标准进行管理。从项目级的独特标准到企业级的项目共性标准。通过分层的加载方式，来有效地对标准进行管理。

所以，使用 MicroStation，我们必须有工作环境的概念。正确的方式是用正确的工作环境，打开正确的设计文件。操作时，系统调用工作环境中的图层定义、对象库等标准内容。创建正确的工程内容。

高效率使用 MicroStation 的方式是，启动 MicroStation，选择工作环境，打开工作文件。如果是基于 ProjectWise 的协同工作模式，可是工作环境的托管，实现项目团队的工作标准统一管理和发布。

4.1 用工作环境控制标准

MicroStation 安装完毕后，你会找到 MicroStation 的图标，选择第一个图标启动（图 4-1-1）。MicroStation 在启动时，会配置一些安全的选项，可以使用密码或者数字签名来保护文件。具体的设置，可以参考帮助文件。

图 4-1-1 MicroStation 快捷方式

系统同时也会启动一个“CONNECTION Client”的客户端，如图 4-1-2 所示。这其实是一个独立的小程序，用来维护你所有的 Bentley 程序，它会根据你的账户信息来检查软件更新、登录你的项目门户，获取相应软件的授权。

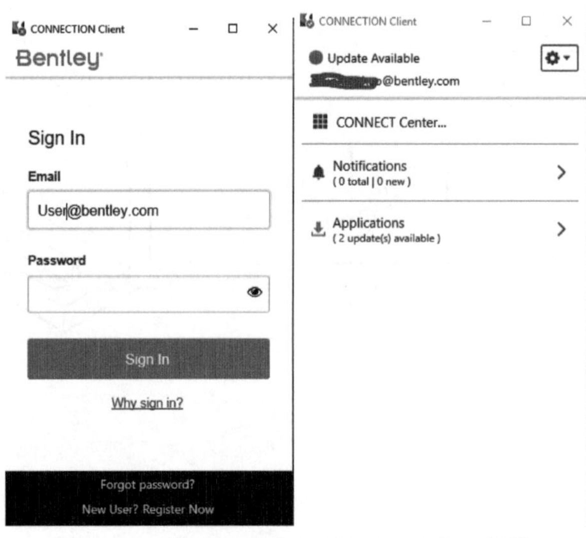

图 4-1-2 登录前、后的 CONNECTION Client 界面

如果你不是商业用户，你可以注册一个免费用户，通过试用的方式使用 MicroStation，如果 MicroStation 检测到你没有登录 CONNECTION Client，也会是这样的状态。

如果你是商业用户，你企业的管理员会给你分配一个属于你自己的 CONNECTION Client 账户，你可以用它来试用 Bentley 的应用软件和 Bentley 的云服务（图 4-1-3）。

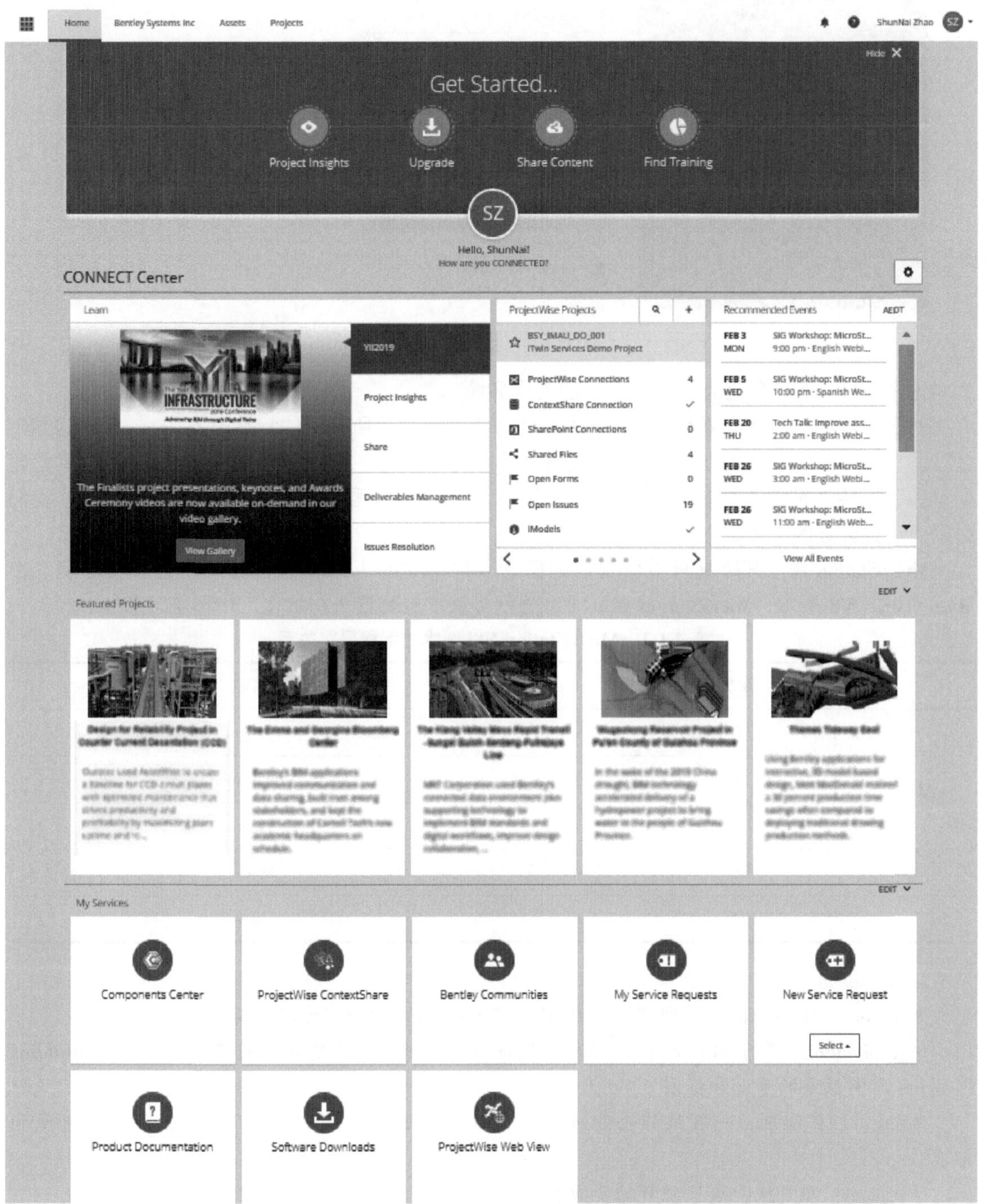

图 4-1-3　通过 CONNECTION Client 访问企业项目门户和云服务

所以，使用 MicroStation 时，你其实是作为云服务的一部分来使用的，通过互联的环境来进行项目、企业级的协同。

我们还是回到本机的 MicroStation 界面，在启动时，首先弹出的是如图 4-1-4 所示的界面，系统让你选择工作空间“WorkSpace”和工作集“WorkSet”（V8i 版本中的“Project”）。

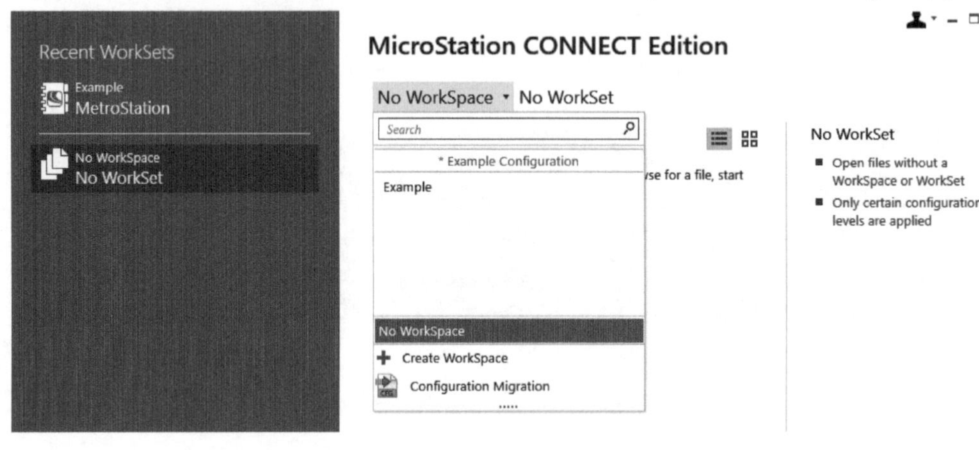

图 4-1-4　工作环境选择

这个过程，我们称之为“选择正确的工作环境”。

对于工程项目，我们都有项目环境的概念。不同的项目所使用的标准也不一样，例如图层、线型、构件库、图纸模板等。对于一个企业来讲，会涉及多个或者多种类型的项目。需要管理所有项目的共性和各自的特性，这就是我们使用任何一种工程软件所面临的需求。所以，我们必须有项目管理的概念。

MicroStation 在一开始就有项目管理的概念，用不同的工作环境管理不同的项目环境。在 MicroStation V8i版本，MicroStation 启动时，分别加载 5 层配置来初始化工作环境（表 4-1-1）。

表 4-1-1　MicroStation V8i 版本的配置层次关系

层次	名称
0	System
1	Application
2	Site
3	Project
4	User

这五层的含义为：

- System：MicroStation 系统级，加载 MicroStation 底层的一些资源和标准。
- Application：基于 MicroStation 的应用软件级别，例如对于建筑系列建筑软件 OpenBuilding Designer 所需底层的资源和标准。
- Site：组织级别，一般用作企业级，为多项目共性而预留的位置，保存企业级的资源和标准。
- Project：项目级，项目独有的资源和标准。
- User：用户级，用户特定资源和标准，以及自己特定的设定。

在启动 MicroStation V8i 版本时，可以选择不同的项目环境，如图 4-1-5 所示。

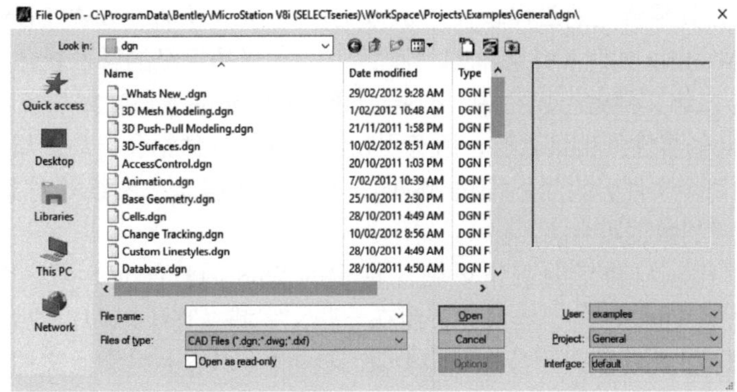

图 4-1-5　MicroStation V8i 启动界面

在 MSCE 版本中这种机制被进一步强化，对工作环境的分层进行了更新，更加符合企业的环境配置结构，见表 4-1-2。可以用“Configuration”来描述 MicroStation 对工作环境的配置管理。

表 4-1-2　MSCE 版本配置的层次关系

层次	名称
0	System
1	Application
2	Organization
3	WorkSpace
4	WorkSet
5	Role
6	User

你会发现 V8i 版本和 MSCE 版本的工作环境配置有很好的继承性，也有一定的升级。在 MSCE 版本中提供了将 V8i 版本工作环境迁移到 MSCE 版本中的工具。

但需要注意的是，因为在 MicroStation 上有很多应用软件，例如 OpenBuilding Designer，应用软件工作环境的升级应该在应用程序中升级，而不能使用 MicroStation 直接升级，因为在这个过程中，需要升级专业数据。MSCE 提供的升级向导如图 4-1-6 所示。

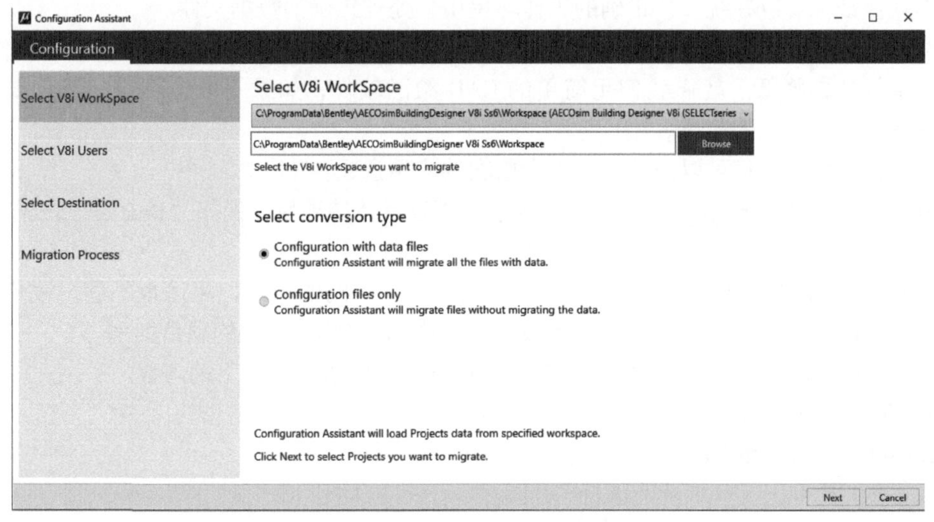

图 4-1-6　MSCE 提供的升级向导

MicroStation 和在其平台上的工程软件的工作文件为 DGN 文件。每个 DGN 文件都会与特定的 WorkSet 挂接（WorkSet 如同 V8i 版本的“项目”），这样项目级的属性就会被 DGN 文件引用。例如，我们在 DGN 二维文件的标题栏中，直接引用 WorkSet 的属性，如项目名称、地点、施工日期等。当 WorkSet 的属性发生更改时，所有引用此属性的文件都会自动更新。

MicroStation 的每个文件分为了不同的 Model，用于存放模型、图纸等对象。DGN 文件相互参考，组合成项目级的数据组合。

每个 DGN 文件可以与特定的工作环境（特定的 Workset）绑定，同一个 WorkSet 的所有 DGN 文件，可以引用 WorkSet 的一些属性，用在一些文字域（Text Field）或者标题栏中。

如图 4-1-7 和图 4-1-8 所示，当打开一个 DGN 文件时，系统会检测此文件 WorkSet 的绑定状态，如果将要打开的 DGN 文件绑定的 WorkSet 与当前 MSCE 版本的 WorkSet 不同，系统会给出提示，并引导你进行正确的处理。这样能够保证项目数据的正确性。毕竟，我们使用 MicroStation 并不仅仅是为了建立一个模型。

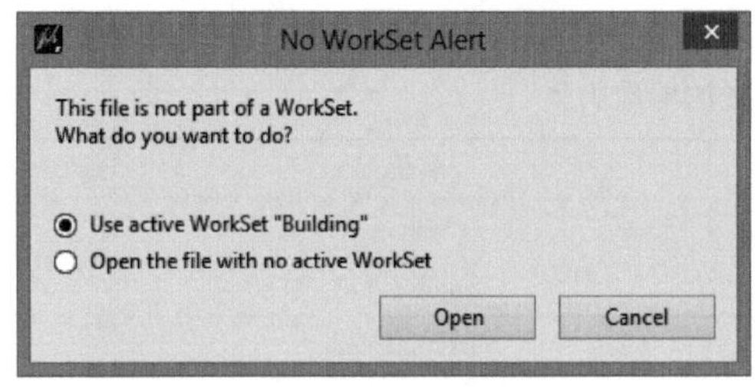

图 4-1-7　打开一个没有绑定 WorkSet 的文件

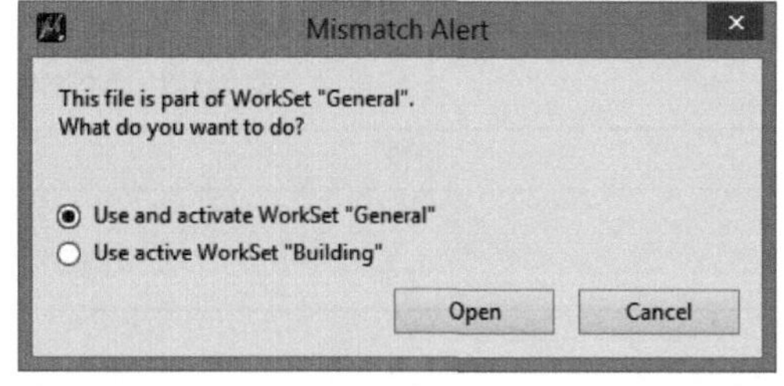

图 4-1-8　当前的 WorkSet 与文件的 WorkSet 不同 Mismatch

一个项目是“一组标准”＋“一组内容”。前者就是工作环境，后者就是工作内容，MSCE 版本的“检车”机制就是用来保证你是“用正确的环境操作正确的内容”。这样的检测机制也会出现在：

- 参考一个文件时，检测被参考的文件的 WorkSet 设定是否与当前文件一致。
- 添加一个链接“link”时，链接的内容是否符合当前标准。
- 添加一个图纸到图纸索引时，图纸的设定是否符合要求。
- 放置一个文字引用对象时，系统会检测 WorkSet 的属性，如果不相符，就会给出提示。

这样就保证你可以在统一、正确的工作环境中，处理正确的数据文件。

当然，我们可以选择将所有项目的内容放在一起。但对于多个公司、多个项目的协作来讲，会造成效率的急剧降低。就像我们用简单的 CAD 绘图软件，如果不区分图层，我们要实现批量、快速修改是不可能的事情。

对于工作环境，我们可以先从以下两个层次的应用说起：

WorkSet：工作集，一般情况下，我们用它来管理具体的项目，例如“Bentley 办公楼设计项目”。

WorkSpace：工作空间，它是一个 WorkSet 的组合，不同的用户，用途也不同。我们在这里用它来管理不同的项目类型，例如“民用设计项目类”，这是一个大的项目类别。

在 MicroStation 的默认安装序列（工作环境）里，已经预置了如下的内容：

WorkSpace：Example

WorkSet：MetroStation

如图 4-1-9 所示。

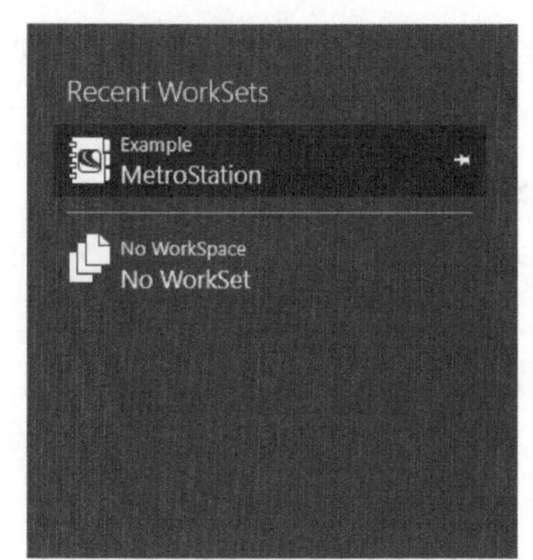

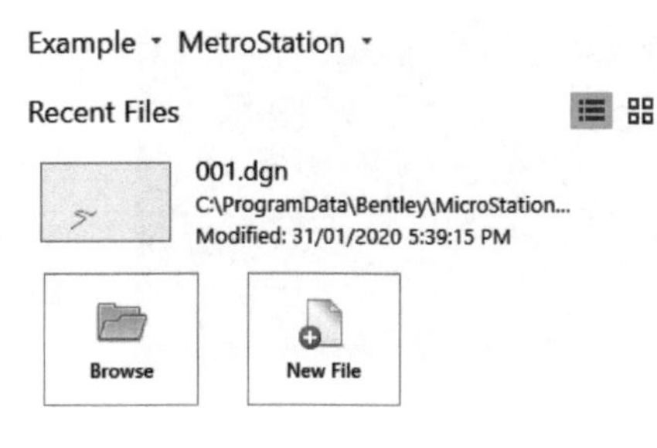

图 4-1-9 默认的工作环境

你可以直接使用此环境，也可以自己设置 WorkSpace 和 WorkSet，对于项目来讲，项目管理员可以将唯一的工作环境通过本地共享和 ProjectWise 托管的方式，实现统一管理。新建 WorkSpace 如图 4-1-10 所示。

如图 4-1-11 所示，我们可以设定 WorkSpace 的根目录（所有 WorkSet 的存放目录），需要注意，"WorkSpace" 是个 "容器"，可以存放、管理多个项目 "WorkSet"。

如果你使用英文版，会发现有时无法输入中文，可以通过将默认安装目录下的 "C:\ Program Files \ Bentley \ MicroStation CONNECT Edition \ MicroStation \ config \ system \ mslocale. cfg" 文件里的 "中文版" 前的 "#" 号去掉，中文版默认是去掉 "#" 号的，如图 4-1-12 所示。

图 4-1-10 新建 WorkSpace

图 4-1-11 设定 WorkSpace 名称、目录

mslocale.cfg - Notepad

File Edit Format View Help

```
#----------------------------------------------------------------------
#  mslocale.cfg - Defines locale-specific configuration variables
#  $Copyright: (c) 2015 Bentley Systems, Incorporated. All rights reserved. $
#----------------------------------------------------------------------

#----------------------------------------------------------------------
# Set run time configuration for processing Chinese, Japanese, and Korean
# multi-byte characters.  When this is set a localized operating system
# is required to provide the proper screen font for dialog boxes and the
# front end processor for multi-byte text input.
#
# MS_RTCONFIG = Japanese
# MS_RTCONFIG = Korean
```

图 4-1-12 设置英文版支持中文

WorkSpace 建立完毕后（图 4-1-13），系统会提示你建立 WorkSet，在这里我们建立两个 WorkSet（项目），如图 4-1-14 所示。

图 4-1-13　WorkSpace 创建完毕

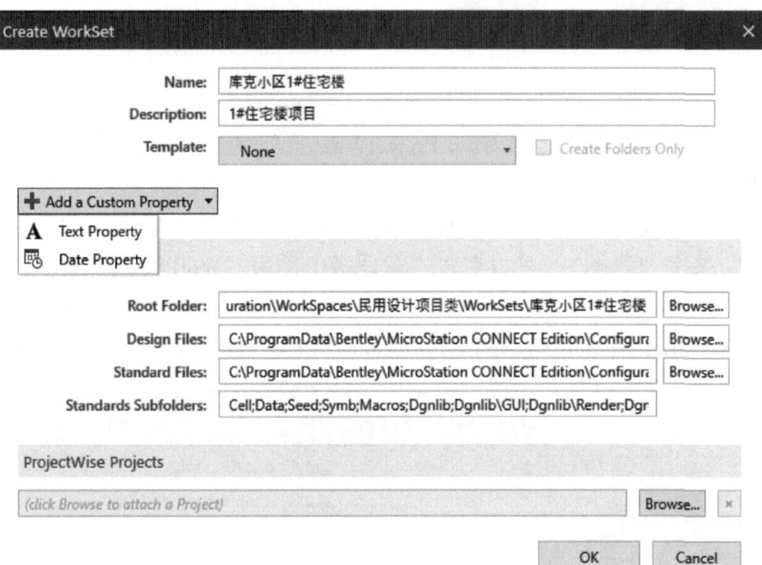

图 4-1-14　创建 WorkSet 项目

在图 4-1-14 中，我们可以为此 WorkSet 选择模板和 WorkSet 的目录。在模板的选项里，是以当前 WorkSpace 里已经存在的 WorkSet 作为模板的。所以，当你创建第二个 WorkSet 时，就可以在 Template 里看到已经存在的 WorkSet 模板。选择“None”时，系统就会使用默认的模板，如图 4-1-15 所示。

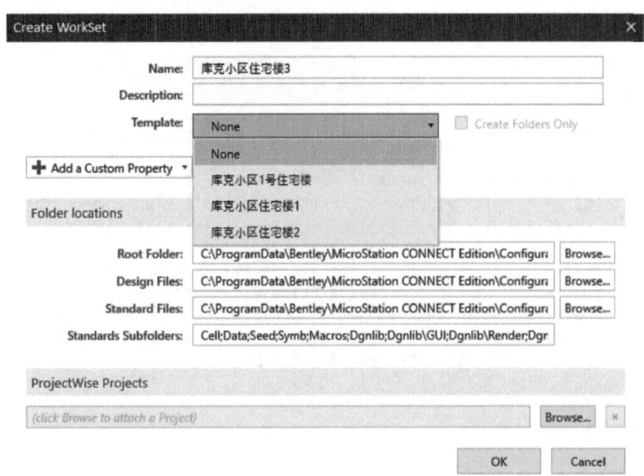

图 4-1-15　选择已有的 WorkSet 作为模板

一个 WorkSet 相当于一个具体的项目，会包含多个 DGN 文件，这些 DGN 文件在某些场合会应用 WorkSet 的一些属性，用在标题栏、文字标注等场合。所以，对于 WorkSet，你可以通过"Add a Custom Property"来设置 WorkSet 的属性（图 4-1-16），属性分为文字型和日期型。你点击不同的选项后，会在"Template"下面出现新的属性。

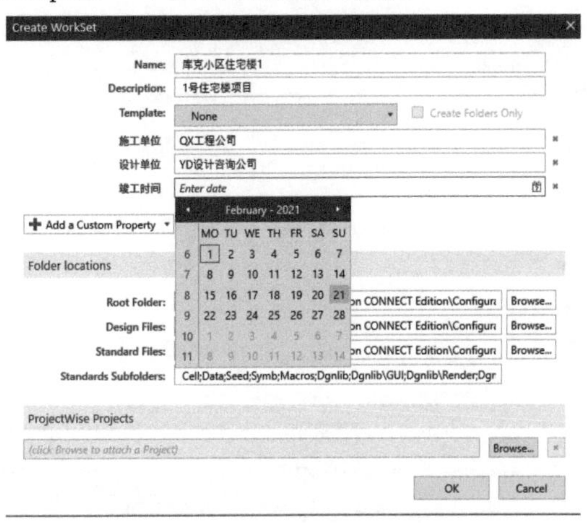

图 4-1-16　设置 WorkSet 属性

当然，我们也可以将这个 WorkSet 与 ProjectWise 的 CONNECT 项目进行连接，来实现基于云的项目协作。

建立完毕后，你可以在默认的工作环境存放目录里看到如下的内容，如图 4-1-17 所示。

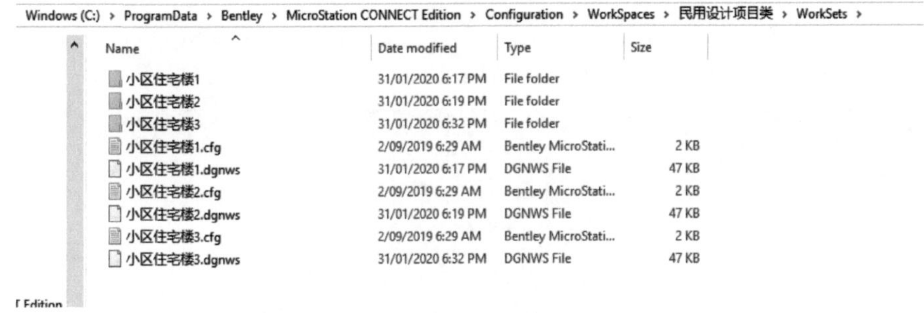

图 4-1-17　工作环境目录

当我们使用默认的工作环境或者自己建立的工作环境时，选择特定的 WorkSpace 和 WorkSet，在对话框的右边就会显示特定的 WorkSet 属性，如图 4-1-18 所示。

图 4-1-18　选择 WorkSet

选择新建文件时，系统就会根据当前 WorkSet 的“种子”文件设置，来建立新文件，默认状态先使用的是系统目录下的种子文件，你可以点击“Seed”种子文件右边的“Browse”来选择“3D Metric Design. dgn”作为种子文件，来建立一个新文件，如图 4-1-19 所示。

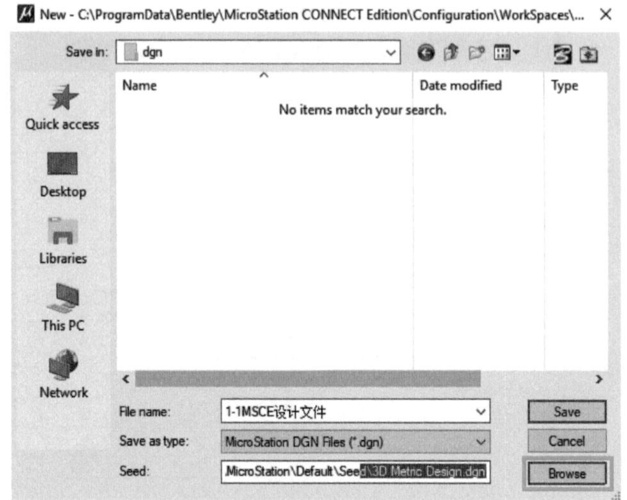

图 4-1-19　新建文件

点击“Save”按钮，系统建立新文件并打开。这是一个标准的 Ribbon 工作界面（图 4-1-20），在下面的内容里，我们会选择一些内容进行介绍。

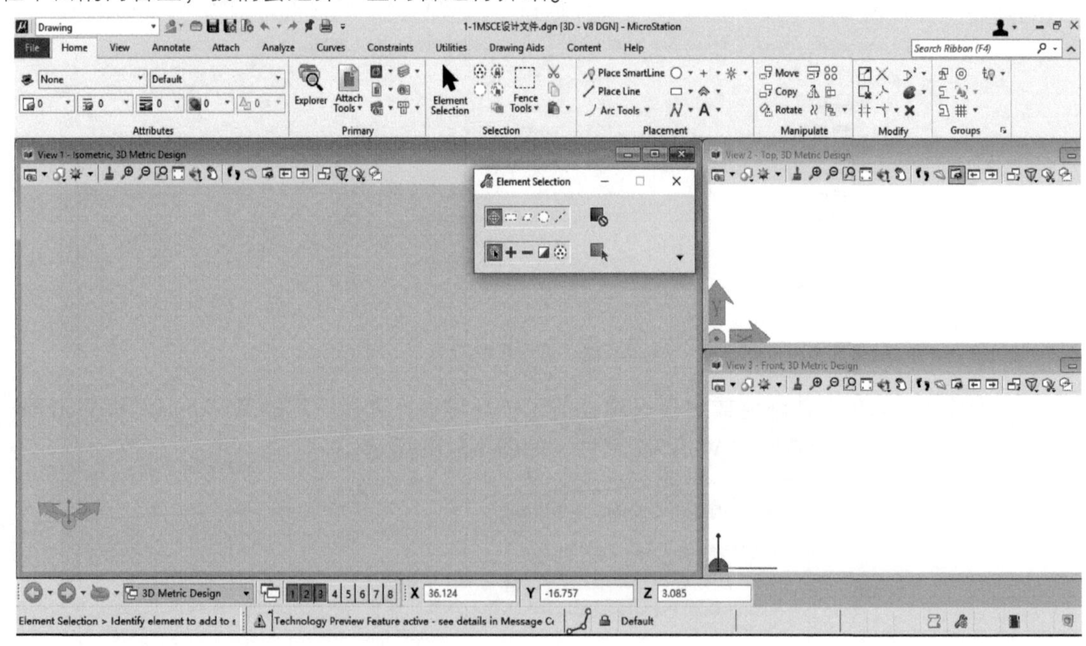

图 4-1-20　Ribbon 工作界面

4.2　种子文件与文件设置

在前面的内容里，我们已经理解了工作环境的概念，也学会了使用 WorkSpace 和 WorkSet 来控制项目级的工作环境。我们也会通过种子文件（模板文件）的选择，来建立不同的工程 DGN 文件。

在 MicroStation 体系下，所谓种子文件其实就是一个普通的 DGN 文件，只不过被放置在工作环境的特定位置供使用。所以，新建 DGN 文件的过程，就是复制种子文件的过程。新的 DGN 文件也具有和种子文件一样的设置，包括了这个 DGN 文件里包含的 Model 及设置。

设置是为了控制工程标准，有些标准是存储在工作环境里的，而有些设置内容是被放置在 DGN 文件里的，其中最重要的设置是“working units”（工作单位）的设置。这决定了我们在绘制对象时，所输入的数值的具体单位，是米、毫米，还是英尺、英寸，我们甚至可以通过它定义传统的“尺、丈”等单位，如图 4-2-1、图 4-2-2 所示。

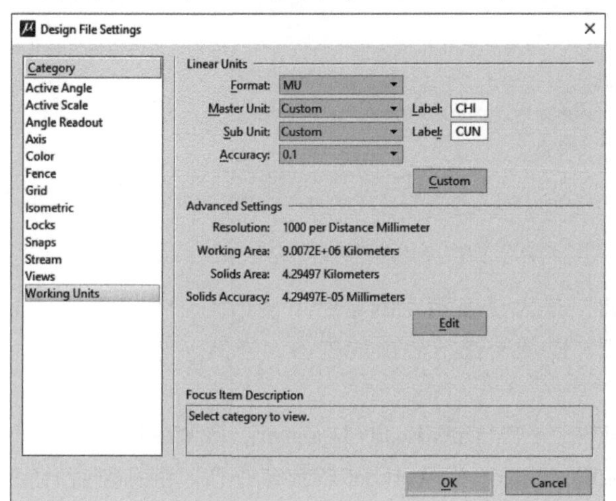

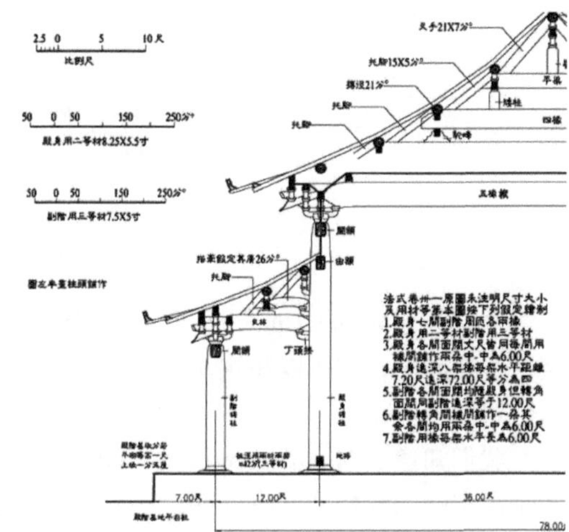

图 4-2-1　自定义工作单位“尺”和“寸”匹配古代图纸

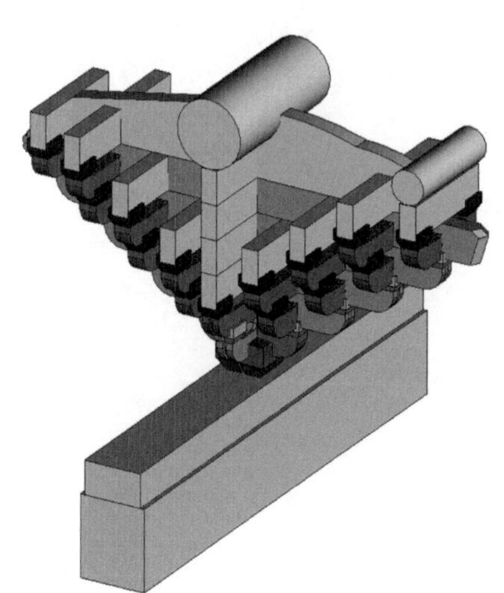

图 4-2-2　用自定义的“尺”和“寸”建立的凉亭和斗拱

通过菜单“File > Settings > File > Design File Settings”打开如图 4-2-3 所示的对话框。

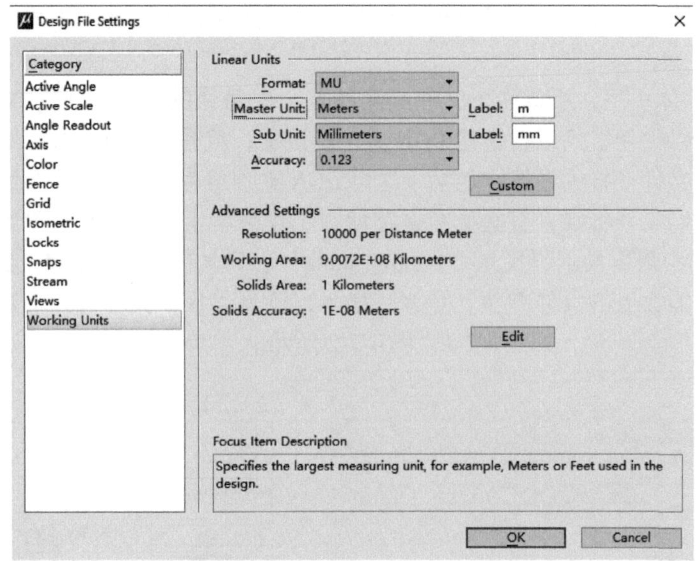

图 4-2-3　文件设置的内容保存在 DGN 文件中

主单位“Master Unit”和子单位“Sub Unit”是为了在特定的场合下使用的，例如 3 英尺 4 英寸。在这里，你可以将主单位设置为“mm”，以便于进行后面的内容，当然，你以“m”为单位也没有问题。

我们知道在 MicroStation 上有很多的应用软件，例如 OpenRoads Designer。每个应用模块都有多个国家的工程标准，在安装时也会以不同的 WorkSpace 和 WorkSet 的形式存在。当然也会有特定的种子文件和单位设置、精度以及 Working Area 工作区域设置。在 OpenBuilding Designer 中单位和精度的设置如图 4-2-4 所示。

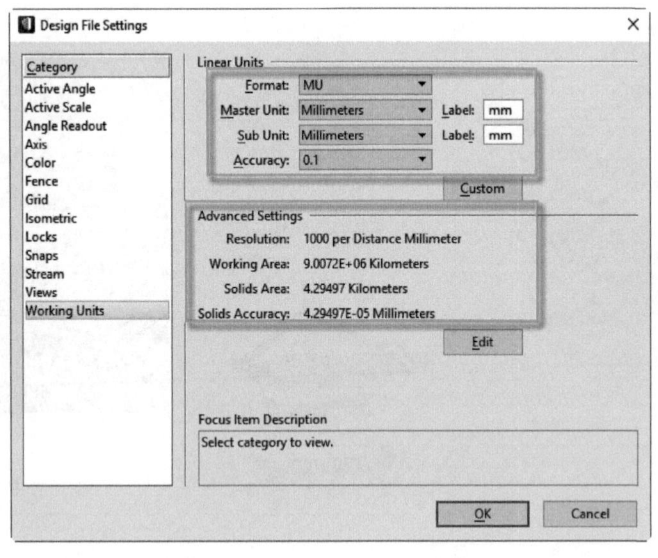

图 4-2-4　在 OpenBuilding Designer 中单位和精度的设置

Design File Settings 是保存在 DGN 文件中的，由于每个 DGN 文件都有自己的单位设置，所以，当不同单位设置的文件参考在一起时，系统会自动识别他们之间的单位设置。也就是说，可以将英制的模型和公制的模型参考在一起，系统会自动识别。

所以，有工作单位的设置是为了处理不同工作单位之间的大小关系。在对话框中还有很多的设置内容，你可以尝试改变，然后看看那些内容发生了变化（图4-2-5）。

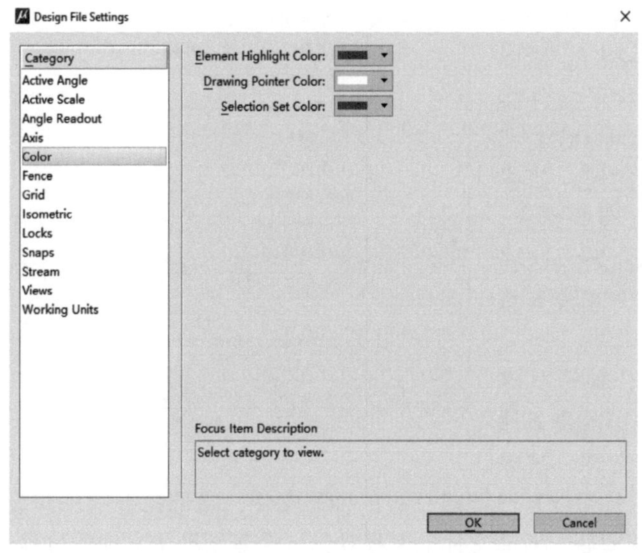

图4-2-5　鼠标悬停在对象上时，高亮颜色设置

需要注意的是Design File Settings的设置，需要你使用“Save Settings”（图4-2-6）来保存，否则，在关闭文件后再次打开时，就恢复到原始的设置。这样是为了适应某些“临时”团队的沟通场合。例如在外国团队沟通时，可能会临时改变为英制的单位。

也可通过“File > Settings > User > Perferences”的优选项（图4-2-7），来让系统退出时，自动保存对设计文件的设置。另外，对于DGN的文件内容，系统是默认自动保存的，即使遇到突然停电等意外情况，你的文件内容也不会丢失，这和其他软件隔一段时间自动通过缓存的方式保存不太一样，这是MicroStation的优势所在，是为工作站而设计的。

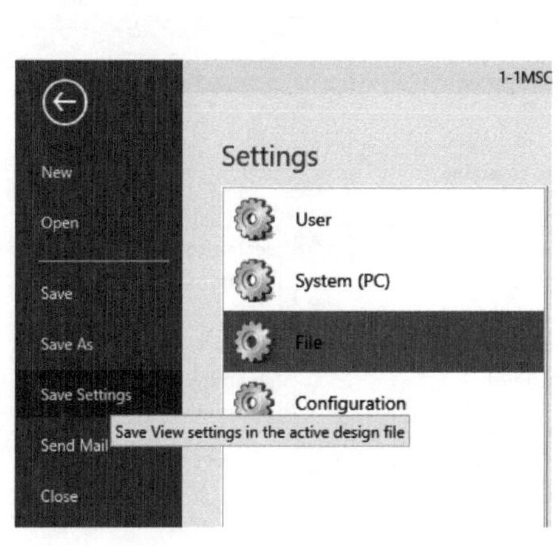

图4-2-6　保存设计文件设置

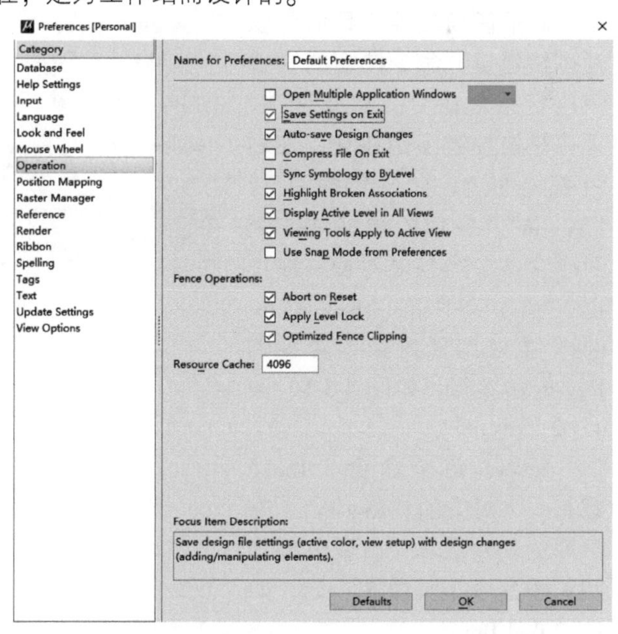

图4-2-7　通过优先项来让系统自动保存设置

在 MicroStation 中，你可以创建两种类型的文件，一种是前文所说的 DGN 文件，另一种是 DWG 文件（图 4-2-8）。所以在 MicroStation 中，种子文件实际上是有两种类型：DGM 和 DWG。但需要注意的是，如果你创建 DWG 文件，有些设置、功能是无法使用的，因为这些操作选项对 DWG 文件是没有意义的。

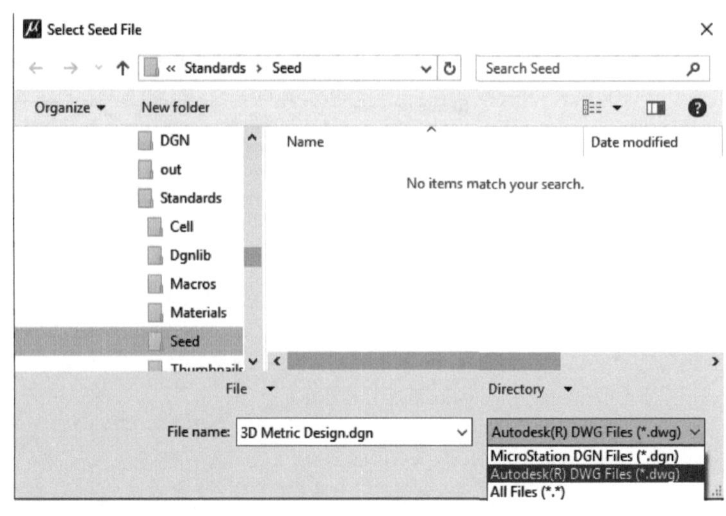

图 4-2-8　选择 DWG 文件作为种子文件

就像前面所讲，种子文件（或者称为模板文件）就是普通的 DGN 或者 DWG 文件，被放置在默认的目录下，你可以自己创建相应的种子文件，将你自己的一些设置放进去，例如工作单位或精度，放置图框后，新建文件的过程就是一个复制种子文件的过程。

需要注意的是，一个 DGN 文件可以有多个 Model，每个 Model 独立保存自己的设置。

4.3　操作界面

前面的操作过程，已经使我们对 MicroStation 的界面、对话框和基本工具的使用有了基本的了解。在这里我们再做些补充。

4.3.1　基于工作流 Workflow 的命令组织

对于任何软件，我们可以通过快捷键、命令按钮的方式来执行某个命令。从原理上，无论是快捷键还是按钮，在后台都是执行了一个命令行“Key-in”。任何的程序动作都有一个命令行与之对应，你可以在帮助文件的“Key-in Index”里找到任何操作对应的 Key-in 命令行，如图 4-3-1、图 4-3-2 所示。

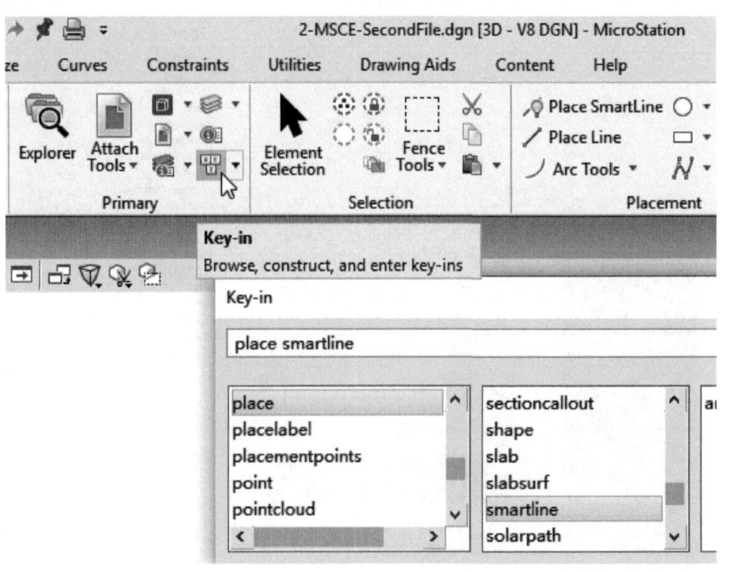

图 4-3-1　通过 Key-In 命令行执行绘制直线的命令

所以，每个命令“Tool”都有一个对应的“Key-in”。在早期的软件版本中，我们都把相近的命令工具放在一起，叫作“Tool Box”。

你通过“File > Setting > User > Tool Boxes”（图 4-3-3）可以找到系统所有的 Tool Box，这也

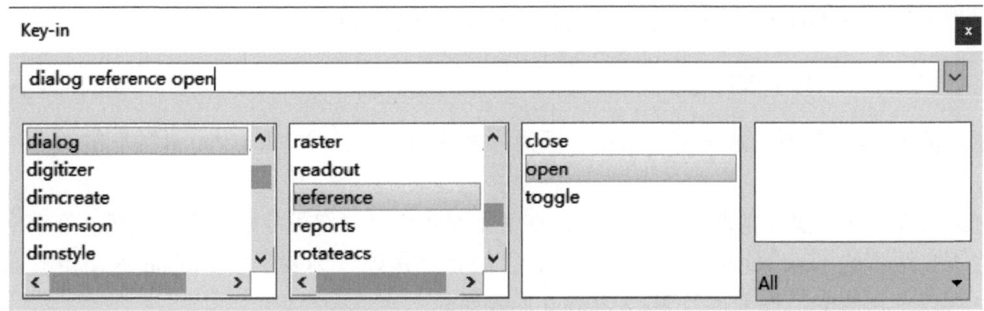

图 4-3-2 通过 Key-In 命令行打开参考对话框

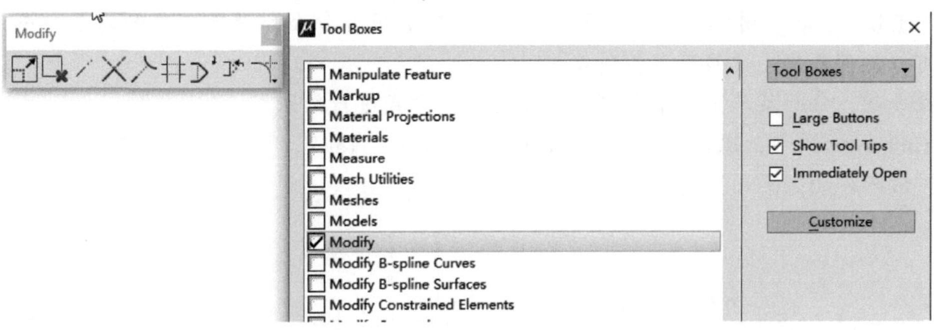

图 4-3-3 仍然可以使用工具条的方式

是 MicroStation 早期版本采用的命令工具组织形式。

Tool Box 只是根据工具的分类来组织命令的，例如，把修改的工具放在一起、把二维的创建工具放在一起等。当我们完成一项工作时，我们不得不在多个工具条里寻找工具。为了解决这个问题，后来的软件版本采用 "Task" 任务的概念，这就是在 V8i 版本中 "Task Navigation" 的来历，在 MicroStation CE 版本中仍然可以使用，"Task" 就是根据完成特定任务的需要，从不同的工具条 Tool Boxes 中找到需要的工具，然后组合在一起。

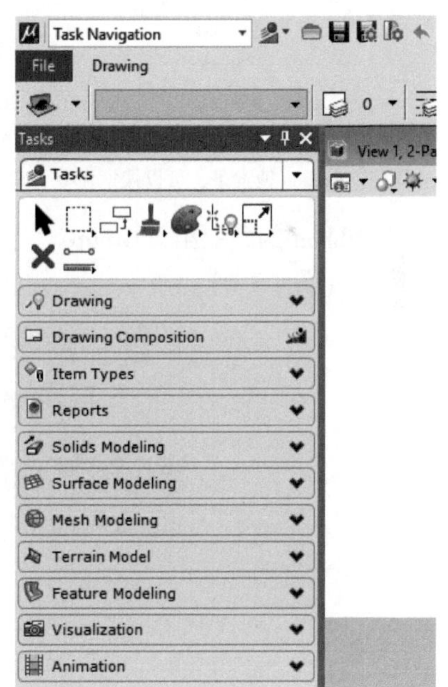

图 4-3-4 MicroStation CE 版本兼容 V8i 版本的任务导航模式

你可以通过 "File > Settings > User > Tasks" 启动 V8i 版本的任务导航模式（图 4-3-4）。一旦选中，在左上角的列表里也自动到了 "Task Navigation" 状态，Ribbon 的一些界面也就隐藏了。

当我们处理一个复杂的操作时，我们可能将一个任务进行划分，同时任务之间有一定的逻辑关系和先后次序，我们称之为 "Workflow"（工作流）。一个 Workflow 是由很多子工作流或者任务组成，可以说这是所有软件的命令组织原则。

"Ribbon" 也是基于这样的原则来组织命令的。左上角列表的 "Drawing" "Modeling" 等就是不同的 Workflow。

这些内容看似有些复杂，但对于一个项目或者企业来讲，可以利用此过程来精简界面，形成自己独有的 Workflow 和界面，这在“定制”的部分里会提到。

4.3.2 Ribbon 工作界面

标准的 Ribbon 界面，非常容易上手，因为只需注意一下几个 MicroStation 独有的对话框就可以了。

如果你是 V8i 或者之前版本的使用者，在使用 MSCE 时，你可能感觉有点别扭。在 MSCE 里提供了 V8i 版本的 Task Navigation 的兼容方式，但我还是建议你要了解 Ribbon 的使用界面。这样，你可以使用新的特性来提升 MicroStation 的效能。

- MSCE 的 Ribbon 界面的组织关系为：工作流 Workflow→Drawing→Modeling。
- “Tab”命令，相当于菜单，每个 Tab 菜单下有很多命令，带有三角号的是一个命令组，可以按住鼠标左键显示下拉列表。
- 命令组，每个菜单里，命令以“命令组”的方式进行组织。

在 Ribbon 体系下，原来的菜单“Menu”，变成了“Tab”，不过我们还是以“菜单”来称呼，每项内容说明如图 4-3-5 所示。

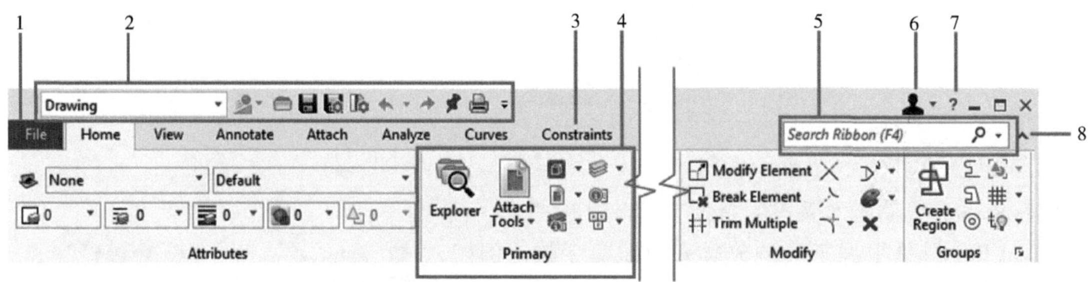

图 4-3-5　MSCE 的 Ribbon 界面

1—文件管理菜单　2—快速启动工具条和工作流选择列表　3—菜单项，不同的工作流菜单组织不同　4—命令组
5—Ribbon 搜索条，可以搜索命令　6—当前登录的 CONNECTION 用户　7—帮助　8—Ribbon 最小化按钮

在 Ribbon 的命令组“Group”上，都可以通过单击鼠标右键得到菜单来设置命令被显示或者被隐藏（图 4-3-6）。

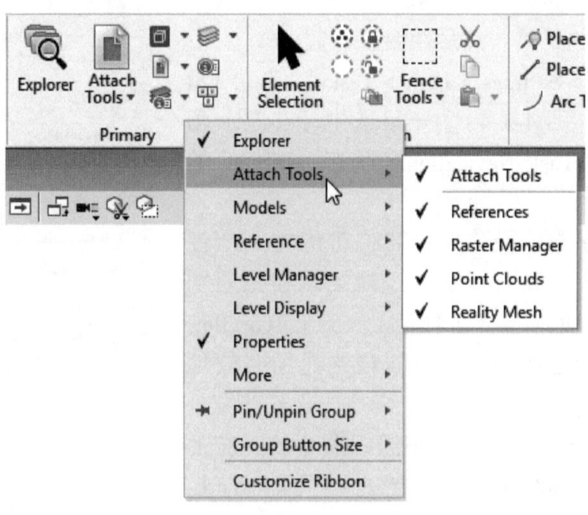

图 4-3-6　显示/隐藏命令

在MSCE，有些对话框是“悬浮”的，例如工具属性框 I 对象属性框等。当用鼠标拖动这些对话框时，屏幕上会出现很多“图标”来让你将这些对话框粘贴在特定的位置，如图4-3-7、图4-3-8所示。

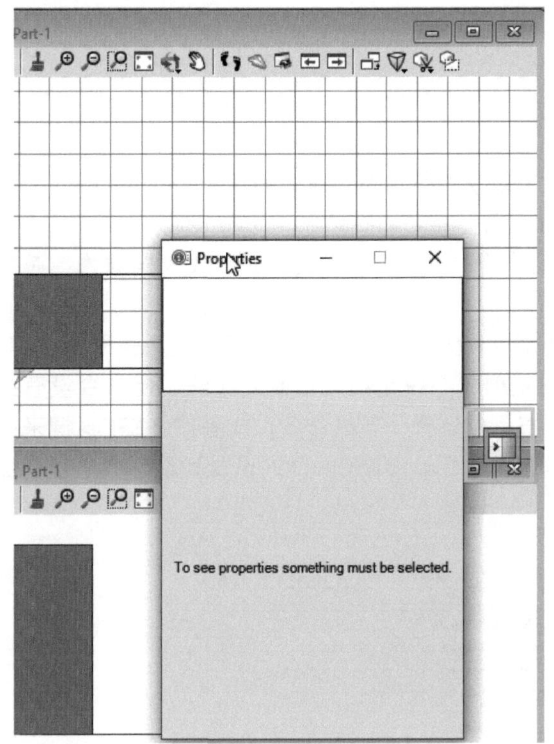

图4-3-7　对话框粘贴位置标记

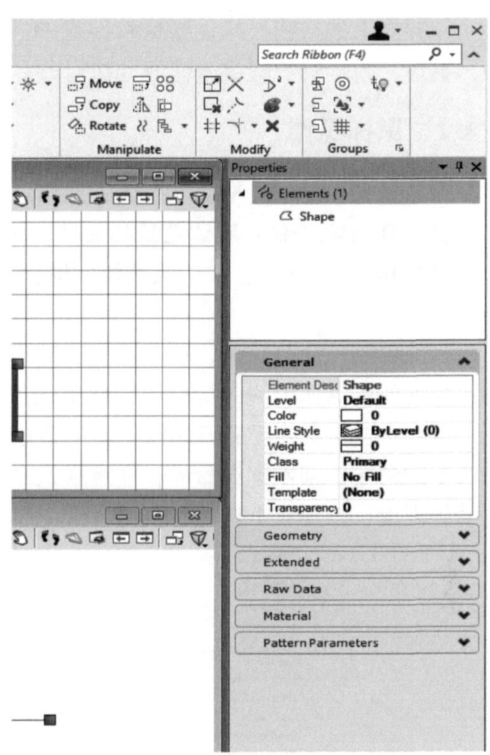

图4-3-8　被黏连到侧面

Ribbon界面也很容易被定制，例如，我们将最常用的“Model”与“Reference”命令放在Ribbon的快速工具栏，可以采用如下的操作（图4-3-9、图4-3-10）。

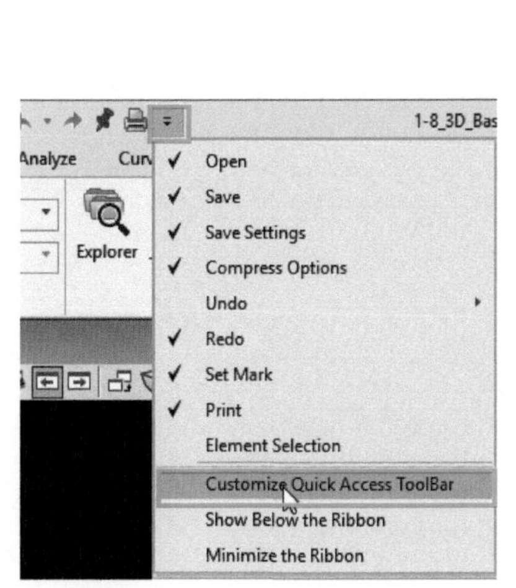

图4-3-9　自定义快速工具条

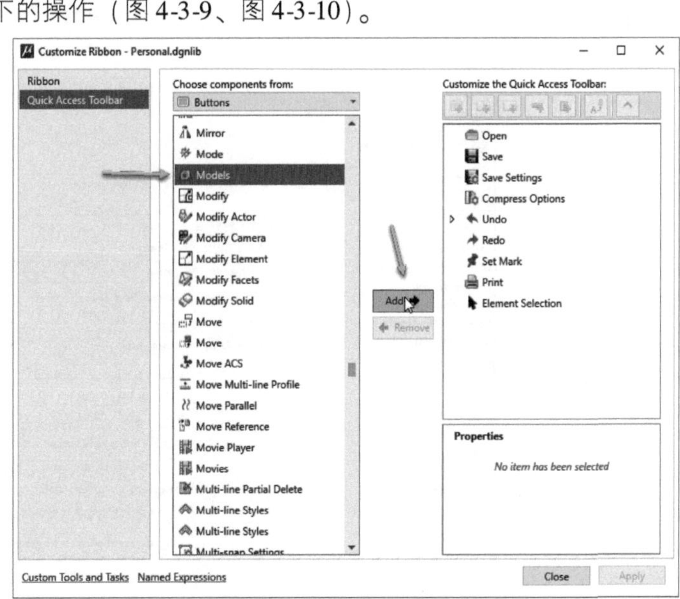

图4-3-10　选中需要添加的命令，然后点击“Add”

4.4 鼠标键盘操作

和界面上的按钮一样，鼠标和键盘的操作，也是被设置了特定的命令行。而且我们倾向于使用键盘、鼠标的快捷键来快速地执行命令。

4.4.1 鼠标操作

除了放大、缩小、拖动等视图的操作外，我们常用的鼠标输入有四种：

（1）Data 数据键：默认是鼠标左键，用于输入点，确定某些操作。

（2）Reset 重置键：默认是鼠标右键，用于将命令恢复到初始状态，注意是初始状态，而不是结束。

当你绘制一个直线时，单击鼠标左键确定两个点作为起点和终点，你不停地单击鼠标左键，系统捕捉新的点作为线的折点，当你单击鼠标右键时，系统是结束绘制此条线，但命令没有结束。再次单击鼠标左键，开始绘制新的多段线。直到你选择了新的命令，或者按 <ESC> 键来结束当前的命令，回到默认命令，注意默认命令是选择命令。<ESC> 键的设置和默认命令都在优选项里设置，如图 4-4-1、图 4-4-2 所示。

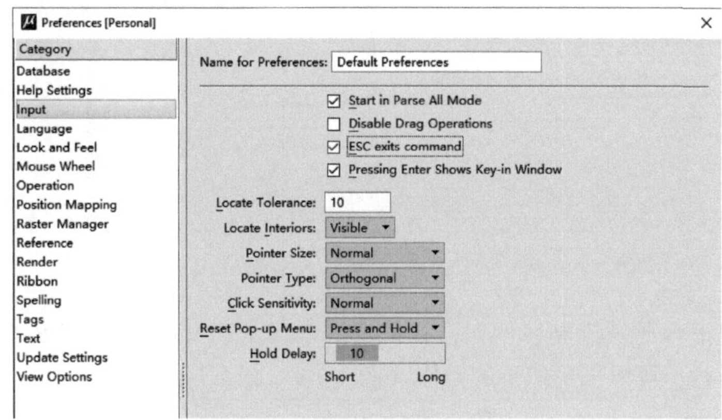

图 4-4-1 <ESC> 键的设施

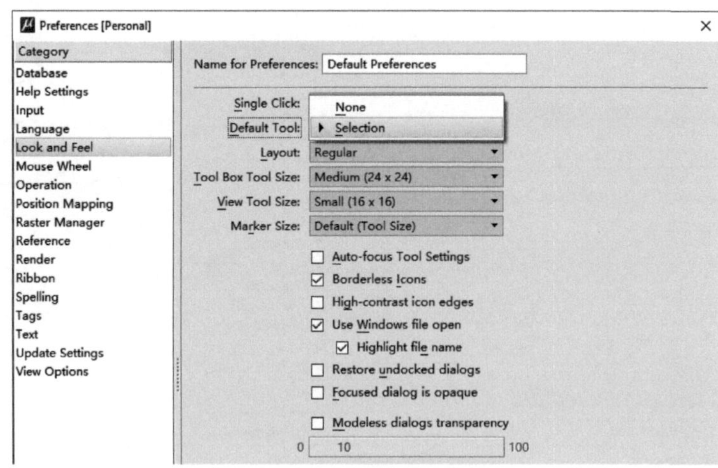

图 4-4-2 默认工具的设置

- "Tentative"试探键：默认是鼠标左右键同时按，用于试探捕捉。

如果你年龄和我一样，你会记得 Windows 95 中的扫雷游戏，就是这种操作方式。这是 MicroStation 独有的捕捉方式。虽然我们对自动捕捉已经非常熟悉了，但试探捕捉仍然有很多的用途。例如，可以用来捕捉"虚拟交点"，图 4-4-3 中，选中交点捕捉方式，试探右边的直线，然后再把鼠标指针移到左边直线上，虚拟交点就会被捕捉，单击鼠标左键即可。试探键设置如图 4-4-4 所示。

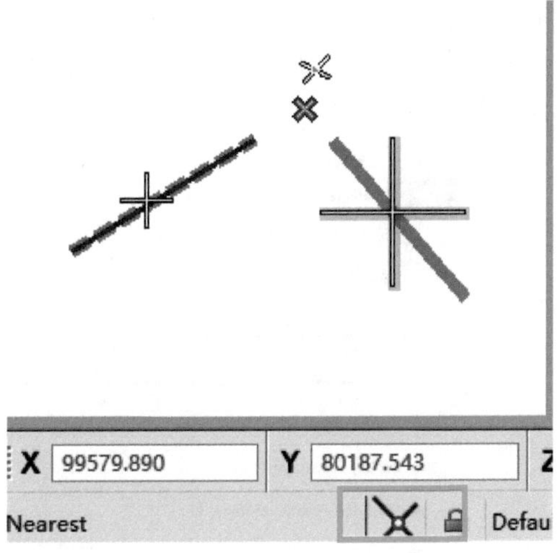

图 4-4-3　试探捕捉

- 长按 < 右 > 键，弹出快捷菜单。

需要注意的是，这些按（快捷）键都可以自己设置，包括和一些 < Alt > < Shift > < Ctrl > 键的组合，设置鼠标键如图 4-4-5、图 4-4-6 所示，但建议沿袭 MicroStation 默认的设置为好。

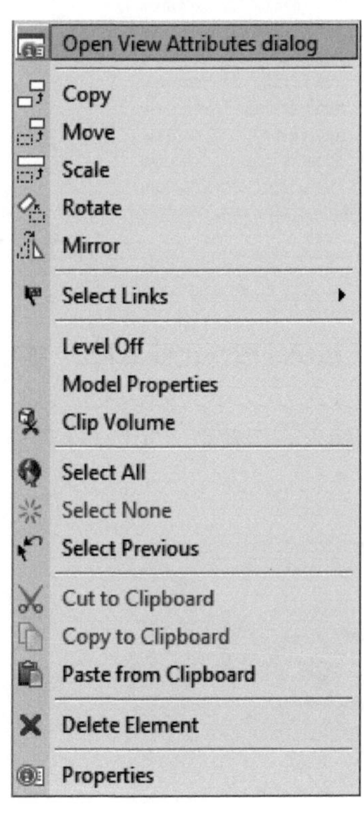

图 4-4-4　试探键 Tentative

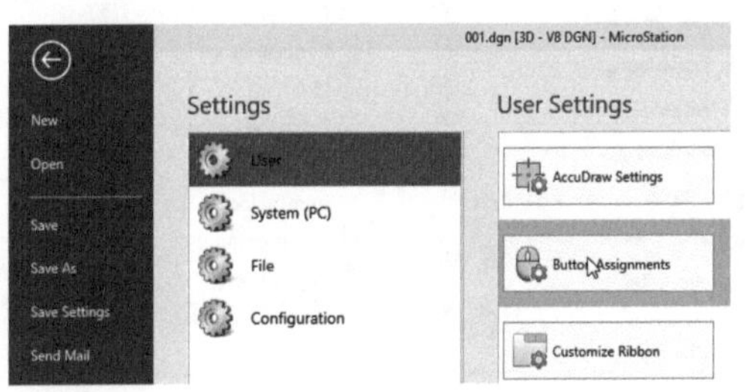

图 4-4-5　设置鼠标键

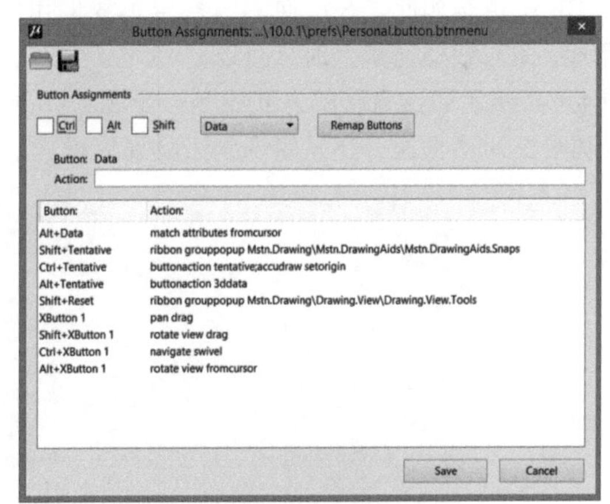

图 4-4-6　自定义鼠标操作

对于鼠标"中键"的拖动、"滚轮"的放大缩小，这里就不在叙述，都是默认操作。

4.4.2　键盘操作

4.4.2.1　输入焦点 Focus

在 Windows 操作系统体系下，我们可以没有特别在意"输入焦点"的问题，但我们的任何的键盘输入，都需要有一个“输入到那个焦点”的问题。例如，在如图 4-4-7 所示的界面里，你在键盘上输入“d：\”字符，其实是没有任何作用的，你以为是输入到了 Windows 的地址栏，其实并没有。只有你用鼠标点击地址栏时，才可以输入，这就是“焦点”。

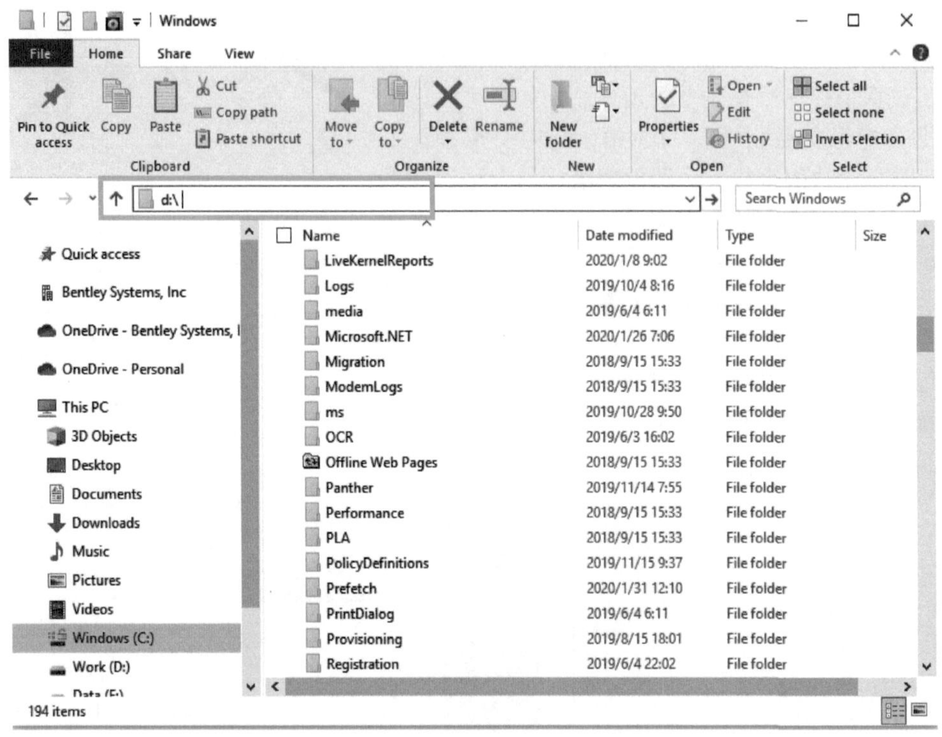

图 4-4-7　Windows 的资源管理器，默认地址栏没有焦点

在 MSCE 中也是如此，在前面的内容里，我们用到了精确绘图快捷键 <T>，这个快捷键，只有当精确绘图对话框有焦点时才可以。

如图 4-4-8 所示通过直径的方式绘制一个圆，如果你输入一个数值“20”，你需要确认是想输入到精确绘图对话框里，还是输入到工具属性框里。

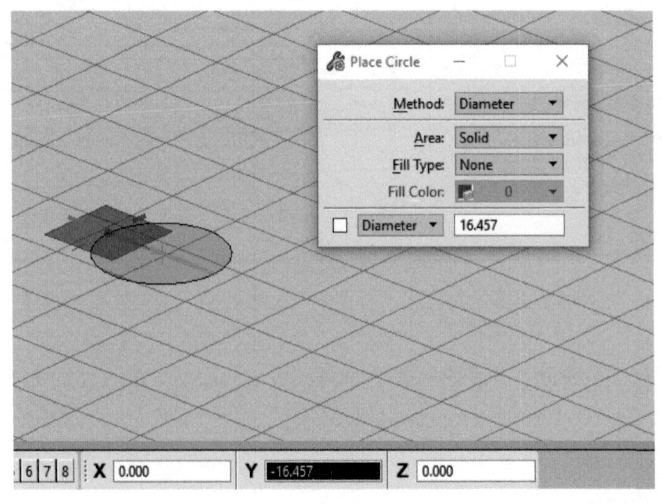

图 4-4-8　当前的焦点在精确绘图对话框

在 MSCE 中，我们可能想通过键盘快捷键调用 Ribbon 的工具，也可能要使用 MSCE 的精确绘图快捷键，也可能要输入一个具体的长度数值，所以，我们要明确知道，当前键盘输入的焦点。

在 MSCE 中，键盘的焦点会出现在四个位置，如图 4-4-9 所示。

- Home
- Tool Settings
- Key-in
- AccuDraw

图 4-4-9　MSCE 的四个焦点位置

MSCE 会在底部提示当前的焦点位置，如图 4-4-10 所示。

在使用过程中，我们经常频繁使用精确绘图快捷键，默认情况下，焦点也是在这里。但在上图中，如果你输入了直径“20”，你又想使用精确绘图快捷键 < T >，这时，你就会发现实际上你把“T”输入到了工具属性框里。这时，需要点击精确绘图对话框，让其获得焦点。

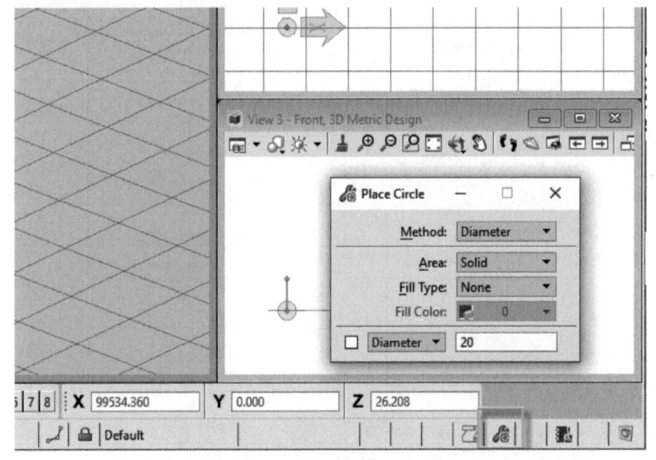

图 4-4-10　当前的焦点位置提示在工具设置对话框中

除了用鼠标点击来让不同的对话框获得焦点外，你还可以用一些功能键 < F1 > ~ < F12 >（“F”是“功能”的英文缩写）。< F11 >让精确绘图获得焦点，< F10 >让工具属性对话框获得焦点，< F12 >让 Ribbon 获得焦点来调用命令。但< F12 >感觉用处不大，不过如果要记住太多快捷键，工作效率也就不那么快捷了。

4.4.2.2　MSCE 键盘快捷键

对于键盘操作，下面描述几个有用的快捷键，它们便于我们快速调用命令，关于常精确绘图快捷键，我们将在下一章重点讲解。

- 空格键，弹出菜单“Popups”，此菜单可以自定义，如图 4-4-11 所示。

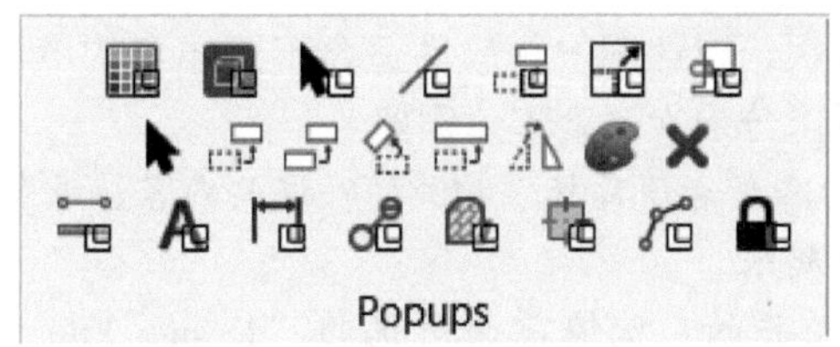

图 4-4-11　弹出菜单

- < Q >或者<[>，弹出快捷工具列表，两个键对应左右手不同习惯的使用者。与工具列表里的前缀组合，可以直接调用命令。例如 <Q> + <3> 可调用 “Selec” 命令。此工具列表可以自定义，如图 4-4-12 所示。

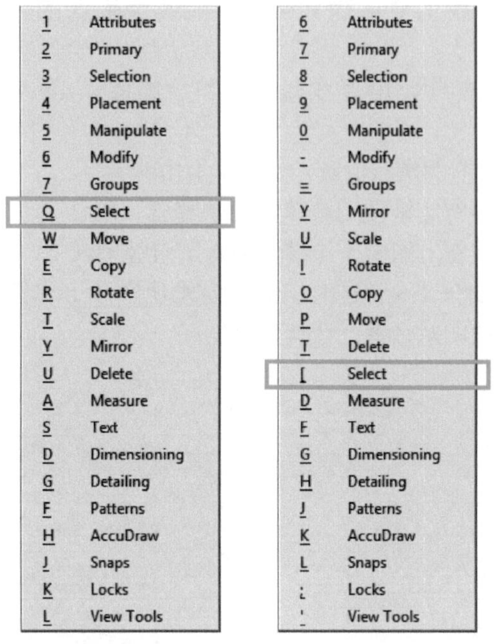

图 4-4-12 快速工具列表

- <Shift> + 鼠标右键，常用视图工具，用于快速操作视图，如图 4-4-13 所示。

图 4-4-13 快速视图命令

对于 MSCE 的键盘快捷键，这三个已经足够用了，灵活掌握它们将大大提升你的工作效率。另外一个注意的是焦点 Focus 问题。因为我们输入键盘上的一个键，例如数字 “3”，我们需要知道这个 “3” 输入到哪个对话框中，在 MSCE 中，有很多的对话框，但是同时只有一个对话框获得焦点。

4.5 基本设定

任何软件都有设置的选项，以让同一个软件适合不同场合的应用环境。我们在对一个软件设置时，我们需要将一些需求分层次来处理。例如：

1. 哪些设定是与企业标准或者项目标准相关的？这些内容应该是由管理员统一设置并发布，让整个项目的工作标准统一起来。

2. 哪些是与当前文件相关的，就像前面所说的 “Design File Settings”，就是保存在当前 DGN 文件里的。

3. 哪些是个人的使用习惯，而不涉及具体的内容创建。

明白了上面的分类，你才能够正确根据自己在项目中的角色、需求来对工作环境进行设定。

在 MSCE 中，我们也需要保存两种内容：一种是你绘制的模型或者二维图纸，你无须刻意保存，系统会自动在后台保存。另一种是对文件的设置，这需要通过“Save Settings”来实现，或者也可以通过后面的优选项来让 DGN 文件退出时自动保存你做的文件设置。

MSCE 的设置通过“File > Settings”（图 4-5-1）实现，你会发现有 4 个选项。对于“Configuration”主要是对工作环境进行设置，我们将在“环境定制”部分重点讲解。在这里，我们只介绍关于“File”和“User”的设置。

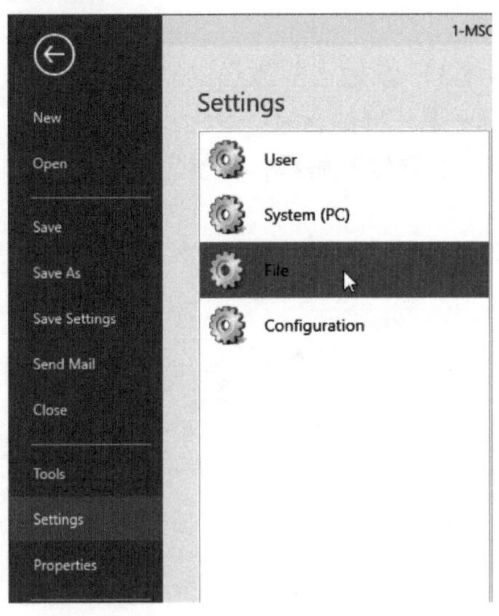

图 4-5-1　MSCE 的 Settings 设置选项

4.5.1　文件级设置

在文件级设置里，也有很多的分项，我们着重介绍设计文件设置“Design File Settings”（图 4-5-2）。

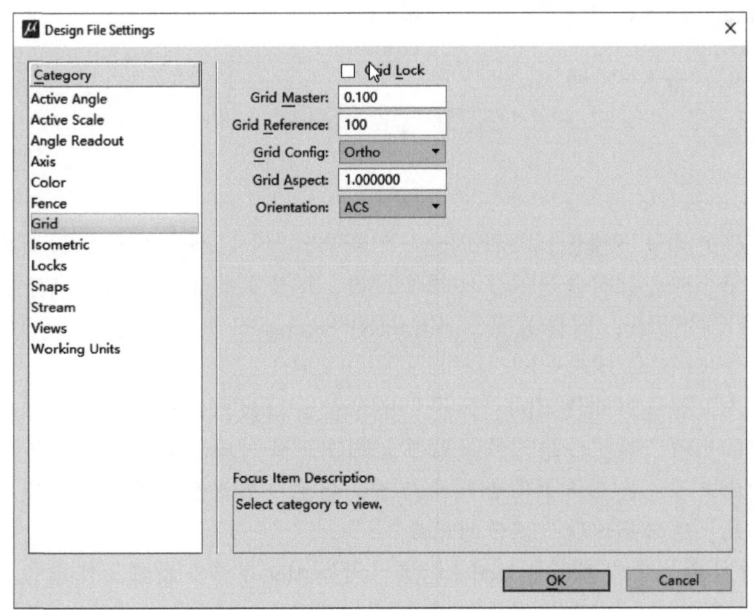

图 4-5-2　文件设置

在 Design File Settings 中，大部分设置都是用来控制你在使用 MSCE 时的一些参数。例如，当前锁定的状态、捕捉的状态，或者当前激活 Active 的角度等，这样在一些命令的应用场合就可以直接调用这样默认的角度，当然，你也可以更改。例如，你设置当前的激活角度为 30°，在旋转命令里，默认的角度就是 30°，当然你也可以更改为新的角度。

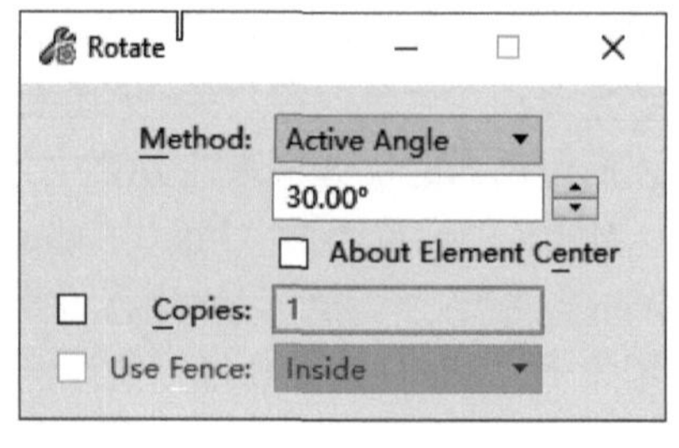

图 4-5-3　旋转命令调用激活的角度设置

所以，Active Angle（图 4-5-3）就是当前激活的默认设置，Active Level、Active Color 是一样的含义。

在这里我们再对工作单位的设置做些解释，可参考图 4-5-4，其他的内容，后面涉及的时候再做介绍。

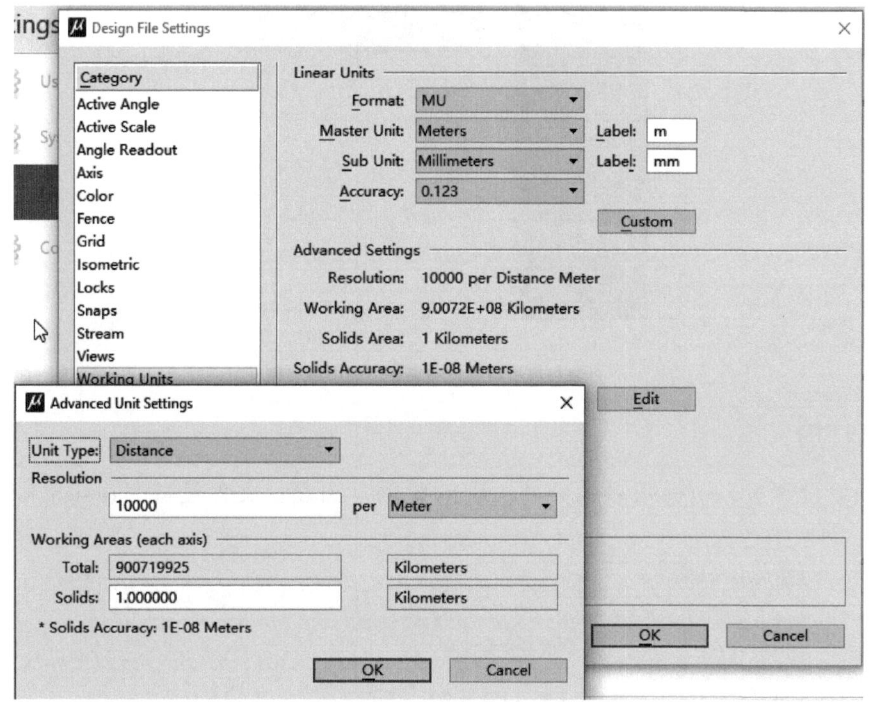

图 4-5-4　工作单位详细设置

当我们以正确的种子（模板）文件创建一个新文件时，工作单位已经设置好，特别是在一个项目环境中，每个专业都有自己的工作单位设置，甚至某些工具都按照特定的工作单位读取数据。特别是精度的设置，当你设置“Advanced Settings”里的设置时，系统也会弹出警告提示。

对工作单位的设置是对你使用的“尺子”的单位进行设置，然后用新的单位来绘制新的对象或者测量已有的对象。对工作单位的设置不会影响已有对象的大小，也就是“**无论你用英制的尺子还是公制的尺子，甚至是中国古代的尺子去测量一个模型，并不会改变模型的大小，精度的设置也是如此，这只是读取、显示的精度**”。

一个 DGN 文件由一个或者多个 Model 组成，没有 Model 独立设置工作单位，设置完毕后需要用“File > Save Settings”来对设置进行保存，或者用 <Ctrl> + <F>，当然你也可以利用“优选项”里的“Save Setting When Exist”来让文件退出时自动保存设置。

在工作单位后面的“Label”，是用来设置在某些标注的场合是否显示单位。

你可以通过“Advanced Unit Settings”里设置“Resolution”解析度，**这个设置会改变已有对象的大小**。所以，请不要随意更改，而且这个设置会被特定的软件工具读取。

“Resolution”的设置决定了 MSCE 对模型的解析度，也就是用多少个像素来解析单位长度。

“Working Areas”工作范围是和解析度相关的。解析度越大，我们所能使用的工作范围也就越小。所以，当改变解析度，下面的“Total”的数值也会发生变化，如图 4-5-5 所示。

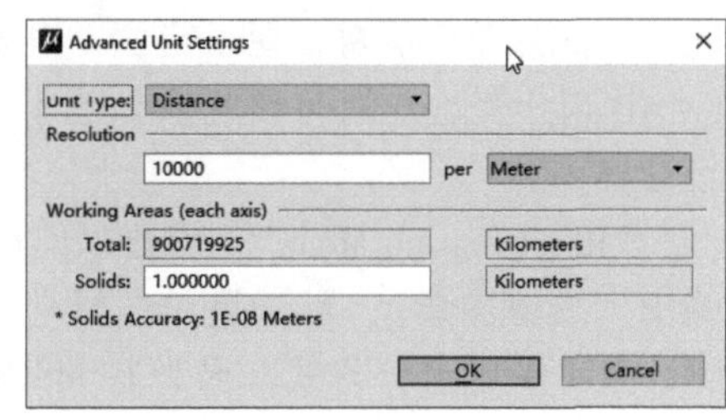

图 4-5-5　工作单位高级设置

“Solids”设置是被 MicroStation 的图形引擎“Parasolid”读取的。它设定了 Parasolid 处理模型的最大范围。由于 Parasolid 的数据处理能力也有上限。对于 Parasolid 来讲，能够处理模型的大小“Solids”和模型的精度“Solids Accuracy”是有关联的，这和上面所述的工作区域和解析度一样。如果在某些场合，你创建了大于 1KM 的对象（单个对象，而不是整个模型的范围，模型的范围取决于 work Areas 里的 Total），那么你就需要设置 Solid 的大小，这时需要注意，“Solid Accuracy”的精度会随着模型的范围变大而缩小，也就是小于精度的数值会被当成“0”来处理。

所以，如果你更改了解析度“Resolution”，就更改了模型的大小，如果要保持模型真正的精度“Solid Accuracy”，就要更改 Solid 的设置，它们是环环相扣的。

工作单位的设置看似有些复杂，但却是处理不同工程单位组合的利器，一般情况下，MSCE 默认已经设置好了，各专业软件也根据自己的专业需求将设置内置到种子文件中。之所以讲这么多，是为了让你明白其中的原理，没有必要就不要设置。不过，管理员有时也可以根据自己的需要来调整。

4.5.2　用户级设置

用户级设置（图 4-5-6）大多是设置我们的使用习惯，保存在用户自己的环境里，这不会对模型内容有影响。用户级设置有很多子项，例如对功能键、键盘、界面进行设置，在这里，我们重点讲一下经常要用到的“优选项”设置，可参考图 4-5-7。

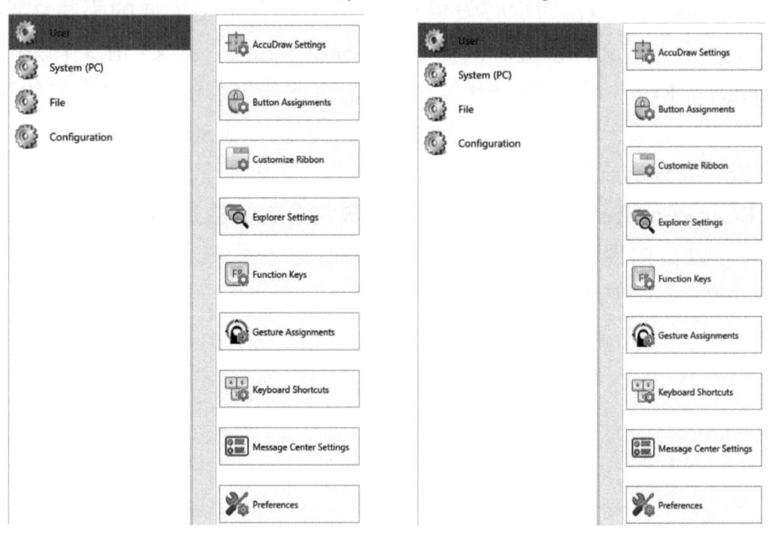

图 4-5-6　用户设置　　　　图 4-5-7　优选项

在优选项的对话框里，也有很多的选项，下面介绍经常用到的几个。

- “Input” 输入优先项（图 4-5-8）。

“ESC Exits commond”，按 <ESC> 键退出当前命令，可以用这个选项来解除当前的命令，回到默认选择的命令上。

“Pointer Size”，就是让鼠标指针（十字光标）充满整个屏幕，便于定位，很多 AutoCAD 用户有这样的习惯就像如图 4-5-9 所示这样。

“Reset Pop-up Menu”，设置以何种形式弹出“右键菜单”，默认是单击鼠标“左”键，建议采用这种方式，因为在 MSCE 中，单击鼠标右键默认是“Reset”（重置）。

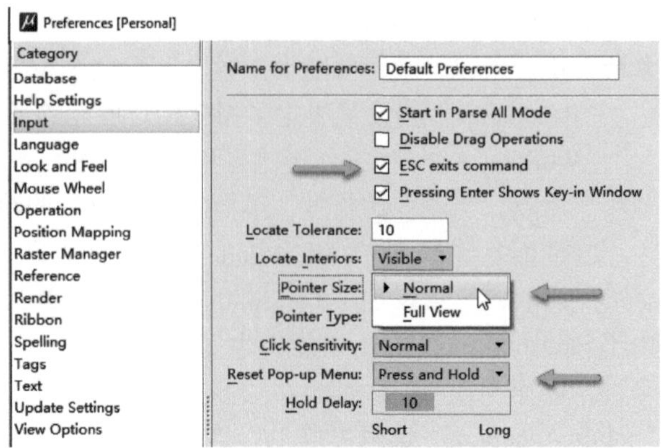

图 4-5-8　Input 输入优选项

- “Operation” 操作优选项（图 4-5-10）。

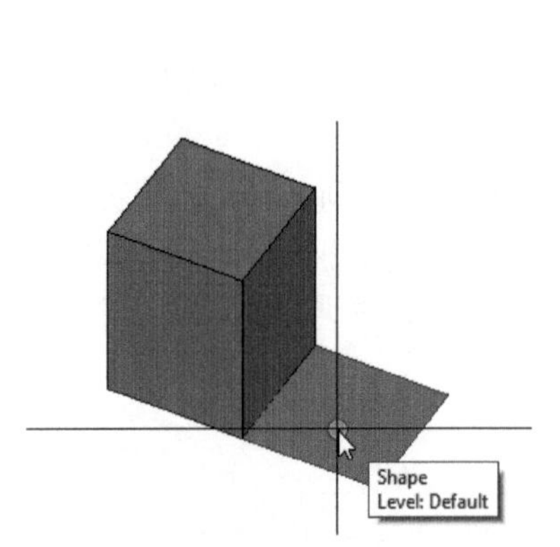

图 4-5-9　全屏十字光标

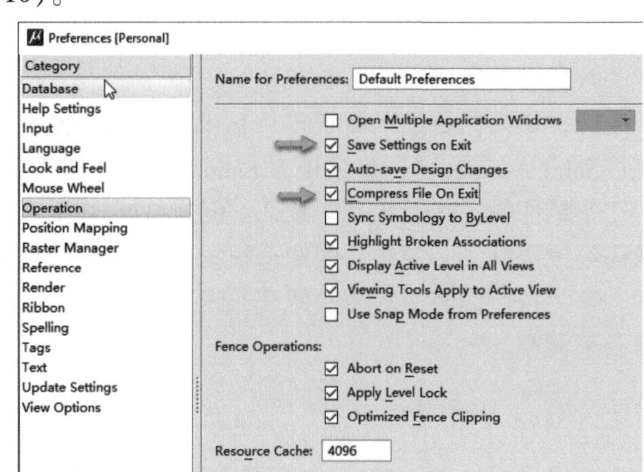

图 4-5-10　Operation 操作优选项

“Save Setting on Exit”（退出时保存设置），这里的设置是指上面的那些文件相关的设置内容，勾选这个选项，当做了文件设置时，就不用“Save Setting”或 <Ctrl> 来保存设置了。

“Compress File On Exit”（退出时压缩文件），这个选项是否使用取决于你的习惯，如果文件比较大的话，压缩时会需要一些时间，虽然很快，但总感觉 MSCE 的速度慢了。在后面的章节里，我们会介绍统一处理的压缩选项。

“Auto-save Design Changes”，默认这个选项是被勾选的，这是 MSCE 的独特之处，MicroStation 会自动保存你创建的内容，即使突然断电，内容也不会丢失。

其他的选项，浏览一下内容就会知道它们的含义。

第5章 空间定位

我们专门拿出一个章节的篇幅来详细介绍 MicroStation 的精确绘图“AccuDraw”（空间定位机制）。它是 MicroStation 的精髓之一。

MicroStation 采用直觉式的绘图方式，是基于精确绘图灵活的定位机制，某种意义上，这和我们手工绘图感觉一样，如图 5-0-1 所示。

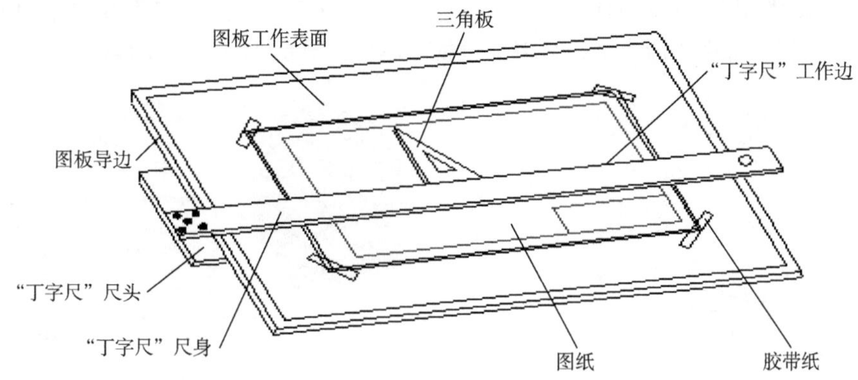

图 5-0-1　MSCE 采用直觉式的绘图方式，就像手工绘图一样

5.1　工作区域与坐标系

在 MicroStation 中，虽然它可以容纳下整个地球的基础设施，但我们的工作区域不是无限大的，它的大小取决于在文件设置里对解析度的设置，如图 5-1-1 所示。

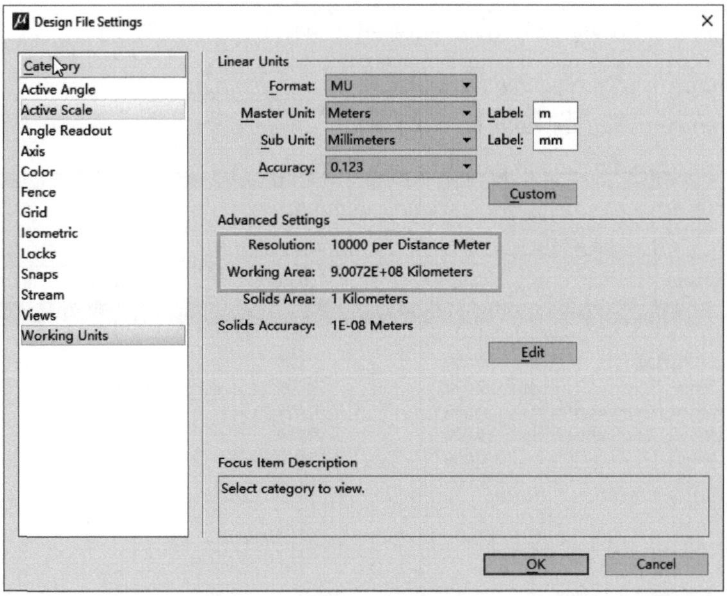

图 5-1-1　工作区域和解析度

上面的对话框表示，如果 MicroStation 用 10000 个点来解析 1m，这时的工作区域的大小就是 9.0072×10^{8}km（轴向），地球的直径是 12742km，所以这个范围已经足够大了。

如果是一个三维文件的话，工作区域是一个正方体，世界坐标系的原点在正方体中心，某些特殊情况下，我们可以移动世界坐标系到新的位置上，在后面的精确绘图快捷键介绍里，我们会讲到，我们可以直接输入以“Global Coordinate System”（世界坐标系，简称 GCS）为基点的坐标值来定位点（图 5-1-2）。

作为绝对的基点，世界坐标系 GCS 并不显示，我们可以通过前面讲的精确绘图快捷键 <T> <S> <F>将精确绘图坐标系与世界坐标系对齐。

另外，我们在绘图过程中，可以用到另外一种坐标系 ACS，即“Auxiliary Coordinate System”（绝对坐标系），类似于 AutoCAD 里的“UCS 用户坐标系”，可用来辅助定位。默认情况下，ACS 是放置在世界坐标系的原点上，可以通过视图属性来显示 ACS（图 5-1-3）。

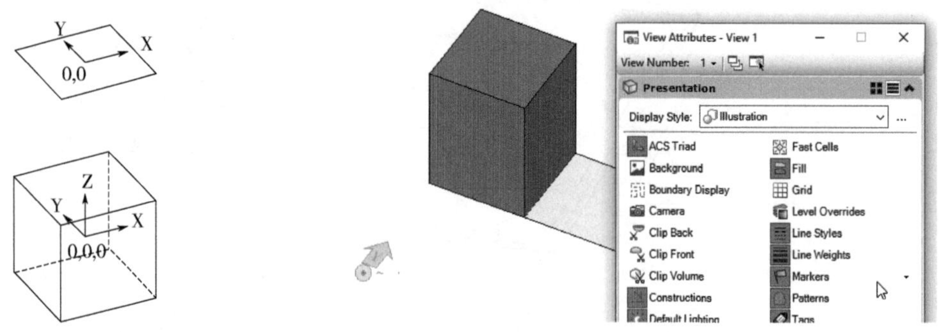

图 5-1-2　世界坐标系 GCS 在工作区域的中心　　　　图 5-1-3　显示 ACS

这时，你发现在视图的左下角显示了 ACS 的位置，也就是 GCS 的原点。

ACS 是辅助坐标系，所以，MicroStation 提供了一系列的命令来操作 ACS，你可以定义多个 ACS，也可以旋转、移动、选择不同的坐标系。你可以通过如图 5-1-4 所示操作，打开 ACS 对话框。

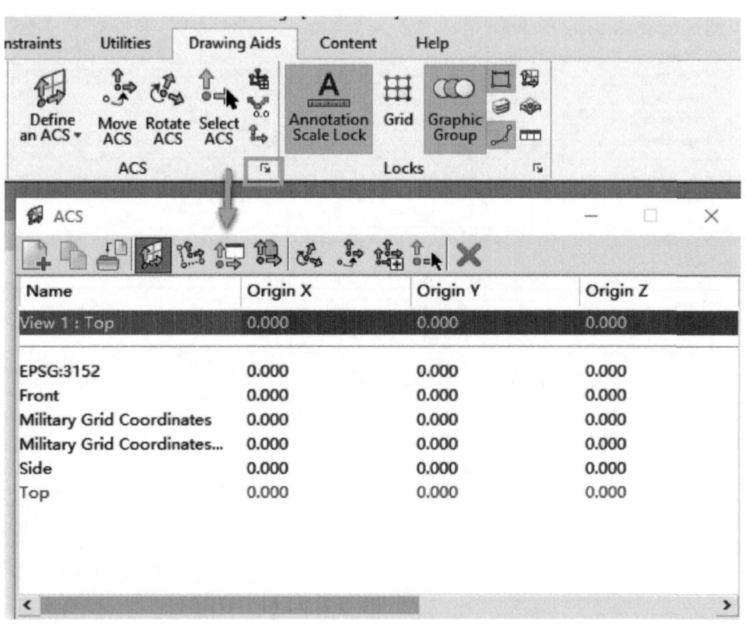

图 5-1-4　ACS 对话框

ACS 是保存在 DGN 文件里的，所以，你可以从另一个 DGN 文件中导入 ACS，也可以保存在种子文件中。

图 5-1-4 所示的对话框显示，在种子文件中，预置了很多个 ACS，当前起作用的是名称为“Top” 的 ACS。ACS 提供了锁定的选项，让精确绘图坐标系 “AccuDraw” 与辅助坐标系锁定（图 5-1-5）。

说到这里，我们已经介绍了 MicroStation 的三个坐标系：

- 世界坐标系 GCS，用于定义绝对的 0 点。
- 绝对坐标系 ACS，用于辅助定位。
- 精确绘图坐标系 AccuDraw，用于具体的定位，操作过程中，需要基于 GCS 和 ACS。

这三个坐标系，非常像我们手工绘图时代的操作模式（图 5-1-6）。

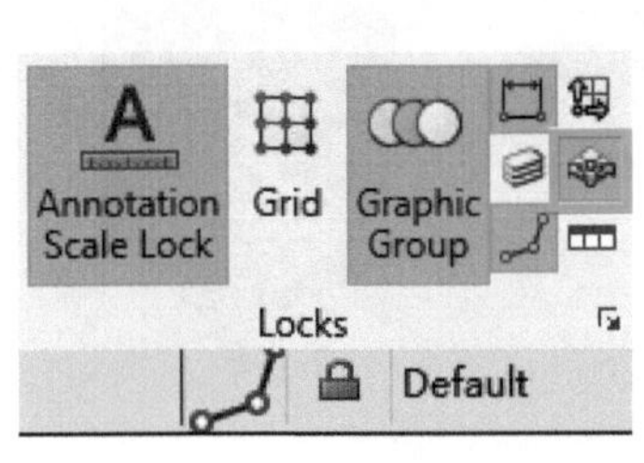

图 5-1-5　ACS 锁定按钮

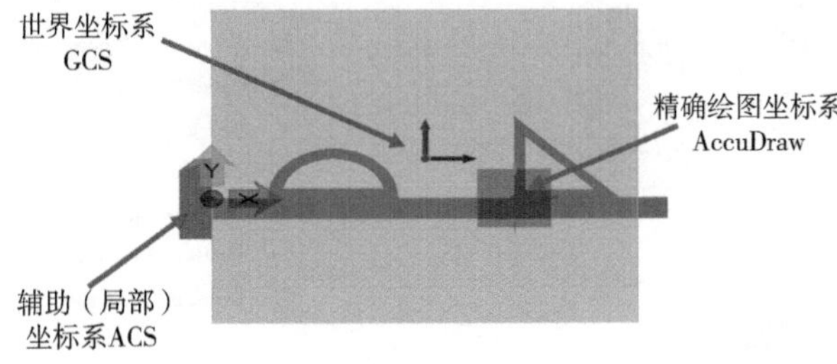

图 5-1-6　我们手工绘图时代，也是用到了三个坐标系

- 图纸的中心——世界坐标系 GCS，不能移动。
- “丁字尺”——辅助坐标系 ACS，辅助定位，上下可以移动。
- 三角板——精确绘图坐标系 AccuDraw，用于具体定位，可以与“丁字尺”锁定（对齐）。

下面我们通过一些具体的操作来说明应用过程。

在上面的操作中，我们显示了 ACS，ACS 在默认的 GCS 的原点上，但你会发现 ACS 显示得不完整，这是由于我们随意绘制的对象，距离 GCS 的原点很远。你只有缩小到非常小的时候，才能看到 ACS 的真正位置。

下面我们把对象移动到世界坐标系的原点。选中对象（图 5-1-7），选中移动命令，这时 MicroStation 会让你输入新的目标点位置。

我们将这个点移动到世界坐标系 GCS 的原点上，这时，我们在精确绘图工具栏有焦点的情况下，使用精确绘图快捷键 <P>，在鼠标的位置会出现如图 5-1-8 所示的对话框，让你选择“只输入一次绝对位置”还是“连续输入多次”，我们选择“P”（只输入一次），会出现坐标输入窗口，如图 5-1-9 所示。

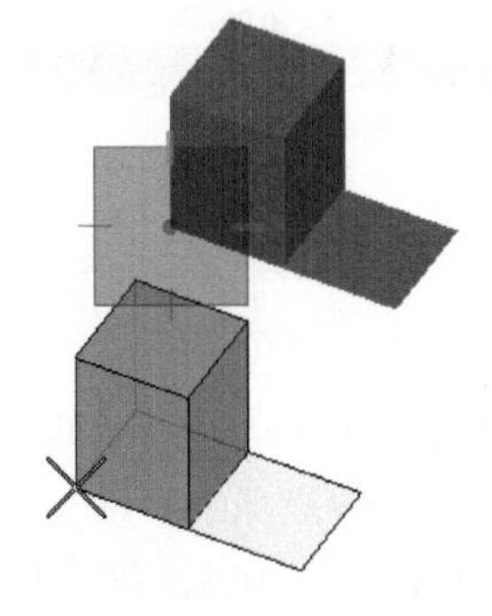

图 5-1-7　移动对象

图 5-1-8　选择输入单个坐标点

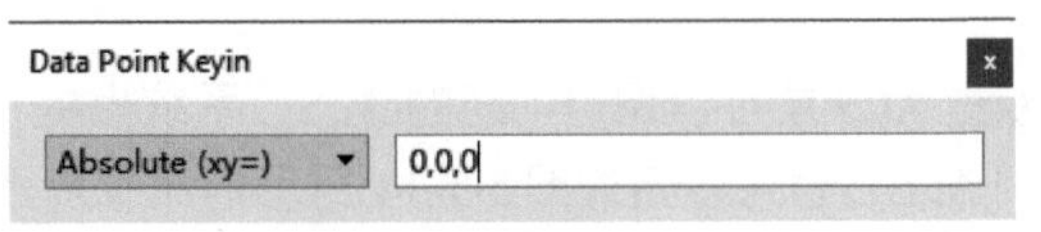

图 5-1-9　输入坐标

输入原点坐标“0,0,0”或者“,”就代表原点的坐标，注意是“英文”的逗号，然后按回车键，单击鼠标右键结束此次操作。否则，系统又让你移动到新的位置上了。

全屏后，你会发现对象被移动到世界坐标系的原点上了，精确绘图坐标系也显示在世界坐标系原点的位置上，如图 5-1-10 所示。

下面我们通过点的方式来定义一个自己的辅助坐标系 ACS，如图 5-1-11 所示。

根据提示输入三个点（原点，X 轴，Y 轴），你就确定了如图 5-1-12 所示的坐标系。由于 ACS 是空间的，所以三个点决定了 ACS 的方向，我们也会看到 Z 轴永远都是竖直的。

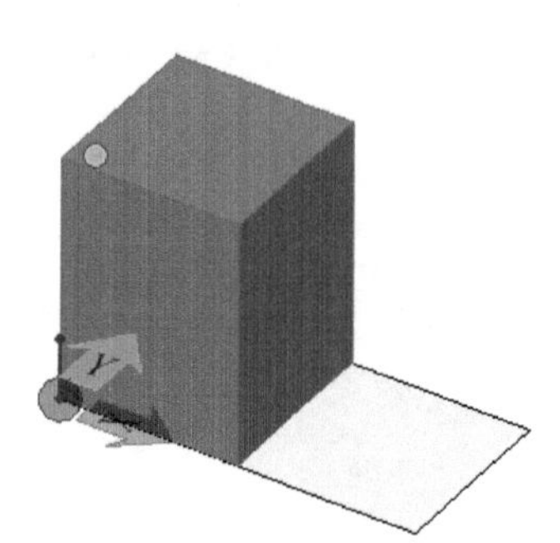

图 5-1-10　移动到世界坐标系的原点

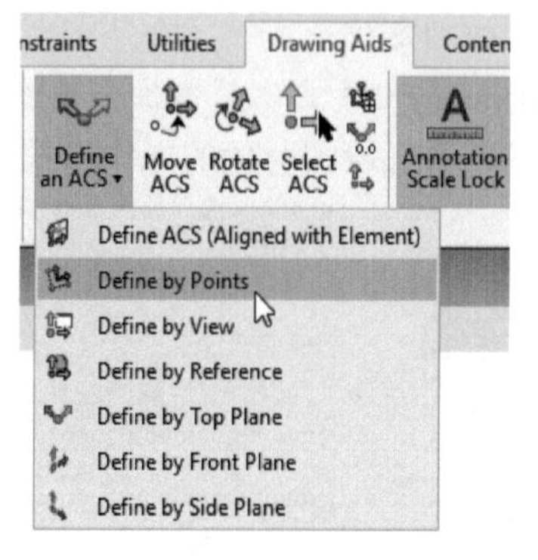

图 5-1-11　通过点定义坐标系

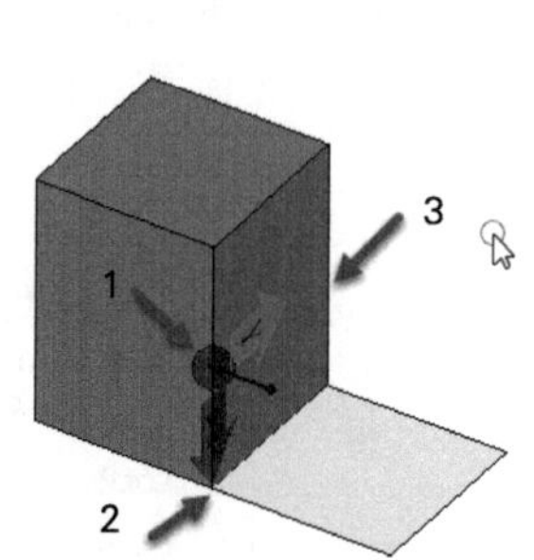

图 5-1-12　新建立的 ACS

如果我们想保存这个坐标系的话，打开 ACS 对话框，然后点击保存（图 5-1-13）。

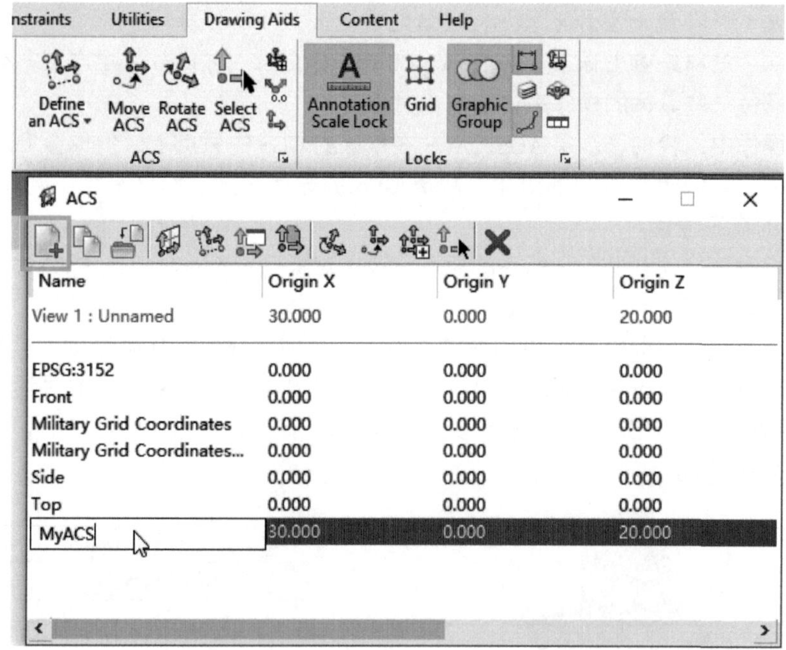

图 5-1-13　保存 ACS

双击 ACS 就可以调用不同的 ACS，系统也提供了一些便捷的命令，让你便捷地移动、旋转当前的 ACS，也可以用如图 5-1-14 所示的命令来重置 ACS 到世界坐标的原点。

定义 ACS 后，我们就可以让它来辅助我们定位，注意要使用 ACS，我们需要将 ACS 锁定（图 5-1-15）。

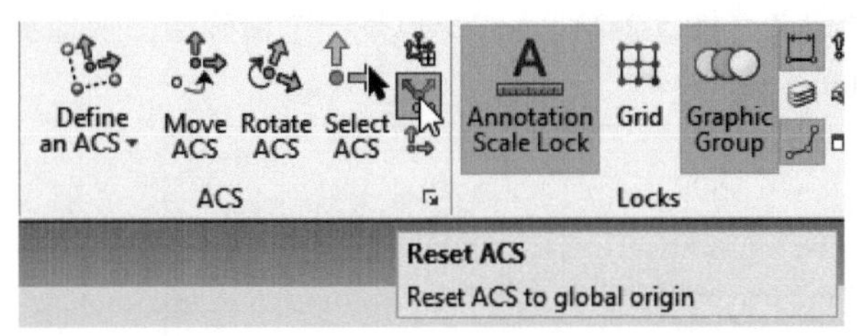

图 5-1-14　重置 ACS

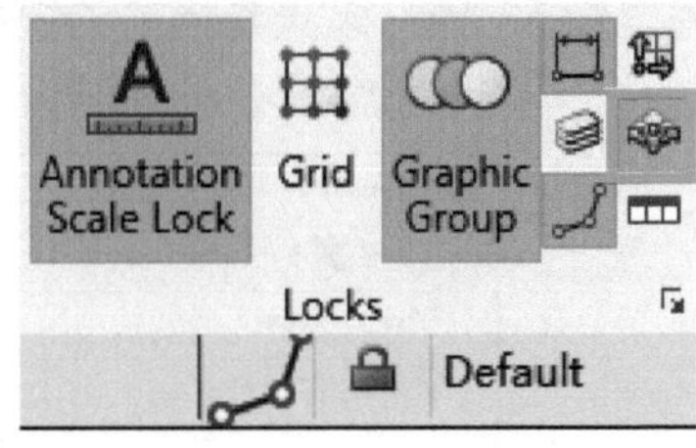

图 5-1-15　锁定 ACS

选择一个绘制直线的工具，捕捉到底部矩形的交点，单击鼠标左键，你会发现目标点是投影在 ACS 平面上的点，如图 5-1-16、图 5-1-17 所示。

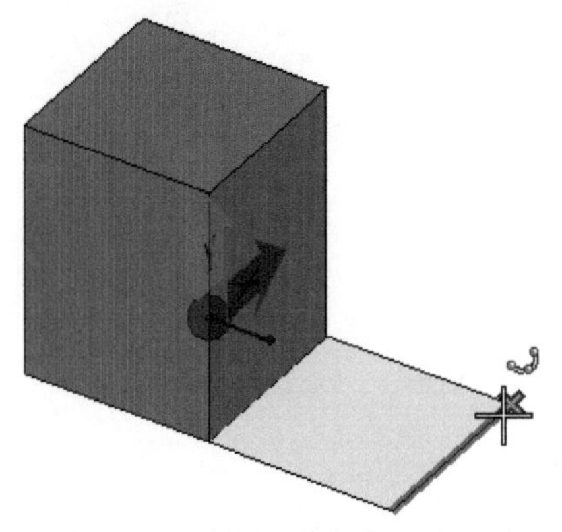

图 5-1-16　捕捉矩形的顶点

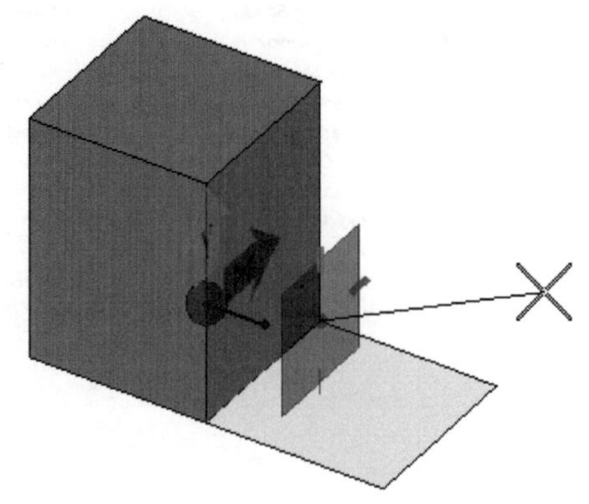

图 5-1-17　目标点被投影到 ACS 锁定的平面上

如果关闭 ACS 锁定，那么捕捉到的点就是目标点，ACS 只是提供了默认的精确绘图坐标系的方向。

通过以上内容可以看出，在 MicroStation 的工作空间内，我们可以通过辅助坐标系 ACS 和精确绘图坐标系 AccuDraw 来快速实现空间定位。而任何复杂的建模操作，无非是命令的设置与组合，再加上快速空间定位。下面的章节，我们将介绍更多的精确绘图命令。

5.2　精确绘图 AccuDraw

在这一节里，我们将重点介绍“精确绘图”坐标系和对应的快捷键。精确绘图快捷键是在精确绘图工具栏保持焦点的情况下才起作用。默认情况下，它也会自动获得焦点。

在 MicroStation 中，我们最常用的就是精确绘图快捷键，这些快捷键大部分是用来定位的，有些也是用来快速调用某些菜单和命令。例如，前面讲到的通过“空格”——<Space>——来调用弹出菜单（图 5-2-1）。

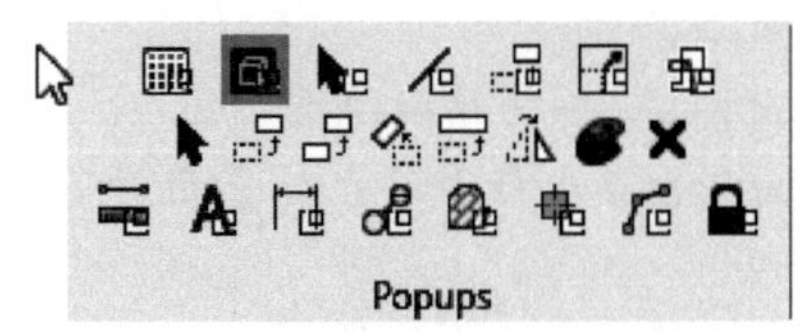

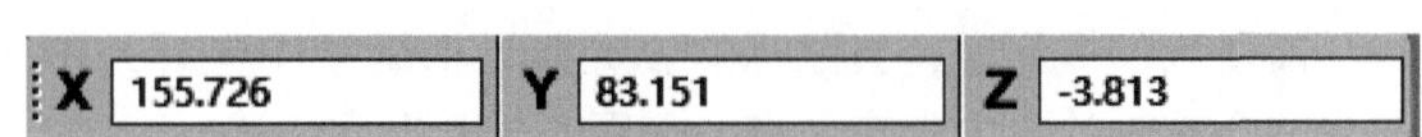

图 5-2-1　通过精确绘图快捷键 <Space> 来调用弹出菜单

精确绘图快捷键，是可以自定义的。你可以通过在精确绘图工具栏里输入“?”来查看当前的快捷键定义（图 5-2-2）。< ? >也是一个精确绘图快捷键，由于它是一个“上档字符”，注意结合< Shift >使用。

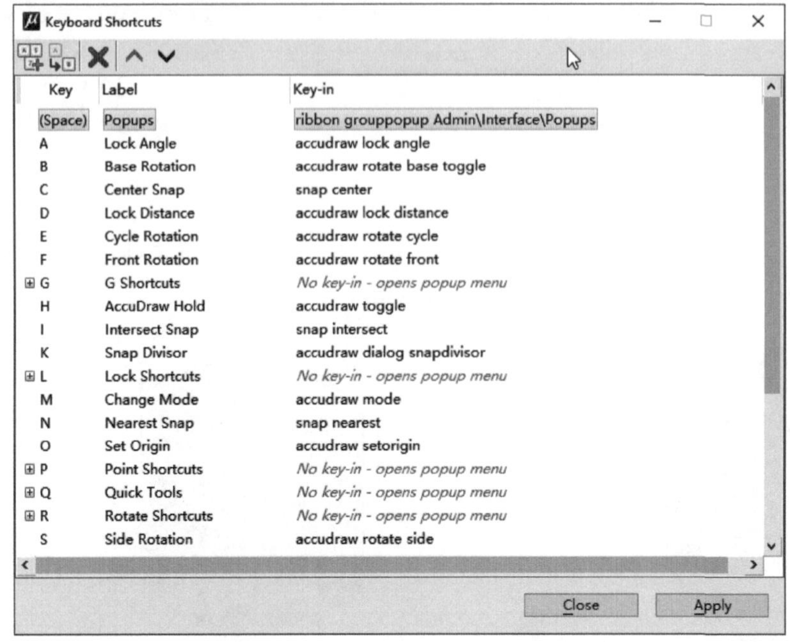

图 5-2-2 精确绘图快捷键定义

通过图 5-2-2 所示的快捷键后面的“Key-in”你可以了解每个快捷键的功能，而且你也可以测试下，毕竟学软件最快的方式就是“有原则的尝试”。下面我们对精确绘图快捷键做一个总结。

（在本章节里，我们用“快捷键”表示“精确绘图快捷键”）

- < M >——切换精确绘图直角坐标系和极坐标系。

我们在工程实际中，通过两种坐标系来定位，直角坐标系和极坐标系。在 MicroStation 中，通过< M >快捷键在两种坐标之间转换（图 5-2-3）。

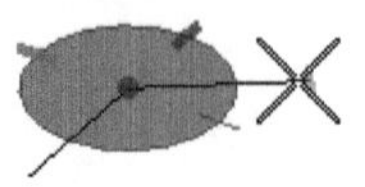

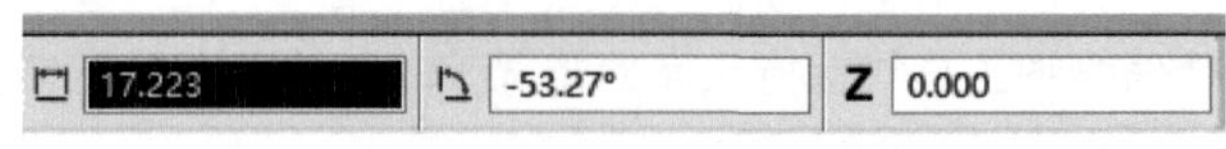

图 5-2-3 极坐标系工作模式

在极坐标系下，我们通过长度和角度来定义基于精确绘图坐标系原点的位置。长度和角度的输入域不会自动随着鼠标位置变化而变化。你可以通过< Tab >键来切换输入区域。

- < O >——将精确绘图坐标系的原点，定位到捕捉的点上。

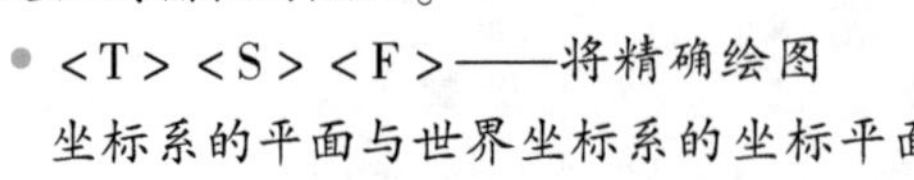

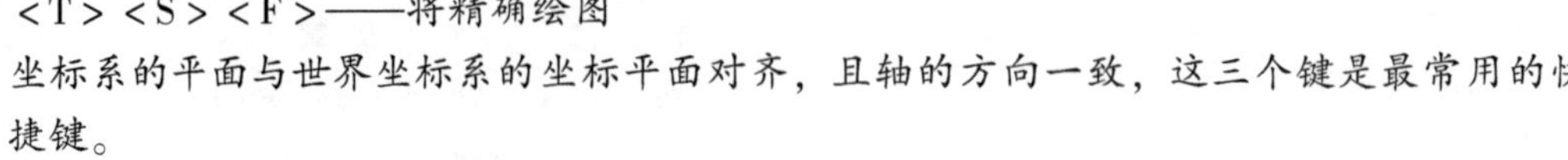

- < T > < S > < F >——将精确绘图坐标系的平面与世界坐标系的坐标平面对齐，且轴的方向一致，这三个键是最常用的快捷键。
- 回车键——锁定精确绘图坐标轴。

前面我们提到过，当鼠标的位置接近精确绘图坐标系的坐标轴时，会被粘连。这样的方式非常适合在轴的方向上定位点，如图 5-2-4 所示。

如果我们想让线段的中点与矩形的边平齐怎么办，这时候可以用快捷键<回车>，锁定这个轴，也意味着这种情况下目标点一定在这个轴上，然后捕捉矩形顶点，然后单击鼠标左键就可以了，如图 5-2-5 所示。

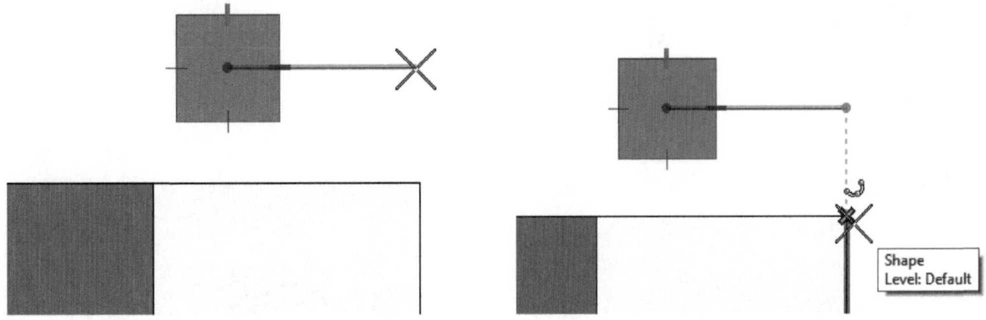

图 5-2-4　坐标轴被粘连　　　　图 5-2-5　锁定了坐标轴，捕捉到目标点的垂点

再次按 < 回车 > 键就会解除锁定。

- < RX > < RY > < RZ >——*将当前精确绘图坐标系，沿着其 X、Y、Z 轴旋转 90°。*

如果是两个字母的快捷键，你按下第一个字母快捷键时，在当前鼠标的位置会弹出一个菜单（图 5-2-6），你可以继续按下另外一个字母快捷键，也可以鼠标单击。

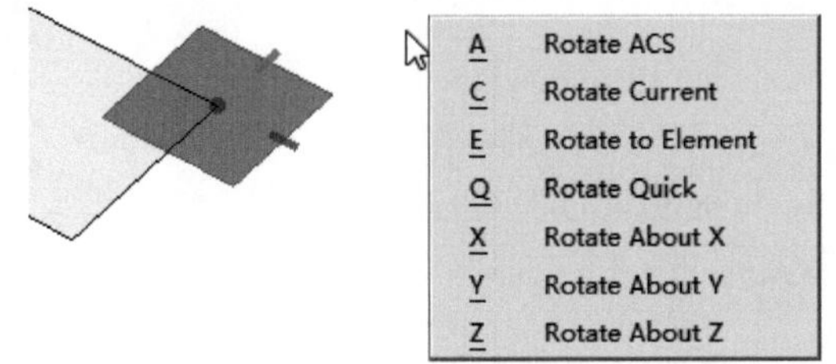

图 5-2-6　< R > 快捷键后弹出的菜单

< T > < S > < F > < RX > < RY > < RZ > 都是用来调整精确绘图坐标系的方向的。

- < I > < N >——*临时启用交点和最近点捕捉方式。*

MSCE 和其他的应用软件一样，具有自动捕捉的定位方式，可以捕捉不同类型的特征点。你可以通过状态栏的自动步骤按钮设置默认的自动捕捉的特征点类型，默认是“Keypoint”（关键特征点），例如端点、圆心等，如图 5-2-7 所示。

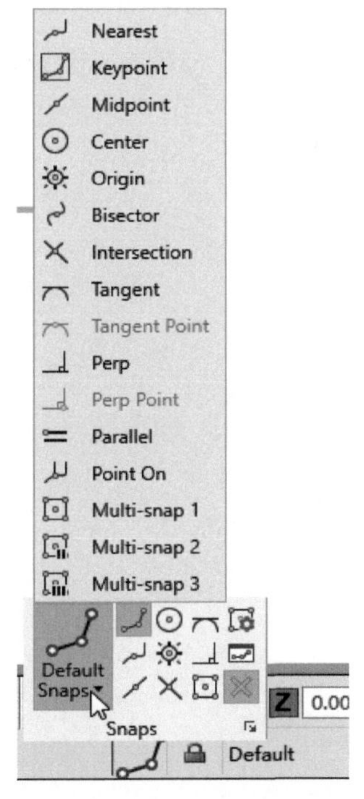

图 5-2-7　自动捕捉设置

默认的自动捕捉方式是一种全局的设置，是一直起作用的，可能有时我们需要捕捉最近点和交点，我们可以采用快捷键 < N > 和 < I > 临时启用相应的特征点一次。完毕后回到默认的捕捉模式。

当然，你也可以通过“Multi-Snap”（最近点）的默认捕捉方式同时捕捉多种类型的特征点（图 5-2-8），但很多时候，这种看似灵活的方式效率反而低。

- < K >——*等分设置快捷键。*

上面说到“Keypoint”，我们并没有提中点，因为中点严格来讲是一种二等分点，默认情况下，我们是捕捉对象的二等分点，例如一个曲线的二等分点（图 5-2-9）。

如果我们要想捕捉曲线的 7 等分点如何操作？这时只需要通

过快捷键 <K> 将等分份数设置为 “7” 就可以了（图 5-2-10、图 5-2-11），如果 “7” 不常用，记得再设置回到 “2” 等分点。

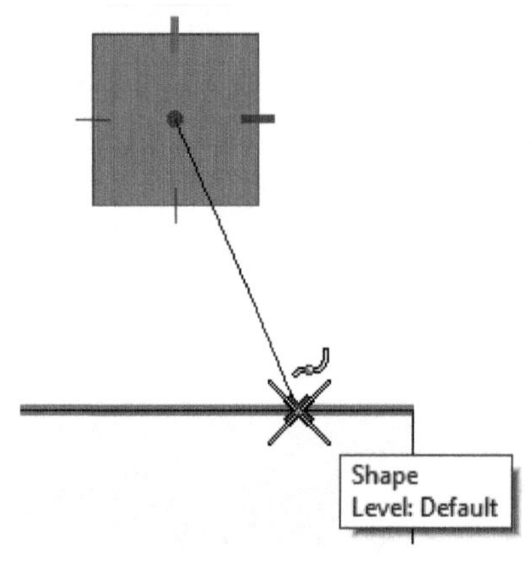

图 5-2-8　最近点捕捉方式

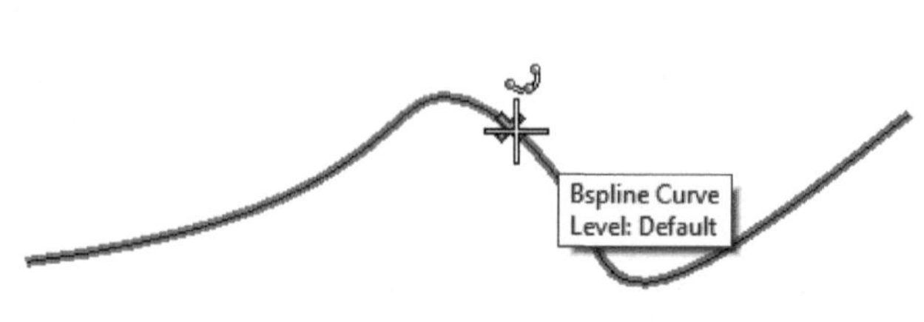

图 5-2-9　捕捉曲线的二等分点

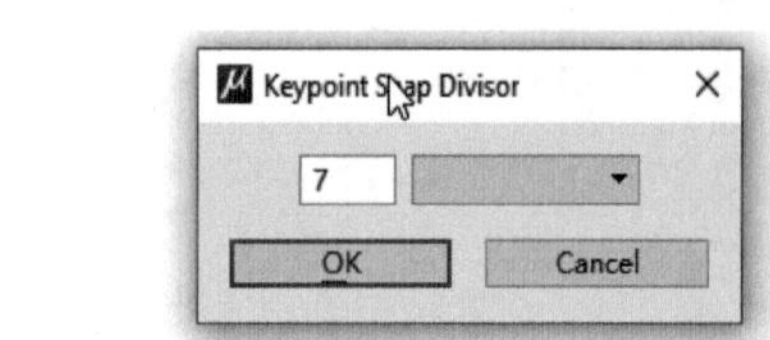

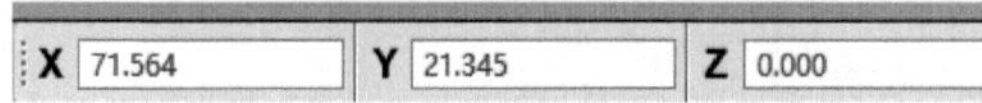

图 5-2-10　使用 <K> 快捷键，设置 7 等分

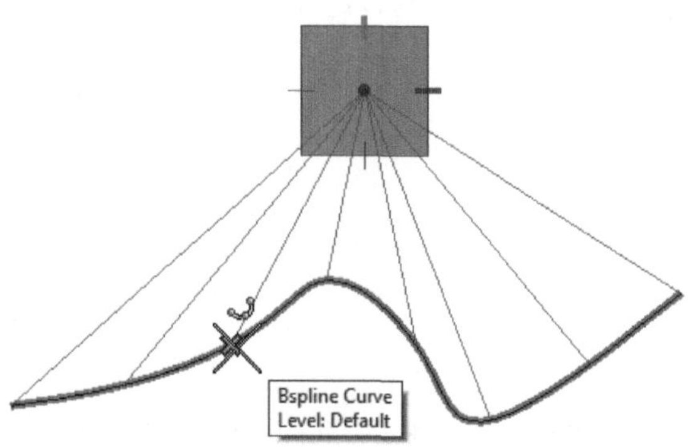

图 5-2-11　捕捉到曲线的 7 等分点

第6章 对象创建与修改

6.1 对象属性 Attributes

6.1.1 基本属性

无论我们创建二维的线串，还是创建三维的模型，我们都需要设置对象的属性，最基本的属性就是图层、线型、颜色等。以后我们还会给对象赋予材质或专业属性等。

在一个项目中，我们倾向于将不同类型的对象放置在不同的图层里，甚至将一个复杂对象的不同组成部分也放在不同的图层里，以便于操作。

我们通过“Home > Attributes”工具栏来设置所要绘制的属性，在右键菜单里，你可以选择哪个属性框显示或者关闭。默认情况下，“Element Class”对象分类这个属性没有显示，如图 6-1-1 所示。

- 属性的设置改变不会影响已经绘制的对象。

这里的属性设置是指设置当前的激活属性，不会更改已经存在的对象的属性设置。

- 每个属性都是单独赋予对象的。

图层的定义里也有颜色、线宽等设置，然后在设置对象的属性时，也可以选择“随层”。

- 属性的数字表达。

颜色的选择，原则上选择的是色号，例如 1 号颜色，2 号颜色。这个色号的具体表现，取决于其引用的色表“Color Table”。同是 2 号颜色，引用的色表不同，表示的颜色也不同，可参考图 6-1-2、图 6-1-3。这便于后期在不定义色号的情况下，匹配不同的颜色标准和规范。与之相同的是线宽，1 号线宽到底在打印时是有多宽，取决于打印时的打印线宽配置文件。

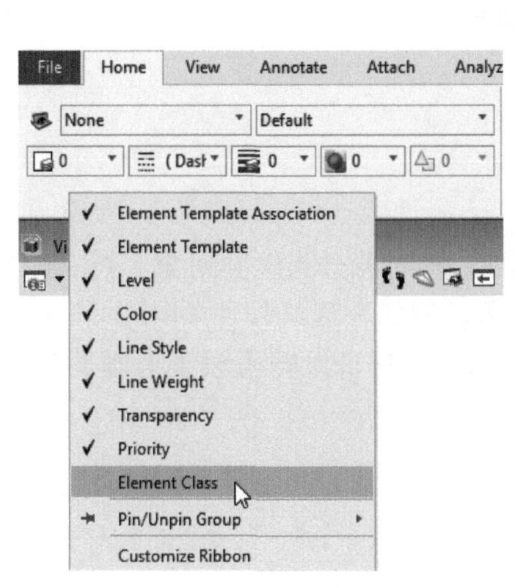

图 6-1-1 属性工具组

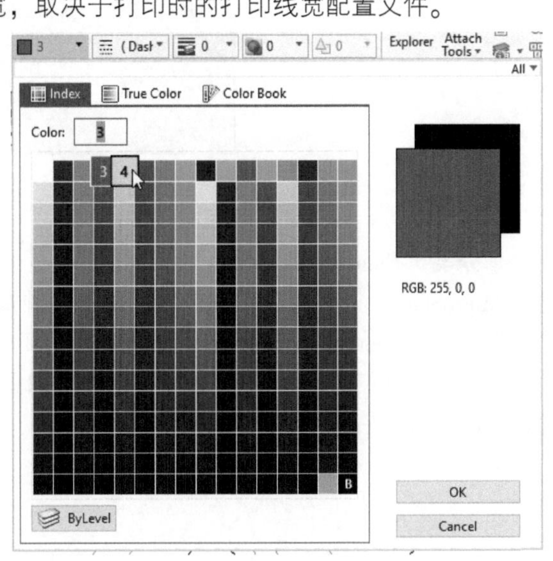

图 6-1-2 每种颜色都有色号，色号的显示颜色取决于色表

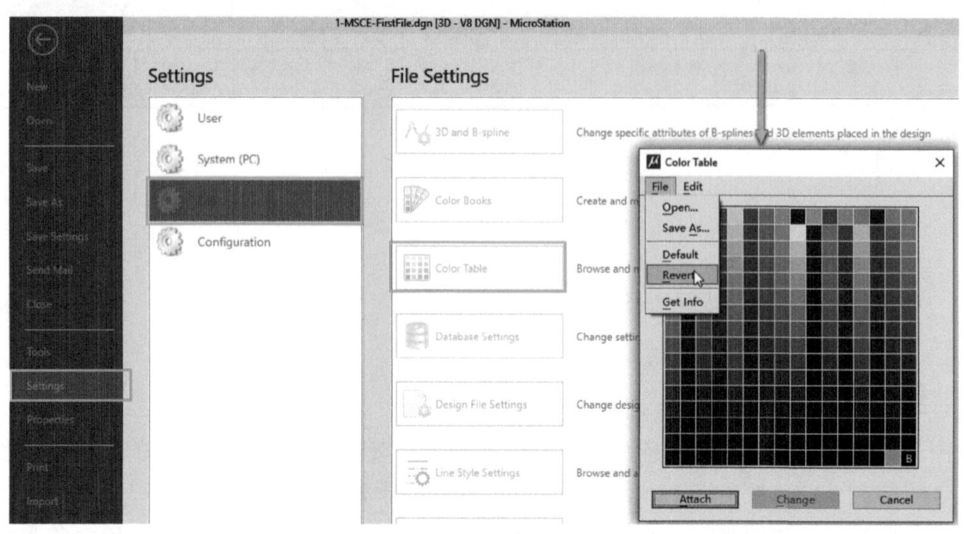

图 6-1-3　文件里的色表“Color Table”链接

• 对象优先级“Priority”。

优先级属性只有在二维绘图时才会起作用，因为在三维空间里，对象之间的前后遮挡关系是由空间关系决定的。而在二维空间里，要表达两个对象的遮挡关系就会用到优先级。

在图 6-1-4 中，矩形对象的优先级是“0”，绘制圆形后，优先级设置为“－200”，则圆形就在矩形的后面。

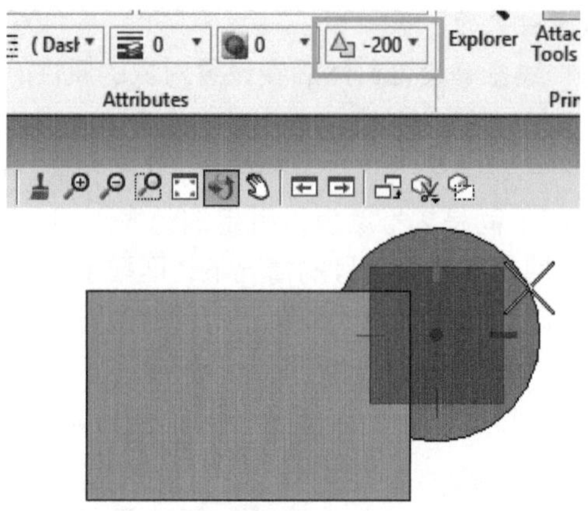

图 6-1-4　二维空间的优先级

• 对象分类“Element Class”。

这是 MicroStation 独有的属性，它是对象的一种逻辑属性。把对象分为主要对象“Primary”和辅助对象“Construction”，然后在某些场合来关闭辅助对象。例如在建筑软件 OBD 的三维视图里，我们会将一些门、窗的二维符号关闭掉。如图 6-1-5 所示，把二维符号设置为辅助对象“Construction”，然后在视图属性中就会被关闭。

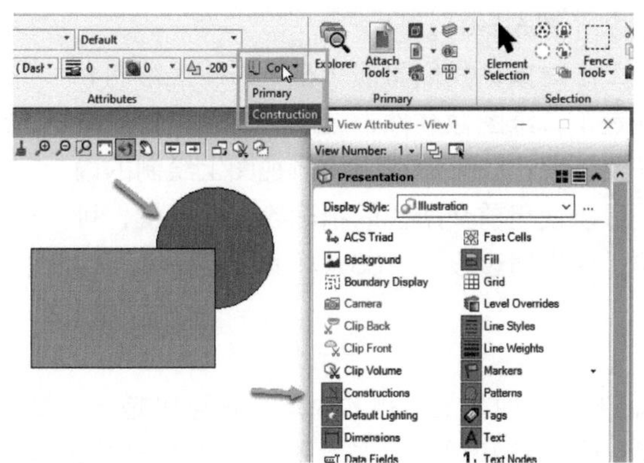

图 6-1-5　如果设置圆形是辅助对象"Construction"，则可以在视图属性选项中关闭显示

6.1.2　特殊属性

对于封闭对象来讲，还有如图 6-1-6 所示的属性。

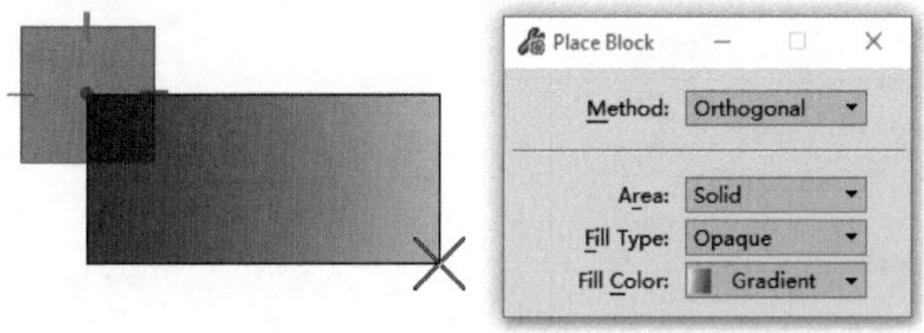

图 6-1-6　封闭对象属性

对于"Fill type"（填充类型），我们可以设置填充的颜色和外框的颜色。这个设置是真实的填充，即使在线框模型下也是填充状态。而至于如何填充，则是由"Fill Color"来控制，图 6-1-6 中用的是渐变色。你也可以用标准的色卡来符合特定的工业印刷标准（图 6-1-7）。

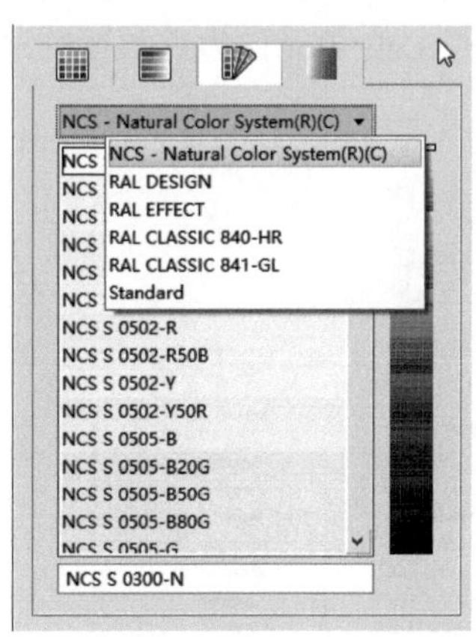

图 6-1-7　颜色选项里标准的色卡选择

6.2　基本对象

MicroStation 可以绘制复杂的三维对象，而二维对象当然也不在话下，它提供了丰富的基本

对象放置、修改、操作命令（图 6-2-0）。

需要注意的是，对于二维对象，我们习惯了在平面图上绘制和编辑。如果你操作的文件是个二维图像文件，这没有问题，但如果是一个三维图像文件，需要注意，如果你在顶平面视图上绘制的内容捕捉到了空间的点，就可以使用前文所说的精确绘图快捷键，可以在三维空间中进行定位，或者通过设置 ACS，将其锁定。

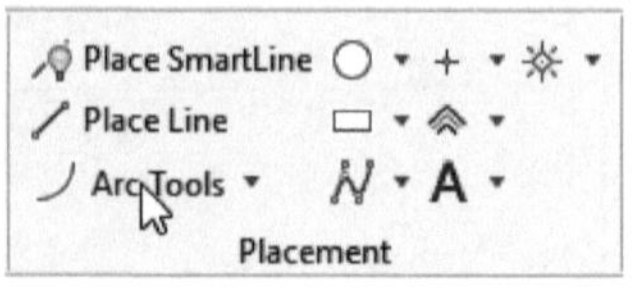

图 6-2-0　基本对象命令

6.2.1　点对象 Point

点对象在 MicroStation 中是一种非常有用的对象，它可以是一个真实存在的点，这个点可以被捕捉、统计，也可以是一个字符和单元（单元相当于我们常用的块“Block”），如图 6-2-1 ~ 图 6-2-3 所示。

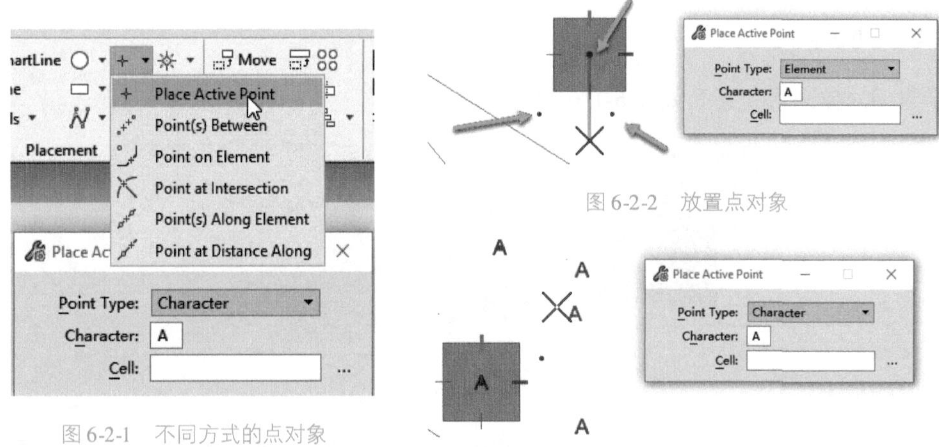

图 6-2-1　不同方式的点对象

图 6-2-2　放置点对象

图 6-2-3　放置字符点对象

对于 Cell 单元类型的点对象，是将一个类似于块“Block”的对象当成点来放置。需要我们首先链接一个单元库，然后选择一个 Cell 单元作为点放置的对象（图 6-2-4）。

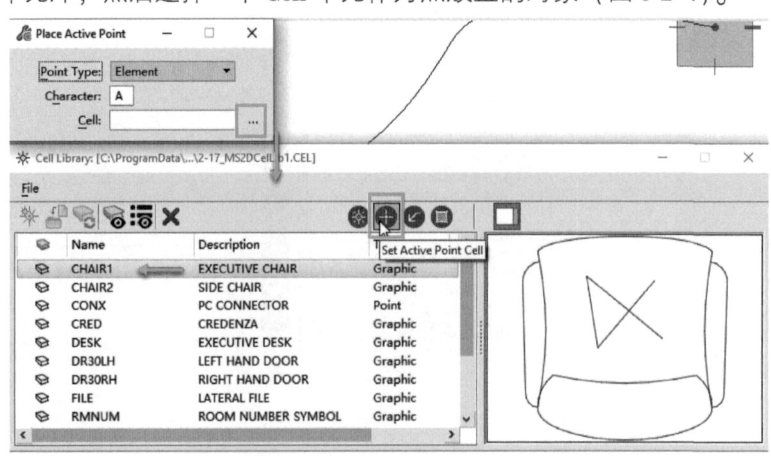

图 6-2-4　选择一个单元作为点放置的对象

从某种意义上来讲，MicroStation 是一种逻辑的对象，例如，在 Cell 单元里，不同的部分可能放置在不同的图层上，但作为点放置时，它们都会被放置在同一图层上，因为“点”从逻辑上不能再分（图 6-2-5）。

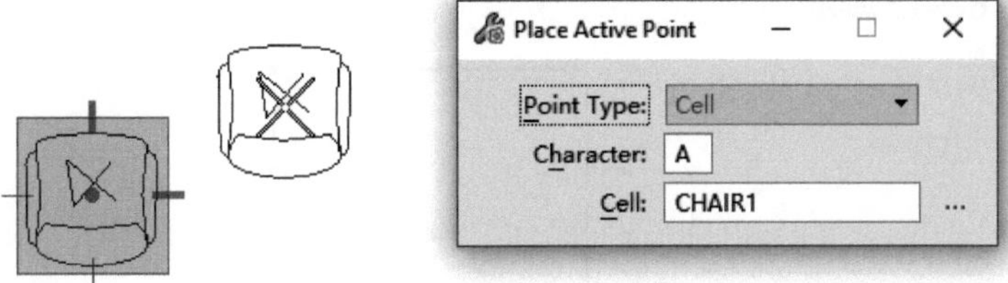

图 6-2-5　放置单元类型的点

MicroStation 提供了多种放置点对象的方法，包括单个、等距多个，以及沿着对象等距多个等，如图 6-2-6～图 6-2-8 所示。

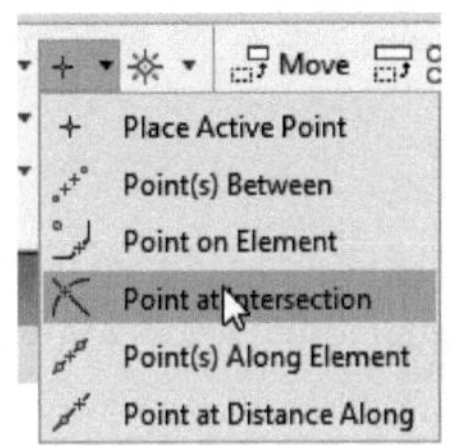

图 6-2-6　多种方式放置点

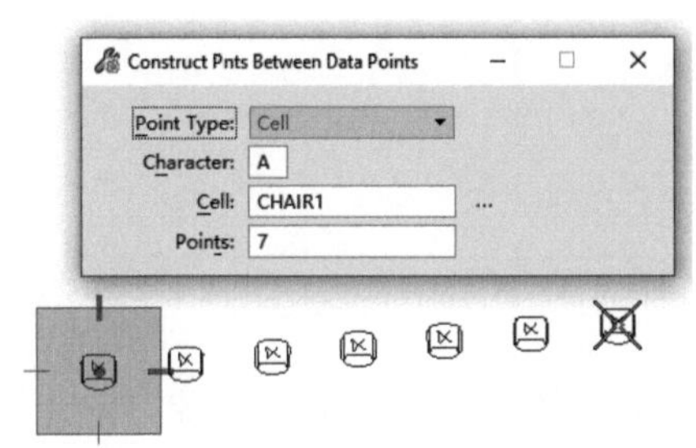

图 6-2-7　等距放置多个对象

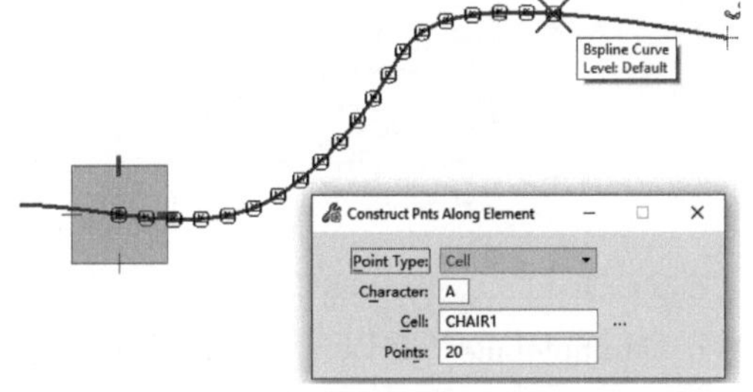

图 6-2-8　在对象上，在两点之间均匀地放置对象

6.2.2　线对象 Line

在 MicroStation 中，线对象（图 6-2-9）分为：智能线“SmartLine”、普通线“Line”、弧线、多线“MultipleLine”和 B 样条曲线等。

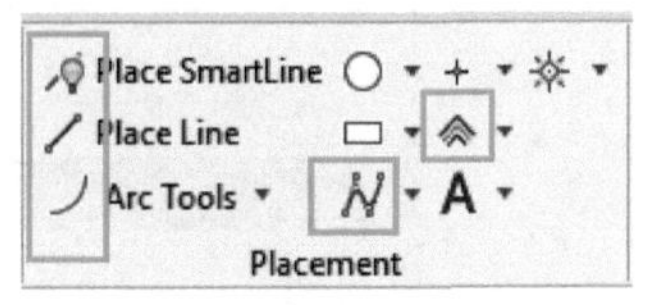

图 6-2-9　线对象

智能线是由直线段和弧线段组成的线串（图 6-2-10），在绘制的过程中，你可以改变线段的类型和参数，如图 6-2-11 所示。

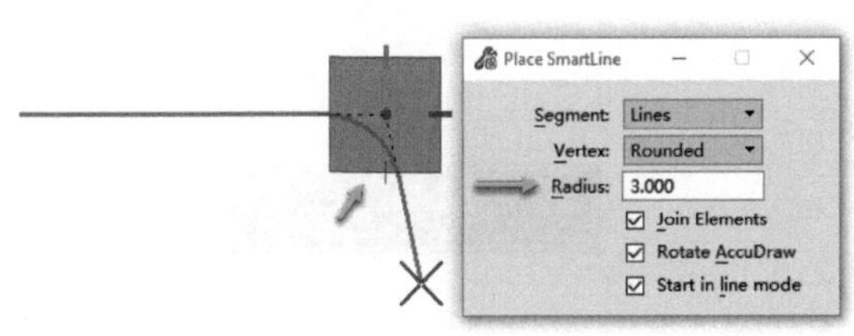

图 6-2-10　圆角线串

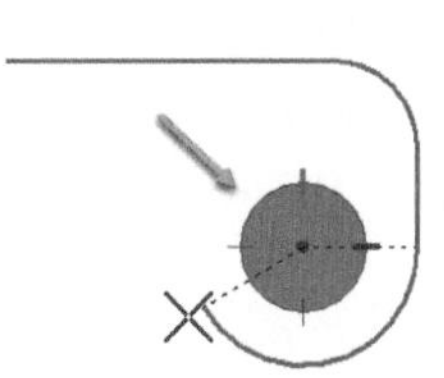

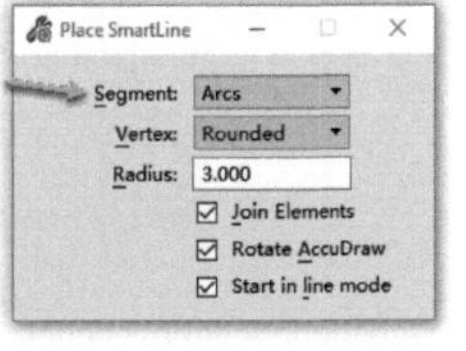

图 6-2-11　绘制弧线段时，系统自动变成极坐标系，你可以输入弧线段的角度

智能线绘制完成后，形成一个整体，而普通线的绘制虽然也可以联系，但绘制完成后，是分散的线段，如图 6-2-12 所示。

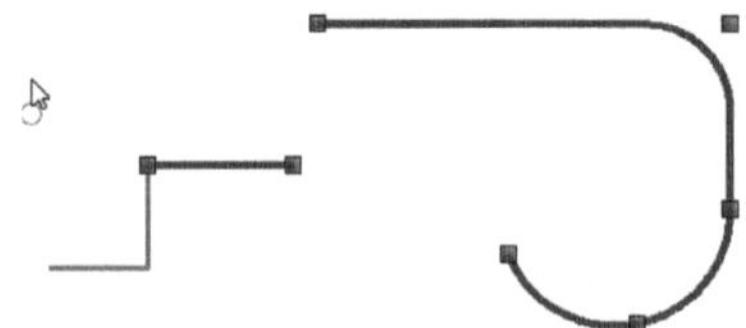

图 6-2-12　普通线绘制完毕后是不连接的，而智能线是连接的

在 MicroStation 中，可以放置多种类型的弧线（图 6-2-13），例如普通弧线段、半椭圆、四分之一椭圆等。你可以对圆弧的角度、轴、半径等参数进行修改。放置弧线时，需要注意命令操作所需要的定位点。

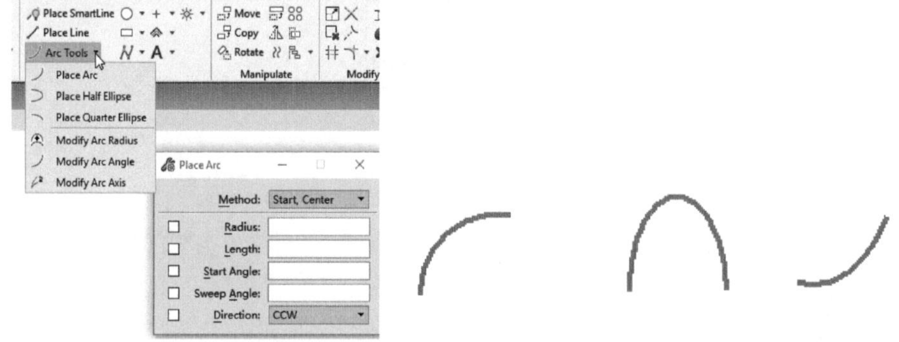

图 6-2-13　弧线放置

多线“MultipleLine”是以一种多线样式来同时绘制的（图 6-2-14），这种对象，对于绘制道路来说非常合适，当然我们也可以先绘制单线，然后通过阵列的方式来实现。系统提供了一组多线的修改命令，来处理多线的交叉问题。

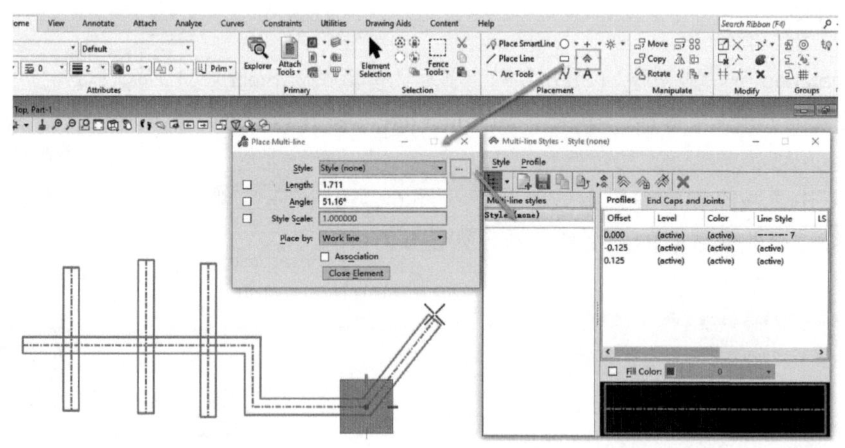

图 6-2-14　绘制多线

多线样式就是定义组成多线的每根线的属性和彼此的间距。工具属性框的“Place By”就是选择定位基线的位置。

你可以在“File > Setting > User > Tool Boxes”中找到多线的工具条（图 6-2-15），如果你常用它，也可以将其加入 Ribbon 界面。修改多线的工具如图 6-2-16 所示。

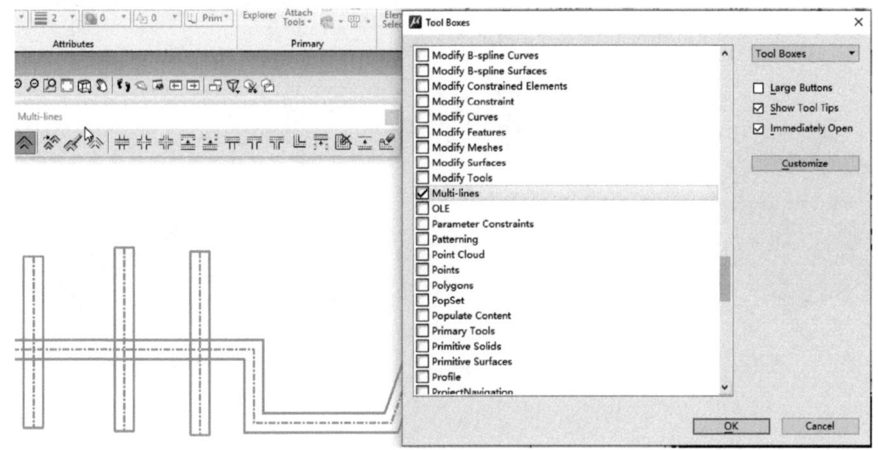

图 6-2-15　修改多线的工具

MicroStation 提供了多种曲线的创建工具，曲线涉及的内容比较多，我们在这里只做简单介绍。对于曲线，我们需要知道如下的内容：

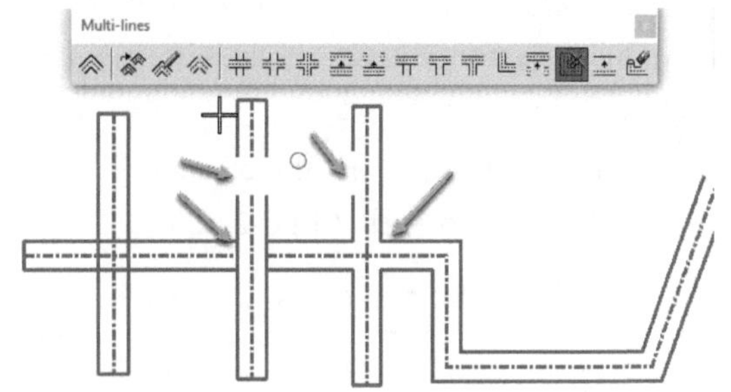

图 6-2-16　修改多线的效果

工程上用的曲线是 B 样条曲线，也就是“B-Spline”。每条曲线对应一个数学方程，我们创建曲线时的，参数里的几阶曲线（order）是指对应数学方程的解。在布置的时候，要注意满足确定点最少数目要求。例如，如果是 4 阶曲线，你点击 3 个点是无法形成曲线的，可参考图 6-2-17。

B 样条曲线是空间曲线，是构成空间曲面的基础。

能理解上述的内容，对于我们一般应用已经足够了。

我们在三维建模时，特别是绘制一些特殊造型时，经常会先绘制 B 样条曲线，然后再做成空间的曲面，可以拉伸面并加厚为体，也可以以此为路径，进行路径曲面的操作。

在 MSCE 中的“Curve”里会找到更多的曲线创建、编辑命令，如图 6-2-18 ~ 图 6-2-20 所示。

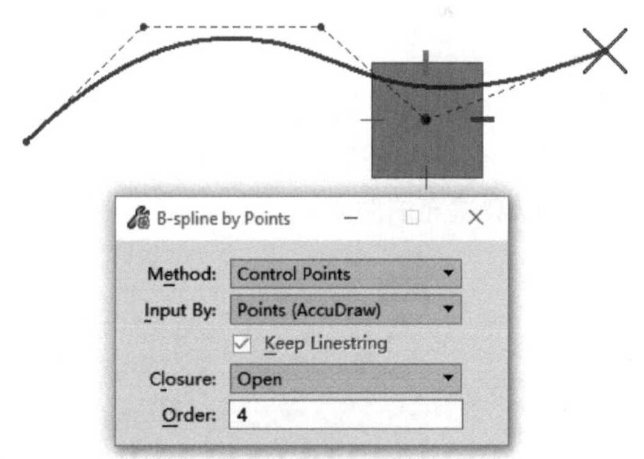

图 6-2-17　通过控制点方式放置的 4 阶 B 样条曲线

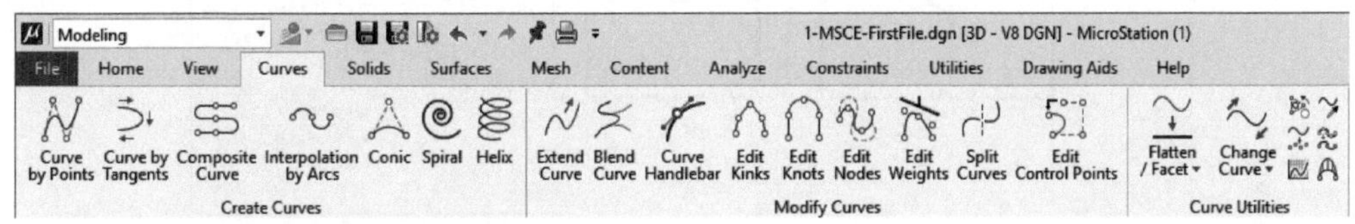

图 6-2-18　更多曲线的命令

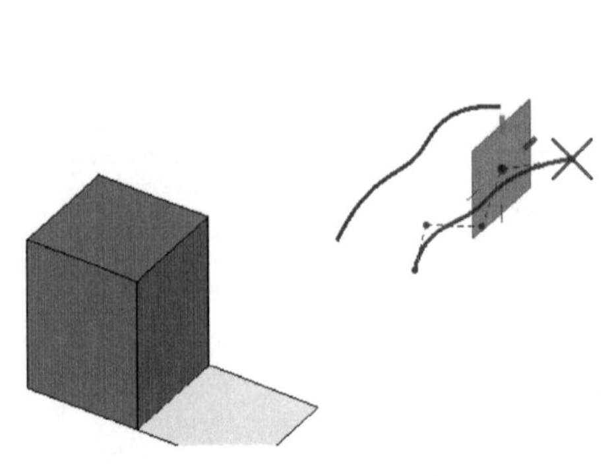

图 6-2-19　绘制空间曲线

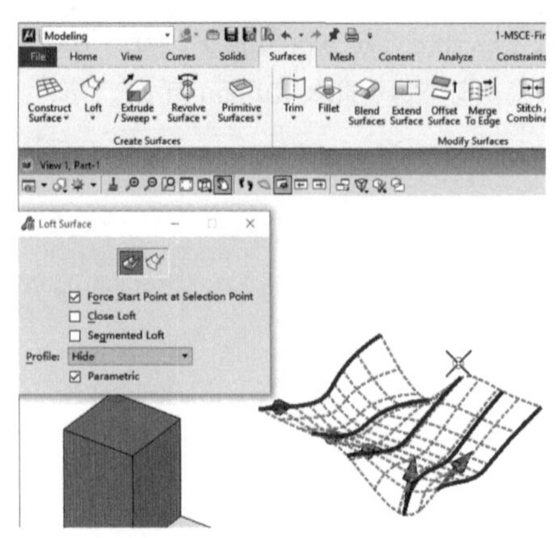

图 6-2-20　创建空间曲面（B 样条曲面）

6. 2. 3　多边形对象 Ploygon

多边形对象包含了矩形、圆形、正多边形等，这类对象是封闭的对象。如果我们用智能线“SmartLine”选择封闭对象，或者首尾相连，也会形成一个多边形对象，也具有相同的属性，如图 6-2-21 所示。

对于封闭对象来讲，在 MicroStation 中，有两个特性：

- “Area” 区域特性（图 6-2-22）

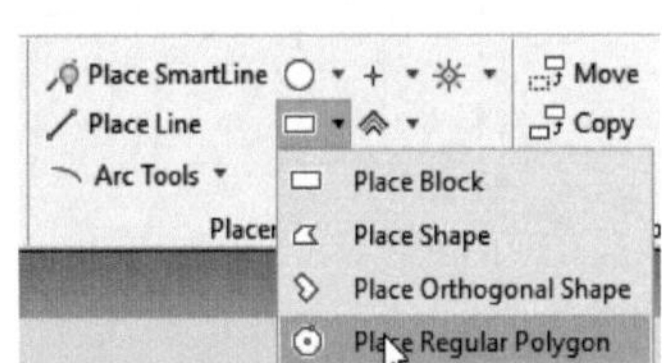

图 6-2-21　多边形命令

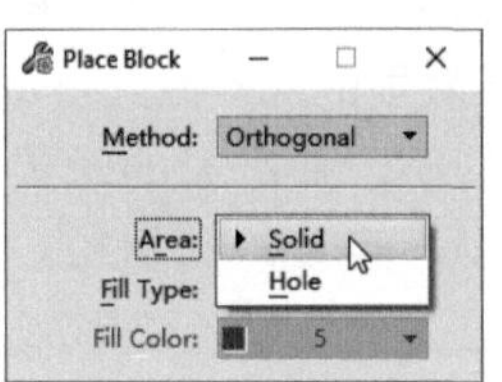

图 6-2-22　区域特性

这是个逻辑特性，它有两个功能，如果你设置为“Hole”（开孔属性），这意味着它是“空”的，你使用图案的对象填充时，系统是拒绝填充的（图 6-2-23）。如果设置为“Solid”，则是可以被填充的对象。

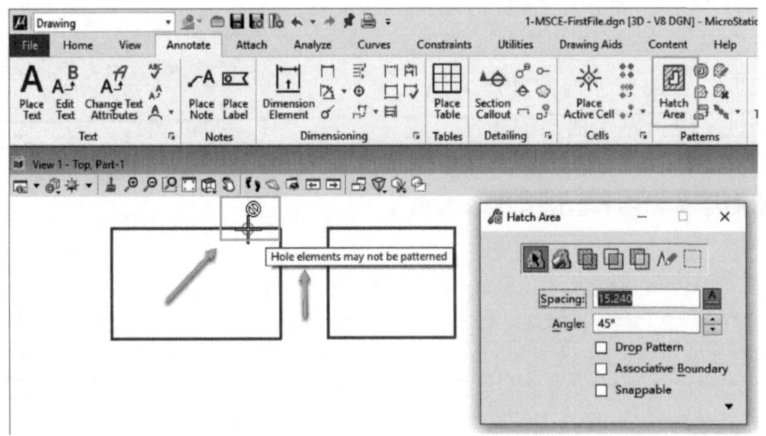

图 6-2-23　系统拒绝填充一个“Hole”区域属性的多边形

另外一种功能是，我们分别用“Solid”“Hole”类型的对象组成一个复合区域，则可以用来生成特殊的体对象，如图6-2-24～图6-2-25所示。

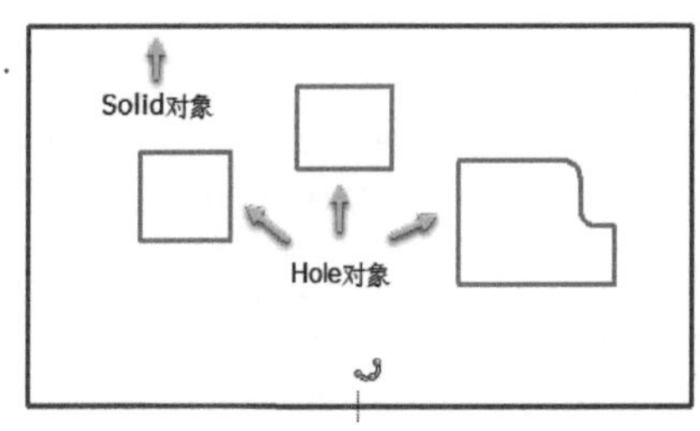

图6-2-24　不同类型的对象

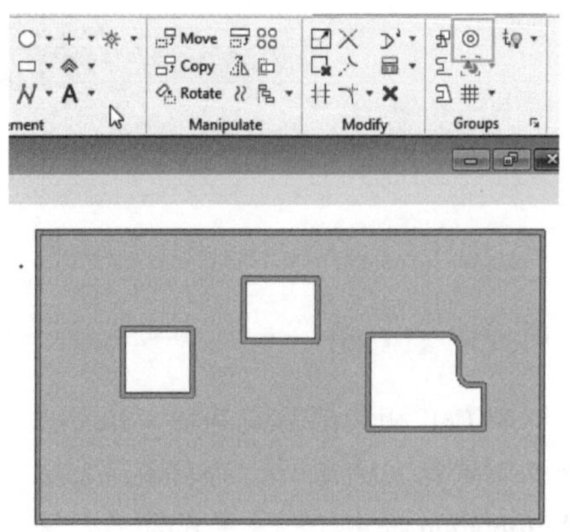

图6-2-25　用Group Hole命令组合复合区域

此命令操作过程中，首先选择Solid对象，然后选择第一个Hole对象，如果想继续选择，可以按住<Ctrl>键选择剩下的，最后在空白处单击鼠标左键完成操作，可参考图6-2-26。

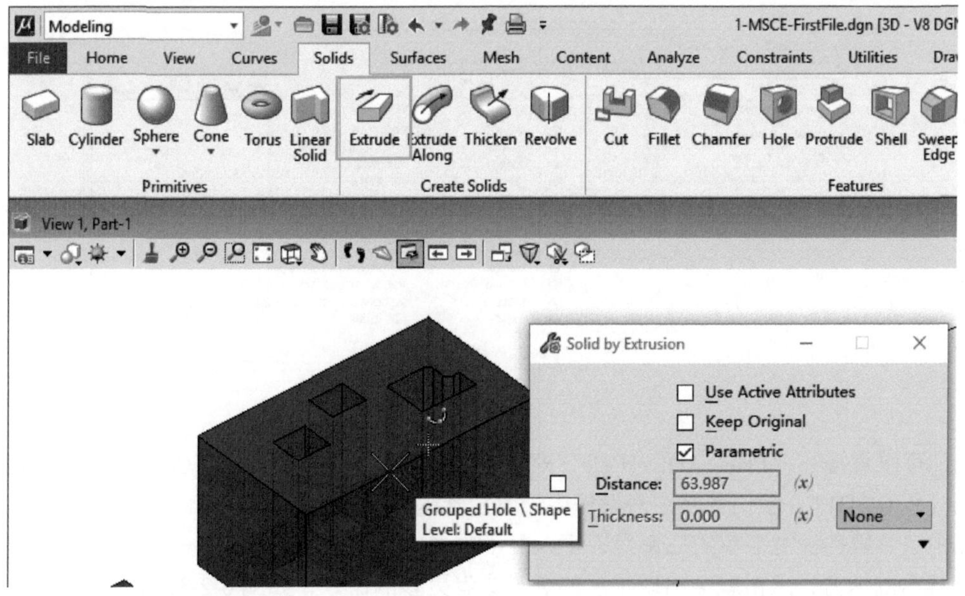

图6-2-26　对实体拉伸命令拉伸复合区域为体

多边形的Area属性可以通过如下命令进行更改。

- Fill 填充属性。

前面我们讲过，在MicroStation中，Fill属性是真正的填充特性，填充后，即使在线框显示方式下，它也显示被填充的状态，填充的属性包括填充部分及外轮廓的颜色，如图6-2-27所示，同时可以创建、兼容不同的标准色卡。如果是外轮廓方式，除了填充颜色设置外，外轮廓的颜色也会使用当前激活的颜色和线宽。

这两种属性，都可以通过如图6-2-28所示的命令进行更改。

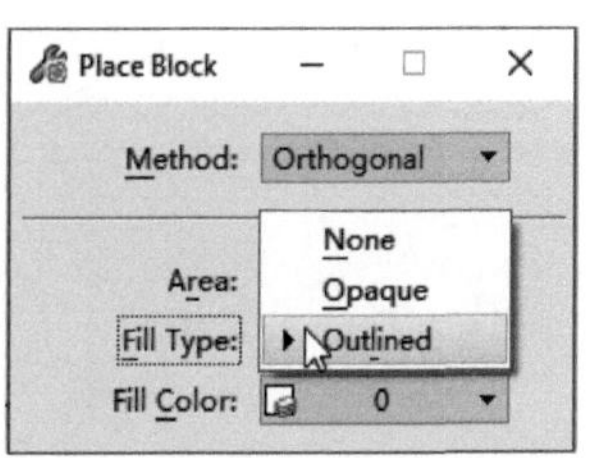

图6-2-27　填充属性

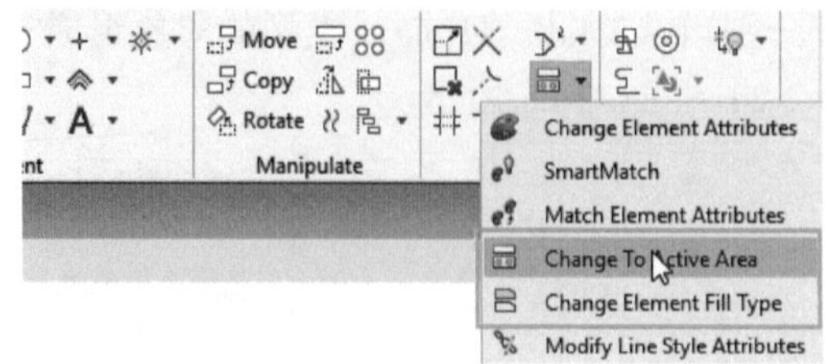

图 6-2-28　更改区域“Area”和填充“Fill”的属性

6.2.4　单元对象 Cell

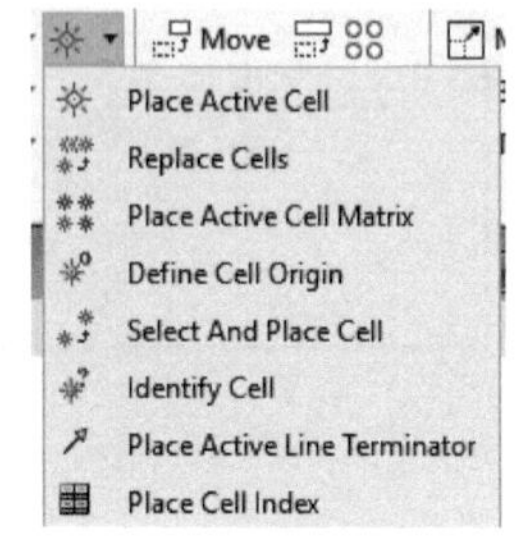

图 6-2-29　单元 Cell 相关命令

单元对象 Cell 和我们常说的块“Block”对象非常相似。我们把经常用的对象定义为单元，存储在 *.cel 文件里，供将来重复使用。MicroStation 提供了一系列的命令，来定义单元、放置单元、替换单元等，如图 6-2-29 所示。

所以，在 MicroStation 里最简单的使用 Cell 的方式是链接一个 Cell 库，然后选择一个 Cell，设置放置的参数，例如比例，然后根据提示进行定位，可参考图 6-2-30。

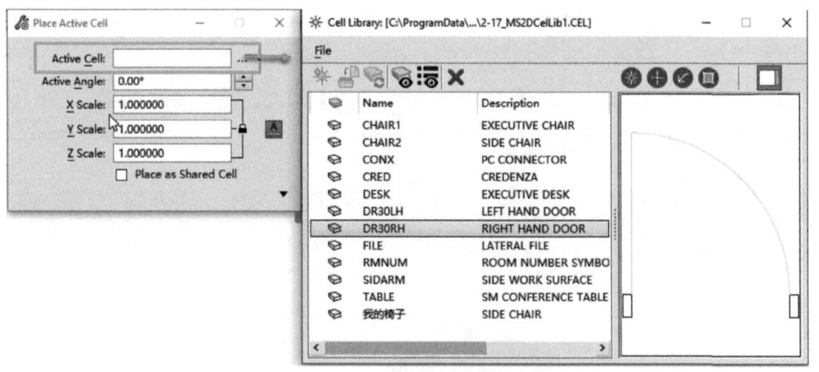

图 6-2-30　放置单元 Cell

我们可以直接在“Place Active Cell”对话框里，直接双击某个单元 Cell，就开始放置所选的单元（图 6-2-31）。我们可以在对话框中设置放置的参数。

点击工具属性框右下角的三角号，可以显示更多的放置属性。在 MicroStation 中，带有“倒三角”标志的地方，点击就会出现扩展的选项或者更多的命令，如图 6-2-32 所示。

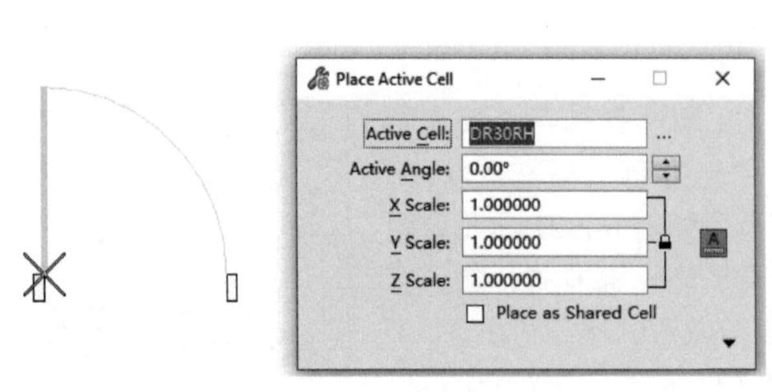

图 6-2-31　放置单元

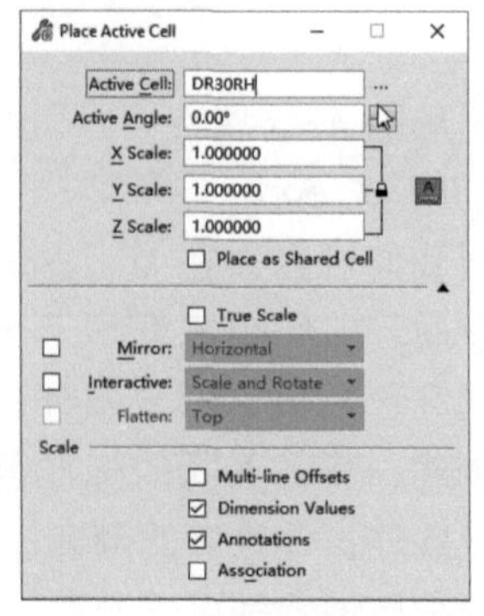

图 6-2-32　更多的 Cell 放置选项

在 MicroStation 的很多使用“场合”都会用到单元，例如，前面的“点对象”就可以放置某个单元，在图案填充的时候也是利用 Cell 来填充的。所以，在 Cell Library 的上面有四个按钮，表明可以为四种场合指定默认的单元，选中某个单元后，点击按钮即可，如图 6-2-33 所示。

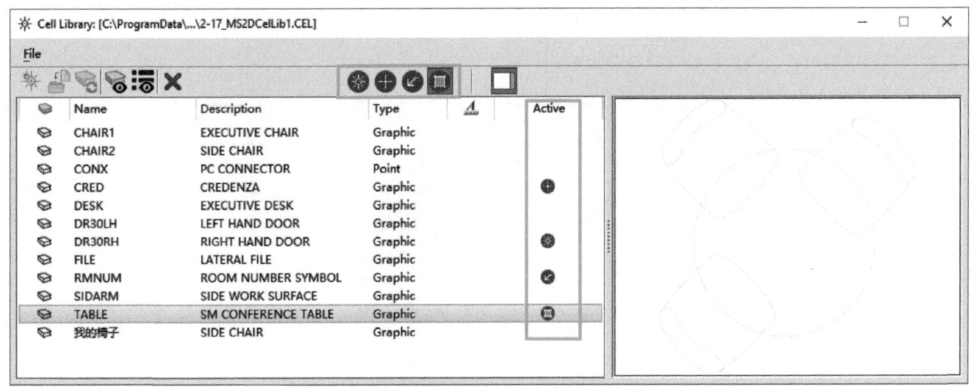

图 6-2-33　为使用单元的场合设定默认的 Cell

从图 6-2-33 中可以看出，单元 Cell 是保存在 *.cel 文件中的多个可以重复使用的单元，这和我们前面讲到的 DGN 的文件结构非常像。其实 *.cel 和 *.dgn 从文件结构上基本一样。一个 DGN 文件由多个 Model 组成，一个 CEL 文件由多个 Cell 组成。所以，我们在链接一个 Cell 库时，也可以选择一个 DGN 文件。某个 Model 是否可以当作 Cell 来进行放置，这取决于 Model 里的属性设置，如图 6-2-34 所示。

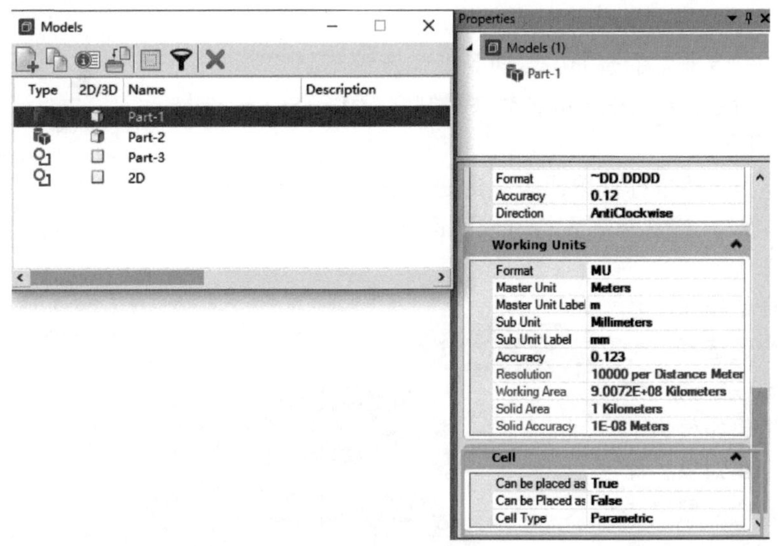

图 6-2-34　DGN 文件中 Model 的单元属性

同时，MicroStation 可以兼容其他文件的“块”内容。例如，可以选择 DWG 文件，MicroStation 可以读取在 DWG 文件中定义的 Block 对象，也可以将 Revit 中的族对象 RFA，当作 Cell 来进行放置，可参考图 6-2-35。

单元 Cell 是兼容二维、三维对象的。从专业应用上，我们习惯于将零散的对象“打包”为一个整体，然后赋予这个整体对象相应的专业属性。很多专业软件对象，底层都是使用 MicroStation 的 Cell 对象，设置将二维表达和三维模型按照某种规则放置在同一个单元 Cell 中，这样，就可以在不同的场合显示不同的形体表现。

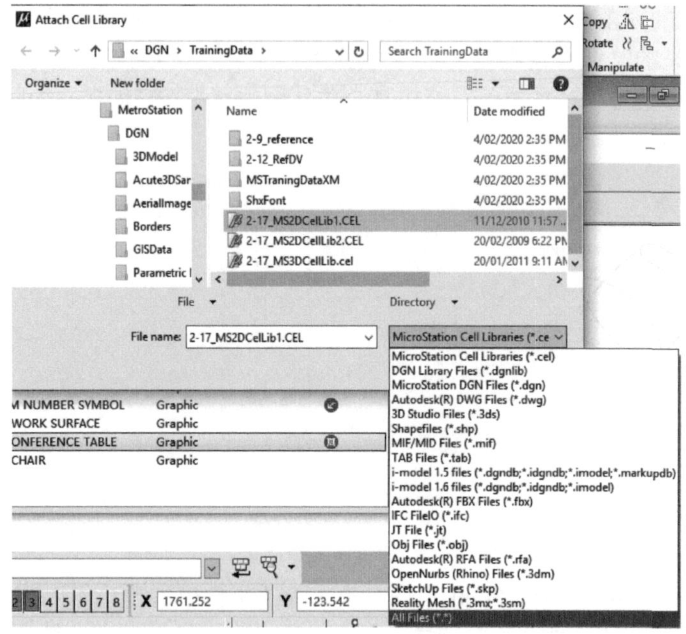

图 6-2-35 MicroStation 可以兼容多种 Cell 类型

6.3 对象选择

对象选择的命令非常的普通，普通到我们意识不到它的存在，但它确实是一个命令，也有很多的参数来控制它。MicroStation 选择工具如图 6-3-1 所示。

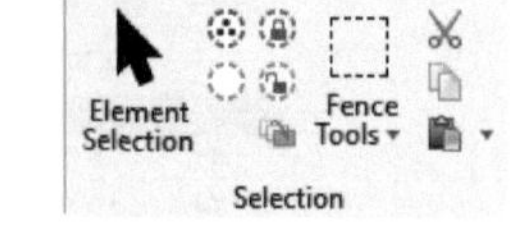

图 6-3-1 MicroStation 选择工具

我们通常认为，用鼠标框选或者点选是最快、最方便的方式，但当我们的模型对象数量非常多的时候，这就不是一种效率高的方式。

对象的选择是操作的基础，我们需要快速选择，也就需要我们创建模型时，做合理的分类。试想如果你不用图层来区分二维对象，你就没办法通过某个图层来选择这个图层上的对象，就像图 6-3-2 这样。

如果你在专业软件中，不能正确设置对象属性，就不能精确地根据属性来进行过滤。在数字化的进程中，对象在全生命周期中，是不断地增加、更新的，我们可以利用这些属性快速进行

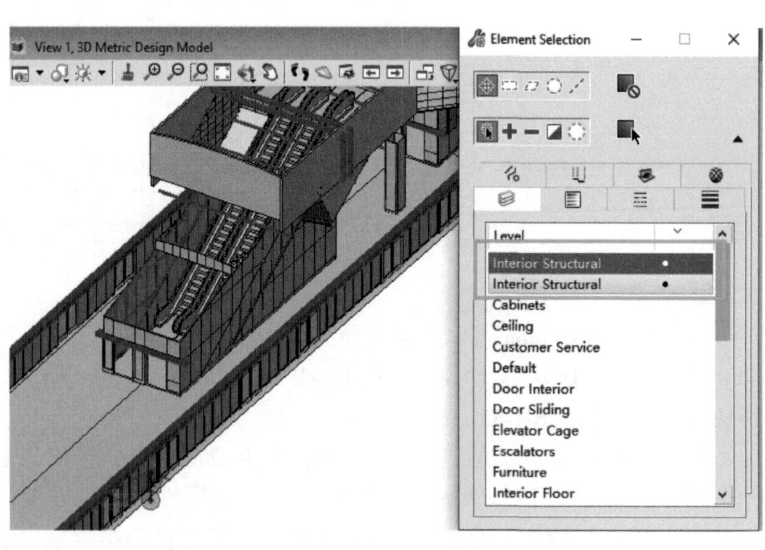

图 6-3-2 根据图层选择对象

选择。

在 MicroStation 中有两种选择方式：

个体选择“Select”，一个对象要么被选中，要么没有被选中，选择结果是以对象为基本单位的。

区域选择“Fence”，选择一个范围，一个对象可能一部分在范围内，一部分在范围外。选择的结果是以区域为基础的。

“Fence”，我们在 MicroStation 中称之为“围栅”，它就像“篱笆”一样，圈定了一个范围。很多的命令都有 Fence 的选项。当你设定一个 Fence 时，这个选项就会被激活，Fence 操作时会“切割”对象，因为它是以范围为基础的。Fence 是 MicroStation 一个非常有特色的工具，这个工具在其他的软件中不常见。复制工具的 Fence 选项如图 6-3-3 所示。

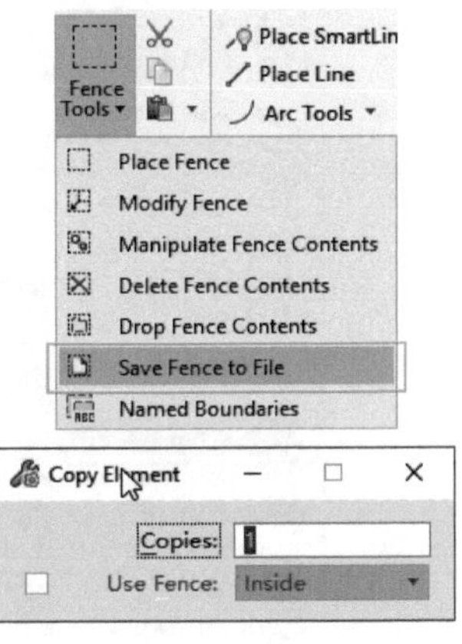

图 6-3-3　复制工具的 Fence 选项

6.3.1　个体选择 Select

我们最简单的选择方式是用鼠标“点选”和“框选”，当然也可以结合 <Ctrl> 键来多选。我们使用 <Ctrl> + <A> 也可以实现全选，“这貌似是通用的命令”。

我们只是简单介绍一些选项。在 MicroStation 中，提供了很多的选项来控制选择，例如，从某个选择集里去除一些对象，选择工具的过滤属性如图 6-3-4 所示。这些操作有时候不必花费太多心思，因为一般我们也不会这么操作，用到的时候再来研究比较好。

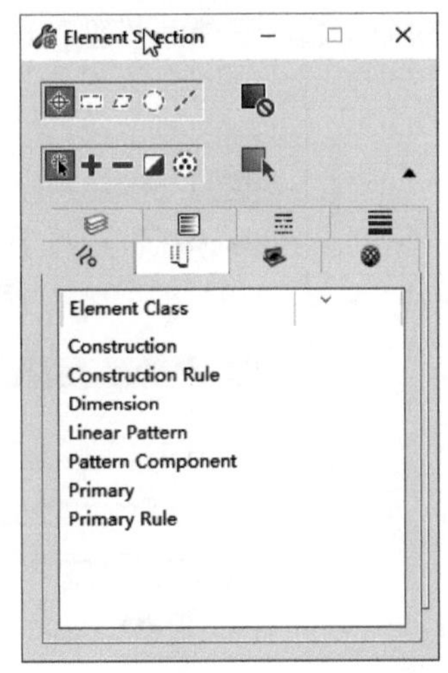

图 6-3-4　选择工具的过滤属性

对象选择就好像是一个过滤器，这和我们的视图属性“View Attribute”非常相似，在工具的属性框里，我们可以通过图层、颜色、线型、线宽、类型来快速选择对象。也可以通过我们前面属性里提到的等级“Class”。所以，你结合对象属性（图 6-3-5）、视图属性（图 6-3-6）、选择属性（图 6-3-7）来综合应用和理解，就会非常容易掌握了。

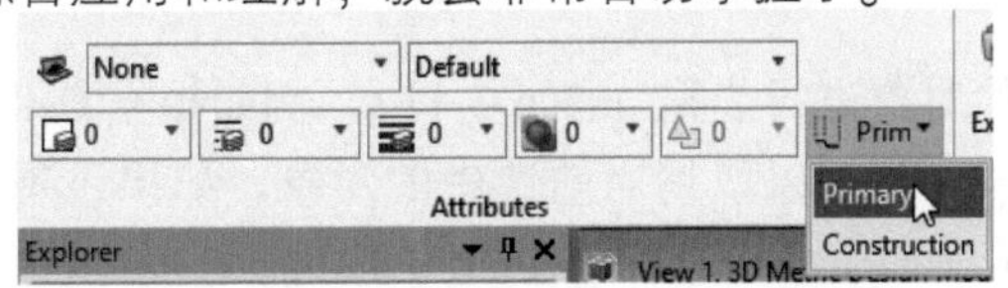

图 6-3-5　对象属性的等级“Class”设置

图 6-3-6 视图属性的等级选择（是否显示 Construction 对象）

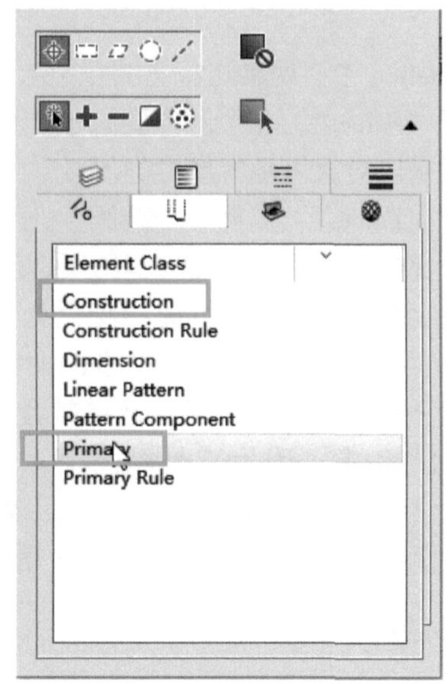

图 6-3-7 选择属性中的等级选择

选择的另外一个工具是按照属性进行选择——“Select By Attribute”，这个工具在 V8i 版本时，放置在“编辑”的菜单里，现在这个工具被隐藏了，你可以在 Toolbox 的“Selection”工具条里找到（图 6-3-8）。但是，现在对象都趋向于信息模型，这个工具也会被“搜索”的工具替代（图 6-3-9）。

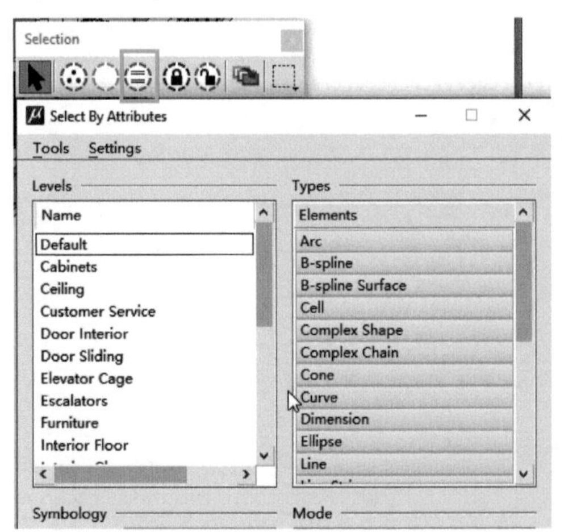

图 6-3-8 按照属性选择，Selection 通过工具条“Toolbox”显示

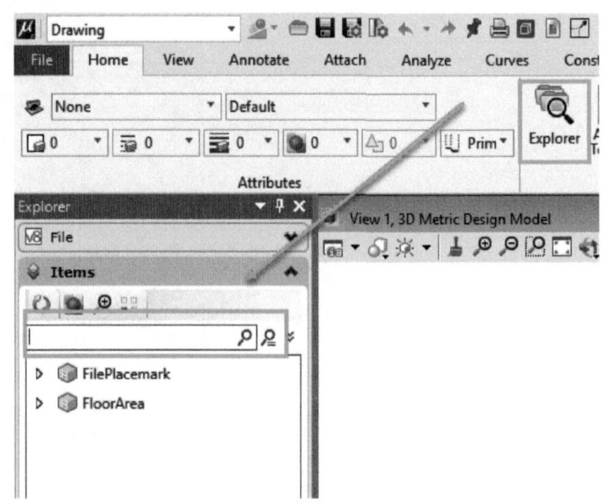

图 6-3-9 MicroStation“搜索”工具条

在“Select by Attribute”中，我们可以更加详细地对选择过滤的属性进行设置，如图 6-3-10 所示。

你还可以对某些特定的对象进行选择（图 6-3-11），例如根据 Cell 的名字来选择 Cell。

在空白处单击鼠标左键，就可以取消当前选中的对象，如果还想选中刚才的对象，可以通过鼠标右键菜单的“Select Previous”来实现（图 6-3-12）。

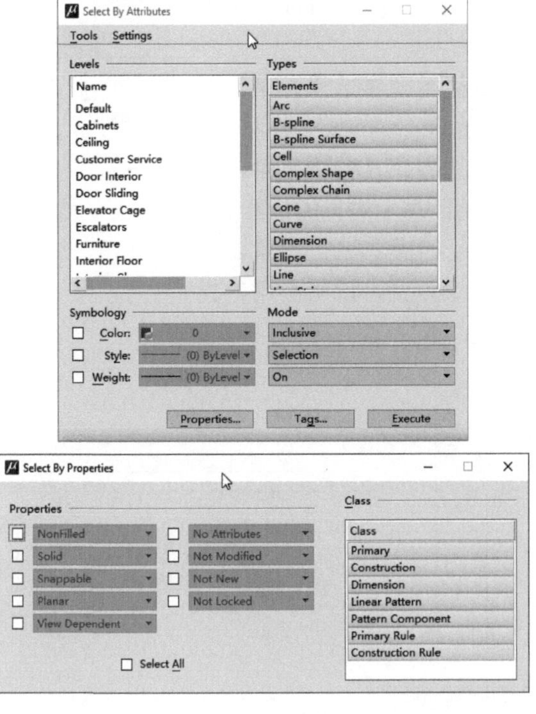

图 6-3-10　按属性选择的选项设置

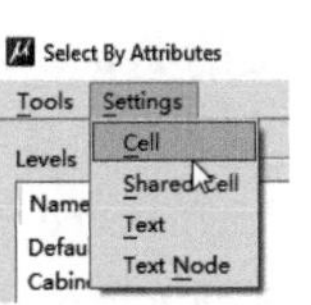

图 6-3-11　选择特定的对象

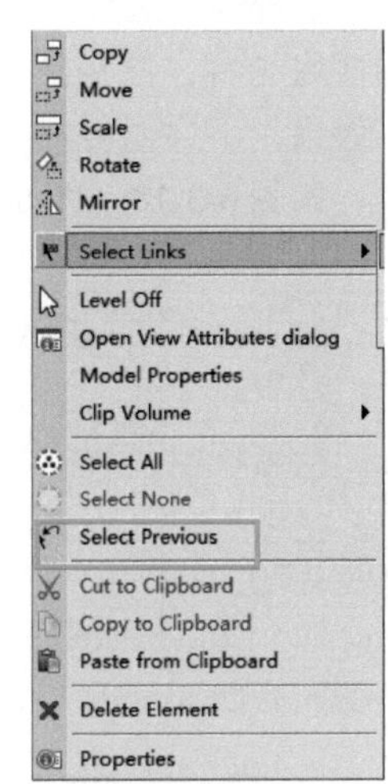

图 6-3-12　选择上次的对象

6. 3. 2　区域选择 Fence

Fence“围栅”命令是让你建立一个区域，然后供其他的操作命令使用，这个区域可以是自己定义的形状，也可以将选择的范围保存起来，如图 6-3-13 ~ 图 6-3-16 所示。

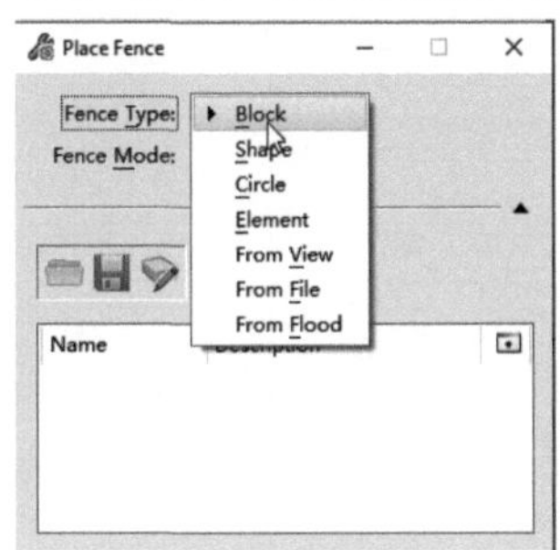

图 6-3-13　Fence 选择区域的范围选项

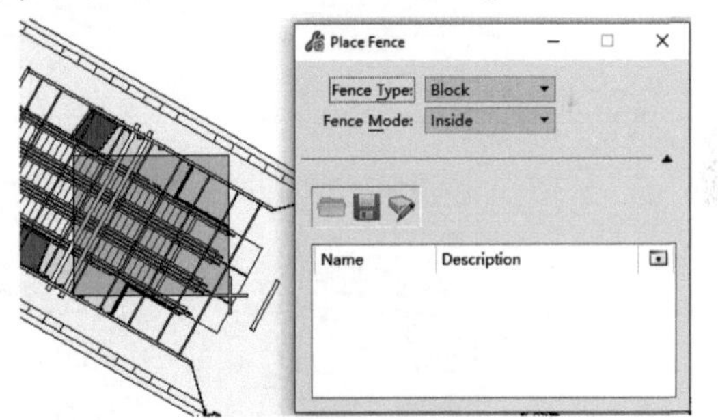

图 6-3-14　选择一个矩形的 Fence 范围

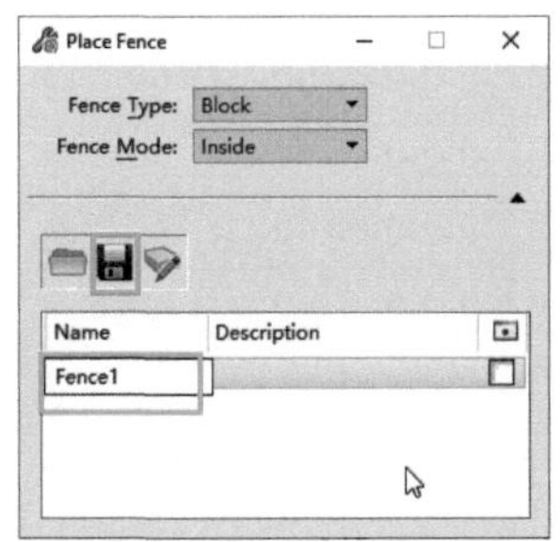

图 6-3-15　可以将 Fence 范围保存起来

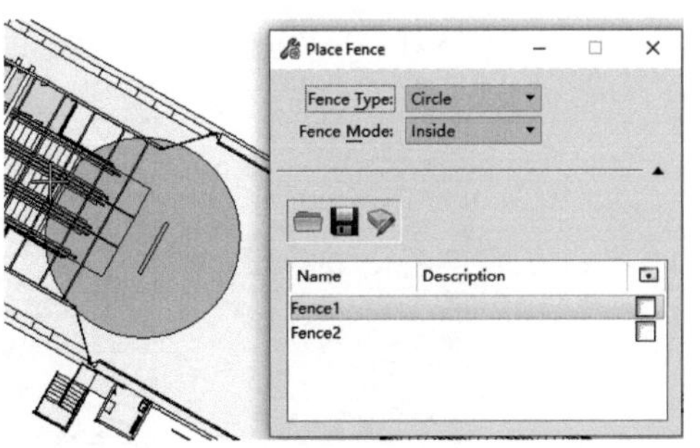

图 6-3-16　建立一个圆形的 Fence 范围并保存

如果当前激活的 Fence 范围只有一个，可以通过双击 Fence 的名称来实现。

我们在创建一个 Fence 的时候，会有多种类型供选择，来让我们设置 Fence 区域的选择结果，如图 6-3-17 所示。

“Clip”的选项相当于严格按照 Fence 的边界，一些物体会被切割，而其他的方式都是以边界为范围，然后判断某个对象的位置。

在命令的使用场合，你仍然可以对 Fence 的模式进行设置以达到不同的操作效果，下面以复制“Copy”命令为例，说明不同的操作模式的区别，如图 6-3-18 ~ 图 6-3-22 所示。

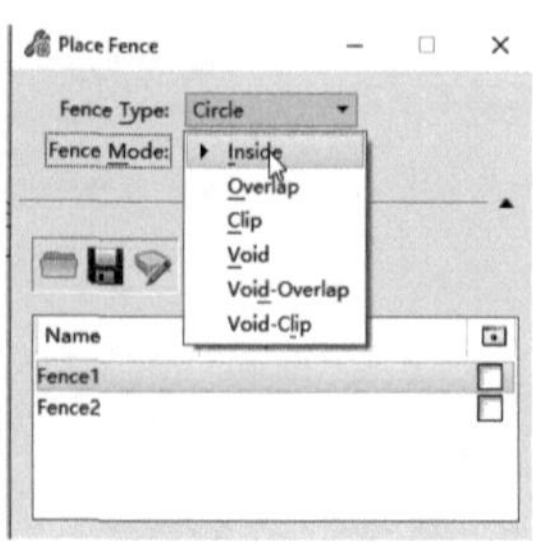

图 6-3-17 Fence 的模式

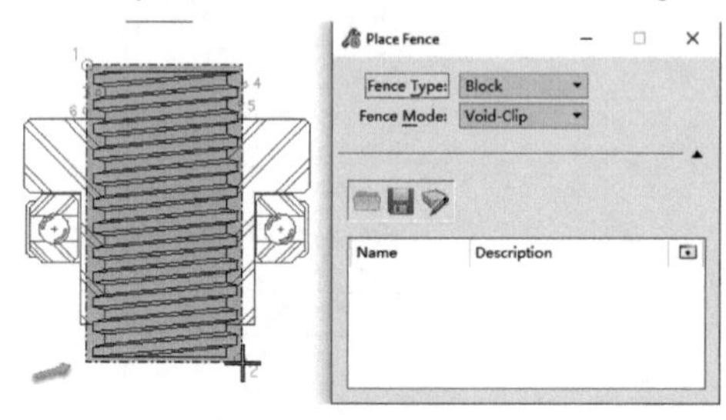

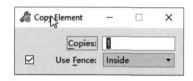

图 6-3-18 定义矩形 Fence 范围

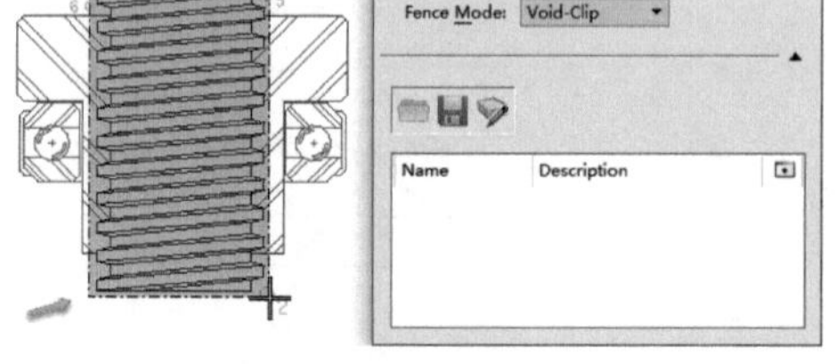

图 6-3-19 Copy 命令中，Fence 选项可以使用

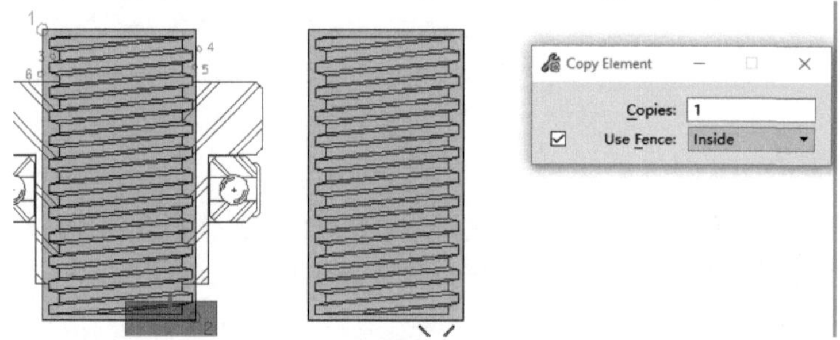

图 6-3-20 Inside 模式复制结果，完全在范围内的才被复制

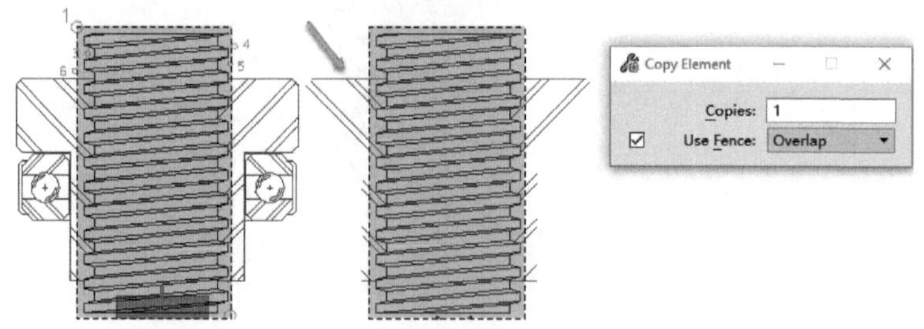

图 6-3-21 Overlap 模式复制结果，范围内和部分在范围内的对象被复制

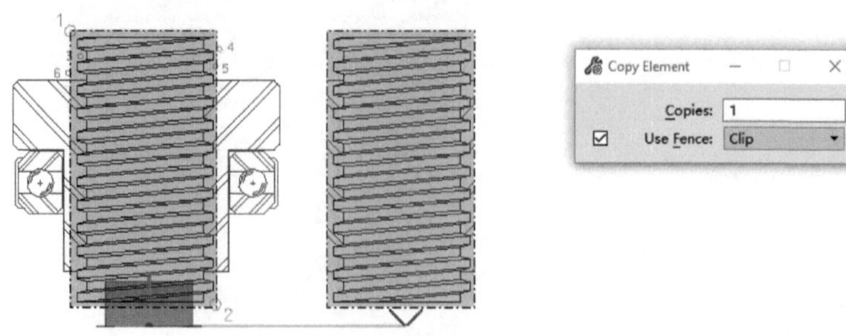

图 6-3-22 Clip 模式复制结果，严格按照范围切割对象

当然，还有其他的模式，不过我们最常用的就是“Clip 模式”，对于一个复杂的工程模型，我们可能只想切出一部分以观察细节和设计交流，这样的方式就会非常有用，特别是在三维空间中，可参考图 6-3-23、图 6-3-24。

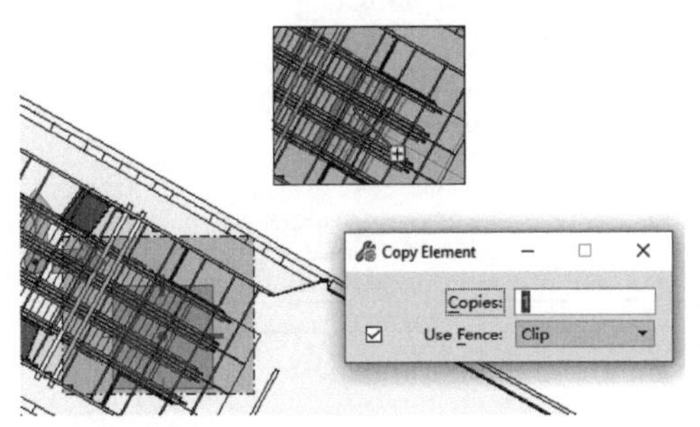

图 6-3-23　将 Fence 范围内的模型复制出来

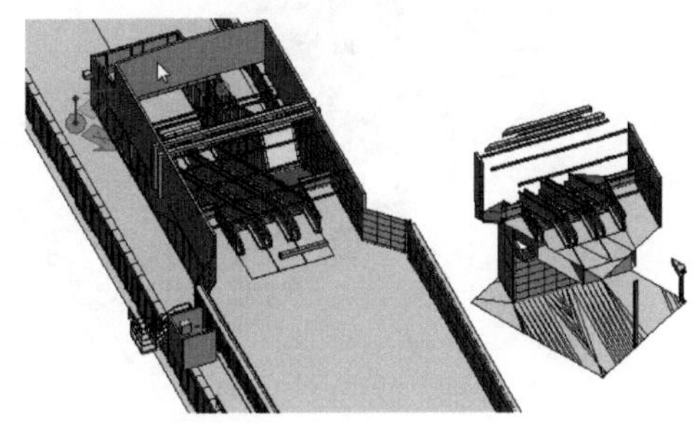

图 6-3-24　被复制出的区域模型，这种情况下，一些对象被切割

我们也可以将 Fence 范围的对象，复制为一个新的文件，如图 6-3-25 所示。

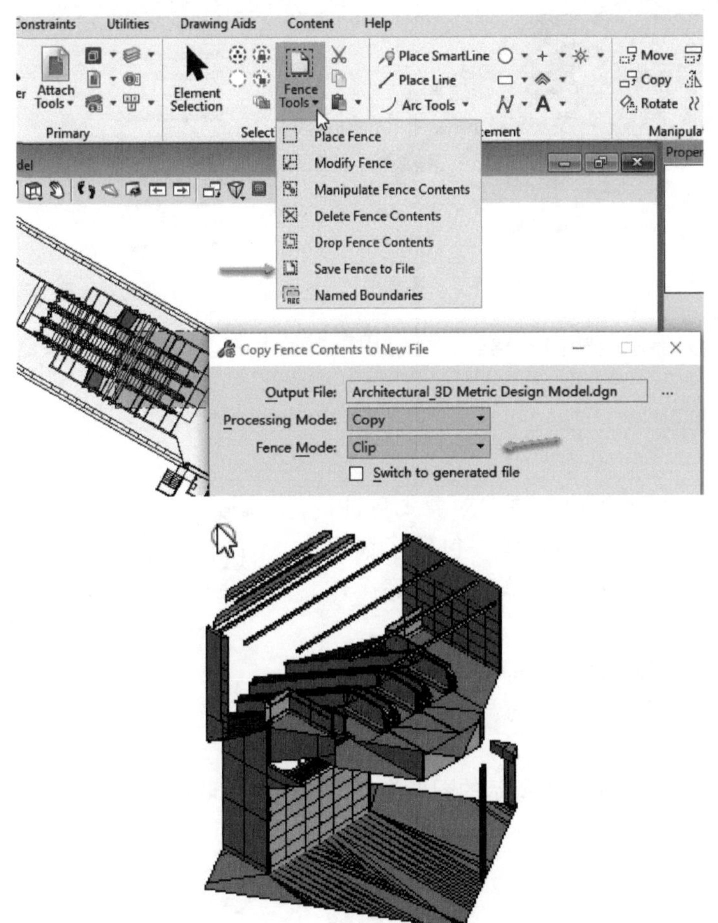

图 6-3-25　形成独立的文件

Fence 在 MicroStation 中被应用到多种场合。例如，我们参考了某个对象，只想显示参考对象的某个区域，或者只想遮盖某个区域，这就需要用到 Fence 来定义范围。不过，在命令执行

时，如果没有定义 Fence，MicroStation 会在状态栏进行提示，如图 6-3-26、图 6-3-27 所示。

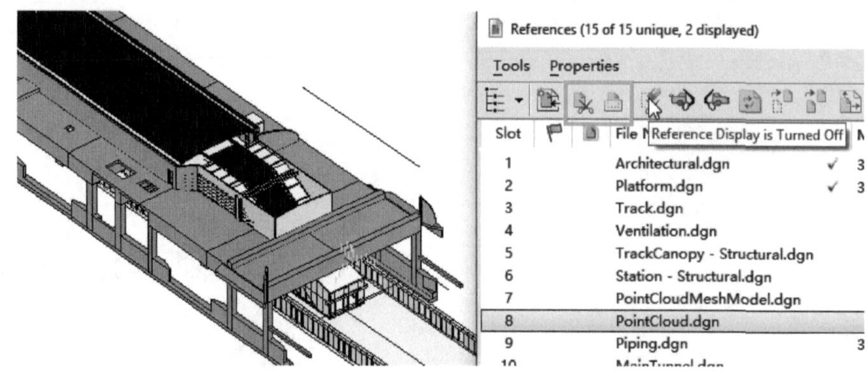

图 6-3-26　控制参考区域显示的命令

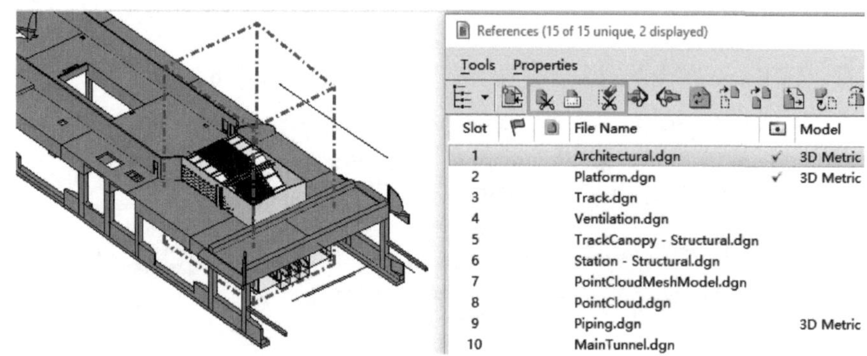

图 6-3-27　剪切参考的对象，此操作只是控制显示，对参考的对象无影响

显示的对象，只显示范围内的模型，可以用工具条上的“Delete Clip”工具恢复整体显示。

6.4　对象修改

对象修改命令（图 6-4-1），是对对象本身进行操作，会改变对象的形体、属性等。包括了编辑、剪切、延长、顶点修改、倒角、修改属性等操作。下面将重点讲解几个命令。

图 6-4-1　对象修改命令

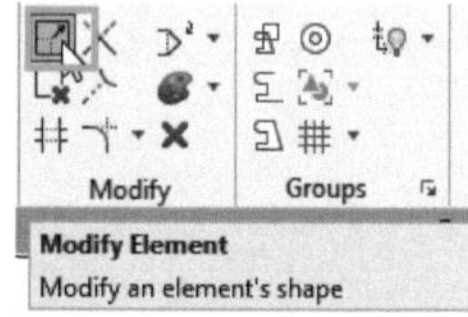

图 6-4-2　修改命令

- **万能修改命令**“Modify Element”（图 6-4-2）。

这个命令根据选择对象的不同、位置不同而产生不同的操作结果。

我们以如图 6-4-3 ~ 图 6-4-5 所示的图形为例，说明“Modify Element”的命令执行结果。

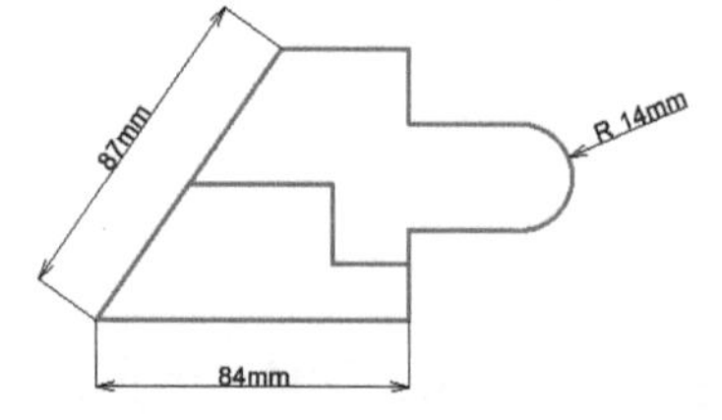

图 6-4-3　二维图形 + 标注

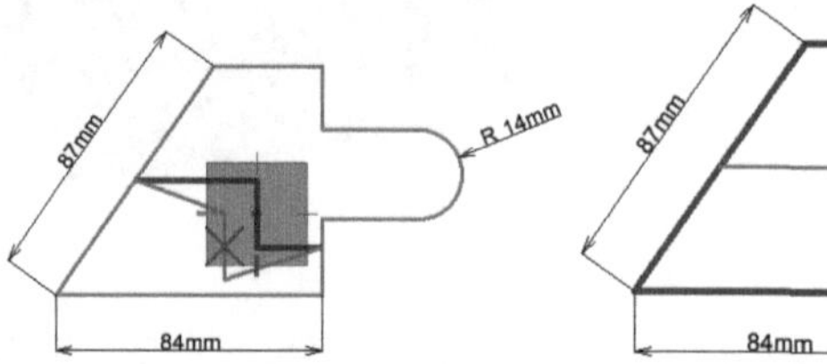

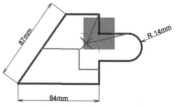

图 6-4-4　选择点、边的操作结果

● 顶点操作“Vertex”（图 6-4-6）。

顶点的操作命令包含：插入顶点、删除顶点、延长线（其实也是操作现有的顶点位置）。

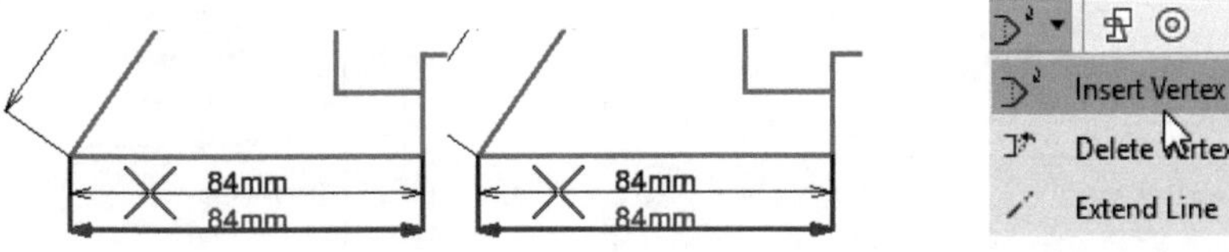

图 6-4-5　选中标注线和标注文字的操作结果　　　图 6-4-6　顶点操作命令

对于一个多边形或者线串有多个顶点，我们可以删除或插入顶点。但在 MicroStation 中，顶点 Vertex 的概念可以被应用到多个对象上。例如尺寸标注的标注点，对于标注对象来讲也是顶点 Vertex 的概念，可参考图 6-4-7、图 6-4-8。

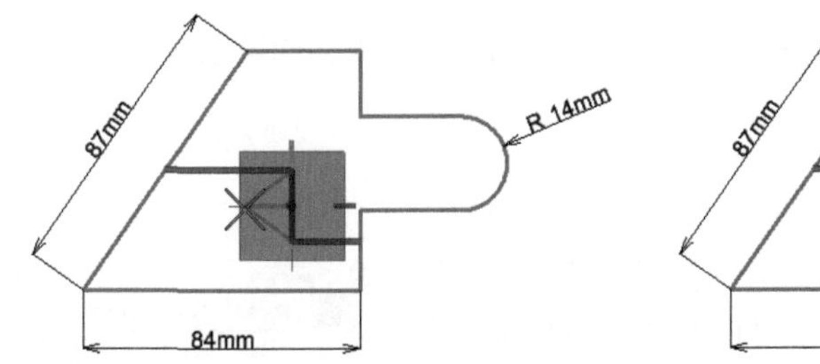

图 6-4-7　插入一个图形顶点

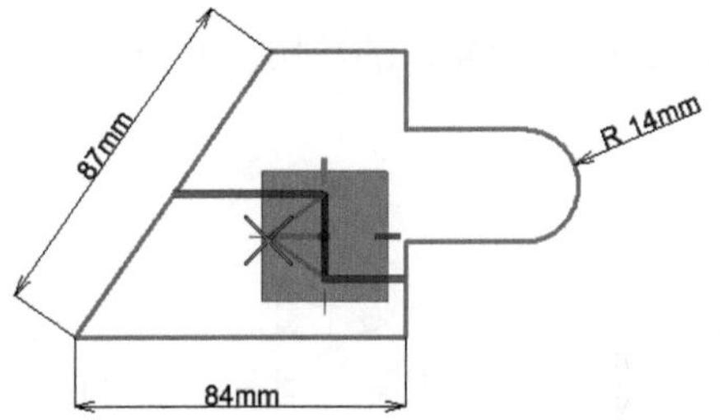

图 6-4-8　插入一个标准顶点

● 属性修改“Attribute”——“Match Element Attributes”（图 6-4-9）。

图层、颜色、线型、线宽等设置在 MicroStation 中，我们称之为属性。在我们创建对象的过程中，对象都是使用当前设置的属性（激活属性，Active Attribute）。一旦对象创建完毕后，我们再去更改当前的“激活属性”，不会更改已经创建的“对象”。

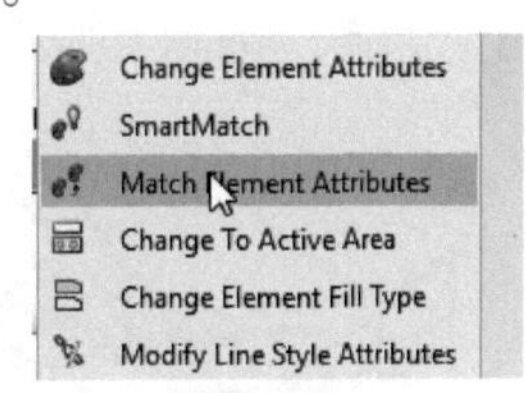

图 6-4-9　属性修改

我们更改属性的命令，也可以使用当前的激活属性。我们有时也使用“格式刷”的工具来提取已有对象的属性。提取的过程，在 MicroStation 中，我们称之为“Match”。

简单总结几点就是：

（1）可以更改对象的部分属性。

（2）可以提取得到部分属性。

（3）可以使用当前的部分属性。

这三个“部分”决定了 MicroStation 的灵活性，在改变属性的对话框里，属性前面的复选框就是用来选择所需属性的。注意用“Match”命令只是提取属性。

我们再来说说操作。最简单的方式就是选中对象，然后在当前激活属性里，设置新的属性，然后在空白处单击鼠标左键确认就可以了。使用“Active Attribute”来修改对象属性如图 6-4-10 所示。

采用改变属性的命令来修改对象的属性（图 6-4-11），可以选择使用当前激活的属性也可以提取已存在的对象属性。

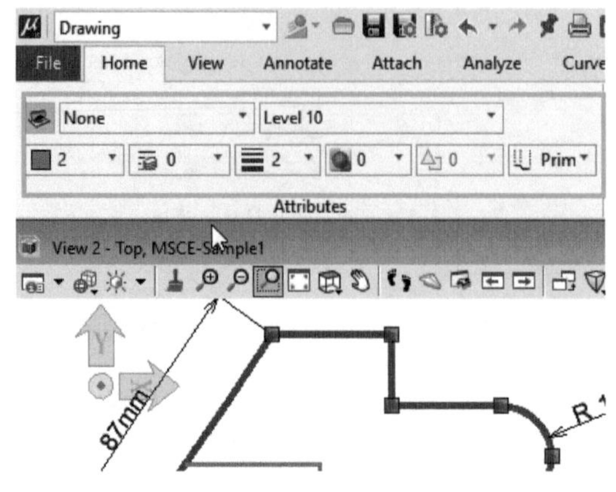

图 6-4-10　使用"Active Attribute"来修改对象的属性

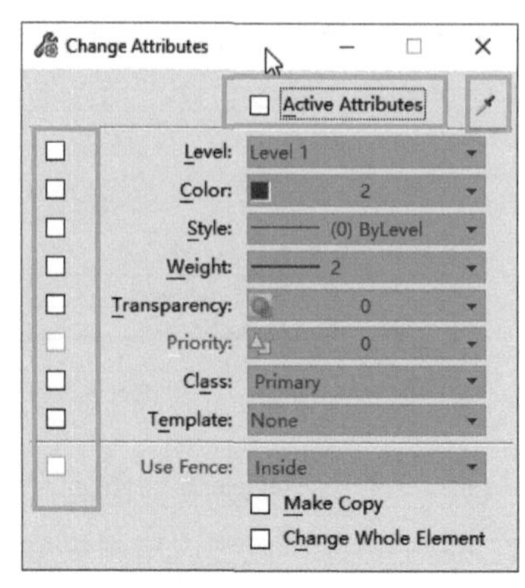

图 6-4-11　修改对象属性命令

MicroStation 还有常规的剪切、延长、倒角等命令，都比较简单，你可以随用随学。

6.5　测量

MicroStation 提供的测量工具（图 6-5-1），可以帮助你测量距离、长度、面积、体积等。同时，也可以测量对象的质心位置，并将这些数据导出。

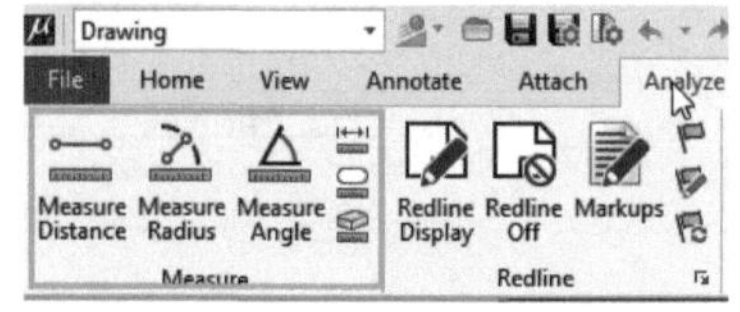

图 6-5-1　测量工具

对于距离的测量，我们需要结合精确绘图坐标来定义两个点，然后根据选项来测量两个点的距离，或者两个点在某个方向上的投影，同时也可以测量两个对象之间的最小距离或者最大距离，具体可参考图 6-5-2 ~ 图 6-5-7。

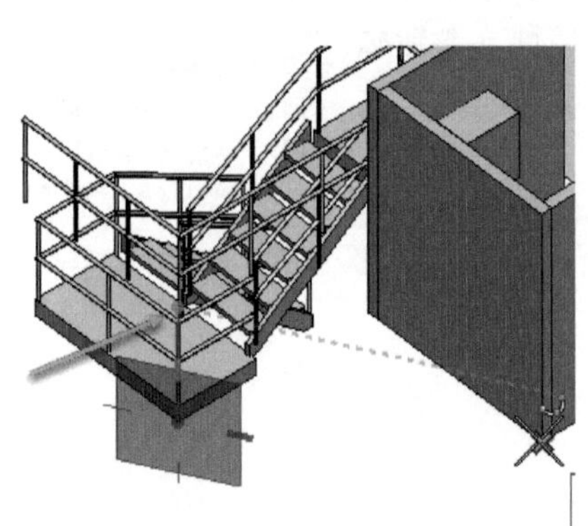

图 6-5-2　结合精确绘图坐标轴锁定，测量两个对象的垂直距离

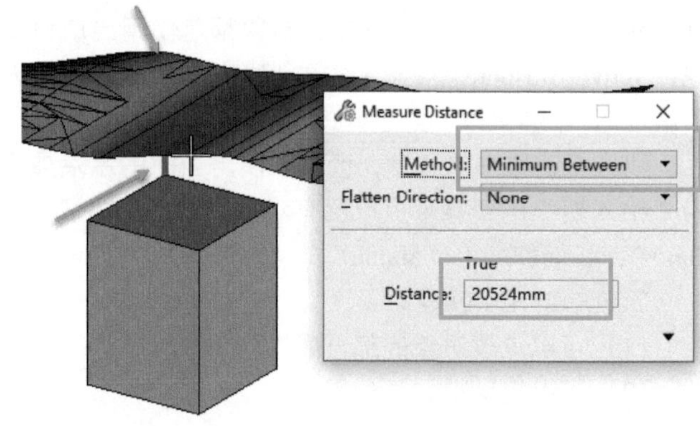

图 6-5-3　测量两个物体的最短距离

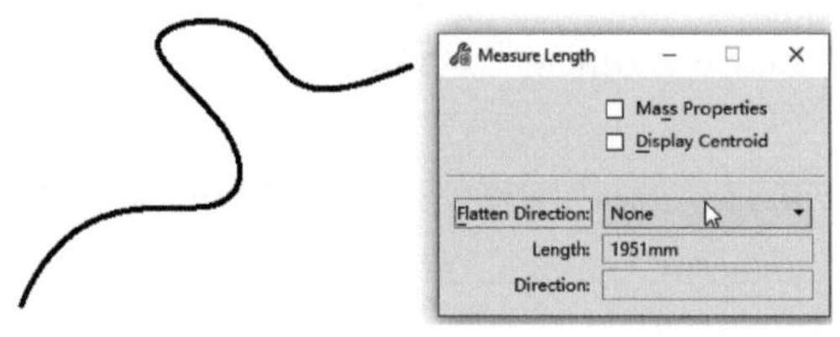

图 6-5-4　测量曲线的长度

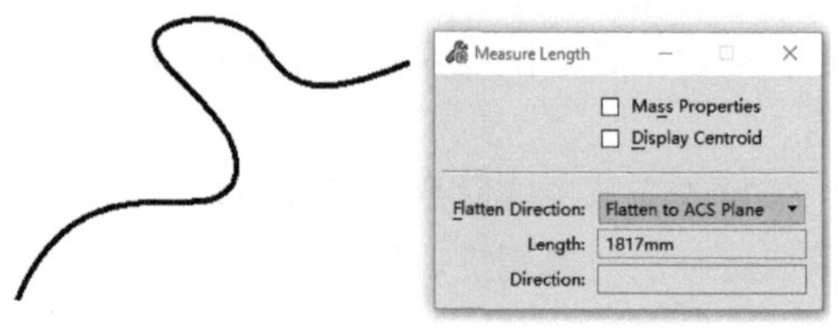

图 6-5-5　测量曲线在 ACS 平面的投影长度

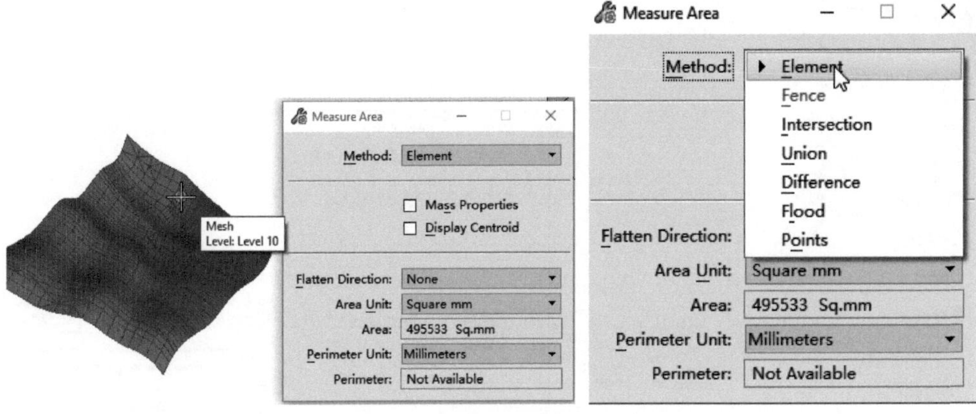

图 6-5-6　测量曲面的面积以及面积的区域设置

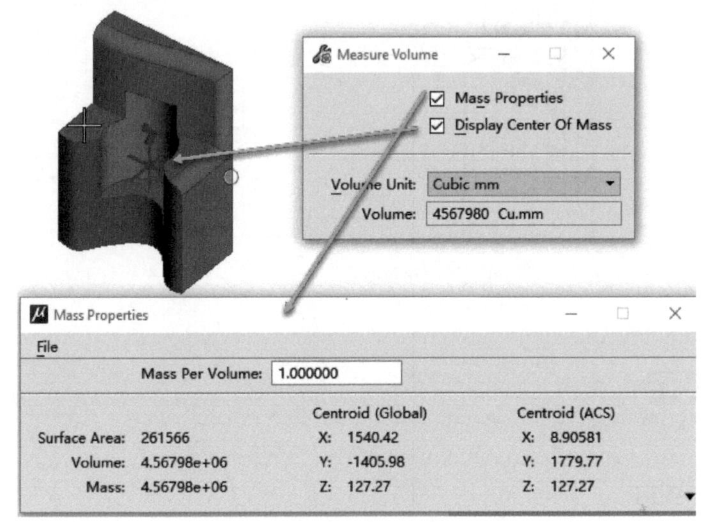

图 6-5-7　测量体积，并显示质心等参数

6.6　捕捉方式

捕捉设置如图 6-6-1 所示。

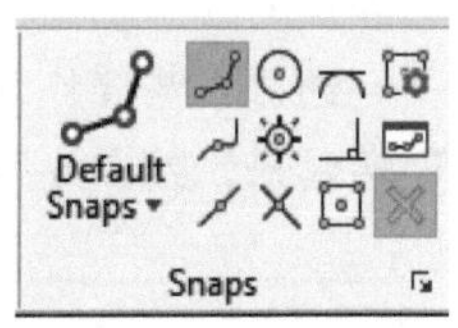

图 6-6-1　捕捉设置

对于工程绘图来讲，捕捉是最常用的方式，在 MicroStation 中也是如此，对于步骤，我们注意如下几点就可以了。

- MicroStation 可以捕捉多种类型的“特征点”。

这也包括前面用精确绘图快捷键 < K > 设定的关键点“Keypoint”。默认捕捉方式可以设置，包括设置为同时捕捉多种类型的特征点（图 6-6-2）。

- 捕捉分为自动捕捉和试探捕捉，自动捕捉可以关闭，如图 6-6-3 所示。

需要注意的是，试探捕捉（默认鼠标左右键同时按），在自动捕捉关闭的情况下，也可以利用试探捕捉来捕捉默认设置的捕捉点类型。

- 多种捕捉可以设置有哪些类型的特征点被识别，如图 6-6-4 所示。
- 捕捉的选项设置如图 6-6-5 所示。

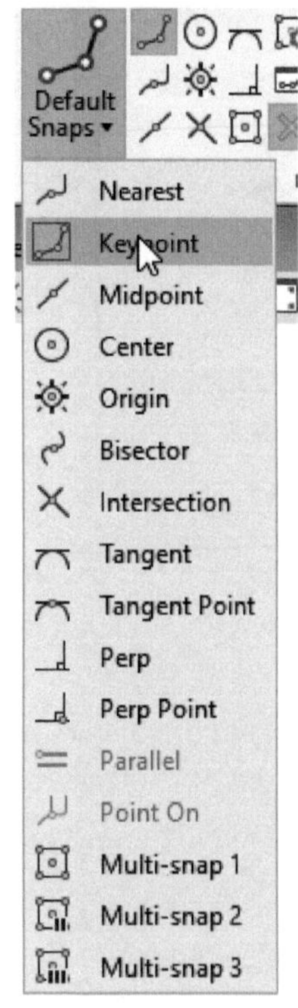

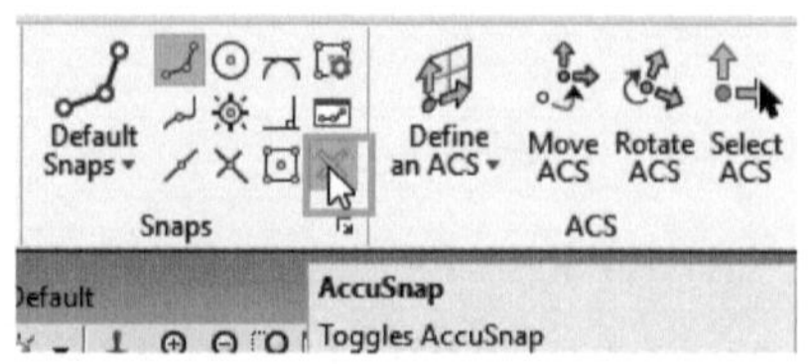

图 6-6-3　是否启用自动捕捉

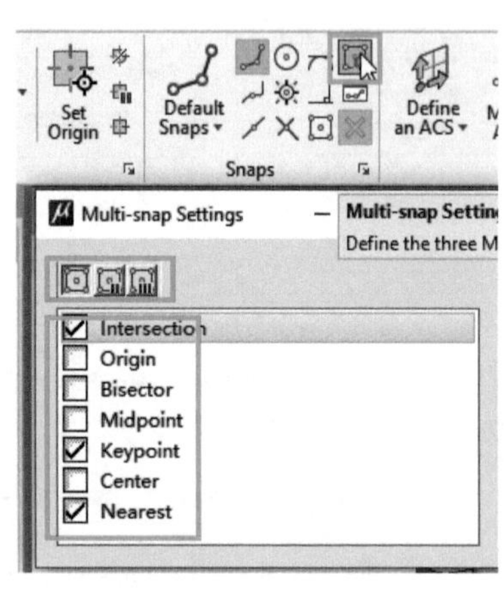

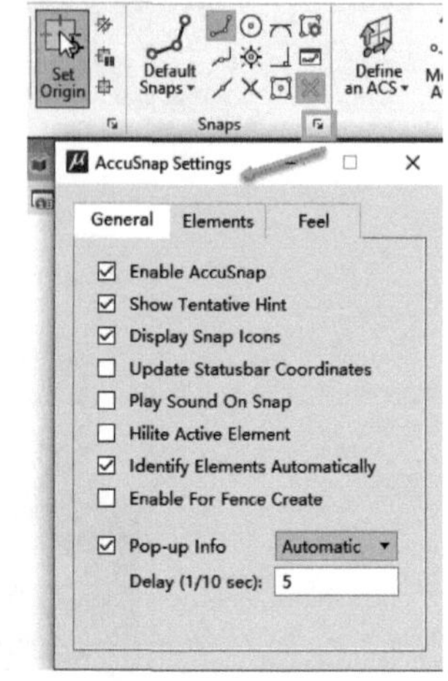

图 6-6-2　捕捉点类型　　图 6-6-4　多种捕捉可以设置有哪些特征点被识别　　图 6-6-5　捕捉的选项设置

6.7　组与锁定

6.7.1　组工具 Group

图 6-7-1　组工具

复杂的物体是由简单的物体组合、运算而成的。有时，我们需要将一个复杂的对象变成多个简单的对象，这就是我们所说的“Drop（炸开）”，有时也会将一些简单的对象组成一个复杂的对象。例如将一组分散的线串变成一条连接的线串。组工具如图 6-7-1 所示。

通过一些操作来说明组工具的应用，例如分多次绘制了分散的线串，用组工具可以将他们连接起来，如图 6-7-2、图 6-7-3 所示。

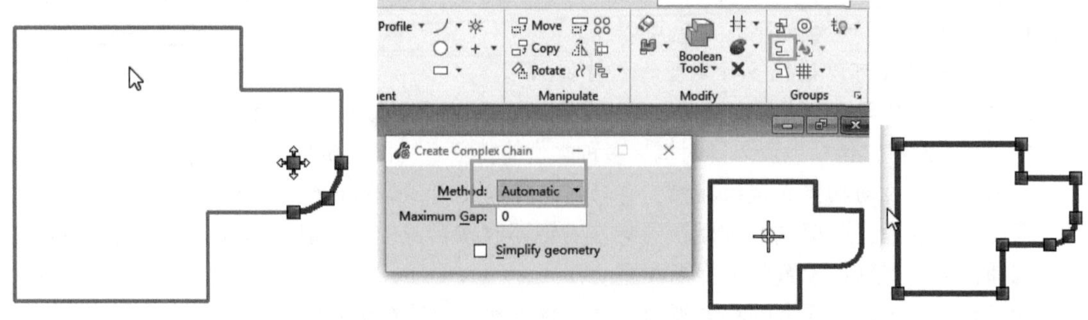

图 6-7-2　分散的线串　　图 6-7-3　自动搜索相连的线段形成线串

通过上面的操作，形成了一个线串，但需要注意，虽然这些线串首尾连接，但仍然是一个线串，而不是一个封闭的图形。如果你要形成封闭的图形，就要使用如图 6-7-4 所示的工具——“Shape”。

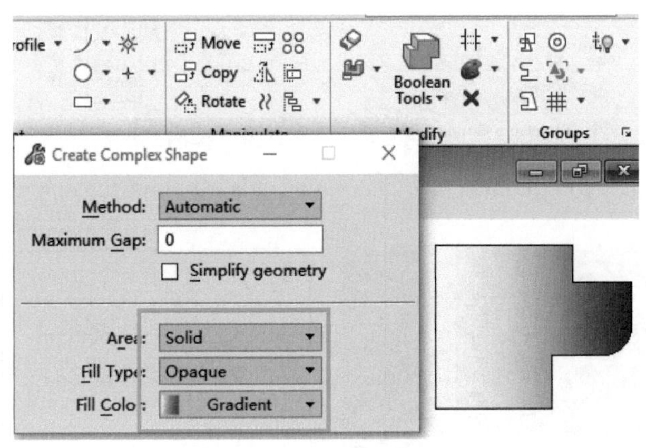

图 6-7-4　形成封闭的形状

在图 6-7-4 所示的对话框中，如果选择的对象之间有空隙，可以设置容差，让系统自动进行连接。我们也可以通过形状的布尔运算形成新的区域形状，如图 6-7-5 所示。

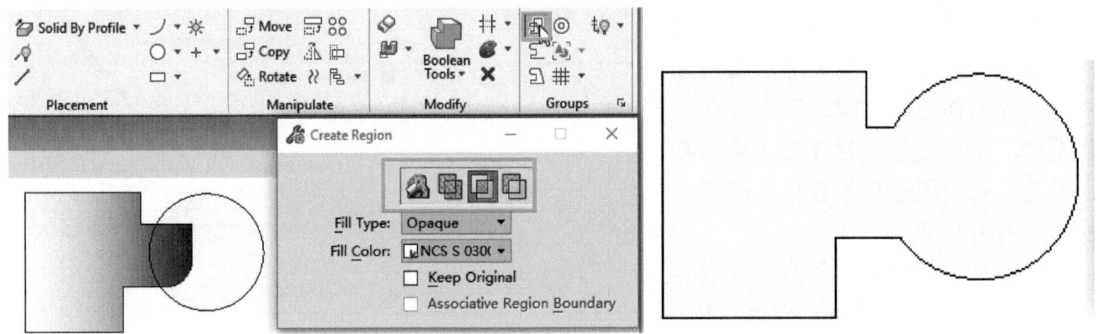

图 6-7-5　布尔运算及并集结果

我们也可以利用“炸开”命令（图 6-7-6）将一个复杂对象分解为简单的对象，通过一些选项来控制炸开的“细度”，需要注意的是，一旦炸开某个对象，整体性就消失了，我们也可以选择炸开一些应用程序对象——“Application Elements”，某些情况下，我们可以用 MicroStation 打开其他应用程序创建的对象，在专业软件中，对象是个整体。默认情况下，MicroStation 无法炸开此对象，也无法操作，这是为了保证数据的完整性。如果你使用这个命令，相当于“强行炸开”，原来专业属性就丢失了，所以，请合理选择炸开的命令。

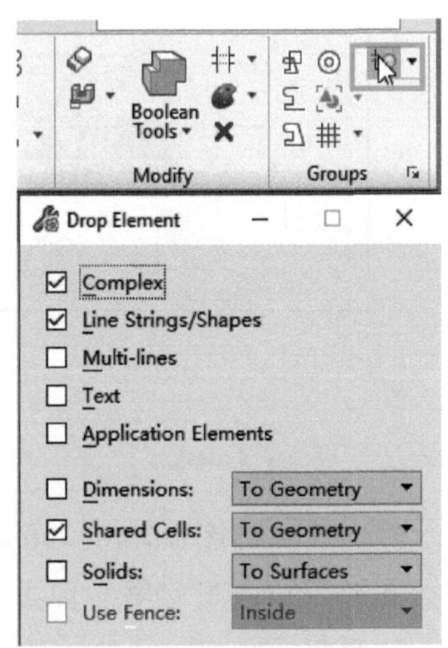

图 6-7-6　炸开对象

最后我们来说一个图形组“Graphic Group”的概念及相关的使用。

图形组（图 6-7-7）是将一组对象编组形成一个具有逻辑的整体。在 MicroStation 中，很多对象默认使用了图形组来关联相关的对象。例如，尺寸标注里，尺寸线、标注线、文字等对象就是在一个图形组里，即使你炸开，它们仍然是一个虚拟的“整体”。在图形组锁（图 6-7-8）打开的情况下，移动对象时，相关的图形组对象也会被移动（图 6-7-9）。我们也可以创建自己的图形组，可以是临时组合的，也可以是自定义命名的。

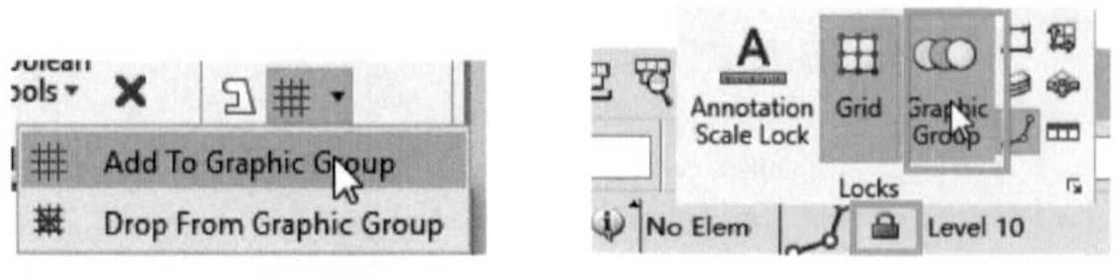

图 6-7-7　图形组命令　　　　图 6-7-8　图形组锁

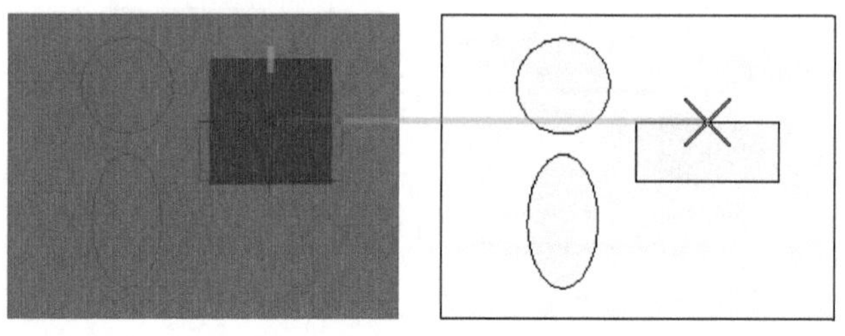

图 6-7-9　移动中心小矩形，整个图形组也被移动

有时，我们需要表达更加复杂的操作逻辑，例如在上面的例子中，大矩形代表一张桌子，桌子上放着三个物体。我们移动桌子时，三个物体一起移动，而移动三个物体时，桌子却不移动。要实现这样的操作，就需要利用命名图形组。

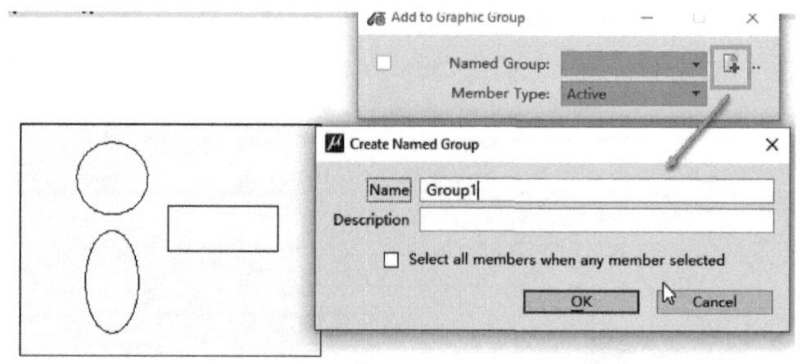

图 6-7-10　建立命名图形组

在命名图形组中，我们可以设置主动对象“Active”或从动对象“Passive”。移动主动对象时，从动对象跟随移动。移动从动对象时，主动对象不移动。你可以往命名组里添加新的对象，主动对象和从动对象可以是多个。可参考图 6-7-10 ~ 图 6-7-12。

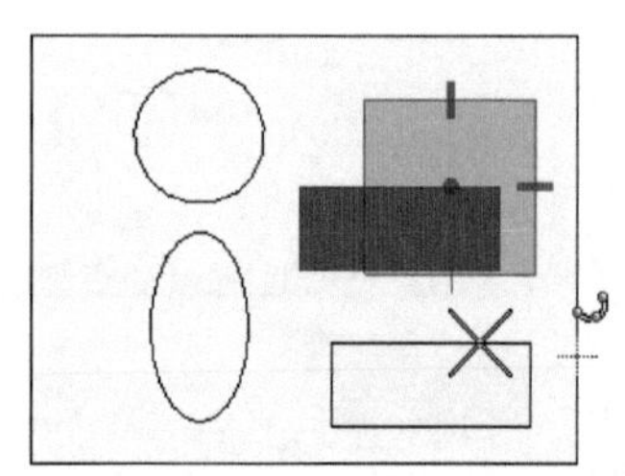

图 6-7-11　小矩形可以自由移动

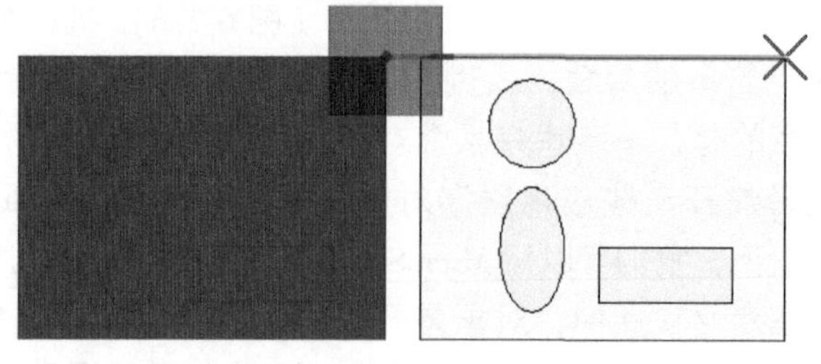

图 6-7-12　移动大矩形，小矩形跟着移动

6.7.2　锁定 Lock

锁定工具（图 6-7-13）用来控制一些设置是否起作用，我们常用的有图形组和 ACS 锁等。你可以通过 Ribbon 工具条或者状态栏的工具图标来对这些锁定进行开关。

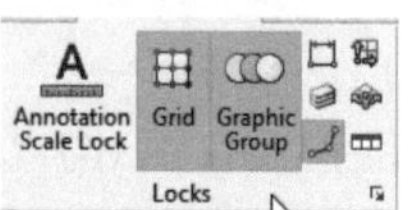

图 6-7-13　锁定工具

第 7 章 视图View

MicroStation 是一个三维的模型创建平台，它提供了基本的二维对象、三维实体、空间曲面、空间曲线、三维网格、特征实体等对象的创建和编辑功能。在 MicroStation 平台上运行着很多的专业应用软件模块，都是利用了这些对象作为基础，附加上专业的特性。然后用快速的工具布置进行建模。

在专业软件中，对于一些自定义对象，通过 MicroStation 的底层建模功能，创建模型，然后附加上专业属性，成为信息模型对象。所以，对于工程师来讲，掌握基本的 MicroStation 建模功能是核心的内容。

对于众多的二维、三维对象，本书不一一详细介绍，只针对某一类对象或者某些特殊对象做特殊说明。其中，我们也有一些通用原则可以遵循。

- *每个命令都有一个工具属性框来设置命令的选项参数。*
- *命令的执行分为三个步骤：选命令、设置参数、看提示进行定位。*
- *注意是先选对象，还是先选命令，状态栏的提示是不同的。*
- *注意用 GCS、ACS 和精确绘图坐标系结合进行定位就可以了。*

利用以上的四条原则，我们就可以快速学习 MSCE 所有的命令。可根据工作需求来选择学习哪些命令，“学不在多，够用就行”。

我们创建和编辑对象，都是在视图“View”中进行的。在 MicroStation 中，可以同时打开 8 个视图组窗口（视口），如图 7-0-1 所示，可以通过底部的视图组“Manage View Groups”来打开/关闭视口。

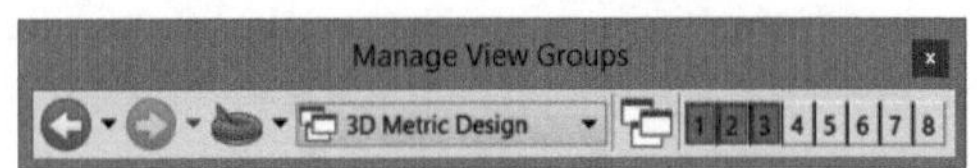

图 7-0-1　视图组窗口

通过 View 中的工具可以对多个视口进行排列，如图 7-0-2 所示。

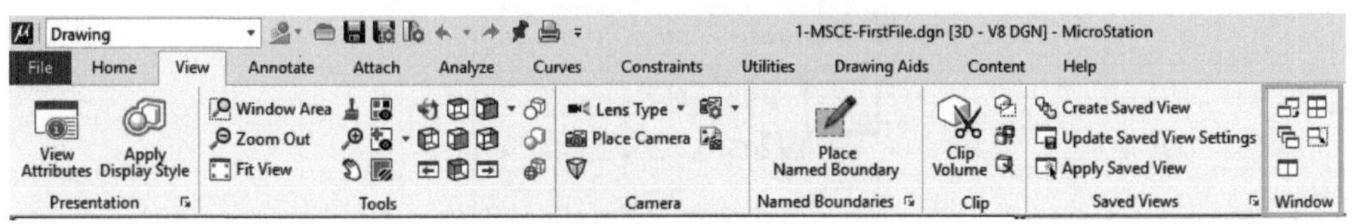

图 7-0-2　通过 View 中的工具可以对多个视口进行排列

7.1　独立视口设定

我们可以通过视图属性对视口的显示进行设定，但默认情况下，此种设置只对当前视口有效。不影响其他视口的显示。除非你点击视口属性“View Attributes”将设置应用到所有的视口，如图 7-1-1、图 7-1-2 所示。

图层的显示在每个视口的设定也是独立的，除非你选择应用到多个打开的视口。图层的分视口显示如图 7-1-3 所示。

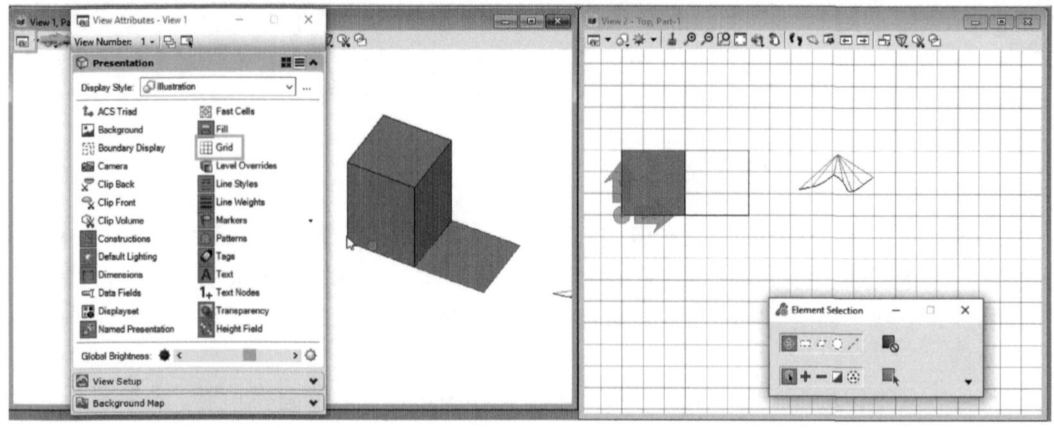

图 7-1-1　不显示网格的设置，只对视口 1 有效，对视口 2 无效，各自独立

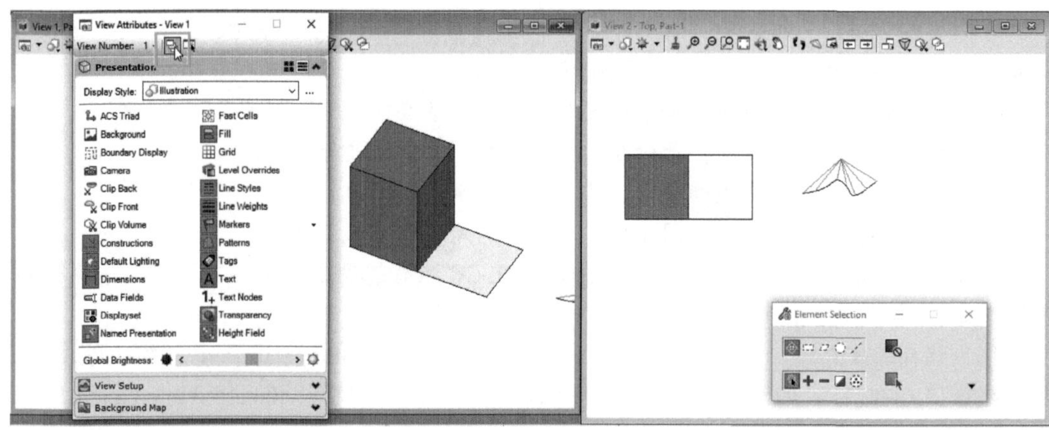

图 7-1-2　应用到所有打开的视口，让视口 2 的网格也消失

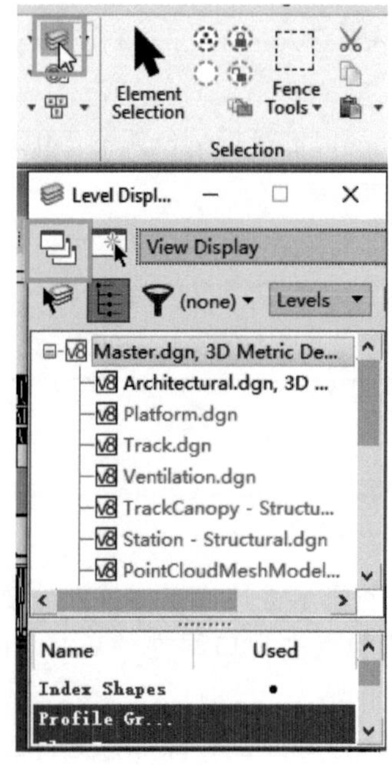

图 7-1-3　图层的分视口显示

7.2 多视口协作

在 MicroStation 中，每个视口都是独立的。如果你的电脑连接了扩展显示器，你可以将某个视口单独地显示在一个显示器上。在优选项中如图 7-2-1 所示的设置，就是为此来设计的。

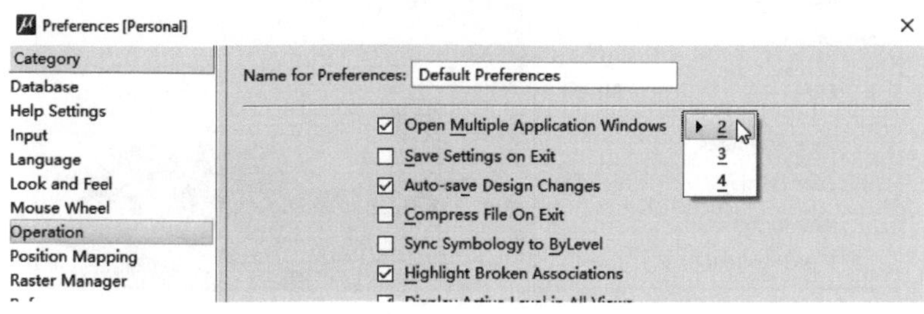

图 7-2-1 多视口设置

如上图所示的设置表示，在 MSCE 启动时，可以同时启动多个“独立”的视口，每个视口可以放置在单独的显示器上。在视口中，没有显示 Ribbon 工具条，从而可以最大化显示视图区域。不过，这需要你连接更多的显示器，而且有相应的扩展模式。

设置完毕后，需要重新启动 MicroStation，你会发现在 Windows 的“任务条”里，MicroStation 程序出现了两个程序窗口，右边那个其实就是用来容纳视图的，如图 7-2-2、图 7-2-3 所示。

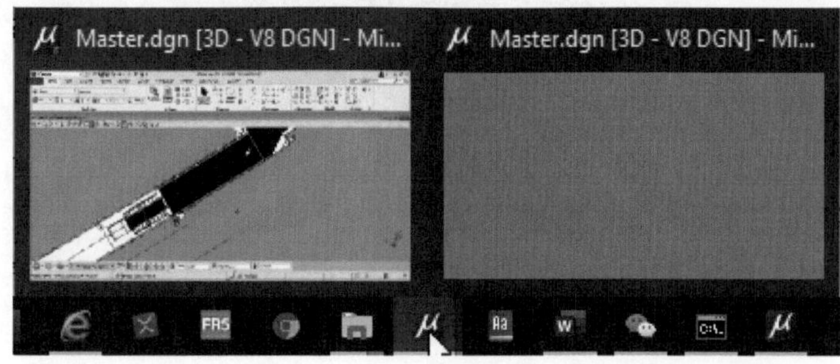

图 7-2-2 启动两个程序窗口

图 7-2-3 第二个程序窗口是用来容纳视图的

扩展操作如图 7-2-4、图 7-2-5 所示。

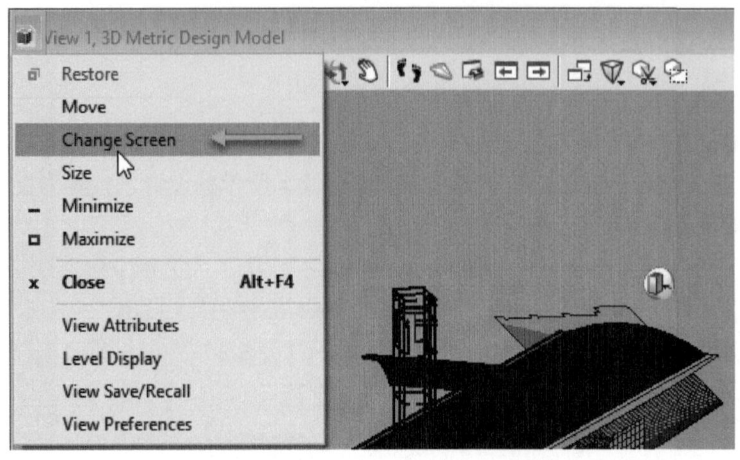

图 7-2-4　点击左上角的“Change Screen”来改变屏幕

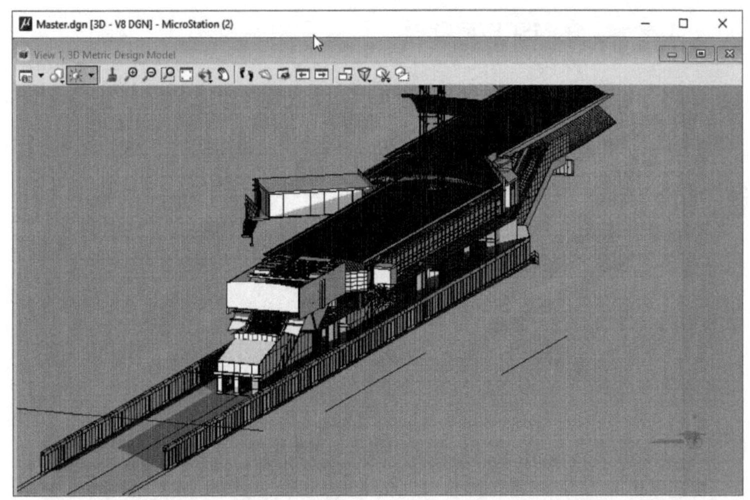

图 7-2-5　视图 1 显示在第二个视口里

你可以通过设置最多同时启动 4 个 MSCE 程序，然后把不同的视口放在单独的显示器上。

MicroStation 会让你选择目标视口的显示结果，如图 7-2-6 所示。例如你设置相机，可以在一个视口中定义相机的位置和目标点，在另外一个视口中显示相机看到的结果。

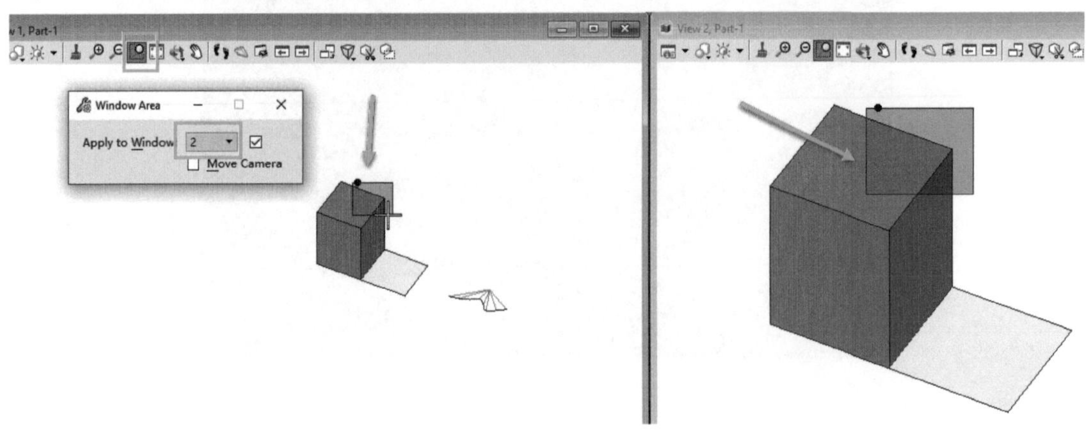

图 7-2-6　视图区域命令，将结果应用到视口 2，视口 1 不变化

7.3 复制视口

复制视口命令（图 7-3-1）可以实现视口显示的复制。

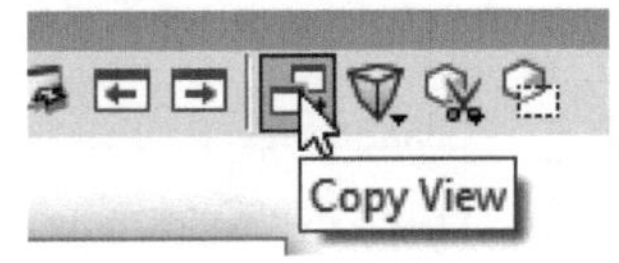

图 7-3-1 复制视口命令

7.4 视口回退

视口有自己的回退命令（图 7-4-1），这种回退、前进只是视口的操作，而不会改变你创建的内容和所做的修改操作。

图 7-4-1 视口回退命令

7.5 透视视图和正交视图

某些情况下，我们需要视图有透视效果，例如做三维漫游“Walk”时，视图就会自动变成了带有透视效果的视图，就像是通过某种镜头看到的一样。两条地面的平行线，由于透视原理会看似在远处交于一点，如图 7-5-1 所示。

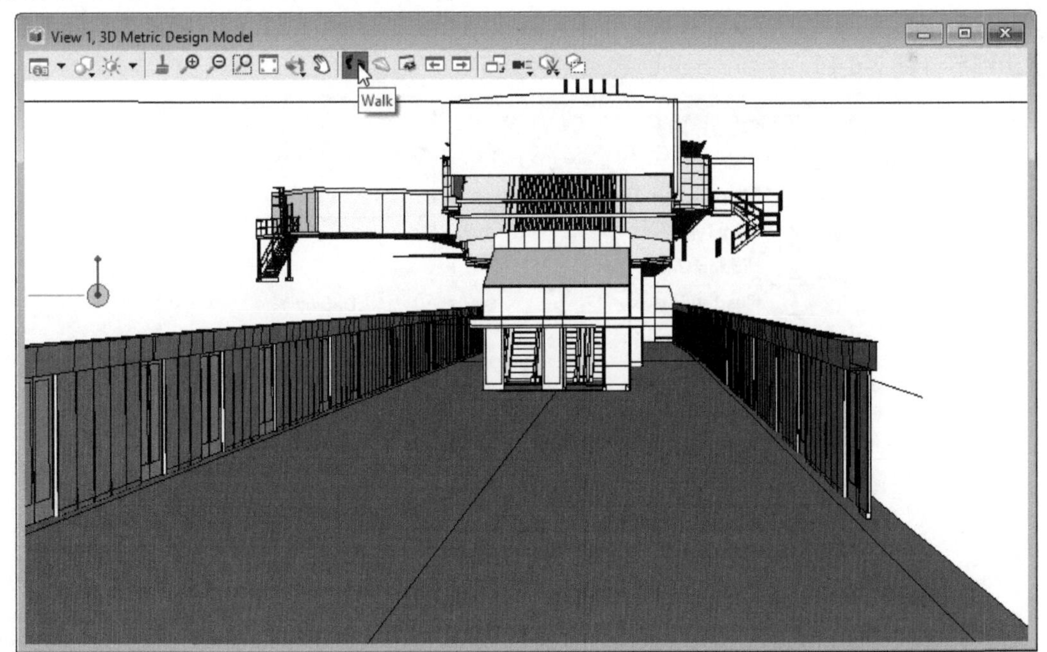

图 7-5-1 带有透视效果的视图

透视效果具有立体感，多用在漫游、渲染等场合。你也可以设置不同的镜头效果，例如长焦、广角、标准镜头等。但如果你只是希望建立模型，则需要在视图属性或者在视图工具条里关闭相机效果。相关内容如图 7-5-2 所示。

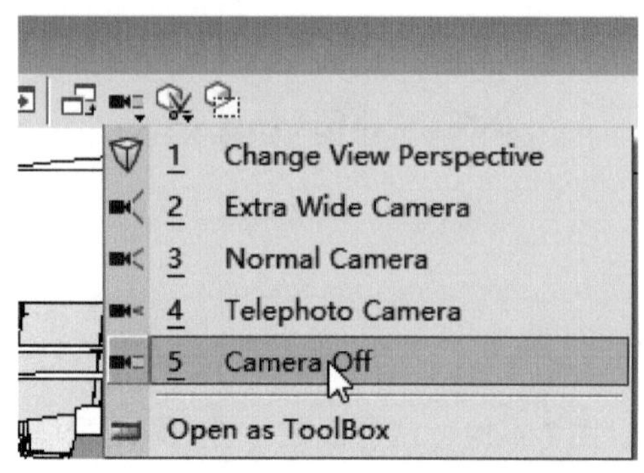

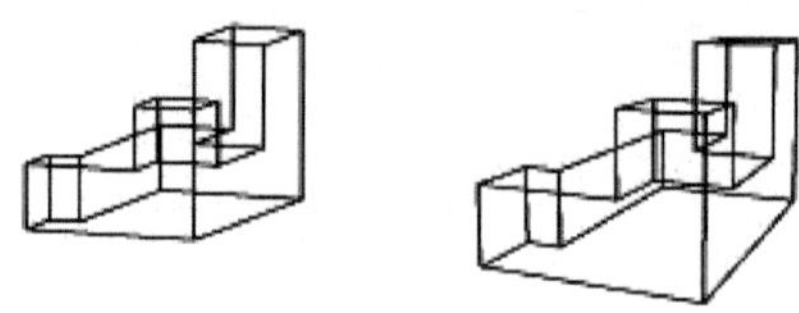

图 7-5-2　设置相机镜头和关闭相机效果

7.6　显示样式 Display Styles

在传统的建模环境下，我们习惯于体着色、材质显示、线框模型、隐藏线等显示方式。在模型多种的显示需求下，传统的样式已经不够用了。在 MicroStation 中，我们用显示样式 “Display Styles” 来控制显示各种参数设置。不但可以设置模型的显示方式，还可以控制背景、剖面的显示细节（图 7-6-1）。

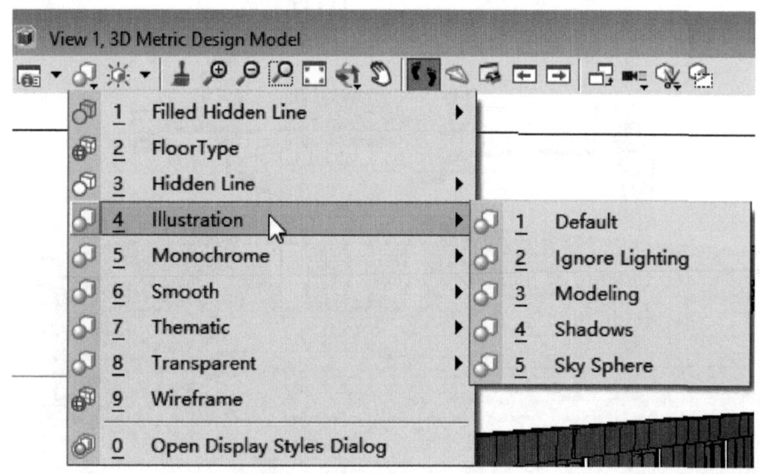

图 7-6-1　预置的显示样式

显示样式的设置如图 7-6-2 所示，在后面的章节我们会详细介绍，在这里，你只需要知道如何选择和应用就可以了。

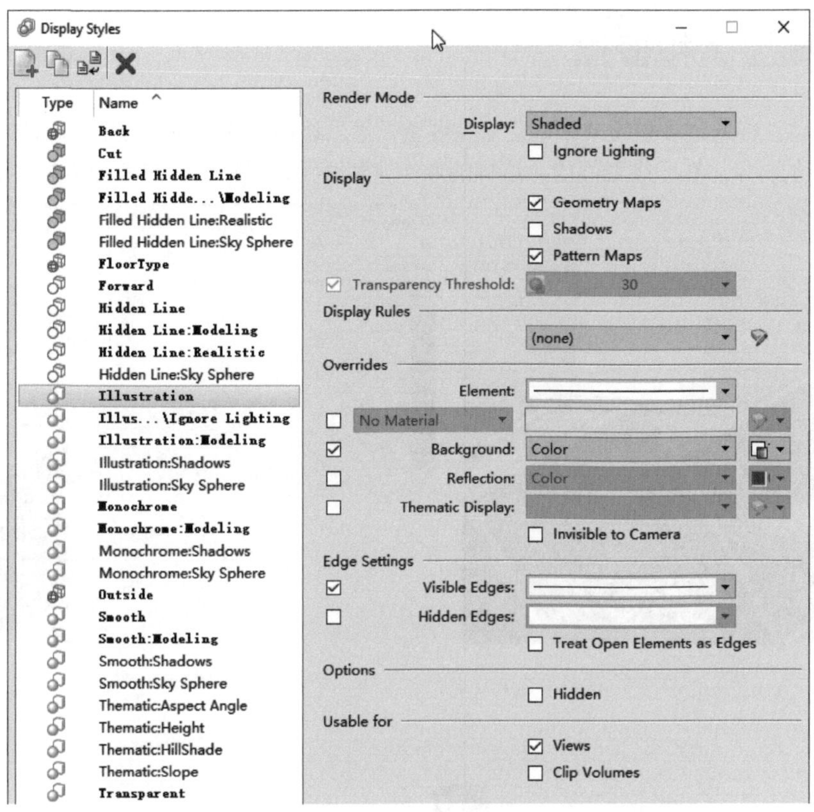

图 7-6-2　显示样式设置对话框

7.7　单独显示 Display Set

单独显示“Display Set”可用来单独的显示选中的对象，MSCE 提供了一组命令来让你单独显示选中的对象（图 7-7-1），也可以恢复全部显示。

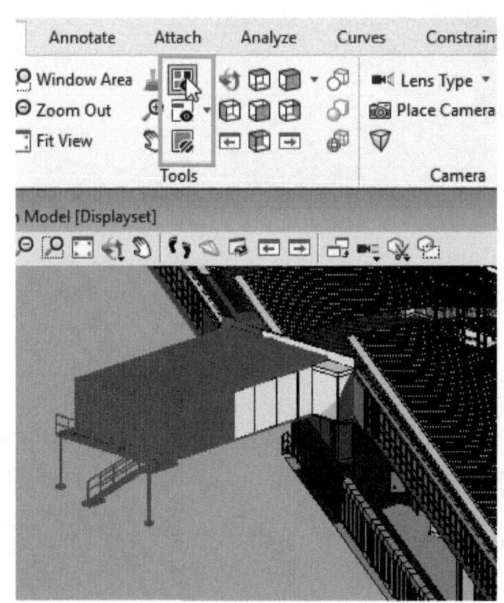

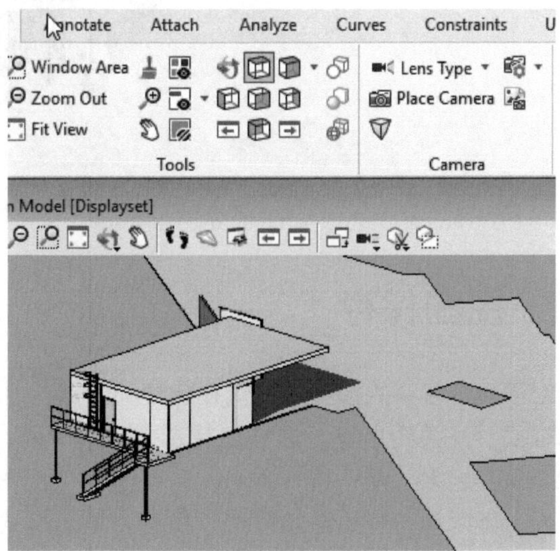

图 7-7-1　单独显示

7.8 区域显示和覆盖

MSCE 可以让你通过多种方式来确定一个区域，然后让你选择只显示这个区域的对象，还是不显示这个区域的对象。在三维空间内，这样的操作非常有用，具体操作参考图 7-8-1 ~ 图 7-8-3。

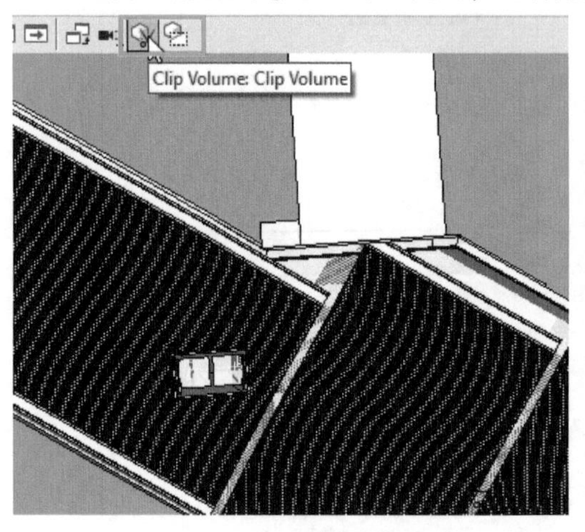

图 7-8-1 区域显示和覆盖

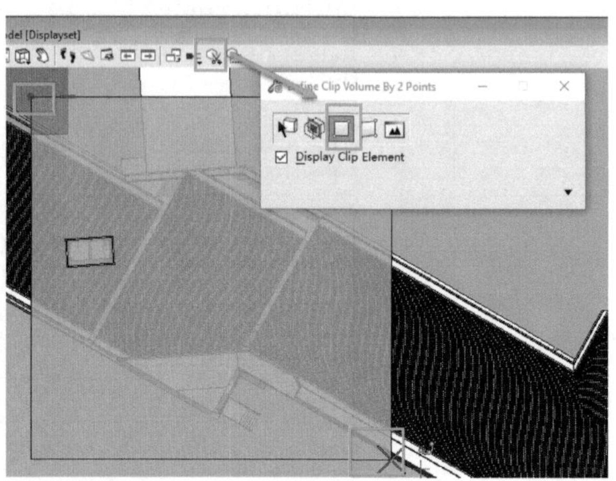

图 7-8-2 在顶视图上，通过两点确定显示区域

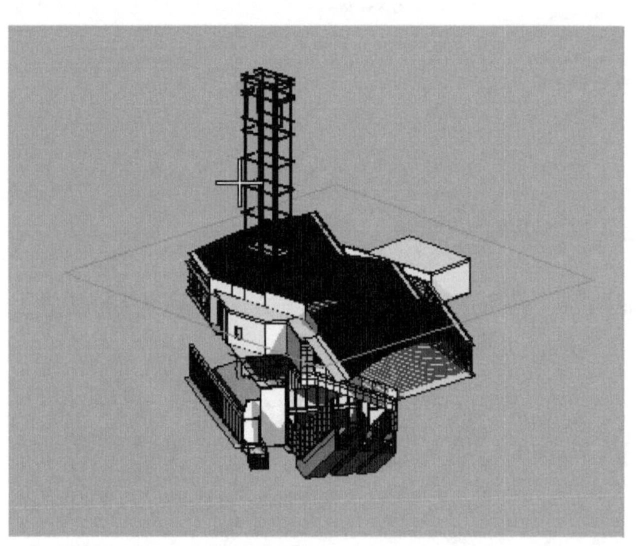

图 7-8-3 局部显示效果

7.9 视图保存

对于一个复杂的模型，我们在建模和浏览的时候，会不断地更改视图的角度、位置、细节、显示样式、开关图层等。这样就耗费大量的时间，降低效率。在 MicroStation 中，我们可以将这些设置保存起来，便于将来调用，这就是保存视图的功能。在一些大模型的实时操作汇报交流的时候，可以将一些关键的位置、角度、显示样式、开关的图层等设置保存为视图，然后在交流汇报时，实现快速切换。

可以打开如图 7-9-1 所示文件的“3D Metric Design Model”中的 Model。

在“Save View”里你可以看到很多预置的“View”，你可以双击某个 view，然后点击某个目标视图，这个保存的视图就会被应用，如图 7-9-2 所示。

图 7-9-1　打开这个文件

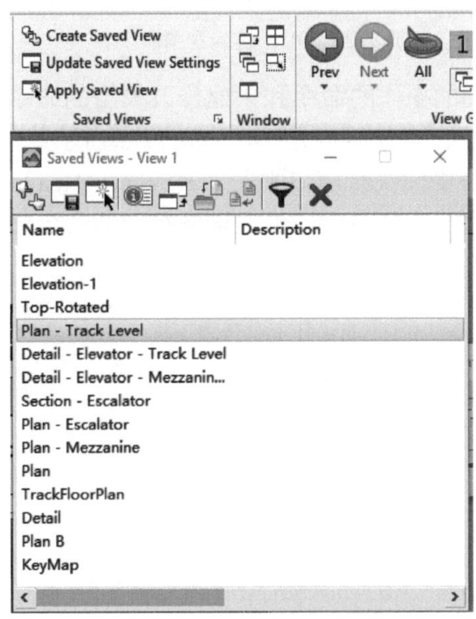

图 7-9-2　保存的视图

你也可以自己重新设置，或者利用被应用的视图，重新调整显示设置，然后将视图保存为一个新的视图。两点方式确定区域保存视图如图 7-9-3 所示。

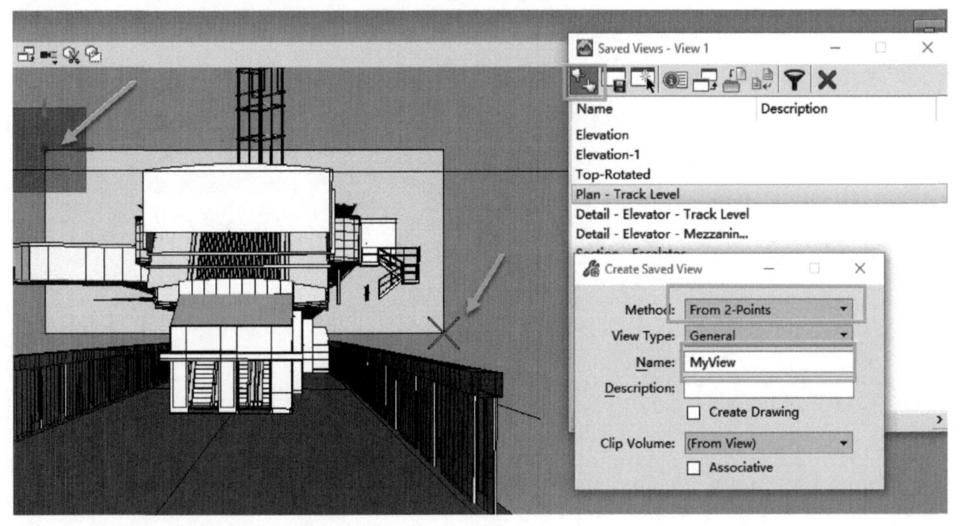

图 7-9-3　两点方式确定区域保存视图

7.10　快速旋转视图

通过鼠标的放大、缩小、全屏、区域选择、拖动等视图操作，在这里就不再叙述了，只讲一个最常用的视图旋转命令。当然你可以通过如图 7-10-1 所示的命令来旋转视图。但最快捷的方式是通过“< Shift > +鼠标滚轮”即可实现视图的快速旋转。

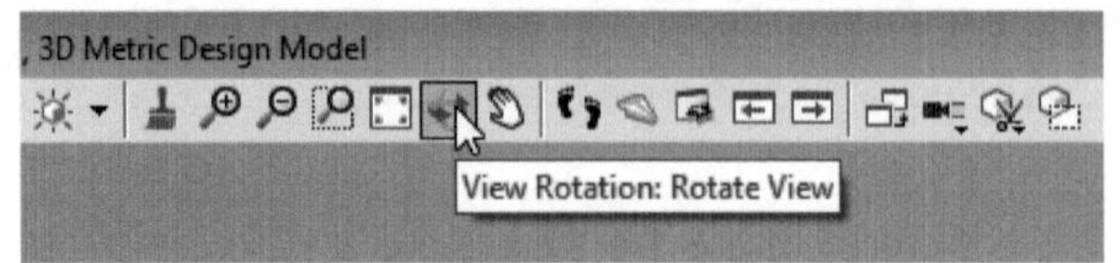

图 7-10-1　旋转视图命令

另外需要注意的是，视图的操作的命令和创建修改模型的命令是两条独立的执行流程。这样说可能有点抽象，举个例子，当你绘制矩形时，已经点击了第一个点，在选取第二个点时，发现当前视图操作不方便，需要你执行窗口视图“Windows Area”命令，这时，你不用结束绘图命令，直接执行视图框取命令，结束后，你的绘制矩形的命令仍然有效，然后可以继续选取第二个点。

第8章 三维操作

8.1 三维概念

8.1.1 工作区域

在前面我们提到了工作区域“working Area”和世界坐标系原点的问题。我们知道，我们是在一个有限的空间里工作的，虽然这个空间已经很大了。而且，我们也学到了 MicroStation 使用的 Parasolid 核心有单个对象大小和精度的控制。特别是你打开一些 V7 版本的文件时，会有相应的提示，让你升级到 V8 的版本（图 8-1-1），这里的 V8 版本是指 DGN 文件的版本，而不是 MicroStation 的版本。现在的 MicroStation 的 XM、V8i、CONNECT Edition 使用的 DGN 文件格式都是 V8 版本。

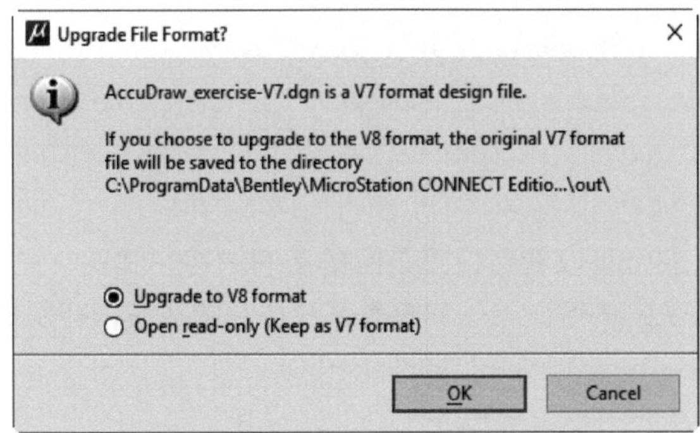

图 8-1-1　提示升级 DGN V8 格式

在这里，我们强调两个概念：

- 工作立方体“Work Cube”
- 视图区域“View Volume”

前面我们讲到工作单位设置的时候，“Work Area”是指的是一个轴的距离。对于三维空间来讲，我们好像是在一个正方体中工作一样，世界坐标系的原点是在这个正方体的正中央，如图 8-1-2 所示。我们在工作正方体的任何位置，都可以建立辅助的 ACS，然后辅助结合精确绘图坐标系来进行三维定位。

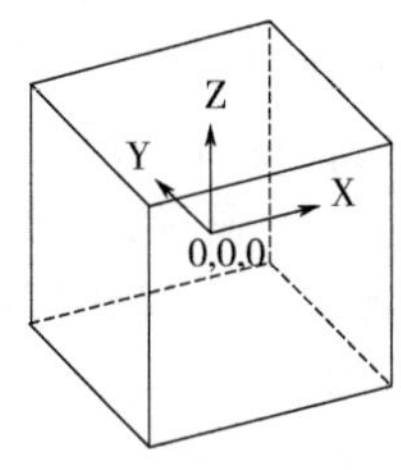

图 8-1-2　工作立方体是世界坐标的原点

在 MicroStation 工作的时候，我们的工作窗口其实是个“View”，无论是正视图，还是轴侧视图，我们的视图工作时就如图 8-1-3 所示一样。

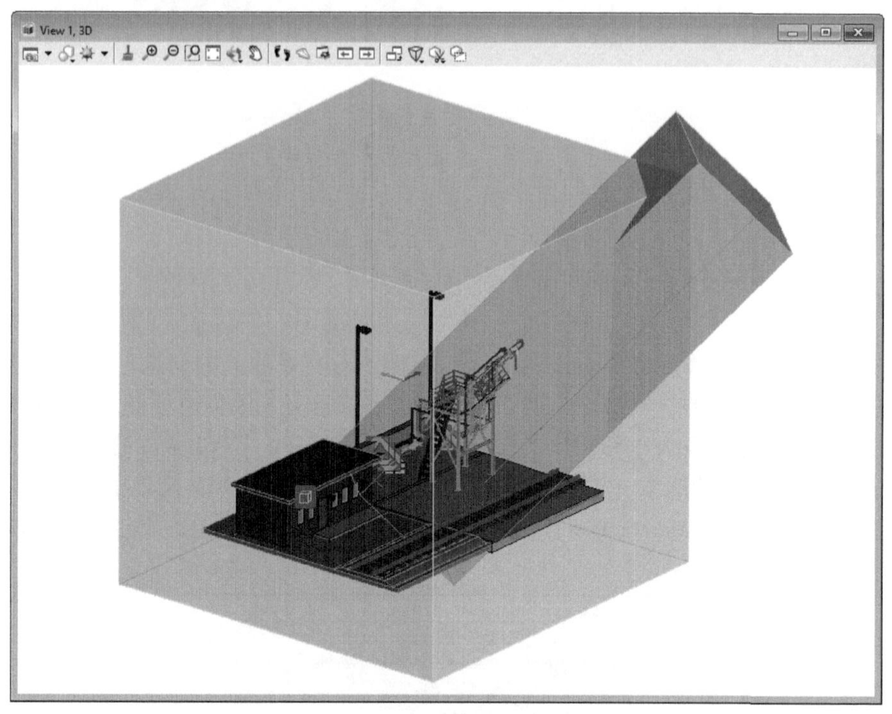

图 8-1-3　视图看到的是工作正方体的一部分

我们在视图方向上，貌似可以看到视图范围的所有内容，其实，在 MicroStation 有相应的设置，让你只看到某个深度上的内容。便于你查看某个局部的区域，特别是在三维空间中。以前视图为例，如图 8-1-4 所示。

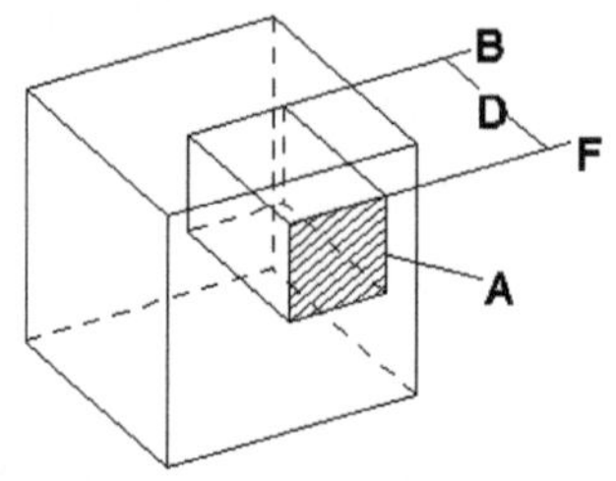

图 8-1-4　工作立方体与视图的关系

在上图中，外部正方体是我们的工作正方体“Work Cube”，里面的立方体就是我们看到的视图区域“View Volume”。这个“View Volume”是由视图的区域 A、前剖面 F 和后剖面 B 组成的 D 深度。所以，这里有显示深度“Display Depth”的概念。这个概念从 MicroStation 开始发布的时候就有，可以试想一下，在几十年前，这样的理念是如何先进，它可以让你在某个视图，例如前视图中，只看到某个深度的对象，这对观察三维设计的内部非常有用。

我们从三维模型中输出二维图纸，其实是三维模型的某个深度的二维表达，剖切一个面，然后前后设定一个距离表达看到的对象，其他的对象都隐藏。

设置显示深度“Display Depth”的命令（图 8-1-5），默认在视图的工具条中是隐藏的，你可以在视图上部工具条里，单击鼠标右键让其显示，这些命令在特殊的三维场合中会用到。

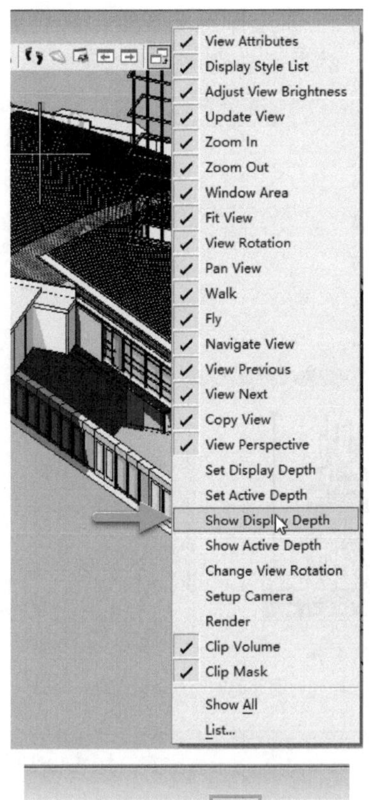

图 8-1-5　设置显示深度的命令

显示深度是某个视图的显示深度，所以，工作的过程是，先选择一个视图，例如前视图，然后系统提示你设置显示深度的前剖面 F 和后剖面 B，设置完毕后，在前视图中，就是只显示显示深度中的内容。如图 8-1-6 所示的案例可以供你参考。

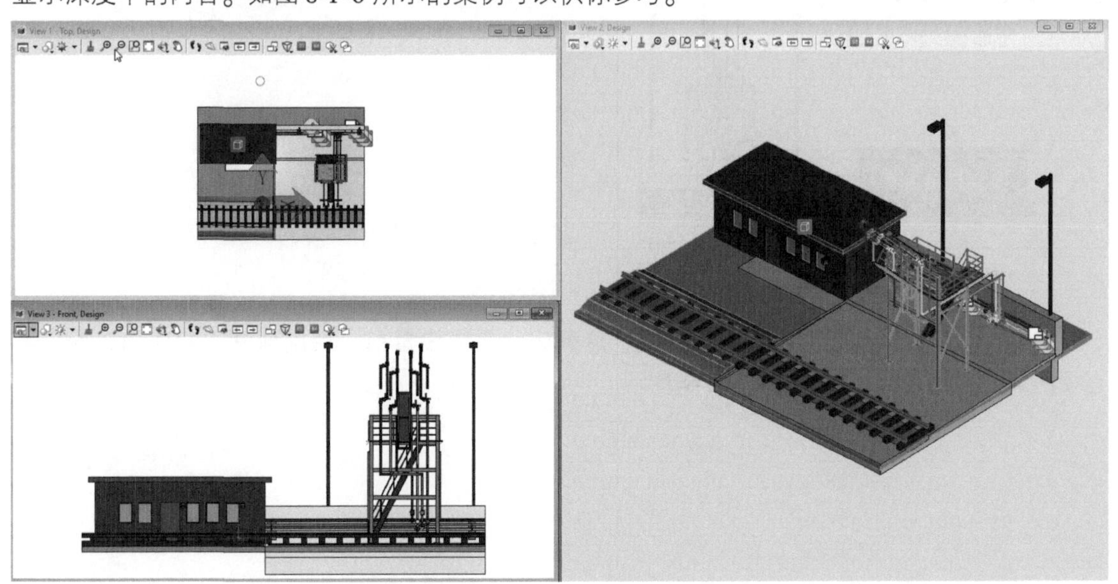

图 8-1-6　顶视图、前视图和轴侧视图

执行命令后，MicroStation 首先让你选择目标视图，然后需要在另外的视图中设定前剖面（图 8-1-7）和后剖面（图 8-1-8），然后点击确定就可以了。

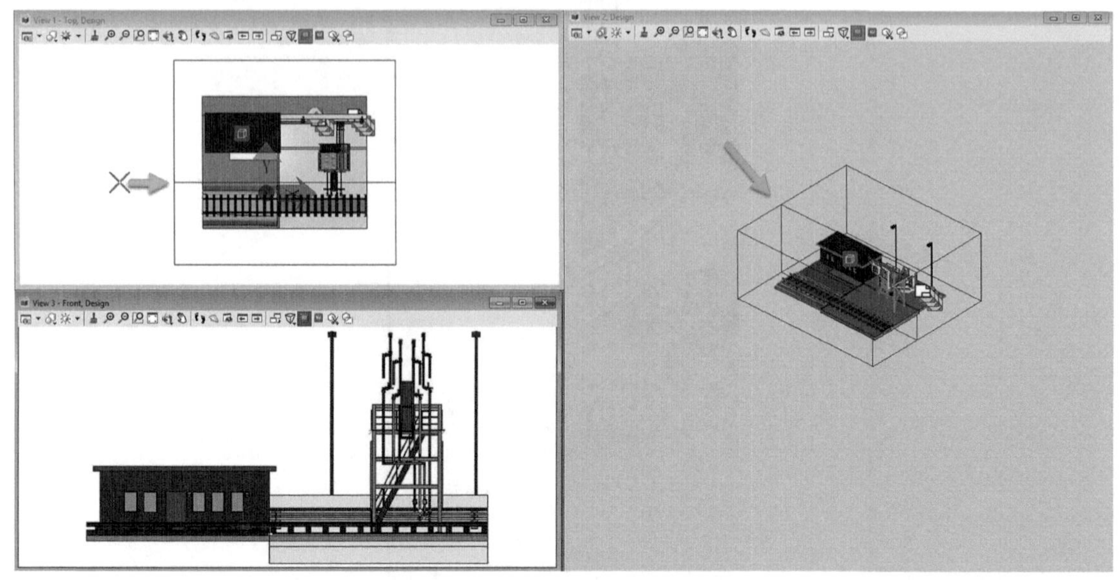

图 8-1-7　选择前剖面

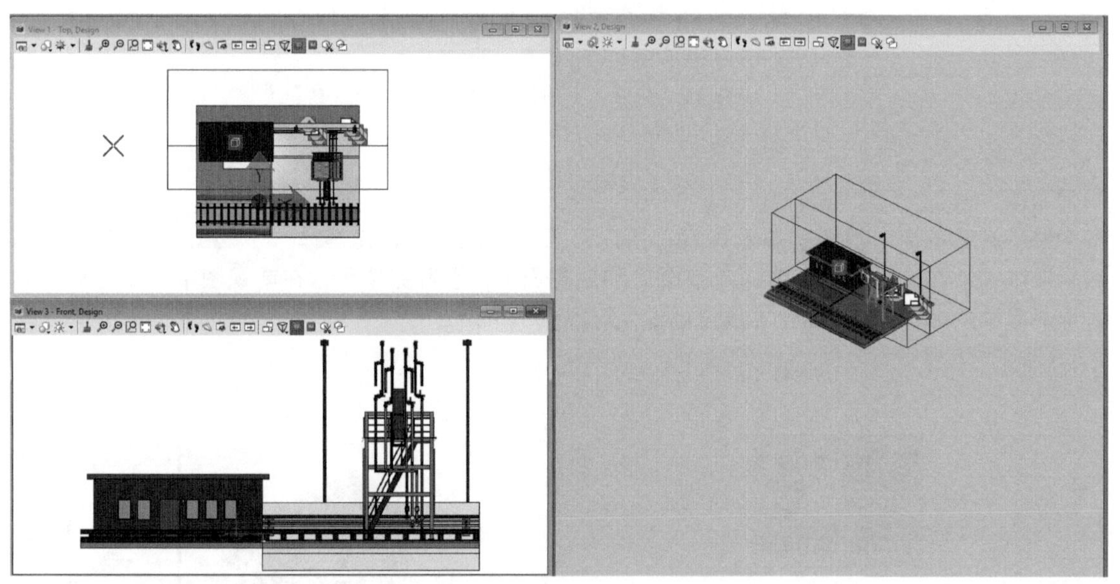

图 8-1-8　选择后剖面

这时你可能发现前视图没有什么变化，这是因为需要设置前、后剖面是否起作用，你需要在视图属性中来进行设置，如图 8-1-9 所示。

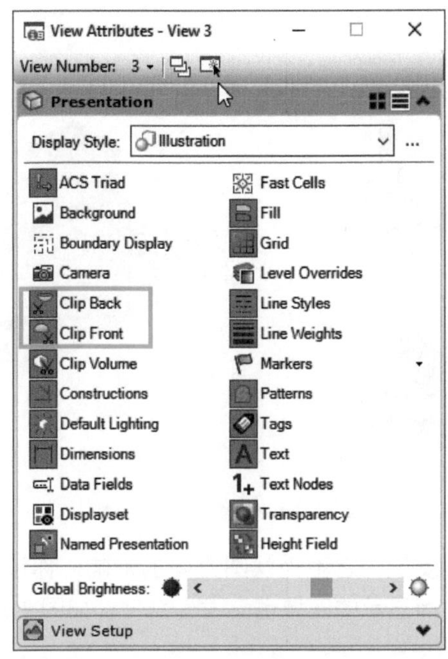

图 8-1-9　视图属性中设置让前、后剖面起作用

设置后，你会发现在前视图中，前、后剖面之外的模型，已经被隐藏了。

当你用旋转命令旋转前视图时，你会发现如图 8-1-10 所示的现象，这时由于，显示深度是视图的显示深度，而不是模型的显示深度，如果要设置模型的显示深度，就需要使用我们在视图工具里学到了剪切立方体“Clip Volume”来设置，如图 8-1-11 所示。是否起作用，仍然受视图属性设置的影响。

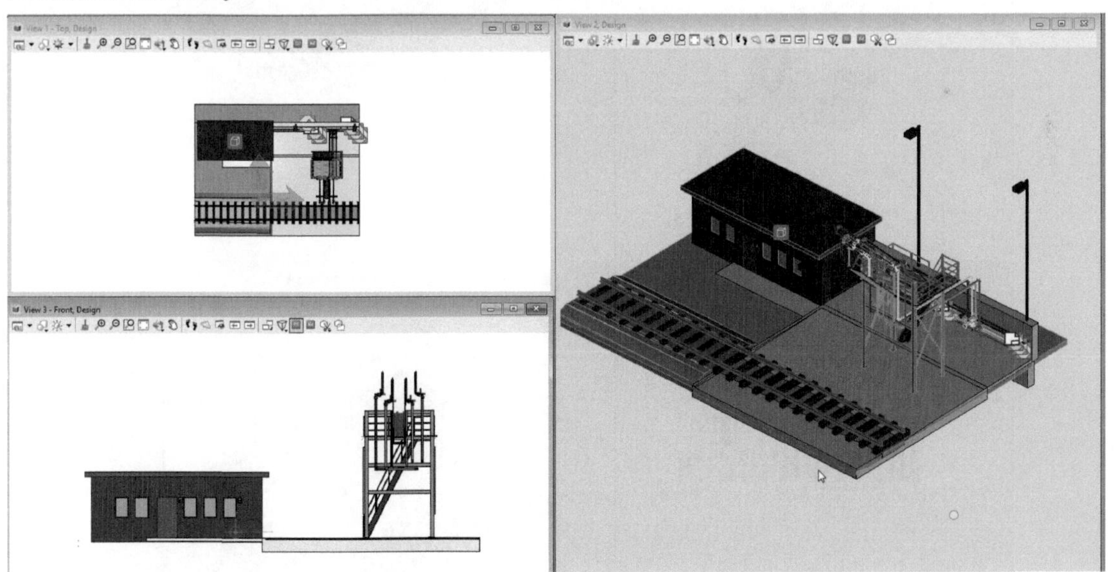

图 8-1-10　前视图的剪切深度起作用

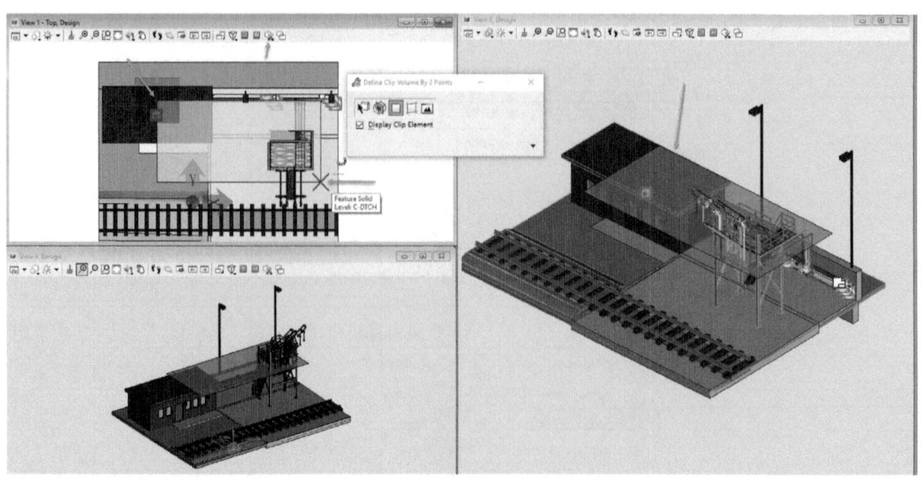

图 8-1-11　设置显示立方体

这时你旋转视图时，你会发现，它不受视图方向的影响，你可以用修改、移动工具对剪切立方体的区域来修改和移动，而显示的区域也会发生变化，如图 8-1-12、图 8-1-13 所示。

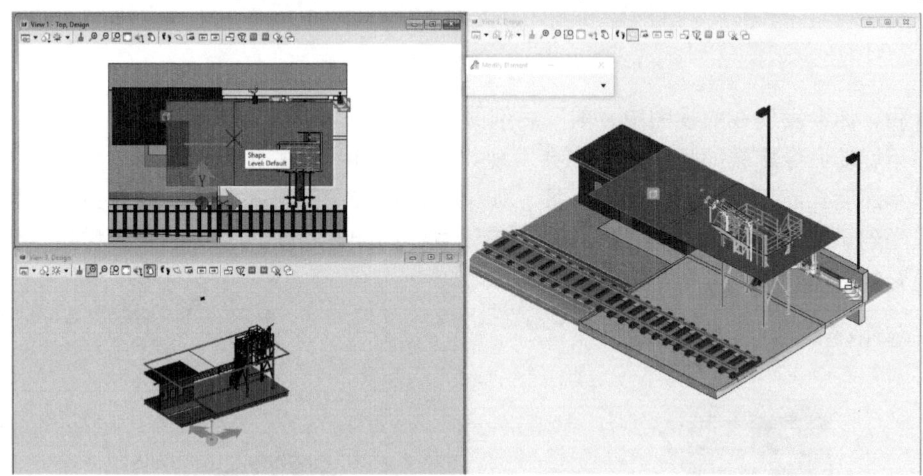

图 8-1-12　修改显示立方体区域

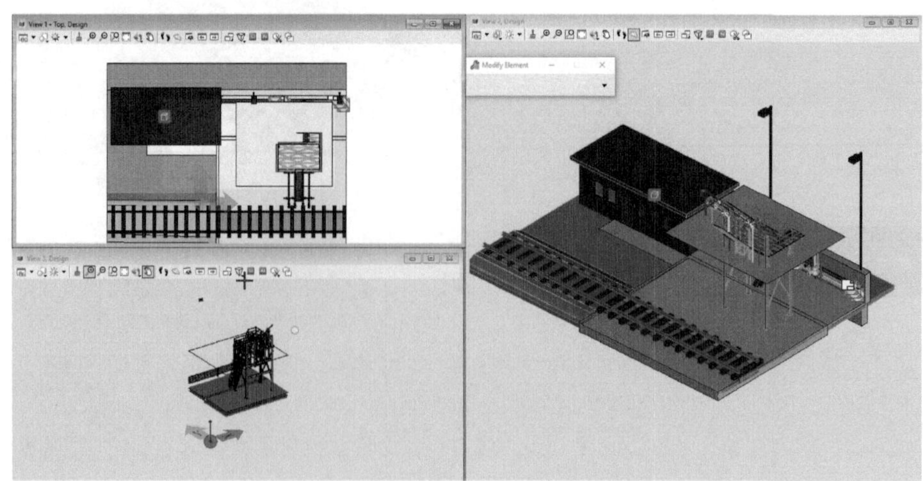

图 8-1-13　显示区域发生变化

在 MicroStation 中，有很多这样的精巧设计，开始时，你可能感觉有些复杂，但与工程的实际应用结合，它就会变得很简单。

8.1.2 工作流程

在传统的二维设计流程中，我们利用二维的平面、剖面、立面图纸来表达设计，然后以图纸的方式来输出二维设计成果。

在三维的设计流程中，我们是通过三维模型来表达设计，更加直观，在专业的软件里，我们利用工具快速生成三维信息模型，然后用它来交流设计、确认设计和交付设计，这个过程称为“Design”（设计）。

某个阶段的设计完成后，我们通过“切图”工具，从三维模型中，直接输出二维“切图”（图 8-1-14），例如平面图、立面图等，这个过程是输出“Drawing”（Drawing 的翻译，我们在本书中范围为“切图”，以与“图纸”进行区分）的过程。

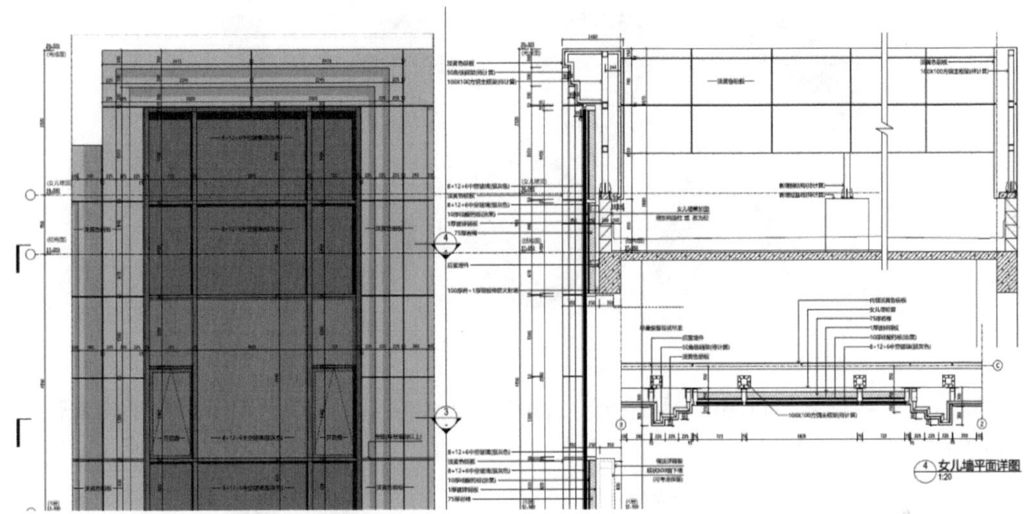

图 8-1-14　由三维模型“切出”的二维图纸

最后，我们将一个或者多个“Drawing”（切图），组合在一个，生成一张“Sheet”（图纸），然后再加上标注。（标注你可以在“Drawing”上加，也可以在“Sheet”上加）

Design →Drawing →Sheet 的工作流程就是三维设计的工作流程。我们在创建三维模型时，需要明确这一点，这样的话，我们就不会非要在三维模型上做标注，用这样看似合理其实流程有点乱的方式来工作。

设计“Design”，绘制模型时，按照实际大小尺寸来创建。

切图“Drawing”，从模型输出的图纸，就是和模型一样的，也是实际的二维尺寸。

图纸“Sheet”，图纸是有一定尺寸的，例如 A1 图纸，你需要将“Drawing”，以出图比例的倍数缩小，然后放置在图纸上，然后进行标注。

所以，我们创建三维模型时，要按照实际的大小来创建。我们在后面的图纸输出的章节里，会详细介绍这个过程。

下面我们来讲三维对象的创建工具。

在 MSCE 的“Modeling”工作流里，预置了曲线“Curve”、体“Solid”、曲面“Surface”、网格“Mesh”等三维对象的创建和编辑工具。你可以到 Tool Boxes 里找到更多三维对象工具。下面，我们对一些命令进行说明。

8.2 体 Solids

“Solids” 的操作命令（图 8-2-1）分为了如下几部分。

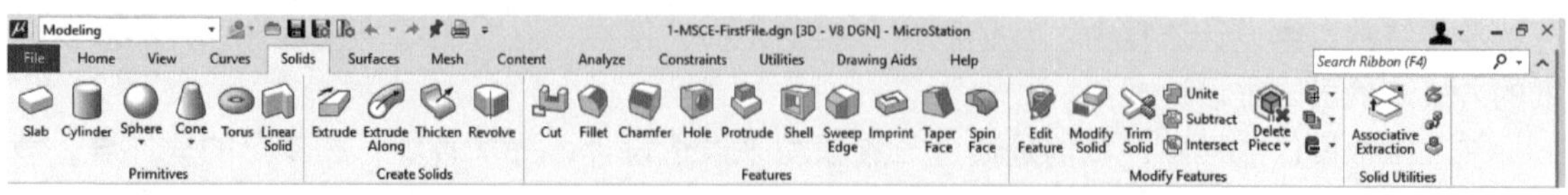

图 8-2-1　体 Solids

（1）基本体对象 “Primitive Solids”（图 8-2-2），这其实是任何建模软件底层的基本体对象，我们可能会以此为基础，进行布尔并集、交集等操作，形成更复杂的体对象，严格意义上，这类体称为 “Smart Solid”。

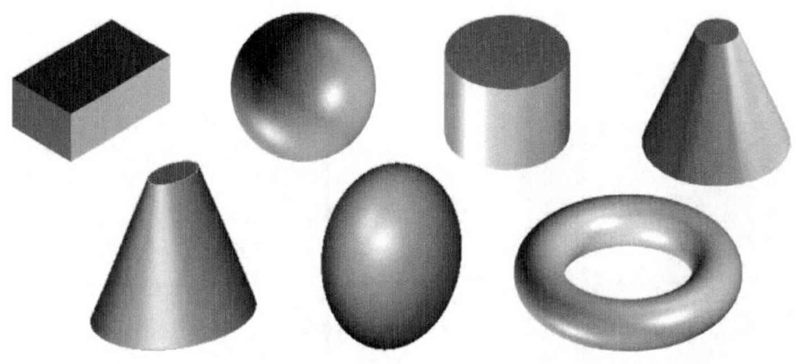

图 8-2-2　基本体对象

（2）基于一些截面 “Profile” 和路径 “Path”，通过路径曲面、旋转、拉伸等操作形成体对象（图 8-2-3 ~ 图 8-2-5）。

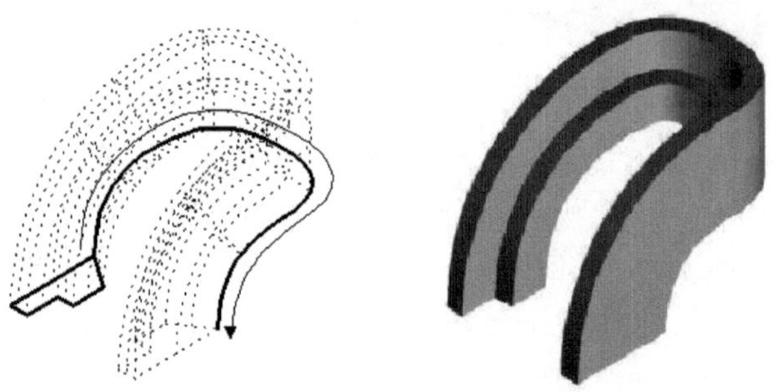

图 8-2-3　路径曲面形成体对象

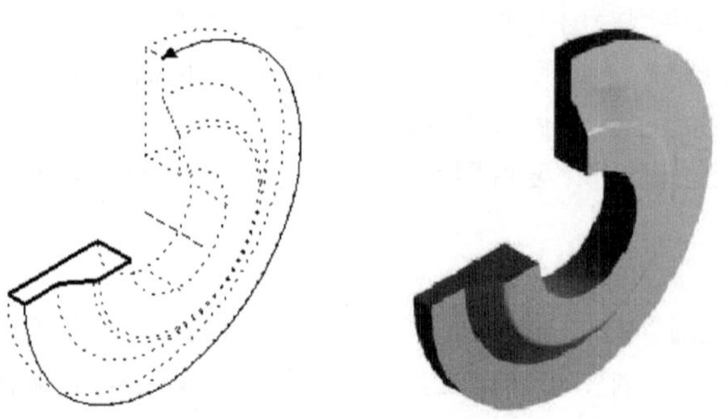

图 8-2-4　旋转形成体对象

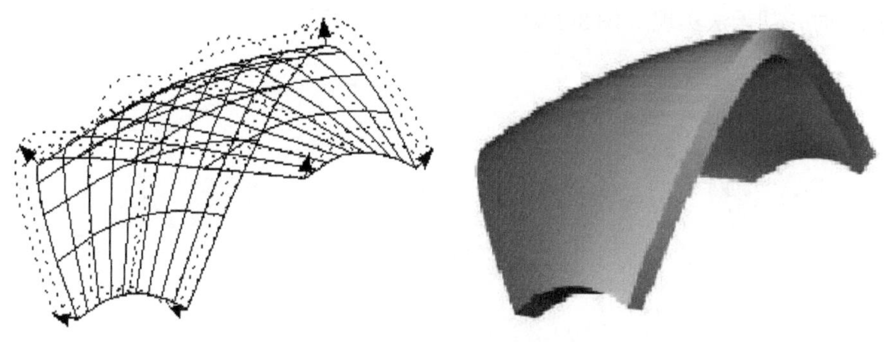

图 8-2-5　拉伸（面增厚）变成体对象

（3）对模型进行编辑（图 8-2-6），例如，修改 Solids 的参数，以及布尔操作、倒角、剪切等操作。

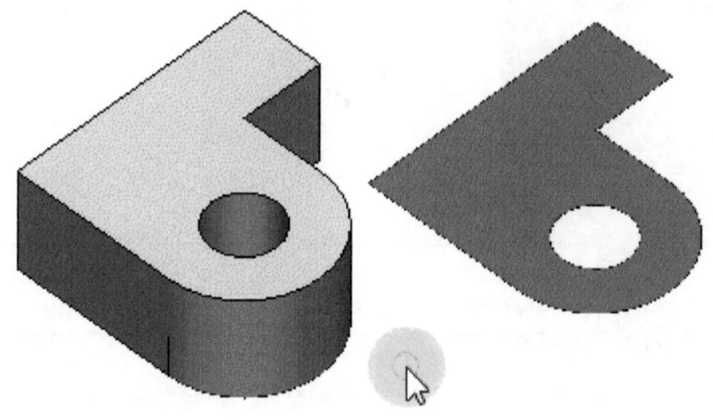

图 8-2-6　从已有的体中，抽出一个面

8.2.1　Solids 创建

对于 Solids 的创建，只要你已经学会在三维空间中进行精确定位，知道在工具属性对话框中设置属性，稍加尝试就会明白每个工具的含义。在这个过程中，我们需要有：

（1）三维的概念，在空间中实现自己的想法和设计。

（2）实现的思路，一个三维实体，可以通过多种方式来创建，如何组合命令，利用简单的基本实体、基本命令创建复杂的形体。如图 8-2-7所示的亭子看似复杂，其实就是用基本的命令组合实现的。

（3）合理性考量，很多看似合理的操作，在三维上是无法实现的。如图 8-2-8 所示就是一个例子。我们绘制两个有一个共点的圆，大圆用来拉伸为圆柱体，小圆用来作为剖面，剖切圆柱体。按常理来讲，这个操作没有问题，而

图 8-2-7　用基本的命令就可以创建复杂的三维模型

当你尝试操作时，却无法实现（图 8-2-9）。

图 8-2-8　创建两个起点一样的两个圆

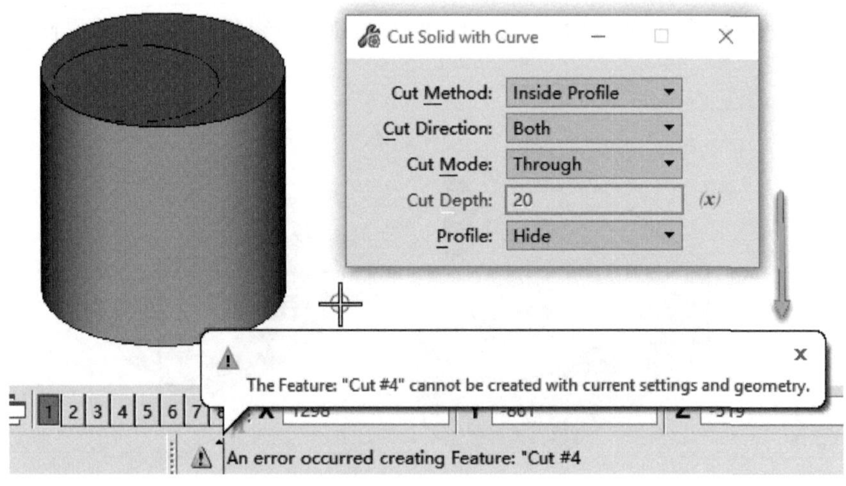

图 8-2-9　系统提示“Cut 操作无法完成”

为什么这样？这是因为，在用小圆切割圆柱体时，共点的地方类似于一个“极限”点，是断开的？还是连接的？系统无法处理。

“图形的背后是数学表达”，所以，这种情况下是不合理的。我们只需要将圆向内或者向外移动一个很小的距离，就可以完成这个操作，如图 8-2-10 所示。

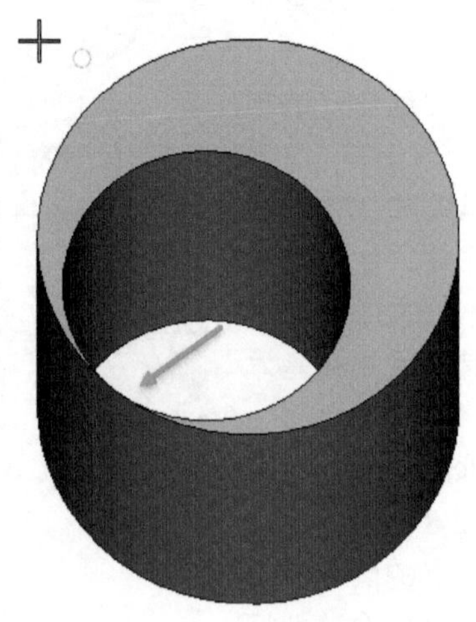

图 8-2-10　小圆向右移动了 0.001 个“工作单位”，Cut 命令就可以操作

掌握了以上原则，稍加练习，就可以熟练的创建任何模型，下面我们对一些有特点的命令选项或者操作，做一些说明。

我们先从简单的一个立方体开始。创建过程就是指定四个点，分别是基点、长、宽、高，然后选择正交“Orthogonal”，如图 8-2-11 所示。

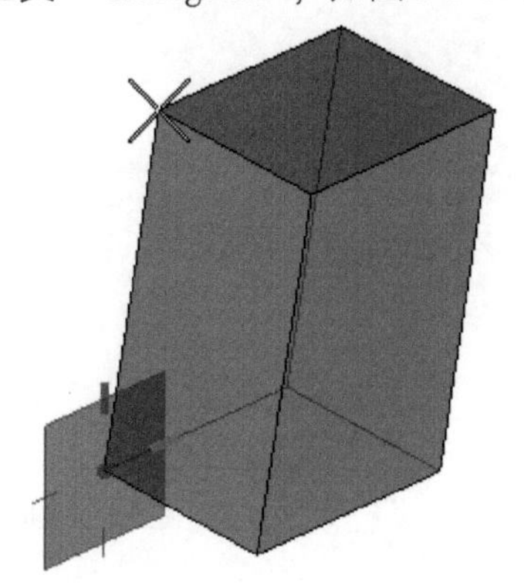

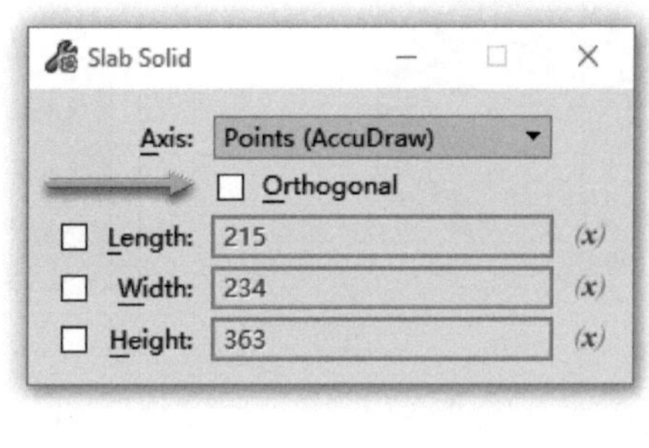

图 8-2-11　正交“Orthogonal”选项

如果正交“Orthogonal”没有选中的话，可以创建一个倾斜的体，创建的过程中，随着定位点的不同，精确绘图坐标面会自动转换，不需要刻意用 <T> <S> <F> 快捷键来转换。如果你要创建一个倾斜的体，也可以利用 <M> 快捷键来切换为极坐标来输入角度。完成立方体创建如图 8-2-12 所示。

图 8-2-12　完成立方体创建

我们利用精确绘图技术，在顶面上中心绘制一个圆，然后用它来切割立方体。圆的半径为长方形某个边长的四分之一，在这里我们也深化一些精确绘图的使用。

我们以圆心方式绘制圆形，然后捕捉到立方体的一个边的中点（图 8-2-13），这时，不要按鼠标左键，而是按 <O> 键，将精确绘图坐标系放到捕捉到的点上（图 8-2-14），这相当于，我们绘图时，首先把尺子的起点与我们的定位基点对齐。然后按回车键锁轴，捕捉到另一条边的中点，如图 8-2-15 所示。

这时，我们单击鼠标左键，圆心就确定了。下一个点是用来确定半径的，如图 8-2-16 所示。

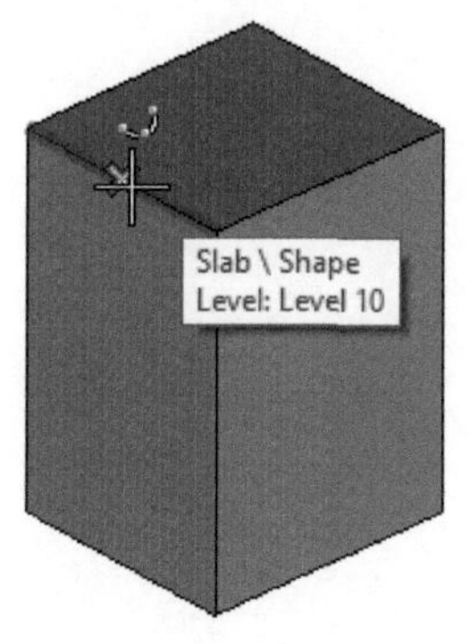

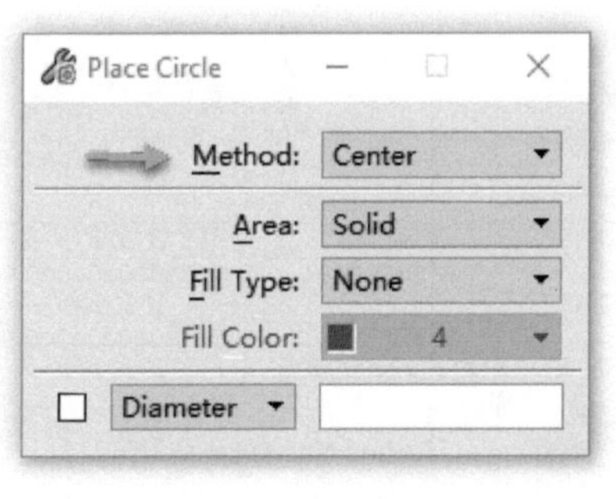

图 8-2-13　捕捉到中点

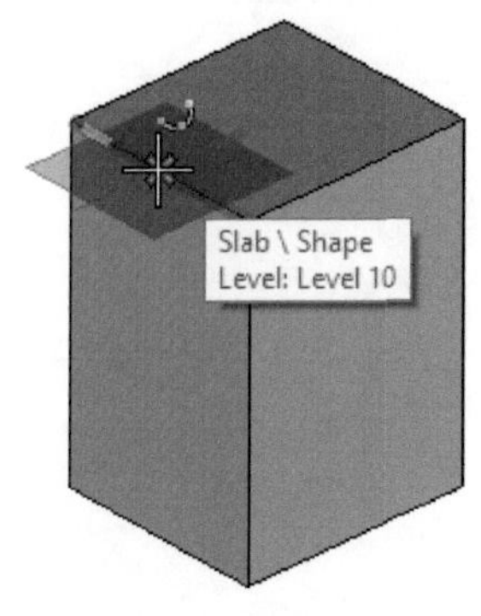

图 8-2-14　放置精确绘图坐标系

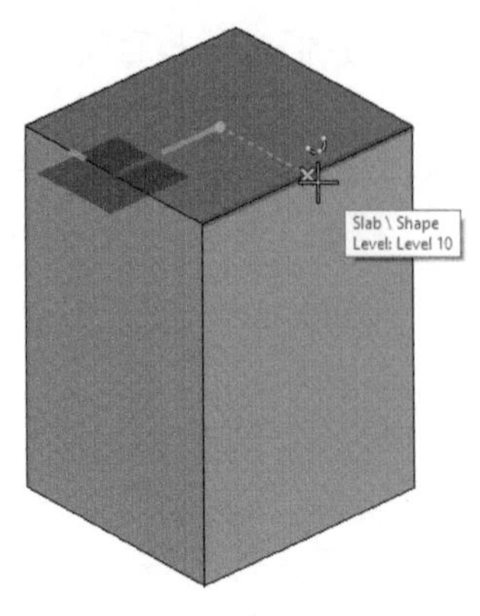

图 8-2-15 按“回车”键锁轴，捕捉到另一条边的中点

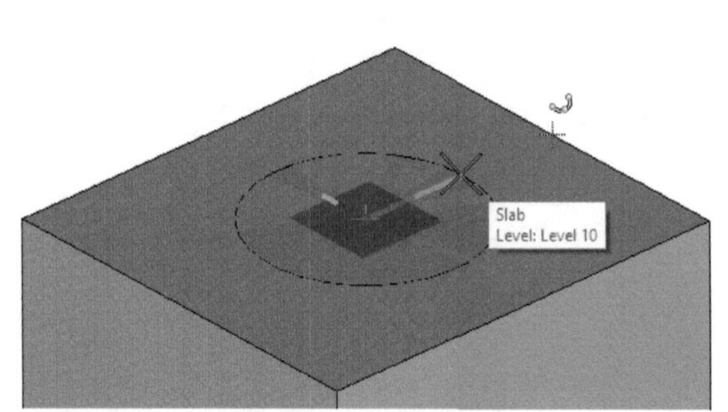

图 8-2-16 确定半径

移动鼠标时你会发现，捕捉到的点与圆心的距离将作为半径。先按回车键锁轴，捕捉到顶点如图 8-2-17 所示。

这时焦点在输入框里，“117”是二分之一所选的边长，虽然可以口算出一半的数值，然后输入，但这不是效率高且正确的方式，因为“117”是根据精度测量出来的距离，实际的距离可能是像“117. 2343”这样的数值，口算输入“58. 5”其实并不准确。

这时，输入 </>，你也可以认为这是一个精确绘图快捷键，它的意思是利用这个值进行“除以”的意思，然后输入“2”，单击鼠标左键，圆就绘制好了，如图 8-2-18 所示。

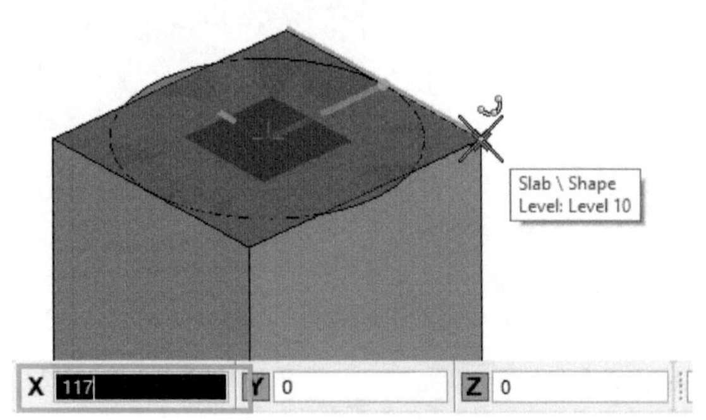

图 8-2-17 捕捉到顶点

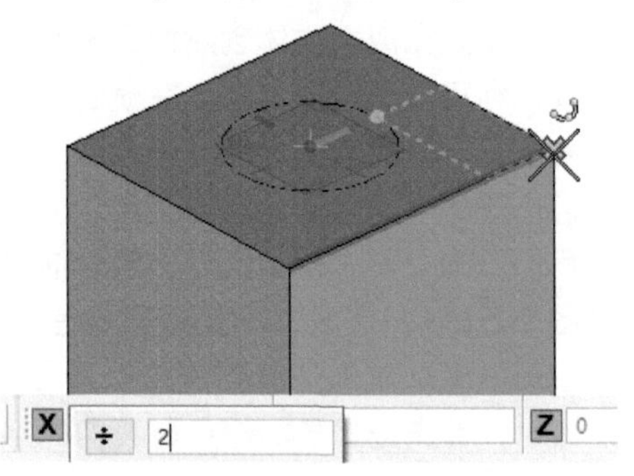

图 8-2-18 绘制圆

我们利用这个圆，对立方体进行剪切，如图 8-2-19 所示。

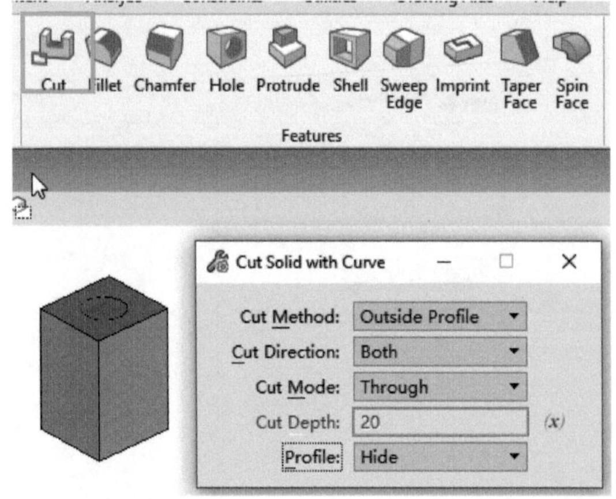

图 8-2-19 体剪切工具

体剪切工具“Cut”的工具属性框有很多的属性。

“Cut Method”的选项：保留圆里面的、还是外面的。

“Cut Direction”的选项：选择双向剖切还是一个方向剖切，这是因为作为剖面“Profile”的圆可能在实体的内部。

“Cut Mode”的选项：切的深度是贯穿立方体，还是切一定深度。

如图 8-2-20 ~ 图 8-2-22 所示为具体操作结果。

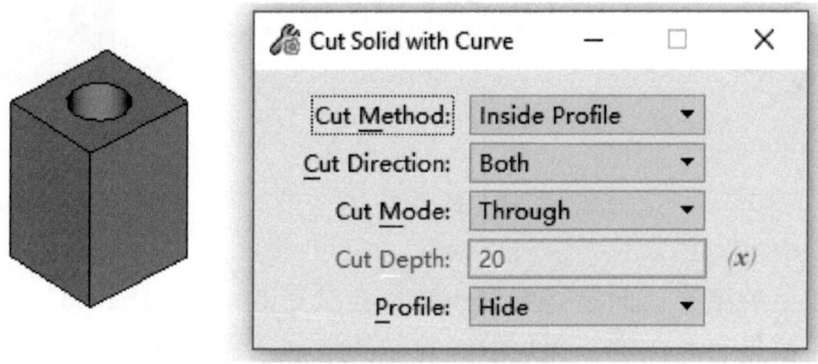

图 8-2-20　普通贯穿剪切

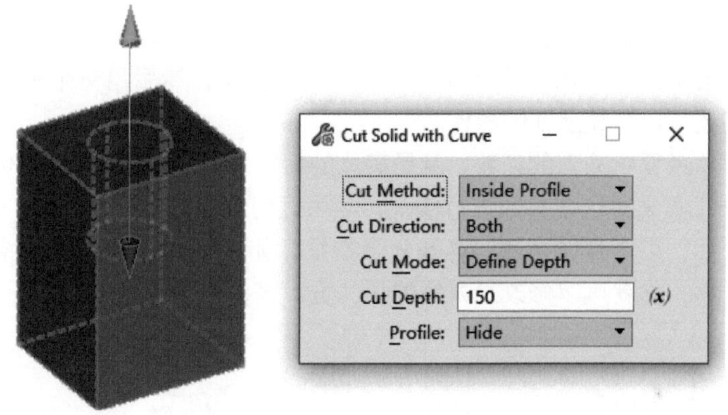

图 8-2-21　切“150”的深度

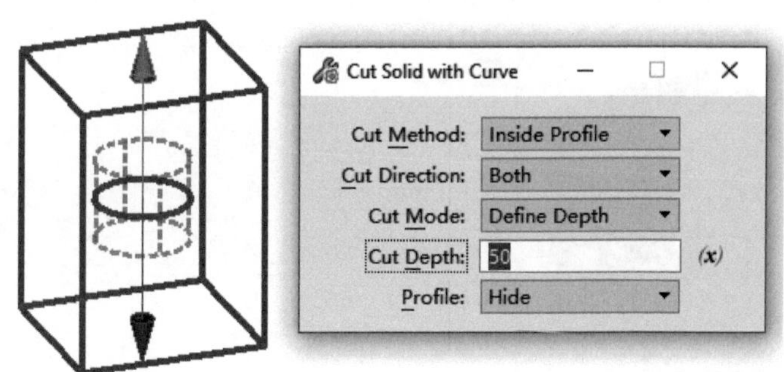

图 8-2-22　把圆移动立方体内部，双向剪切

我们也可以用一条曲线来剪切体，如果是一条直线，你必须结合一个视图，例如在平面图上来确定切的方向，如图 8-2-23、图 8-2-24 所示。

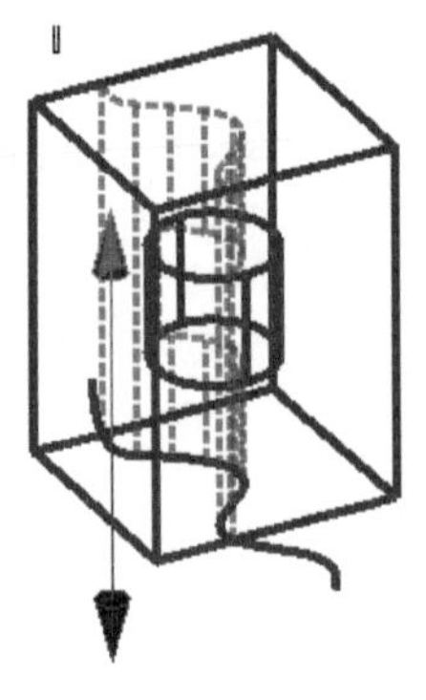

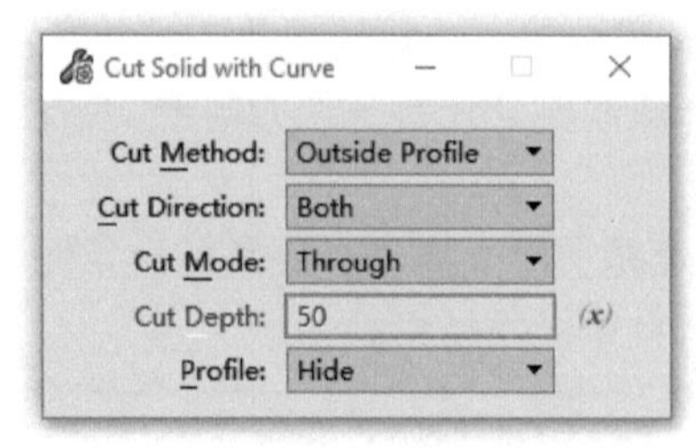

图 8-2-23　利用曲线剖切刚才的实体

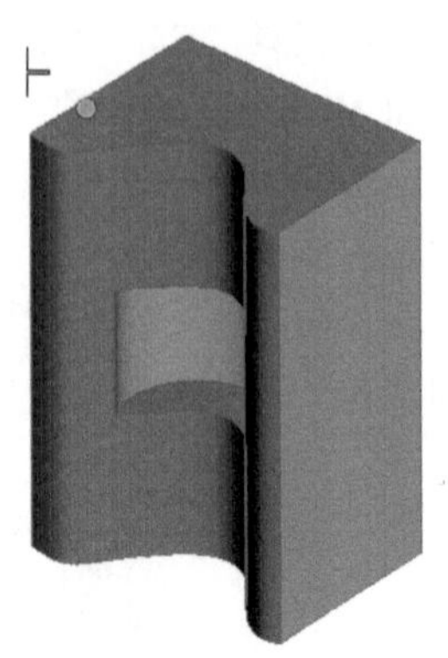

图 8-2-24　最终的结果

如果你得不到如上的结果，而是得到另一半，尝试更改“Cut Method”的选项，这是因为在三维空间中，面和线都是有方向的，他们的计算结果取决于面和线的方向和参数设置。

8.2.2　Solids 修改

回顾上面的步骤，我们利用长、宽、高等参数创建了正方体，又利用一些参数创建了一个圆形，然后又利用这个圆和一些剪切参数对立方体进行剪切，然后用一个相同的有参数控制的曲线来剖切。我们还可以持续上面的操作。

这些在创建实体过程中输入的参数，就是实体的特征“Feature”，如果想修改实体，就是利用“Edit Feature”工具来对这些参数进行修改，然后达到修改实体的目的。

我们选择命令后，点击实体外侧，这是一个特征，如果你确认修改这个特征，再次单击鼠标左键，弹出对话框，你就可以修改立方体的长、宽、高，如图 8-2-25 所示。

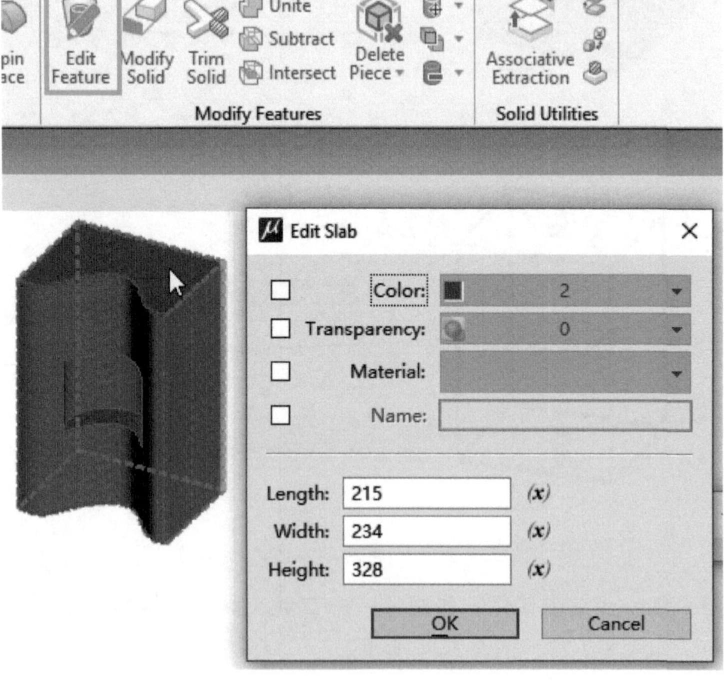

图 8-2-25　修改实体参数

如果你点击的位置，会涉及多个特征，当前高亮显示的特质不是你想修改的，你就单击鼠标右键，MicroStation 就会在不同的特征之间切换，一旦你想要修改的特征高亮显示，单击鼠标左键，弹出此特征的参数，然后就可以进行修改。操作过程如图 8-2-26 ~ 图 8-2-29 所示。

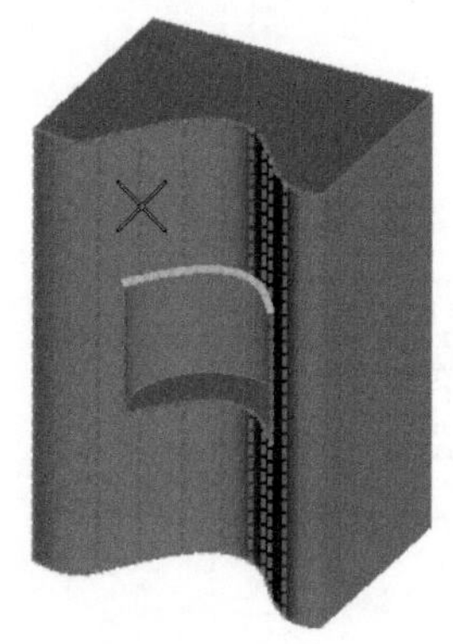

图 8-2-26　点击圆与曲线的关联特征

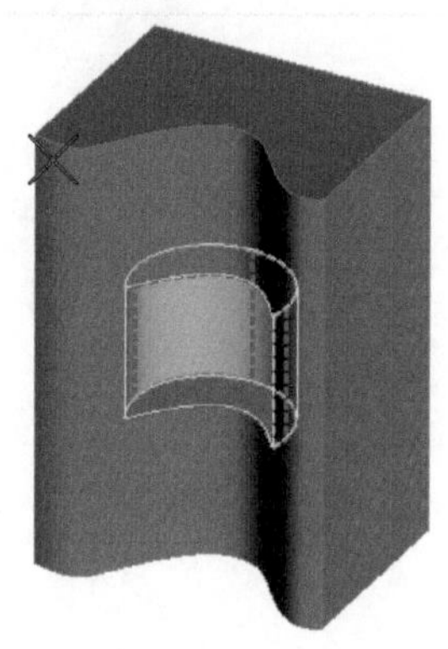

图 8-2-27　单击鼠标右键切换到剪切特征

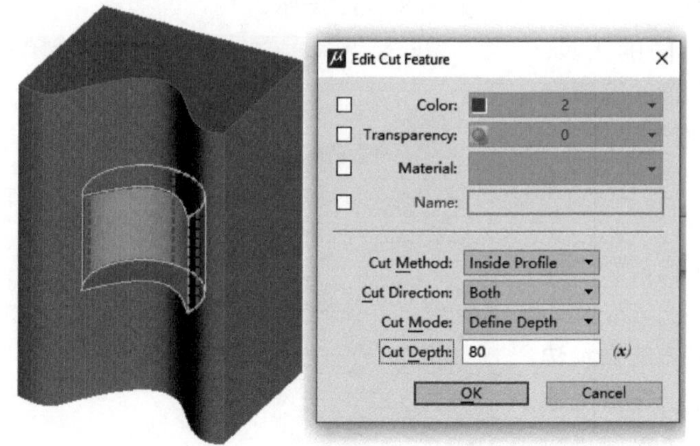

图 8-2-28　单击鼠标左键确认特征，将剪切深度更改为 “80”

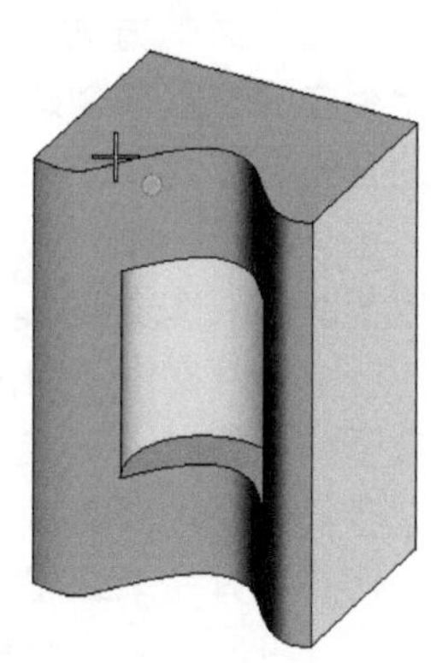

图 8-2-29　最终结果

我们还可以利用 MicroStation 提供的通用属性框 “Properties” 来对特征进行修改。

首先要让属性框显示，如图 8-2-30 所示。

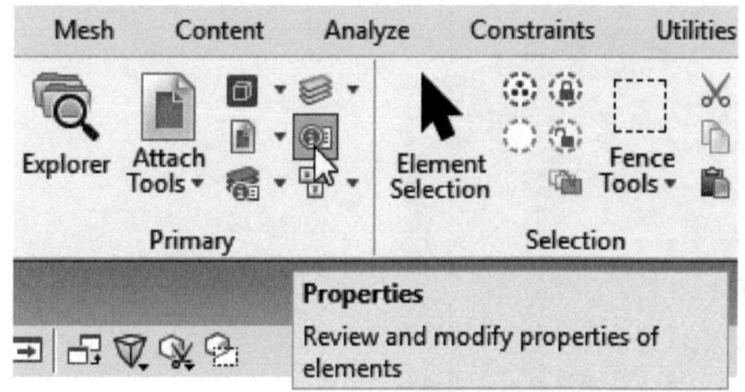

图 8-2-30　选择显示属性框

显示属性框，选择任何对象，属性框就会显示它的属性（图 8-2-31），以及整个物体有哪些特征等。

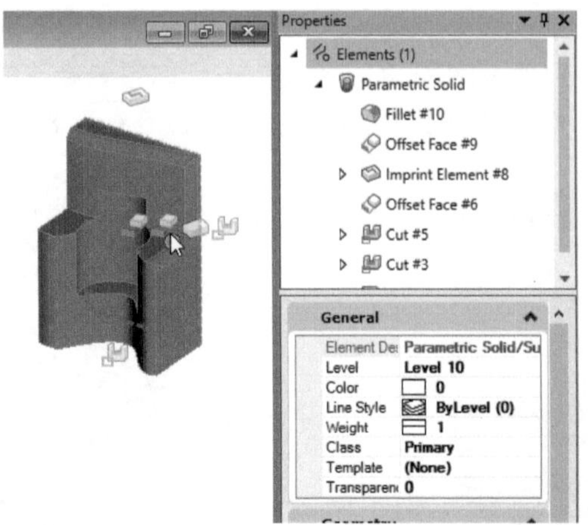

图 8-2-31 属性框

通过上图可以发现，创建过程中的特征也被显示出来，用鼠标选择某个特征，属性框就会定位到此特征的属性，你可以在属性框中直接修改，如图 8-2-32 所示。

通过上面的方式，我们组合不同的工具、利用相应的参数来创建模型，然后通过编辑特征的方式来修改参数来达到修改模型的目的。

还有另外一种“所见即所得”的方式，也可以帮助你来修改实体。

一个体对象由不同的面围合而成，两个面会交于一条线（不一定是直线），线与线交于点。我们可以可以通过直接拖动实体的面、边线、顶点的方式来编辑实体，也可以在面上通过绘制、投影一些线将面分割，然后对面进行操作。

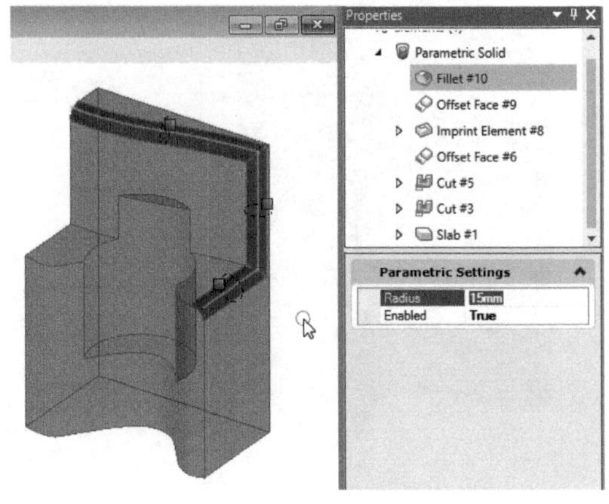

图 8-2-32 通过属性框修改倒角特征

点击“Modify Face”工具，在对话框中，选择是对“面”（图 8-2-33）、“边”还是“点”进行操作，然后点击实体，利用精确绘图来定义距离，就可以实现精确修改实体的目的。

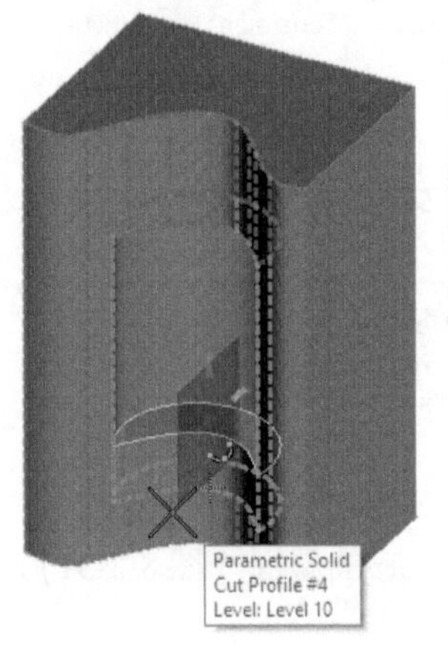

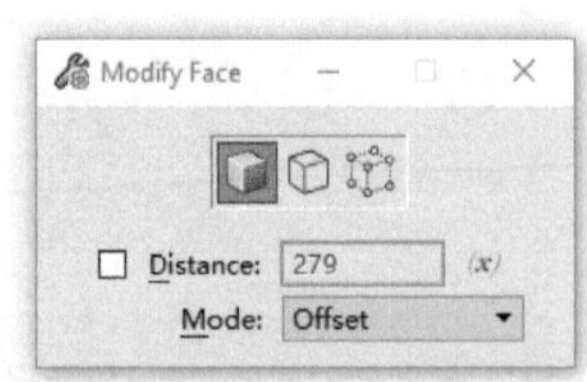

图 8-2-33 直接修改面

系统提供了面投影“Imprint”的工具，让你通过投影或者绘制的方式分割实体表面。被投影的对象可以是曲线、直线、封闭的图形等。我们绘制一条曲线，然后投影到实体的上表面上，具体操作参考图 8-2-34 ~ 图 8-2-37。

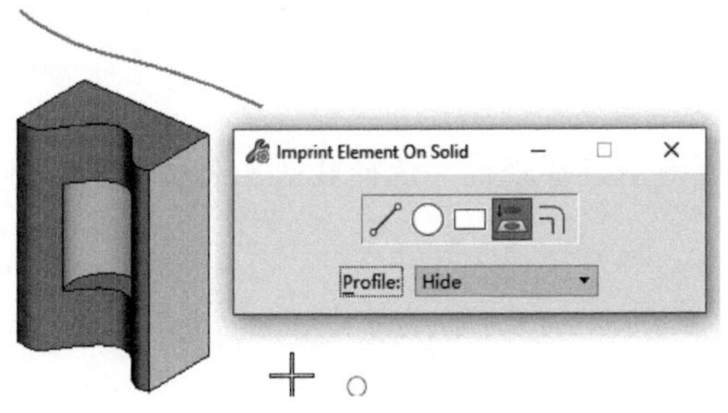

图 8-2-34　投影曲线，按照提示操作

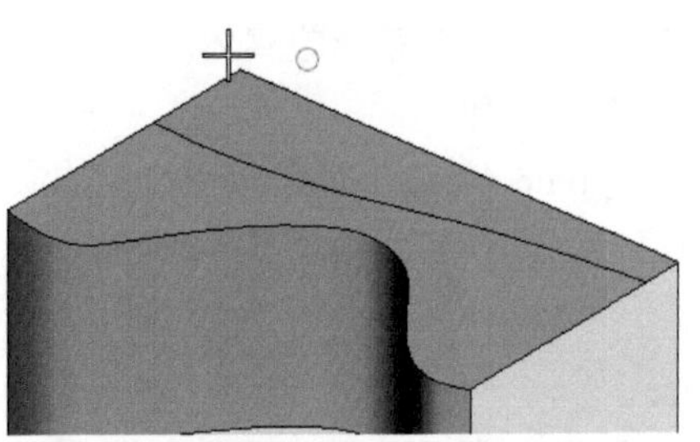

图 8-2-35　上表面被分割

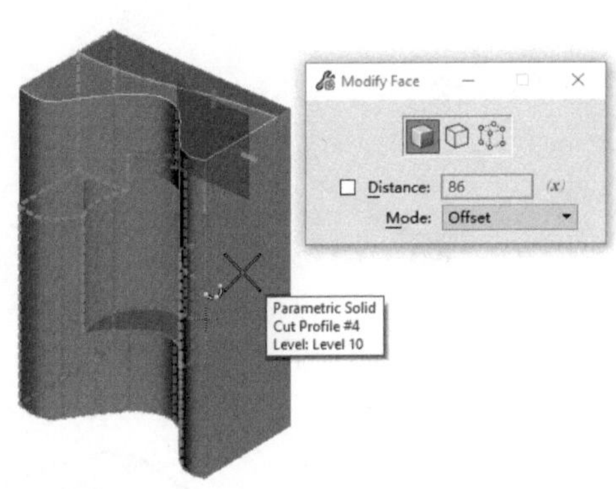

图 8-2-36　用 Modify Solid 对“面”进行修改

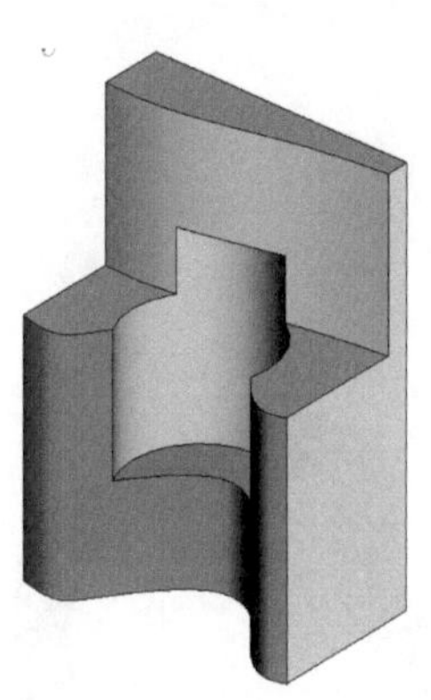

图 8-2-37　最终结果

我们还可以利用倒角工具对边进行倒角，在倒角的过程中，可以利用 < Ctrl > 键同时选中多个边线进行倒角，如图 8-2-38、图 8-2-39 所示。

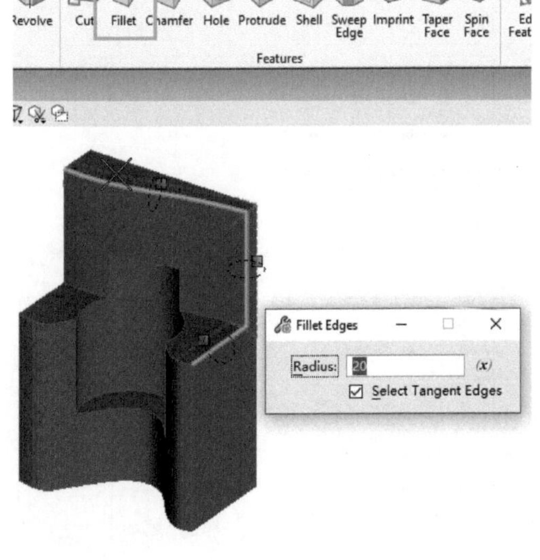

图 8-2-38　同时对多个边线进行倒角

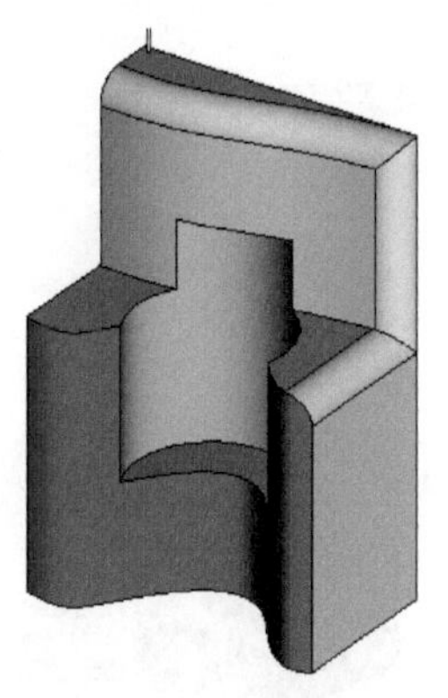

图 8-2-39　最终结果

8.2.3 Solids 工具

MicroStation 还提供了像挤压、路径拉伸等建模工具。结合前面所述的通过“Solids”和“Hole”类型的封闭多边形，可以组合成丰富的截面，然后用挤压工具就可以形成实体，或者利用路径拉伸的工具来形成实体。

- 路径拉伸。

“Extrude Along”就是路径拉伸的命令，根据提示选择路径，选择截面，然后单击鼠标左键即可完成，如图 8-2-40、图 8-2-41 所示。

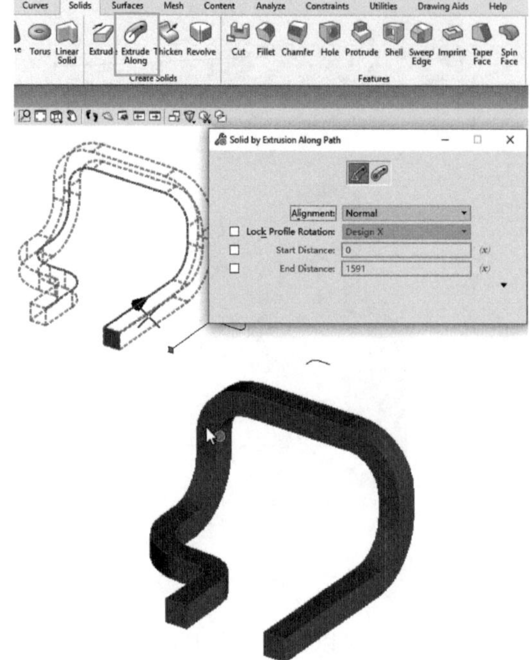

图 8-2-40　路径拉伸命令

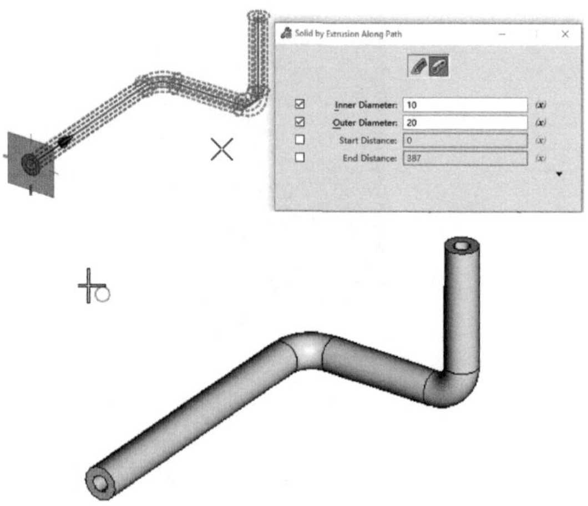

图 8-2-41　如果截面是圆形，直接输入参数就可以拉伸

- “Hole”洞工具（图 8-2-42）。

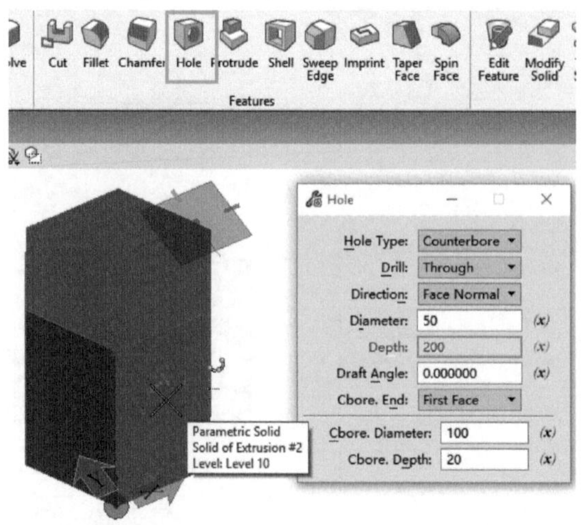

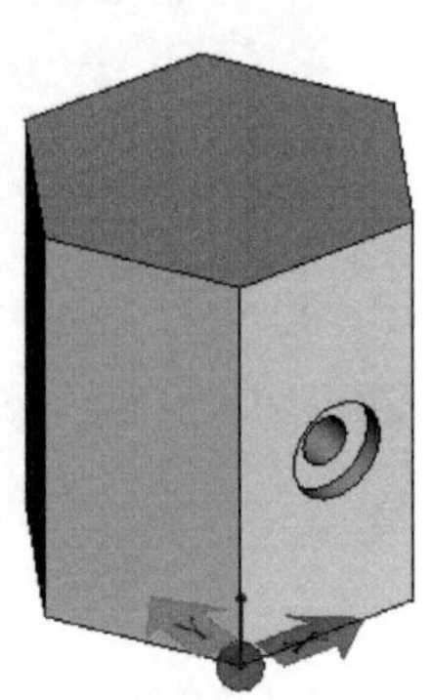

图 8-2-42　“Hole”洞工具

“Hole”洞工具可以让你在选择的面上，根据参数来开洞。

- “Shell”抽壳工具（图8-2-43）。

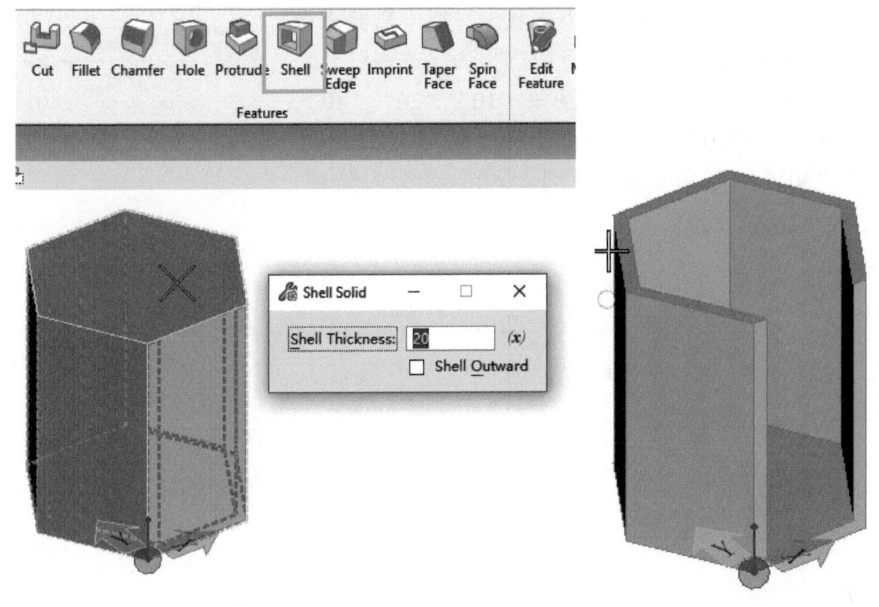

图 8-2-43 “Shell”抽壳工具

“Shell”抽壳工具在执行过程中，选中实体后，系统提示选择一个面作为开口，如果你想选择多个面，按住 <Ctrl> 键即可，其实，只要你注意看提示，就可以学习很多技巧。

对于“Solid”操作，还有很多的工具等待你去研究，但只要记住设置参数和看提示这两个注意的点，你通过“Help”文件就可以学会所有的内容。

- 面加厚为体。

我们可以通过给面加厚成为体，面可以是平面，也可以是曲面，可参考图8-2-44、图8-2-45。某种意义上，“面”是“逻辑”的概念，是没有厚度的。一旦有厚度，就成为体。在下个小节里，我们会介绍面的更多工具。

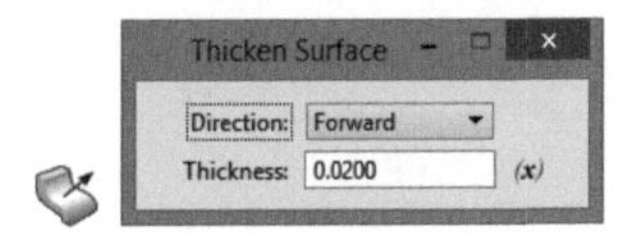

图 8-2-44 面加厚为体工具

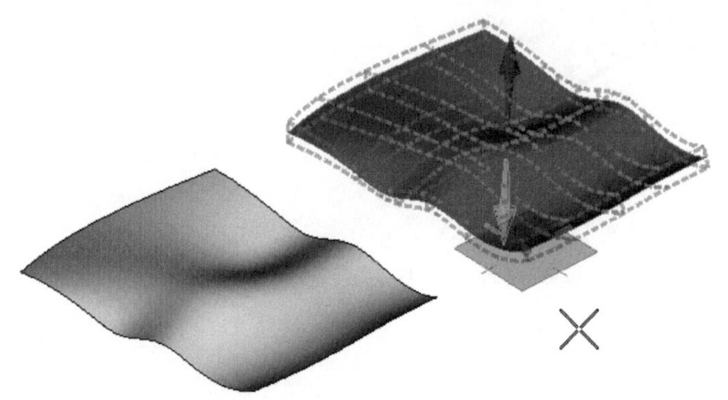

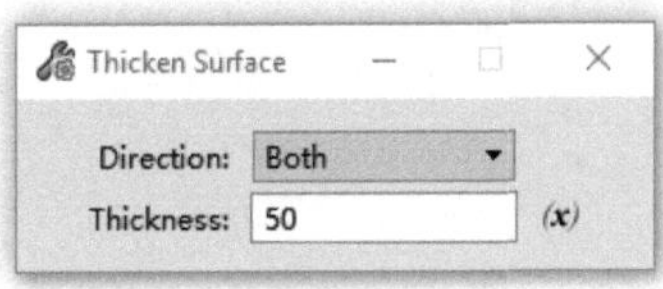

图 8-2-45 将面加厚为体的过程

- 简化实体。

在 MicroStation 中，有个“Add Entity by Size Filter”（简化实体）的工具（图8-2-46），它的

作用是用来去除一些没有必要的模型细节，以简化模型。如果带有弧边的对象，会比一般对象所需的存储空间要大，在处理时，也需要更多的资源。在某些场合下，我们可能不需要那么多细节，想提升处理的速度，我们就可以选择去除这些细节。

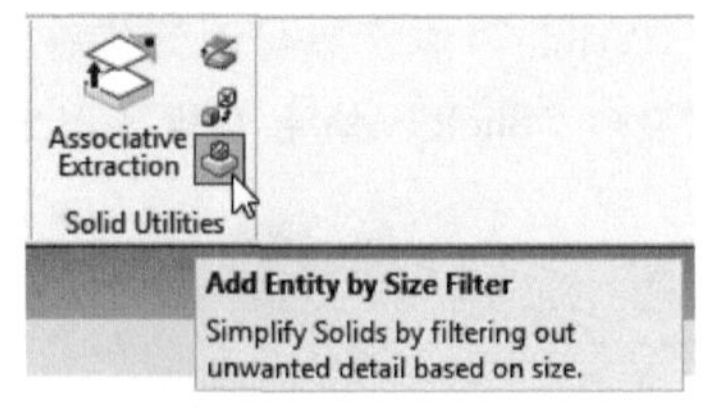

图 8-2-46　简化实体工具

下面的例子，是将立方体分别倒圆角“10”“20”“40”，两个洞的直径分别为“50”和“100”，利用简化实体工具，就可以将小于“30”的倒角和直径小于“60”的洞去除掉，如图 8-2-47、图 8-2-48 所示。

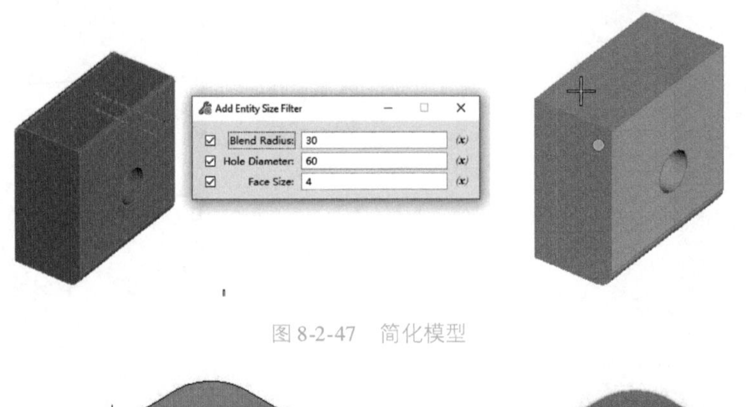

图 8-2-47　简化模型

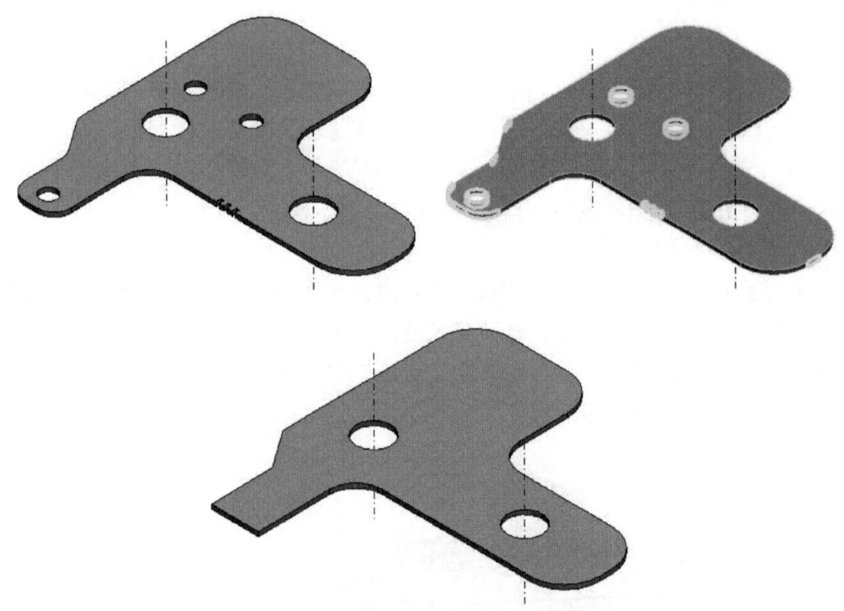
图 8-2-48　简化模型过程

对于体的工具，还有三维对齐、布尔并集交集等操作，这些命令都是常规操作，在此就不在花费篇幅叙述了。

8.3　面 Surfaces

MicroStation 的“Surfaces”面工具可以让你创建很多类型的面，将这些面的创建工具/方法分为了下列三种类型：

- 基本面工具，就像我们的基本体对象一样。
- 使用截面、基线，或者结合路径形成面。
- 自由曲面，通过连接不同的截面，或者B样条曲线形成曲面。

在这里，我们需要注意下面所述的核心概念。

(1) 曲线、曲面是空间的，是有方向的。改变曲线的方向如图8-3-1所示。

如果对两个面进行运算，它们的方向不同，生成的结果也有很大的区别。注意的是在使用工具过程中，可以让你对运算所需要的方向进行设置。操作实例参考图8-3-2～图8-3-4。

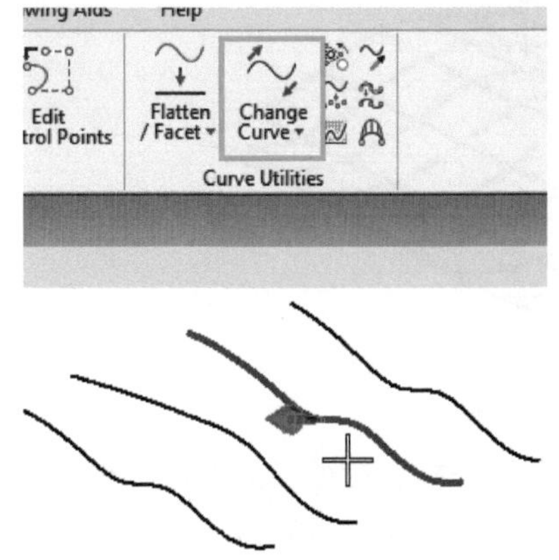

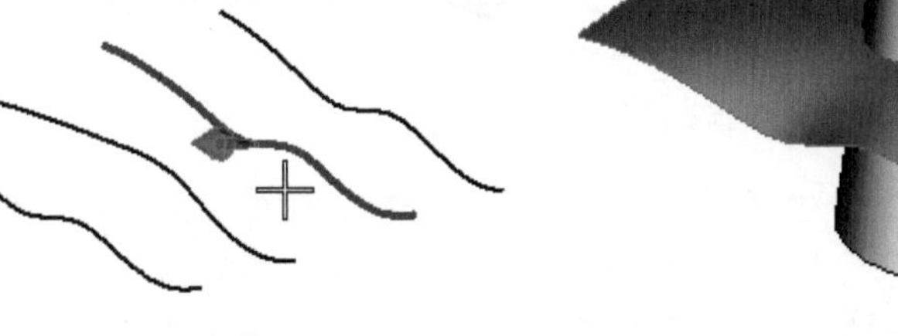

图8-3-1 改变曲线的方向

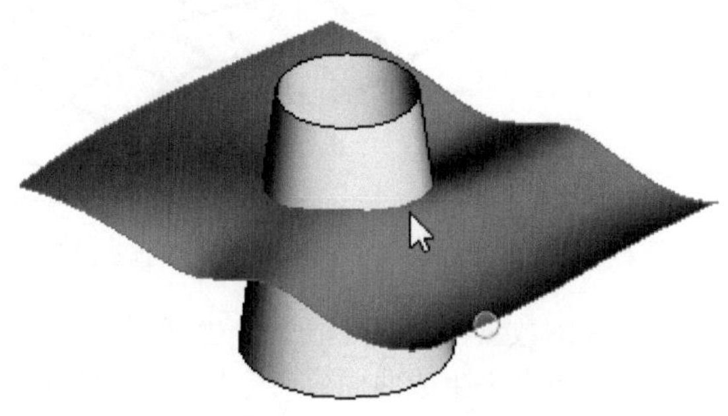

图8-3-2 一个曲面和一个圆台面

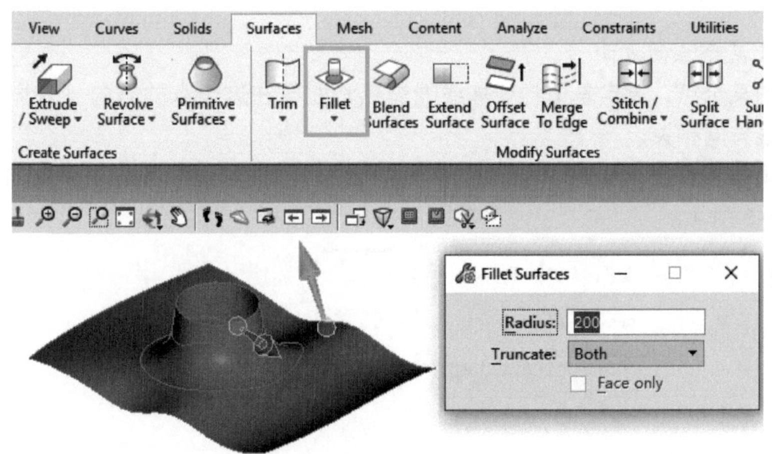

图8-3-3 对两个面进行倒角

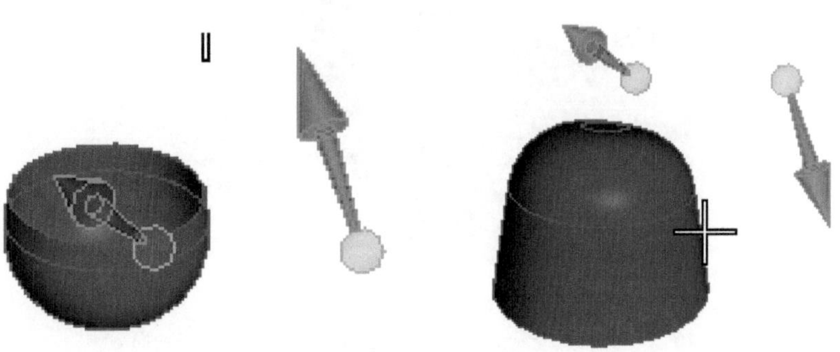

图8-3-4 方向不同，结果不同

(2) 在曲面上表达一个位置，通常用 U、V 来表达。“UV”表达是一个通用的概念，可以通过网络查询更多的曲线知识。

“UV”在曲面上定义了两个方向，某种意义上，曲面是由“U、V”两个方向的曲线拟合而成，如图 8-3-5 所示。

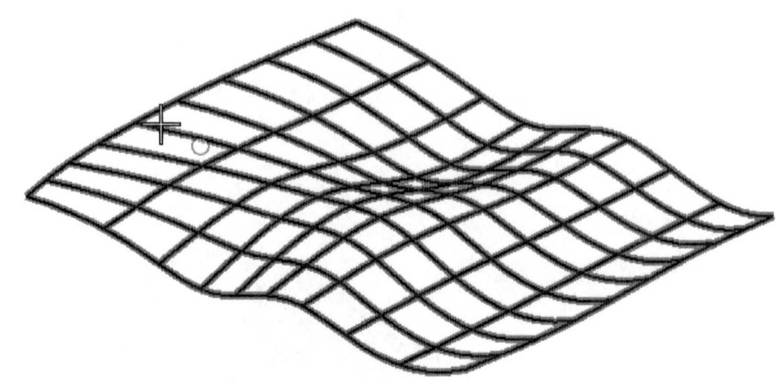

图 8-3-5　曲面的“UV”表达

“UV”曲线的数量不同，在表达、生成时的平滑度也不一样。在很多的曲线命令中，都有这个参数。如果用点来生成曲面，命令执行的顺序也是先从 U 方向拾取定位点，点的数量需要大于 U 的设置数量，这个过程其实是定义了一条 U 方向的曲线，这条曲线绘制完毕后，单击鼠标右键，这时系统提示开始绘制第二条曲线，曲线的条数必须大于 V 的数量，这个曲面才会被创建。

(3) 曲面上某个点的方向。

在曲线上的某个点，肯定是 U、V 基线的交点，曲面在这个点的方向（法向）是与两条基线在此点的切线方向相关。

MicroStation 也提供了一个命令，让你拾取某个点，然后通过调整这个点的方向来改变曲面效果，如图 8-3-6 所示。

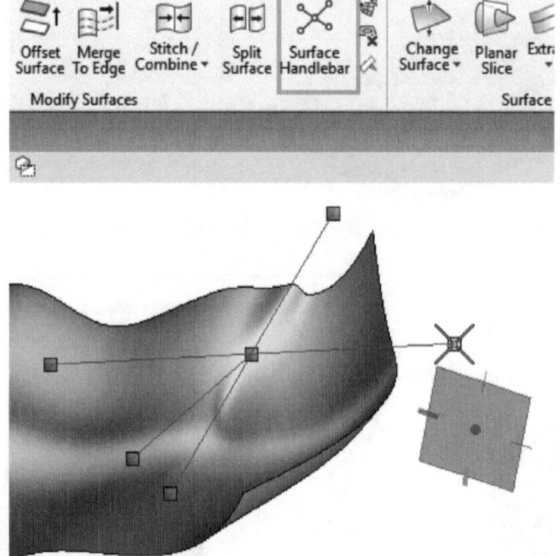

图 8-3-6　可以调整控制点的位置和控制线的长度来改变曲面效果

(4) 工程设计上的曲线基本都是 B 样条曲线，因为工程设计背后是数学。所以，无论是曲面的创建或者处理，背后都具有数学的“合理性”。也就是，只是我们想象的“结果”可能在实际中不存在，设计某些曲面操作的时候，也无法执行命令。

有了上面四点基本知识，剩下的命令就非常容易理解了，相关操作如图 8-3-7、图 8-3-8 所示。

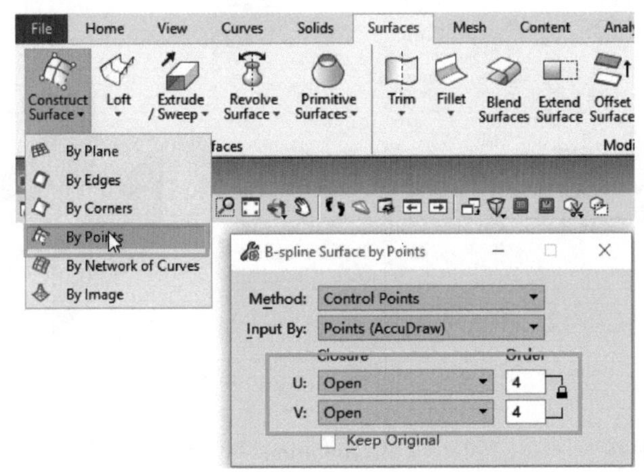

图 8-3-7　通过点来创建曲面

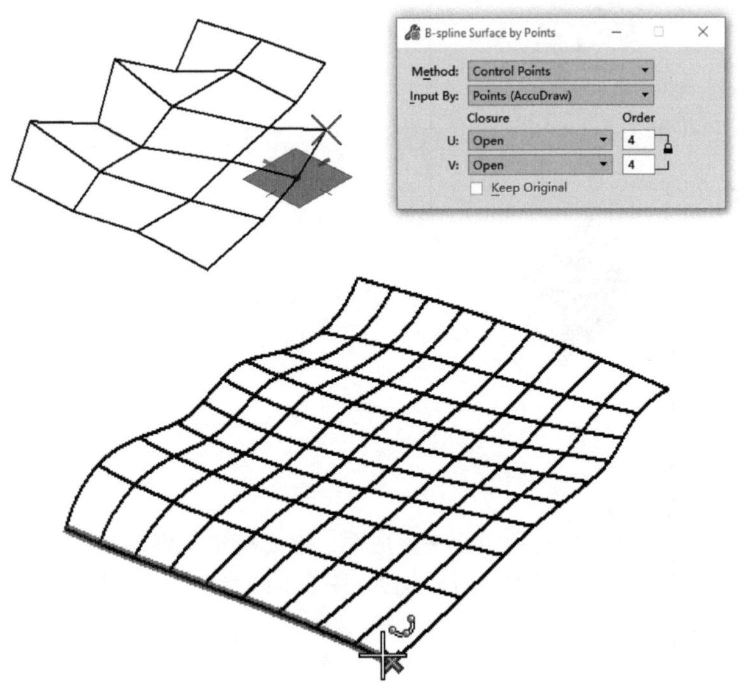

图 8-3-8　通过拾取点创建“UV”曲线生成面

8.3.1　Surfaces 创建

8.3.1.1　基本面对象（图 8-3-9）

基本面对象的创建和体类似，MicroStation 提供了常规的面对象，创建的参数也基本一样，可参考图 8-3-10。

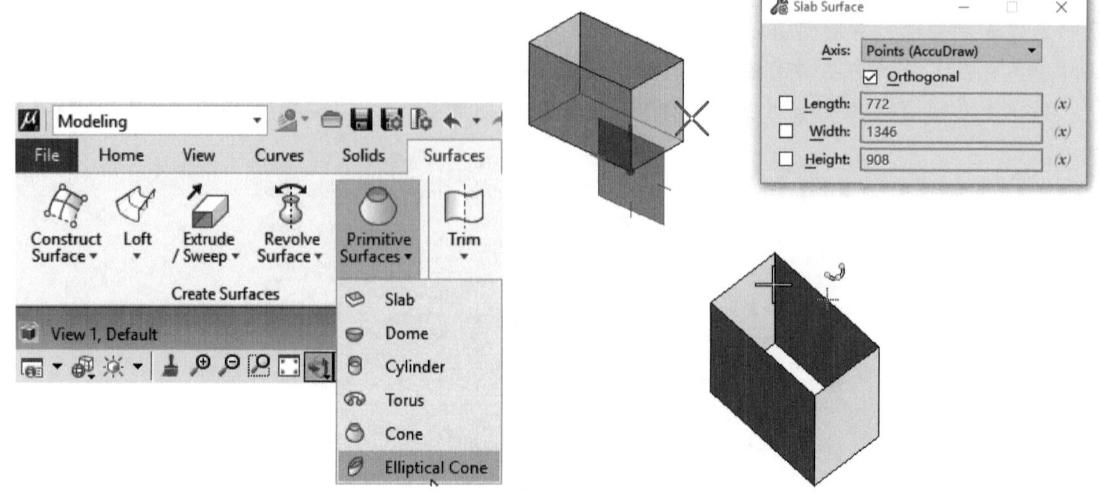

图 8-3-9　基本面对象　　　　图 8-3-10　创建“矩形桶”的面工具

基本的面和体几乎是一一对应的，在 MicroStation 中，也提供了相应的工具，将基本的面转化为体。注意这个工具在体工具里，如图 8-3-11 所示。

图 8-3-11　将面转化为体的工具

8.3.1.2　使用截面或者基线

这类命令可以通过拉伸、旋转的方式来生成面，需要有定义好的截面、基线或者路径、旋转轴信息才能够正确生成，具体操作如图 8-3-12 ~ 图 8-3-15 所示。

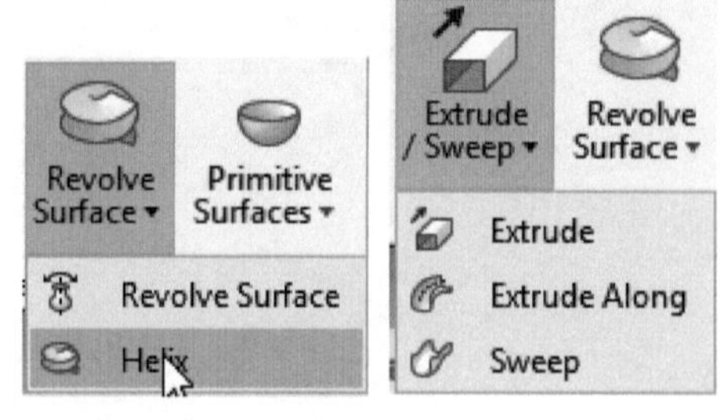

图 8-3-12　通过截面、基线生成面的工具

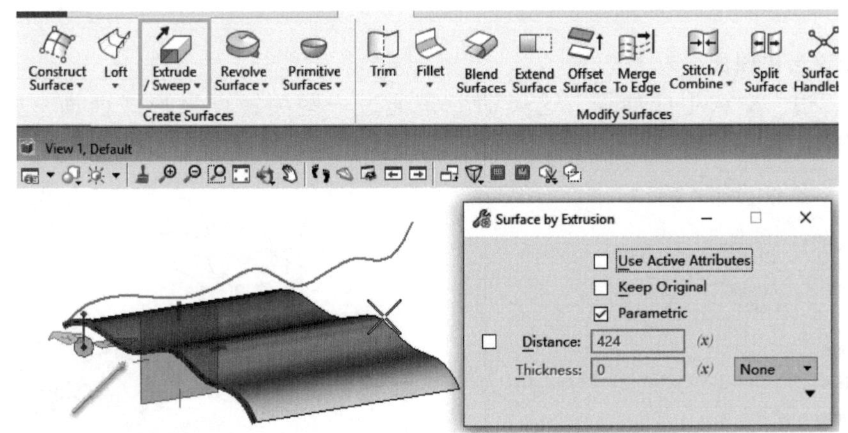

图 8-3-13　拉伸曲线为面

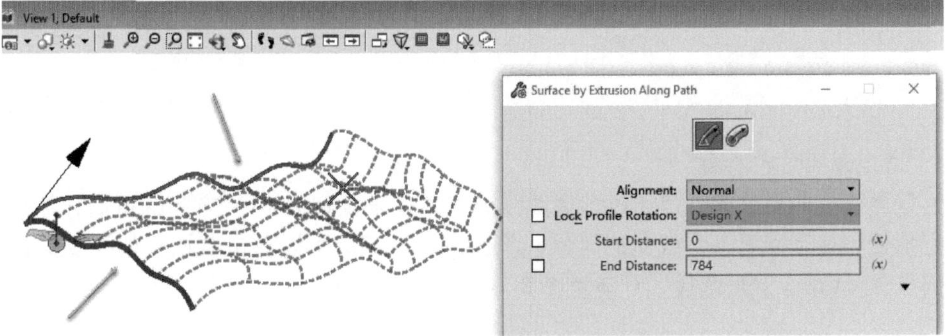

图 8-3-14　基线曲线沿着路径曲线拉伸为面

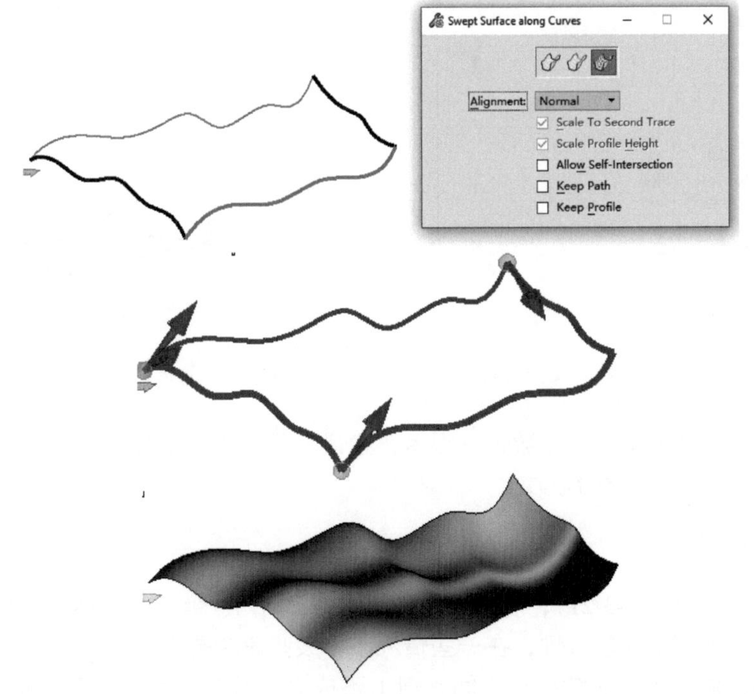

图 8-3-15　两条基线曲线沿着两条路径曲线拉伸为面

8.3.1.3 创建自由曲面

创建点、边、交点生成曲面，这类命令是通过一些关键点来形成曲面，具体操作如图 8-3-16 ~ 图 8-3-18 所示。

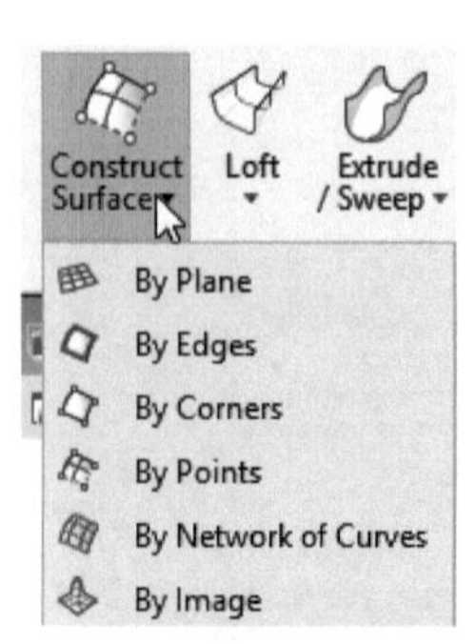

图 8-3-16 通过关键点来创建面

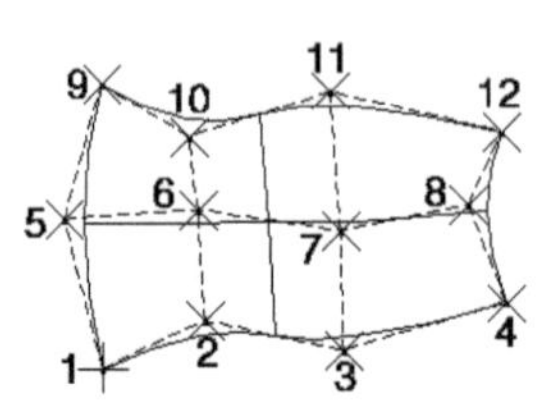

图 8-3-17 通过点来创建曲面，注意 UV 数量

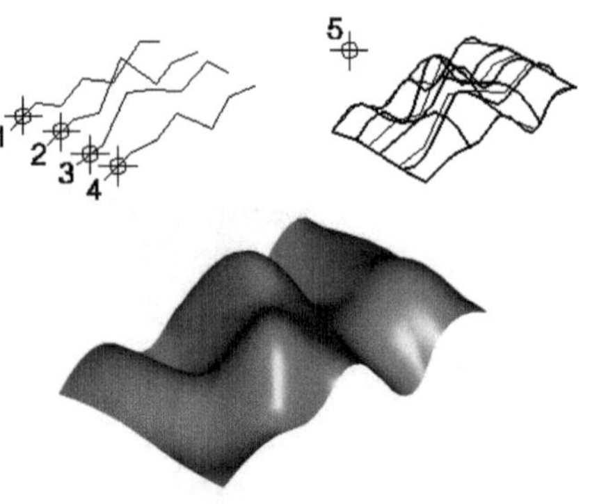

图 8-3-18 通过基于对象的"顶点"来拟合曲面

8.3.1.4 通过截面生成曲面

通过截面生成曲面的核心是通过选择曲线或者线串来设定 U 和 V 方向的截面，然后通过系统来进行拟合，在选择第二个截面的时候，单击鼠标左键就可以形成截面，如果要选择更多截面，需要按住 <Ctrl> 键来选择，可参考图 8-3-19、图 8-3-20。

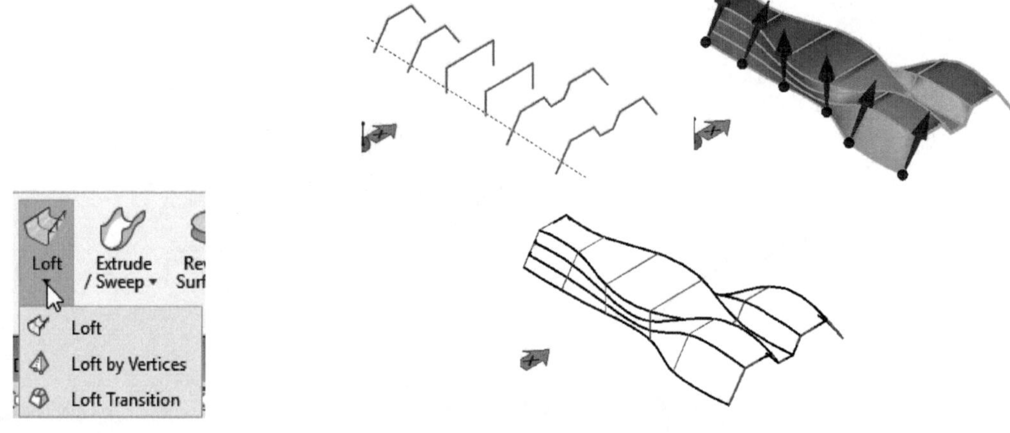

图 8-3-19 通过截面来创建曲面的工具

图 8-3-20 通过截面来形成曲面

曲面的生成工具还有很多，参数也有很多，建议不要一下子学很多，等需要用的时候，再来尝试不同的命令是效率最高的方式。

8.3.2 Surfaces 修改

通过面修改工具（图 8-3-21），我们对面进行剪切、倒角、延长、偏移、合并等操作，需要注意的是，由于空间图形的复杂性，在一些情况下，某些命令是无法完成的，这不是由于命令操作的问题，而是由于运算的结果在空间几何上不成立。另外，我们常用的面分为两种类型：Primitive Surface 和 B 样条曲面 B-spline Surface。这种分类和我们前面提到的 solid 和 smart solid 类似。基本平面经过运算后，会形成 B 样条曲面。

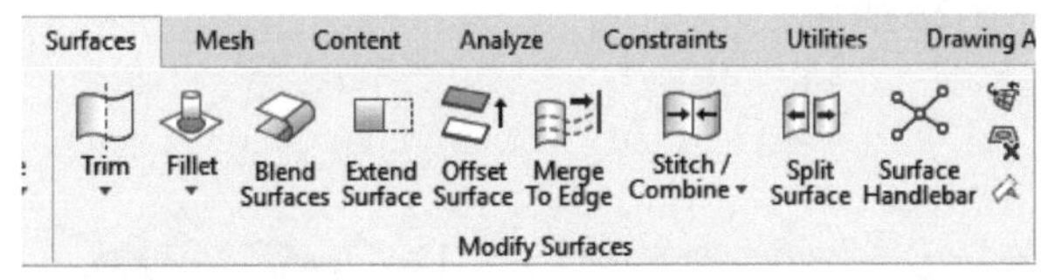

图 8-3-21　面修改工具

需要注意的是，空间曲面非常复杂，并不是所有的曲面都可以进行某些操作。当你尝试某些操作时，如果没有效果，注意看状态栏的提示，通常是由于所选择的一个或者多个曲面之间无法执行此操作。

在执行中，有一条经验可供参考，前面讲过，面的表达是由 U、V 两个方向的基线“编织”而成的，就像织布一样。MicroStation 是先抽出 U、V 方向的基线，然后再将两个面的基线进行运算，例如根据方向将基线拟合为一个整体。

系统提供了命令来让你可以提取曲面上的 UV 基线（图 8-3-22），拾取的过程中，单击鼠标右键可以在 U 和 V 方向之间进行切换，相关操作如图 8-3-23 所示。

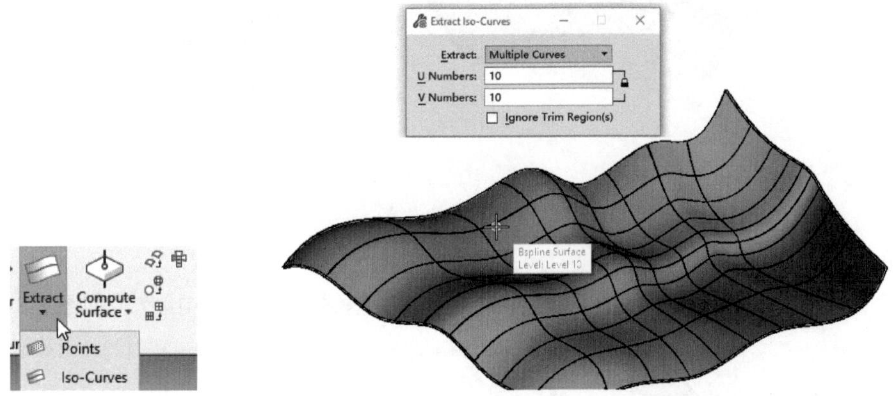

图 8-3-22　抽取 UV 基线　　　图 8-3-23　在 U 和 V 方向各抽取了 10 根基线

下面我们简单介绍几个工具命令。

- **剪切平面“Trim Surfaces”**。

两个面相交为一条线或者一个面。所以，剪切平面就是按照这个相交的“面”或“线”对“面”进行剪切，然后可以选择保留哪一部分，如图 8-3-24、图 8-3-25 所示。

图 8-3-24　剪切平面选项

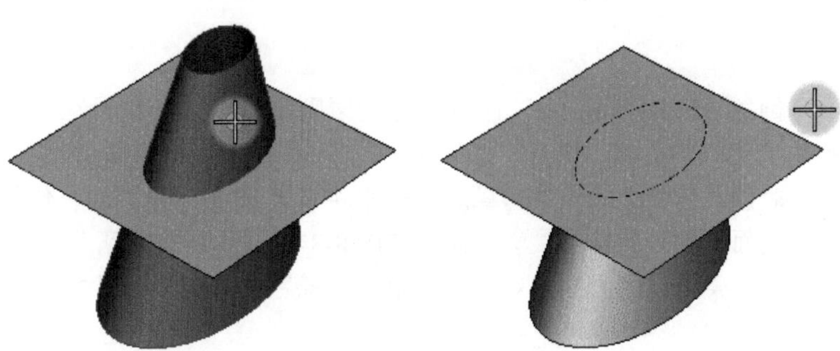

图 8-3-25　剪切平面结果

我们也可以通过曲线来剪切面，如果是三维空间的曲线，需要先设定一个剪切的方向。具体操作如图 8-3-26 ~ 图 8-3-28 所示。

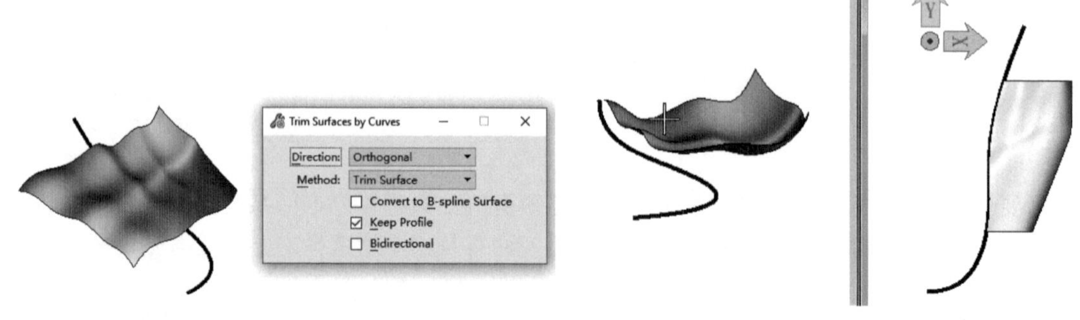

图 8-3-26　利用曲线剪切曲面

图 8-3-27　正交方向的剪切结果

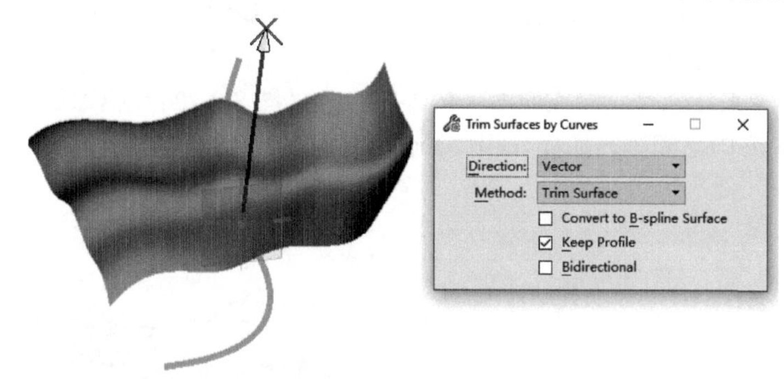

图 8-3-28　设定剪切的方向

- 倒角 “Fillet Surfaces”。

两个面倒角前文已经介绍过，下面介绍通过两条基线进行倒角的操作，如图 8-3-29 所示。

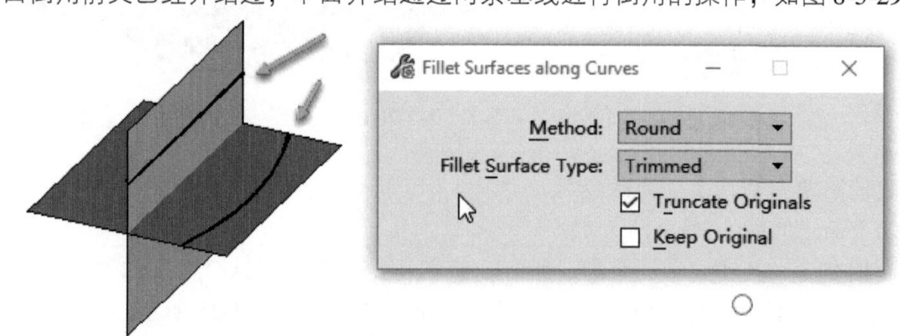

图 8-3-29　通过两条基线来倒角

倒角 “Fillet Surfaces” 命令执行的原则是，两条基线是在 “面” 上的基线，而不是随便绘制的 “空间” 曲线。而且，如果是一个不规则的空间曲面的话，它的 UV 基线也是不规则的，有些时候，它们之间无法运算。一般来讲，如果面不是平面，你很难靠手工的方式绘制完全贴合在曲面上的一条曲线。尝试通过如图 8-3-30 ~ 图 8-3-33 所示的命令，来从面上抽出 UV 方向的基线。如果默认的方向不对，可以单击鼠标右键来切换到另外一个方向。

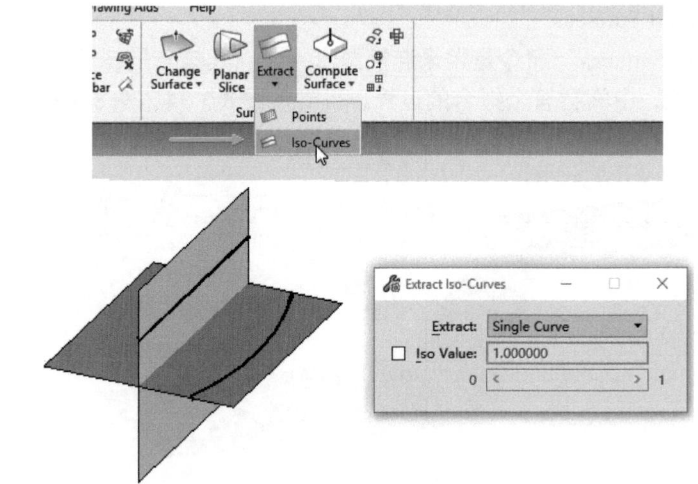

图 8-3-30 抽出面上的基线

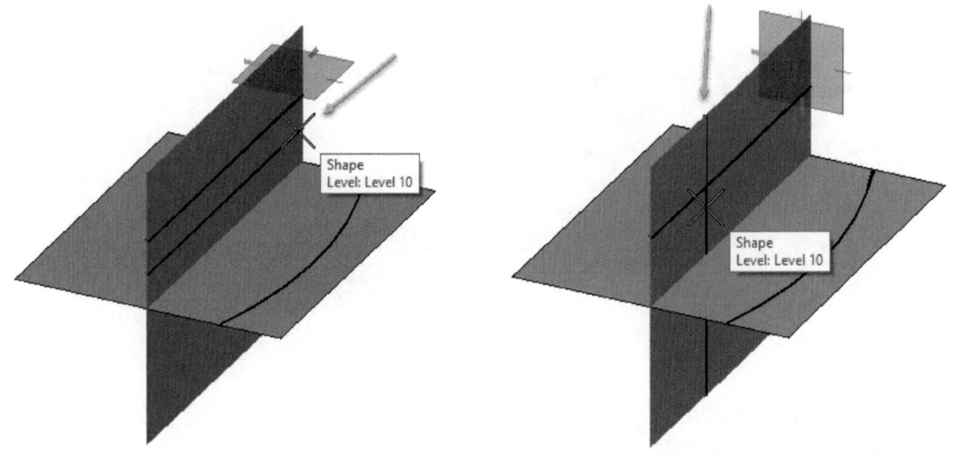

图 8-3-31 抽出的基线　　图 8-3-32 单击鼠标右键，抽取另外一个方向的基线

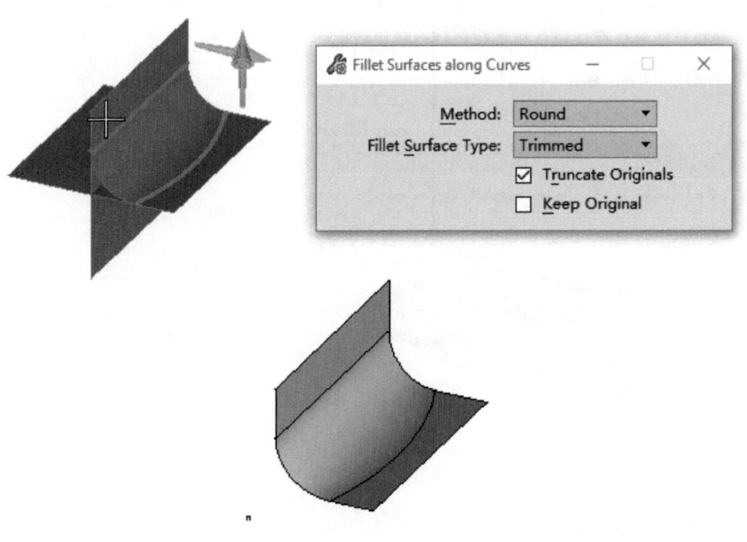

图 8-3-33 倒角结果

● 连接平面“Blend Surfaces”。

连接平面“Blend Surfaces”命令是用来连接两个平面，其核心是在于连接两个平面的基线，也就是UV的边线基线，中间会有个拟合的过程，可参考图8-3-34、图8-3-35。

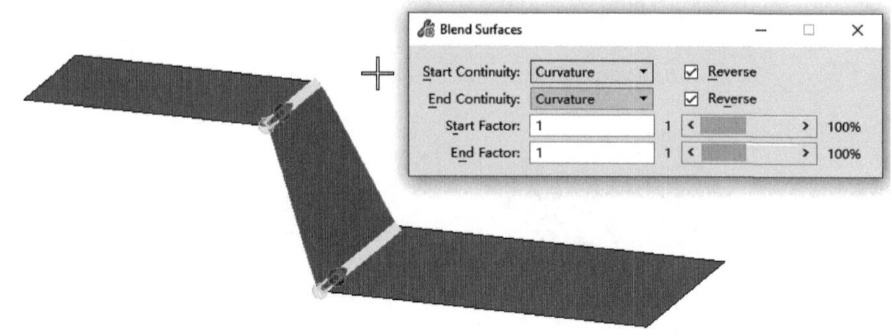

图8-3-34　连接两个空间面

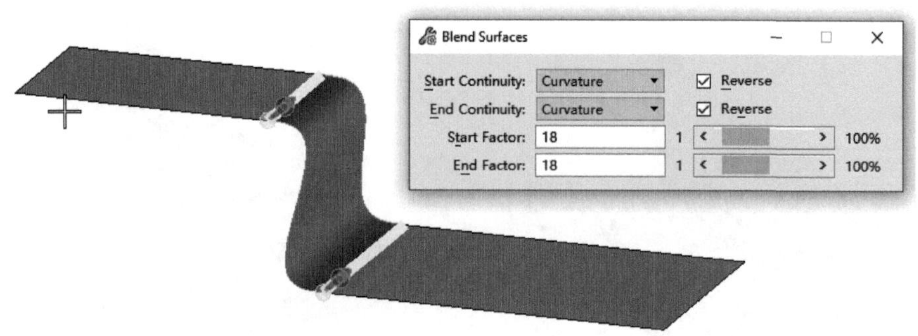

图8-3-35　不同参数的效果

● 延伸平面“Extend Surface”。

按照前面所述的UV概念，延伸平面是沿着曲面的边线基线结合曲面方向来拓展曲面，如图8-3-36所示。

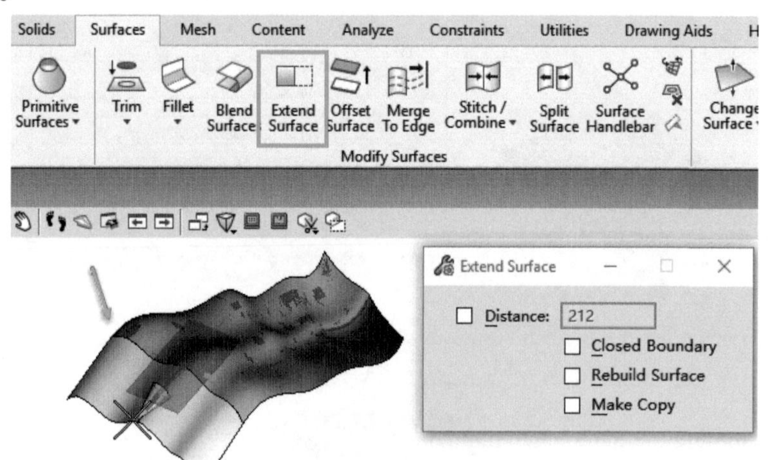

图8-3-36　沿着曲面边线基线结和曲面方向延伸曲面

● 偏移曲面“Offset Surface”。

偏移曲面“Offset Surface”是沿着曲面的方向向内或者向外偏移，如果选择“Make copy”

参数的话，相当于生成一个新的曲面。

在操作的过程中，有的面是无法偏移的，因为偏移后可能在实际中是不存在的面，有时我们只能偏移一个合理的距离来保证这种操作的合理性。可参考图 8-3-37 ~ 图 8-3-39。

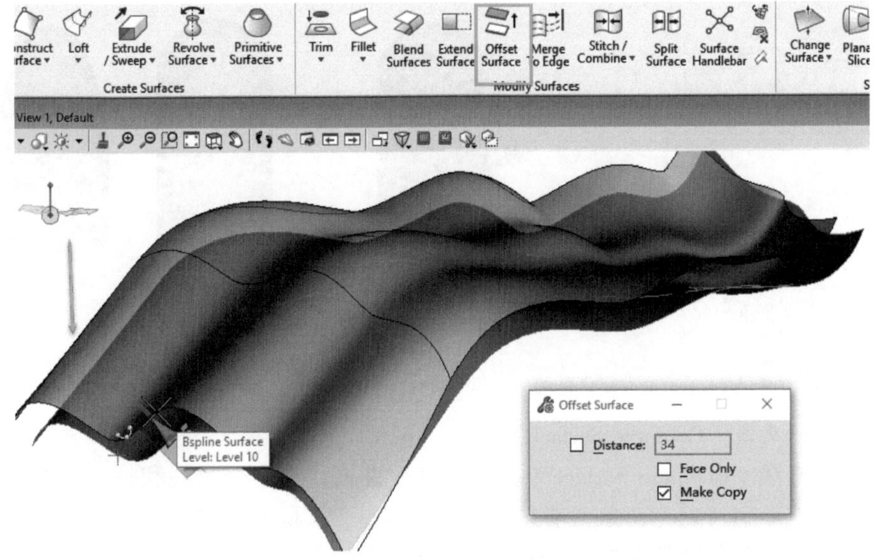

图 8-3-37　合理的范围内，整个面都可以被偏移

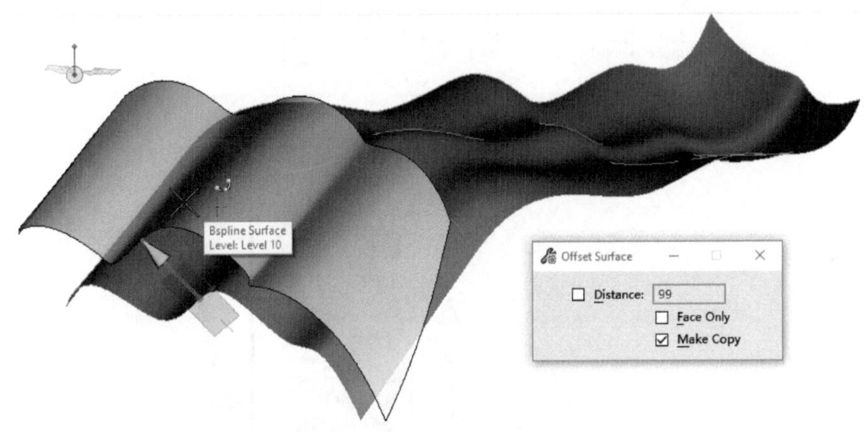

图 8-3-38　超出范围，只有一部分可以成功偏移

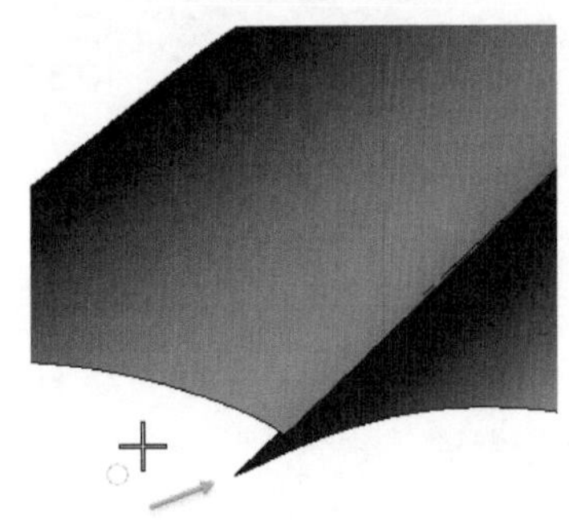

图 8-3-39　复杂的偏移面局部

• 拟合曲面“Merge To Edge”。

拟合曲面“Merge Surface to Edge”是基于两个面的基线进行连接，可以选择是平滑过渡“Postition”还是直接连接“Curvature”，可参考图 8-3-40、图 8-3-41。

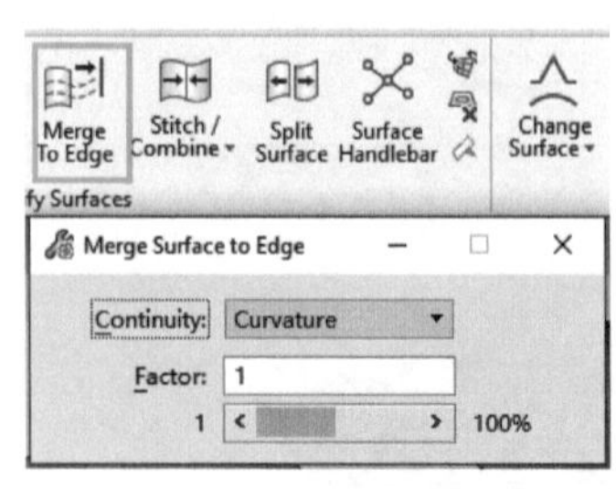

图 8-3-40　拟合曲面

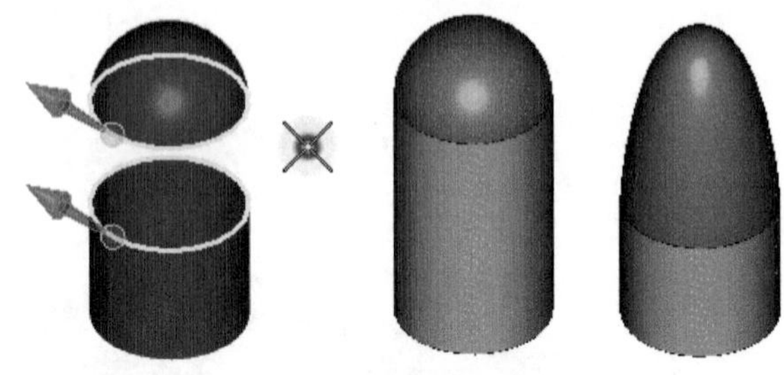

图 8-3-41　直接连接“Curvature”和平滑过渡“Position”参数的效果差异

8.3.3　Surfaces 工具

• 计算交点、交线“Compute Surface”。

计算交点、交线“Compute Surface”是选择两个曲面，或者一个线和一个曲面。如果是线的话，系统会形成一个“点”对象，前文介绍过，这是个实际存在的对象，可以用来做下一步的操作，例如以此为基点绘制实体等，如图 8-3-42 所示。

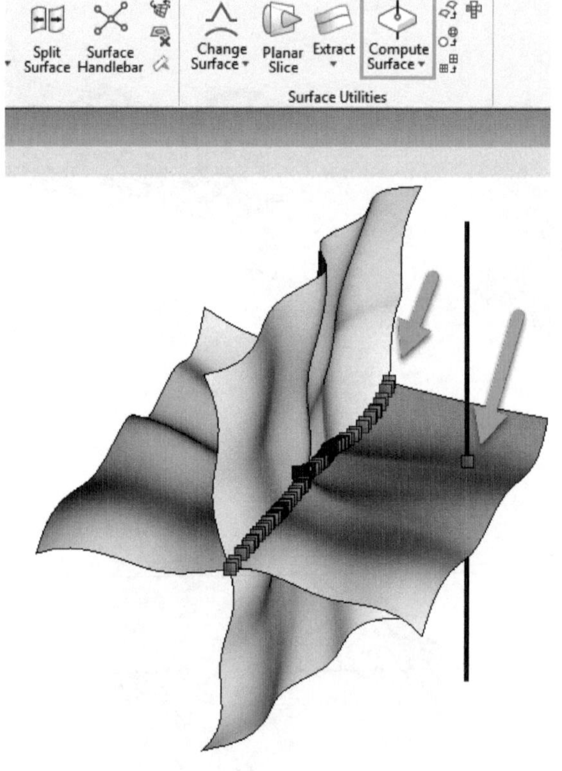

图 8-3-42　计算得出曲面交线和交点

• 改变阶数“Order”。

前文讲曲线的时候说过，“曲线背后是方程”，“Order”类似于我们的多阶方程。改变曲线或者曲面的阶数会改变平滑度，在 U 和 V 方向上可以分别单独设置阶数，如图 8-3-43 所示。

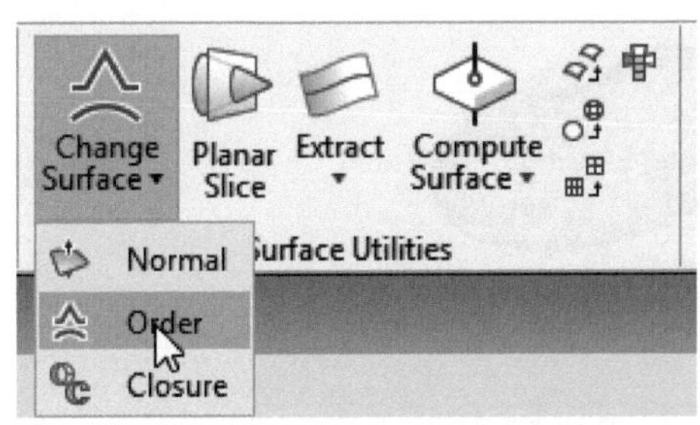

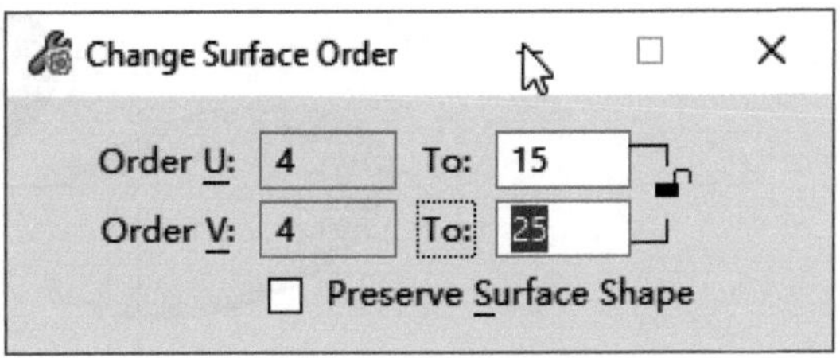

图 8-3-43　改变阶数

- *曲面展开"Unroll"*。

曲面展开"Unroll"在使用时需要注意，并不是所有的面都是可以被展开的。

在执行的过程中，系统会让你设定 U、V 的数值，这对某些特定的面会涉及展开到"平面"的精细度。注意在放置展开的平面时，要结合精确绘图定义目标位置。可参考图 8-3-44。

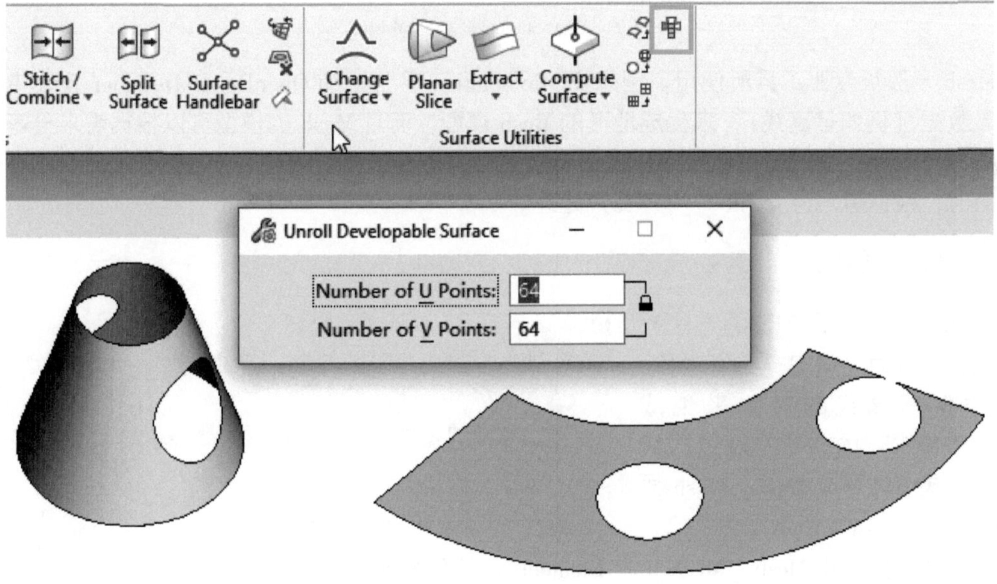

图 8-3-44　曲面展开命令

面的命令/工具及操作就介绍这么多，在这个过程中，注意结合前文介绍的"核心概念"，你就会将这些命令/工具融会贯通。

8.4　网格 Mesh

"Mesh"网格对象在表达地形、地质等专业对象时非常有优势，虽然曲线和曲面可以平滑地表达对象，但如此操作会导致数据量比较大。所以，在工程实际操作中，我们就会把曲面或体对象转化为"Mesh"网格对象，这样可以"轻量"化模型。

一个曲面或者体被变成 Mesh 后，它相当于是由很多个 Mesh 平面组成的。如果是一个立方体，其 Mesh 化后，其实没有变化，因为原本立方体就是由很多的平面组成的，在 Mesh 化的过程中就无须转化为平面。椭球体 Mesh 化过程如图 8-4-1 所示。

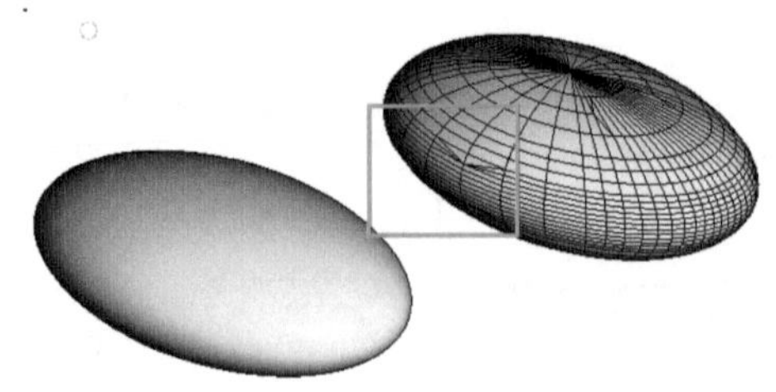

图 8-4-1 椭球体 Mesh 化过程，注意细节的处理

可以说，Mesh 网格是由一组平面组成的“曲面”对象。

MicroStation 也提供了一系列工具来处理 Mesh 对象，如图 8-4-2 所示。

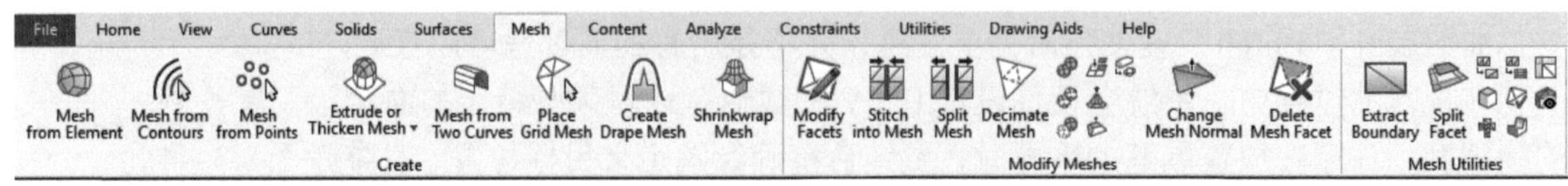

图 8-4-2 MicroStation 提供的 Mesh 工具

Mesh 一般被专业工具所使用，例如在 MicroStation 平台上的 OpenRoads Designer 软件中，根据测量数据（例如等高线），来生成地形的 Mesh 模型，而且 Mesh 的模型可以根据需求分等级加载。某种程度上，我们现在的云平台在渲染模型时，也是将模型转化为 Mesh 平面，以减小数据量，有时，我们称之为“Tile”——瓦片处理。

8.4.1 Mesh 创建

Mesh 的创建和面创建的方法有点类似，可以通过指定一组点对象、一些类似等高线的对象来生成 Mesh。但最常用的命令是通过已经存在的面或者体形成 Mesh。Mesh 面生成工具如图 8-4-3 所示。

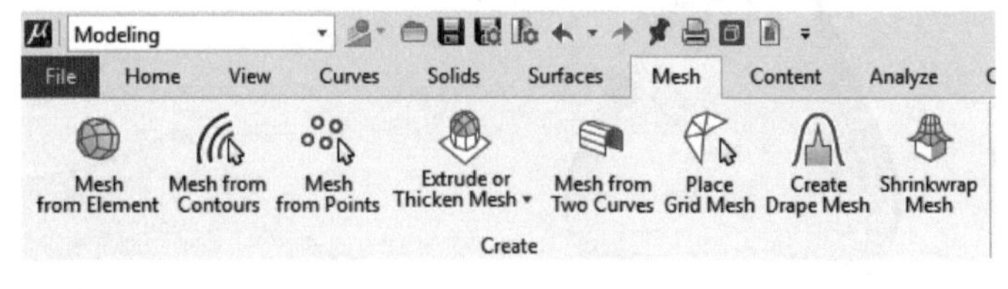

图 8-4-3 Mesh 面生成工具

- 通过对象创建 Mesh “Mesh from Element”。具体操作可参考图 8-4-4。

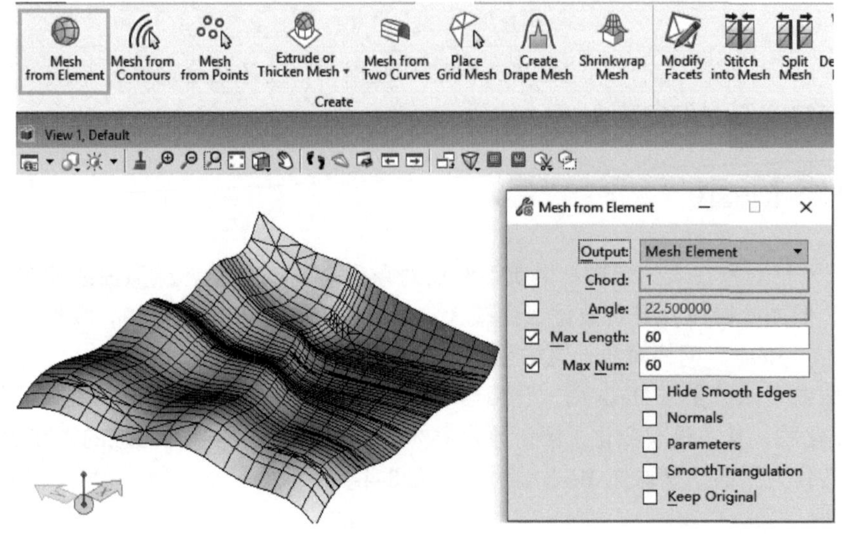

图 8-4-4 将上面的面转变为 Mesh，设定 Mesh 面的一些生成参数

● 通过等高线生成 Mesh "Mesh from Contours"。

通过等高线生成 Mesh "Mesh from Contours" 的执行过程中，注意看提示，可以通过按住 <Ctrl> 键来选择多个等高线，也可以直接框选后，再选择工具，然后点击确定就可以了。具体操作可参考图 8-4-5。

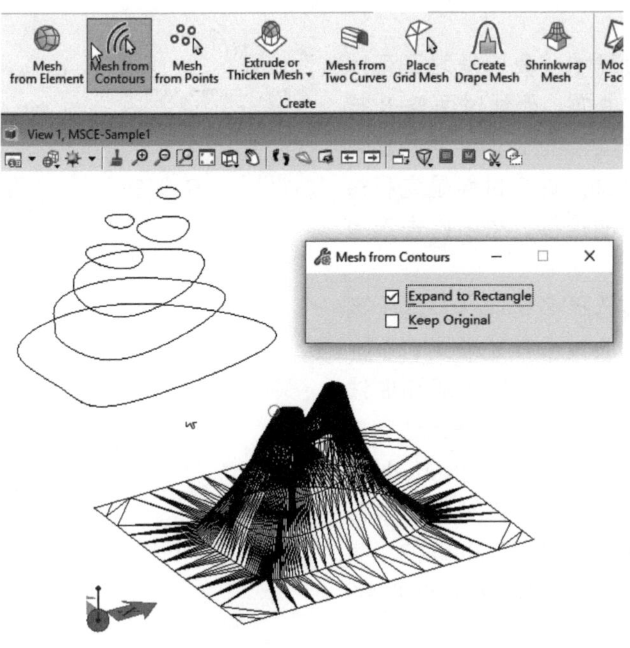

图 8-4-5　通过等高线生成 Mesh

● 通过一组点来创建 Mesh "Mesh from Points"。

通过一组点来创建 Mesh "Mesh from Points" 的时候，需要设定方向，来让点来组合成 Mesh，具体操作参考图 8-4-6。

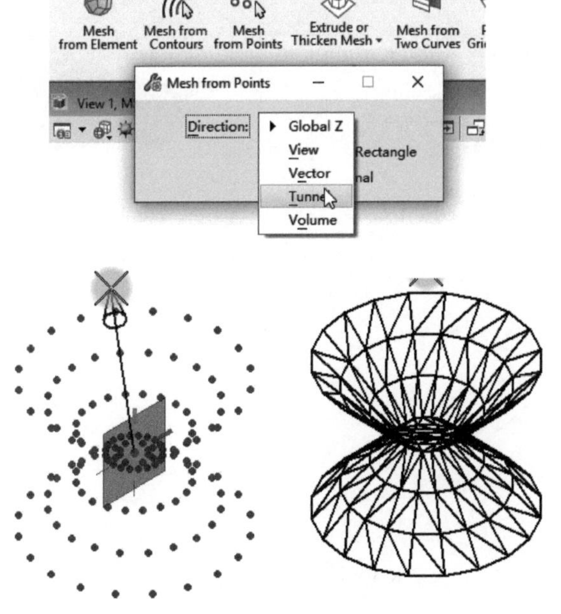

图 8-4-6　通过组点生成 Mesh

与之类似的是另外的一个工具是通过拾取网格点生成 Mesh “Place Grid Mesh”，这个工具与通过 UV 方向拾取点创建曲面类似。不过，这个工具是直接根据点生成网格 Mesh。具体操作参考图 8-4-7。

- 通过两条 B 样条曲线来创建 Mesh “Mesh from Two Curves”。

在曲面的创建过程中，我们学习了可以通过多条曲线来形成曲面，而通过两条 B 样条曲线来创建 Mesh 与之类似，但注意的是只能用两条曲线形成 Mesh。这个过程是先将每条曲线计算为直线段的连接，然后再去连接为 Mesh 网格。

为什么不能直接选择多条曲线？这是因为在曲线分段上多条曲线很难处理或者不能处理，这需要 Mesh 的一组边都必须和曲线“基线”重合，在很多情况下，这是无法完成的。从某种程度来说这是一种特殊的 Mesh。

遇到这样的需求，你可以先利用曲线变成曲面，然后利用通过对象形成 Mesh 的工具来形成 Mesh 网格，如图 8-4-8、图 8-4-9 所示。

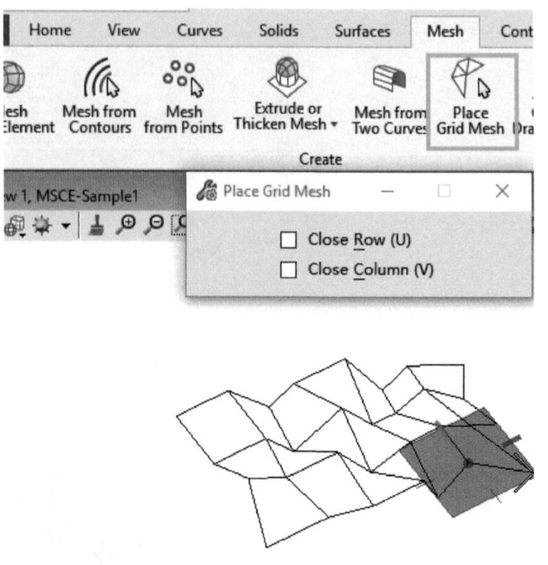

图 8-4-7　拾取网格点来创建 Mesh

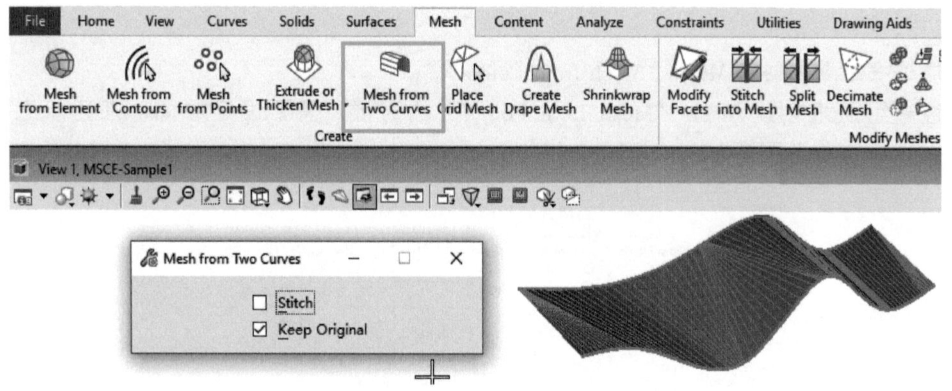

图 8-4-8　通过两条曲线形成 Mesh 网格

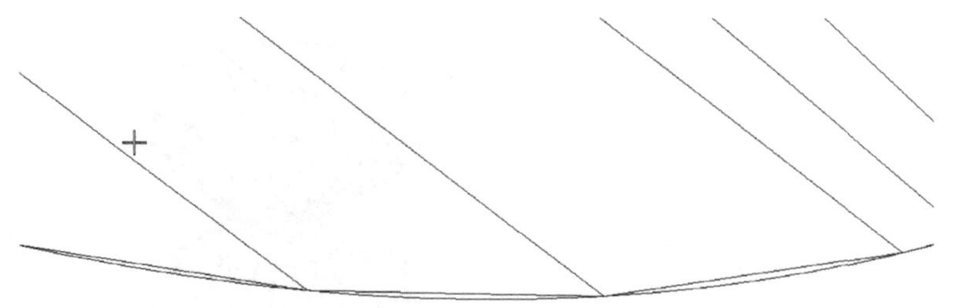

图 8-4-9　将曲线变成直线段连接

- 指定一个区域与已有的 Mesh 拟合。

指定一个区域与已有的 Mesh 拟合“Create Drape Mesh”，“Drape”可以理解为指定某个区域，然后向这个区域的方向上的 Mesh 投影，然后生成“覆盖”拟合的 Mesh，如图 8-4-10 所示。

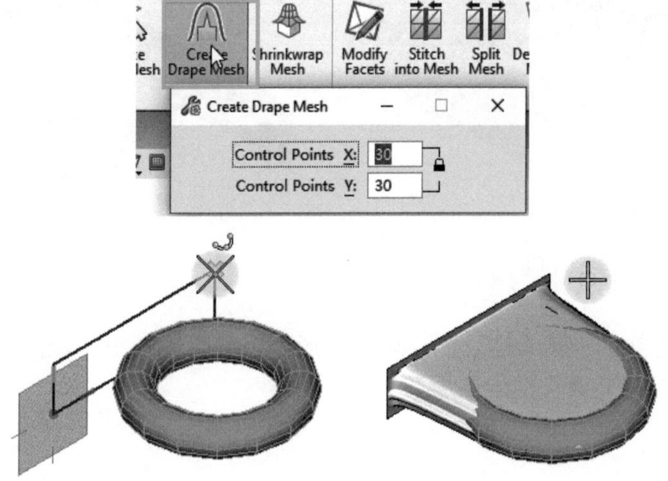

图 8-4-10　生成“覆盖”拟合 Mesh

- **生成薄膜对象**“Shrinkwrap Mesh”。

生成薄膜对象“Shrinkwrap Mesh”的执行过程为，将选中的物体根据选择的精细度来生成 Mesh 面，或者加厚为体，这个“体”是由 Mesh 形成的体。

前面讲过，Mesh 的一项应用是用在地形中，地形以 Mesh 的形式表达。但涉及开挖就是体的计算了。所以，在工程实际应用中，往往是将所谓的“曲面”Mesh 化后，然后再来做工程应用。相关操作如图 8-4-11 ~ 图 8-4-13 所示。

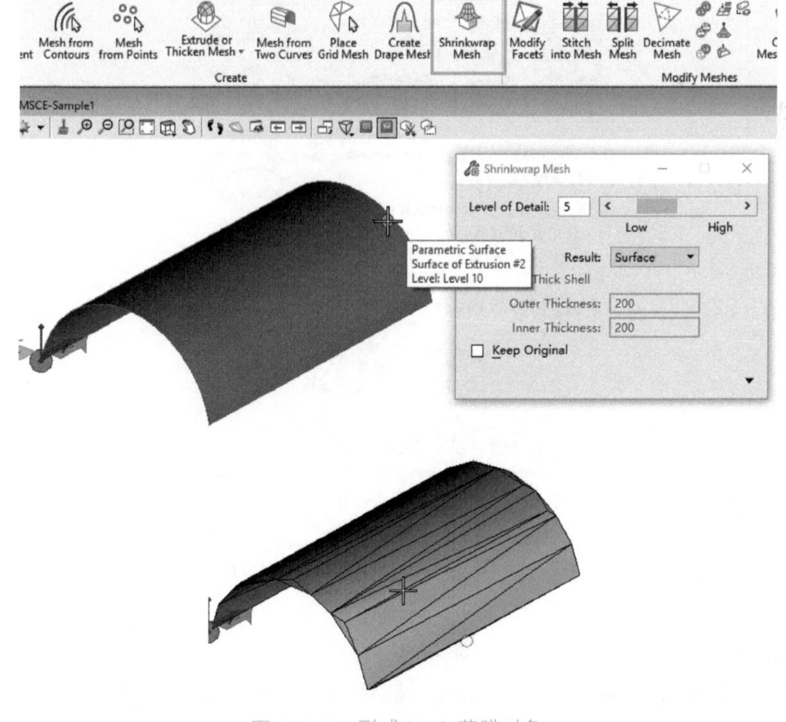

图 8-4-11　形成 Mesh 薄膜对象

图 8-4-12　改变 Mesh 化的精度

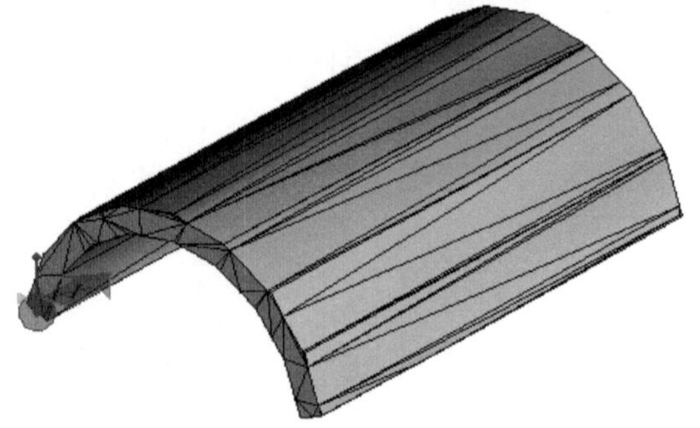
图 8-4-13　形成体对象

所以，Mesh 的创建和形成是我们在处理地形、地质数据的第一步。因为它将数据量大的“曲面”计算，变成了轻量化的“平面”计算。

8.4.2　Mesh 修改

Mesh 是由很多的小平面组成的，所以，Mesh 的修改（图 8-4-14），也是对这些小平面的修改。当然，Mesh 作为一种由平面网格拟合的“曲面”也有分割、结合，布尔运算等相同的操作。下面介绍几个典型的功能。

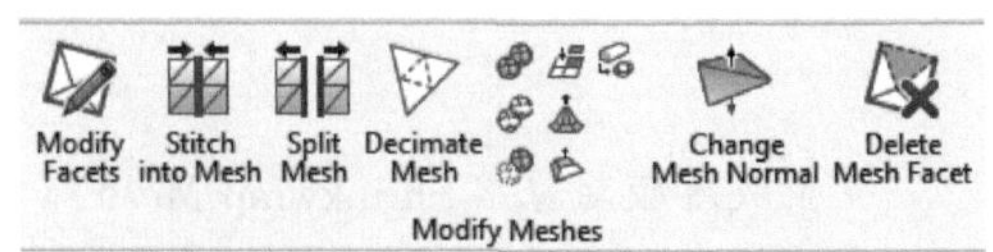

图 8-4-14　修改 Mesh

- 修改平面“Modify Facets”。

Mesh 是由一些有共同顶点的平面组成，所以，修改平面的工具（图 8-4-15）其实换句话说就是用来修改顶点的。

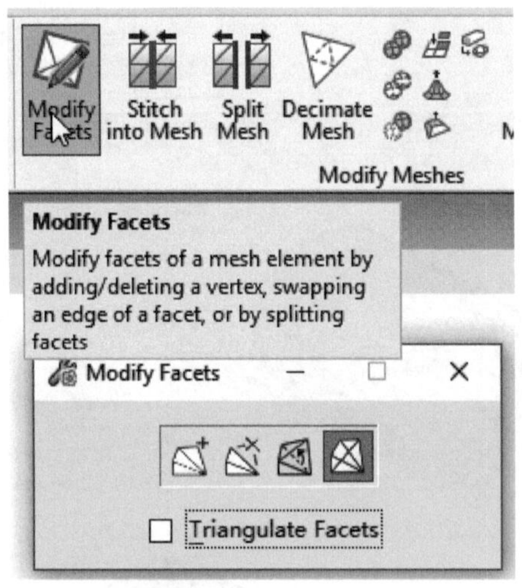

图 8-4-15　修改平面

在这个命令中，我们可以对顶点进行添加和删除，也可以对面进行操作，或者将一个平面分成两个平面。

- 修剪“Mesh”。

无论是修剪“Trim”，还是投影“Project”都是用一个曲线或者曲面来剪切已经存在的曲面或者 Mesh，这是一个通则，可参考图 8-4-16。

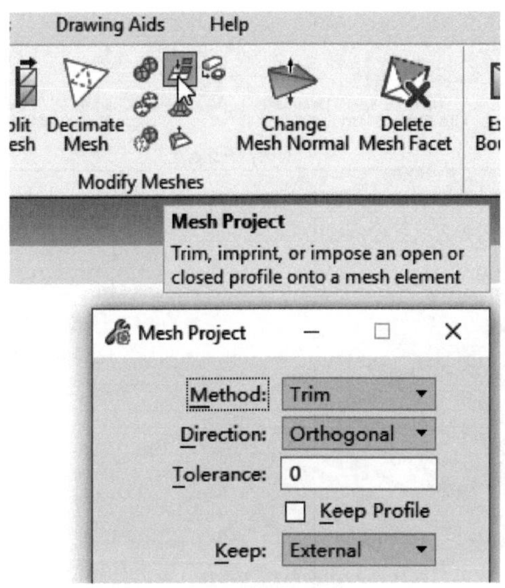

图 8-4-16　Mesh 投影

在“Method”选项中，Trim 用来剪切 Mesh，而 Project 和 Imprint 用来投影剪切面。Direction 选项用来设置剪切、投影的方向。而 Keep 选项用来设置操作的结果，即哪些内容被保留。具体操作如图 8-4-17、图 8-4-18 所示。

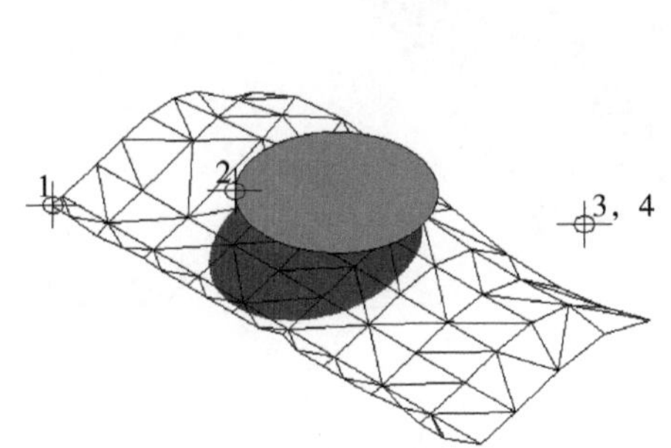

图 8-4-17　命令执行的过程

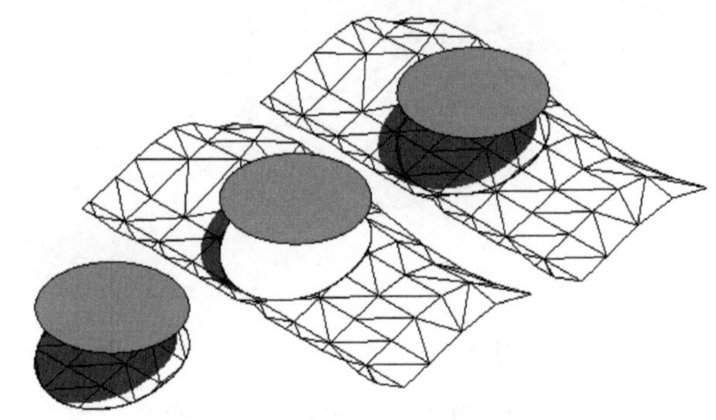

图 8-4-18　命令执行的结分别是保留内部、外部，以及都保留（只是切割）

- **拖动点、面修改 Mesh。**

拖动点、面修改 Mesh“Drag Mesh/Drag Mesh Factes”就是通过拖动组成 Mesh 的点和面来实现修改 Mesh 的目的，如图 8-4-19 所示。

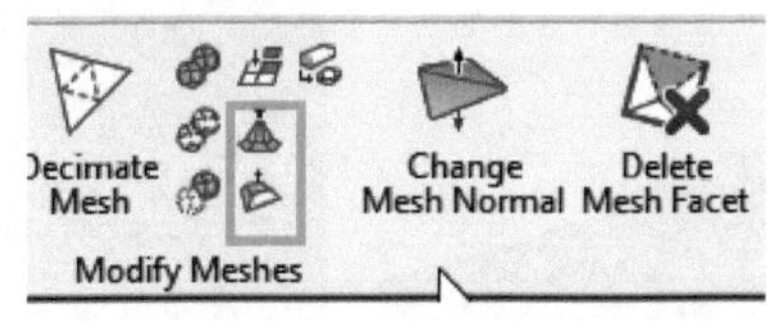

图 8-4-19　通过拖动来修改 Mesh

拖动点修改 Mesh“Drag Mesh Factes”是通过矩形、圆形、多边形设定一个范围，然后系统让你选择此范围内的顶点。当你拖动某个顶点时，范围内的平面会自动调整，具体操作如图 8-4-20 ~ 图 8-4-22 所示。

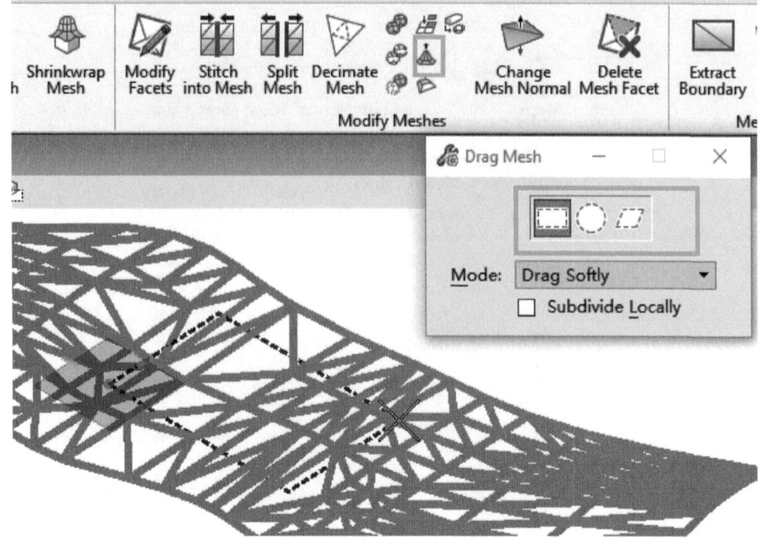

图 8-4-20 选择一个范围

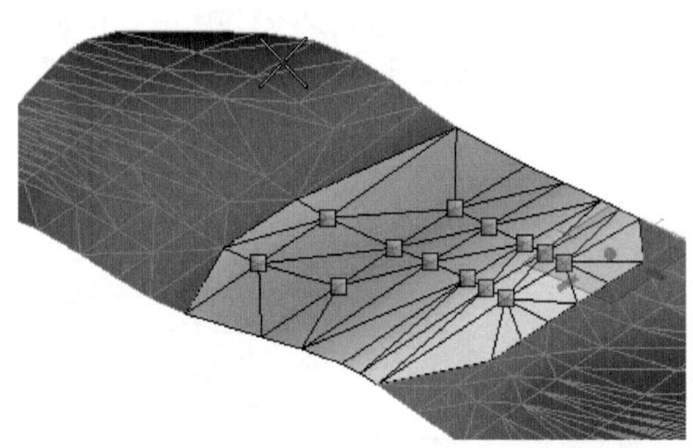

图 8-4-21 被选中的多个平面

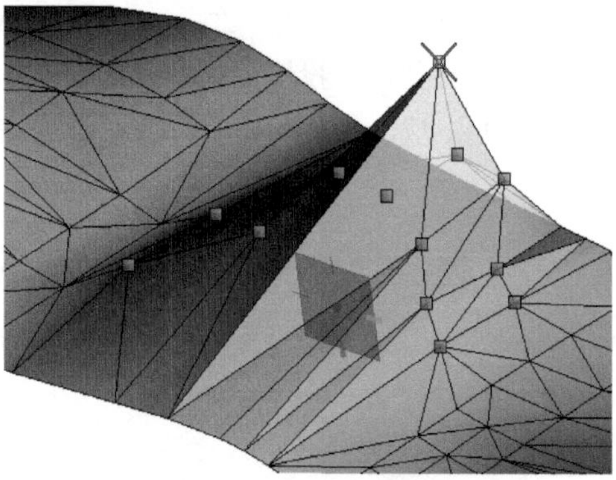

图 8-4-22 拖动顶点时，平面调整

拖动面修改 Mesh “Drag Mesh Factes” 与 “拖动面” 类似，不过要注意执行的顺序，如图 8-4-23 ~ 图 8-4-26 所示。

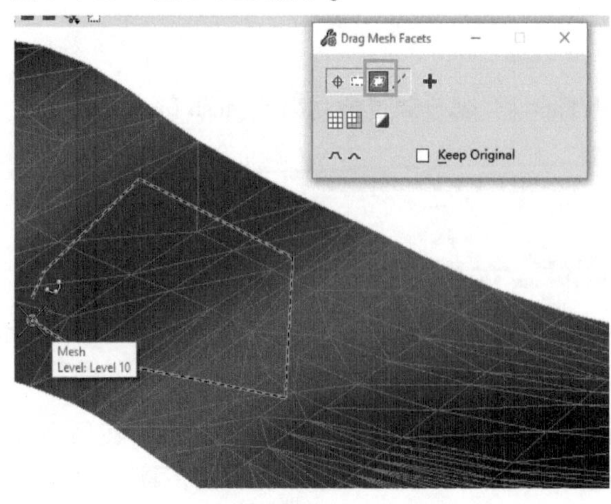

图 8-4-23 选择一个范围

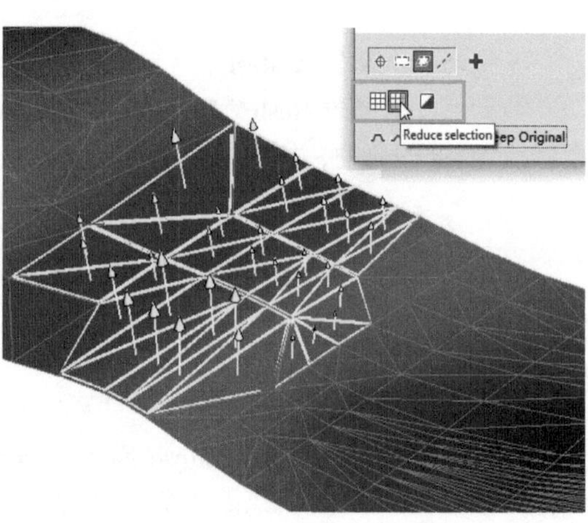

图 8-4-24 决定选择的范围

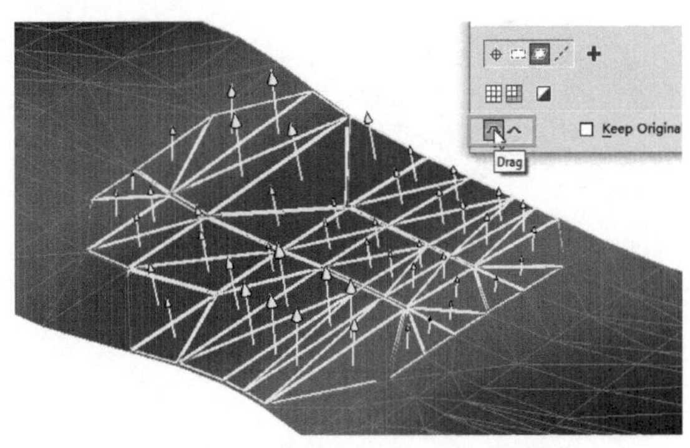

图 8-4-25 选择如何操作

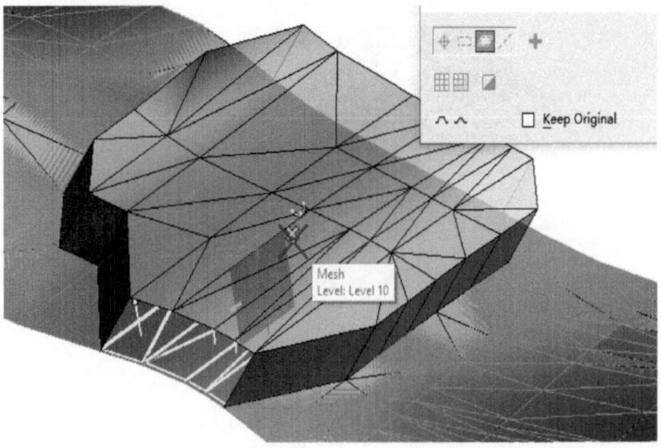

图 8-4-26 结合精确绘图拖动选中的面

8.4.3 Mesh 工具

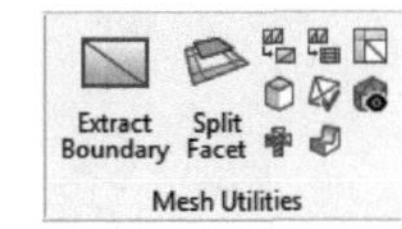

图 8-4-27 Mesh 工具

Mesh 工具（图 8-4-27）与面的工具有点类似，下面简单介绍几个。

- 抽取边线“Extract Boundary”。（图 8-4-28）

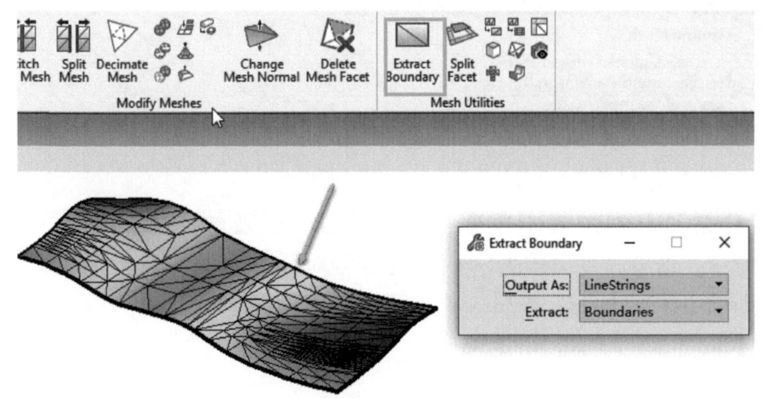

图 8-4-28 抽取边线

- 简化 Mesh“Cleanup Mesh”。

简化 Mesh “Cleanup Mesh” 是通过一系列的参数设置，将复杂的 Mesh 简化为简单的 Mesh，以降低数据量，需要注意的是，这将降低 Mesh 的精度，所以需要根据工程实际应用来选择。具体操作如图 8-4-29、图 8-4-30 所示。

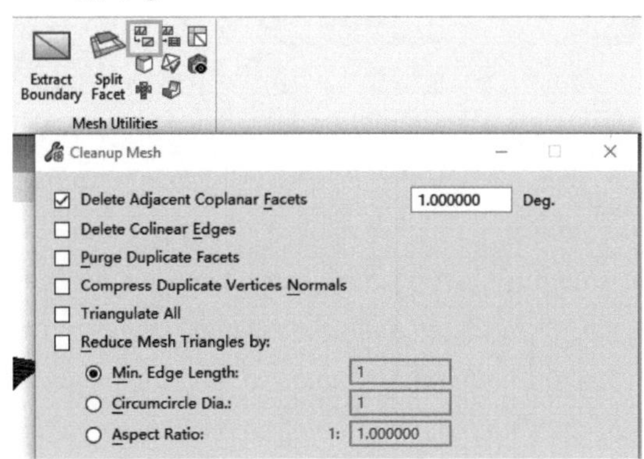

图 8-4-29 Cleanup Mesh 工具

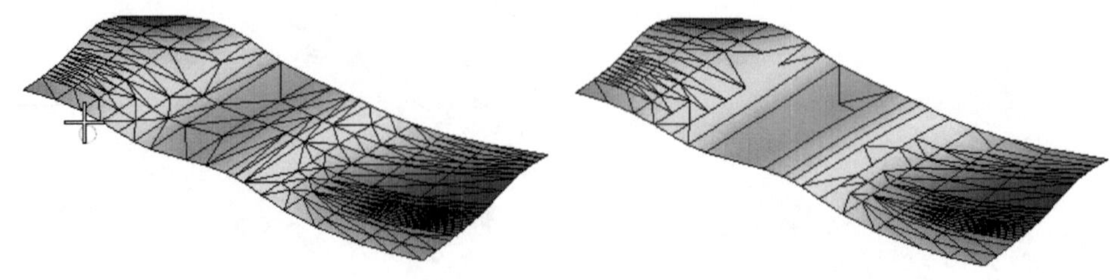

图 8-4-30　清理前、后的结果

- **展开 Mesh “Unfold Mesh”。**

展开 Mesh “Unfold Mesh” 与展开面的工具类似，但对于 Mesh 来讲，由于是由平面组成，所以，Mesh 是可展的，具体操作如图 8-4-31、图 8-4-32 所示。

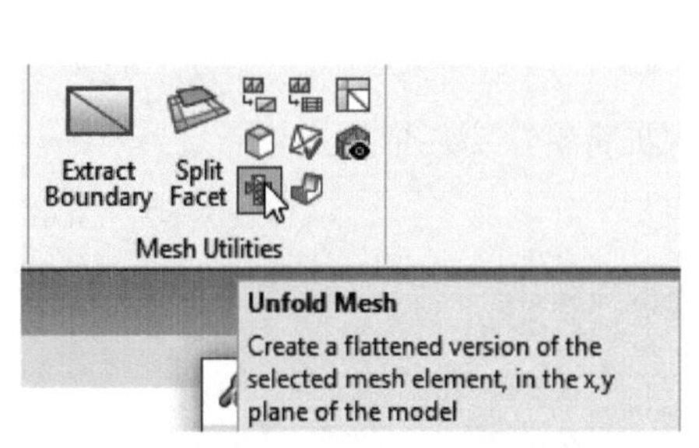

图 8-4-31　展开 Mesh 工具

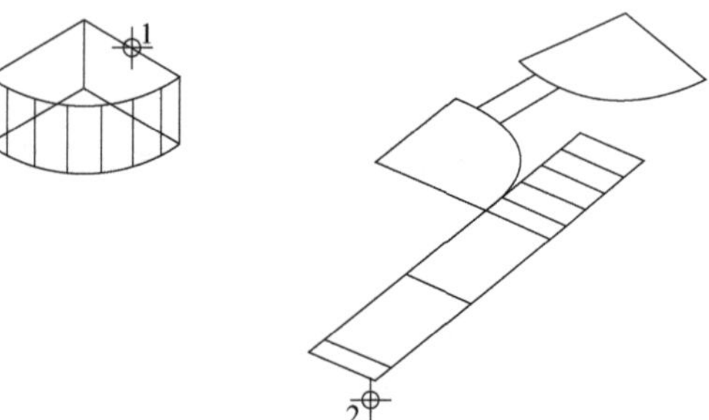

图 8-4-32　执行结果

前面的内容介绍了三维的基本概念和工作流程，以及体 “Solid”、面 “Surface”、网格 “Mesh” 的相关命令。这些命令有很大的相似性。但对于不同的对象类型，选项设置也稍有差别，结合工程实际应用和 “Help” 文件，你就可以快速掌握这些工具。

第9章 引用Attach

工程项目工作的过程，就是不同专业协作的过程。这就意味着，在工作的过程中，我们需要在引用其他专业的数据来进行工作。这个过程就是引用“Attach”的过程。例如，引用实景模型来将我们的设计放在一个数字化的环境中。

实景应用案例如图9-0-1所示。

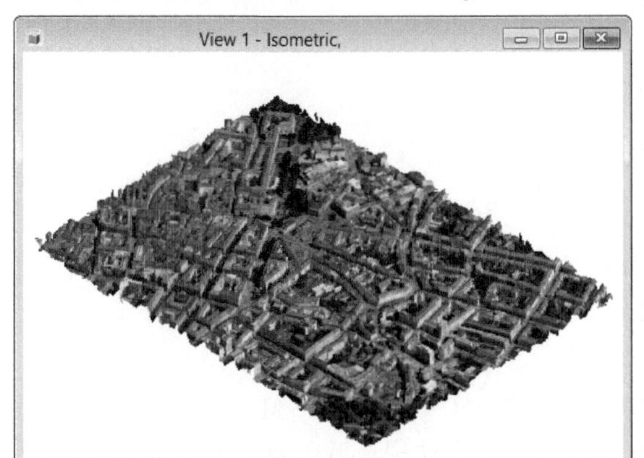

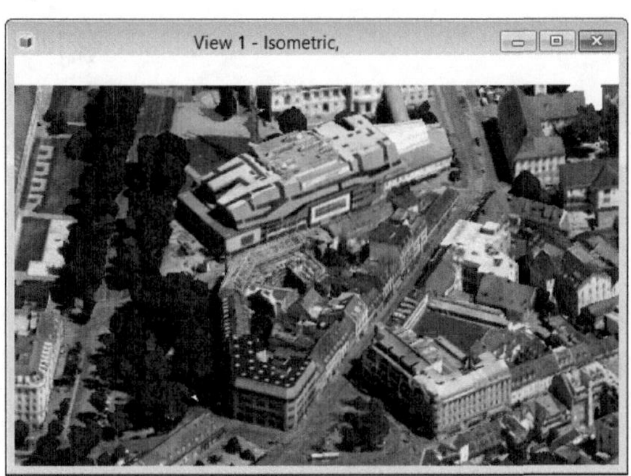

图9-0-1　实景应用案例

所引用“Attach”可以是一个DGN文件、DWG文件等多种文件类型（图9-0-2），也可以是引用“点云、实景、光栅”等类型的特有数据格式。你可以在“Attach”和“Home”中找到这些工具，如图9-0-3、图9-0-4所示。

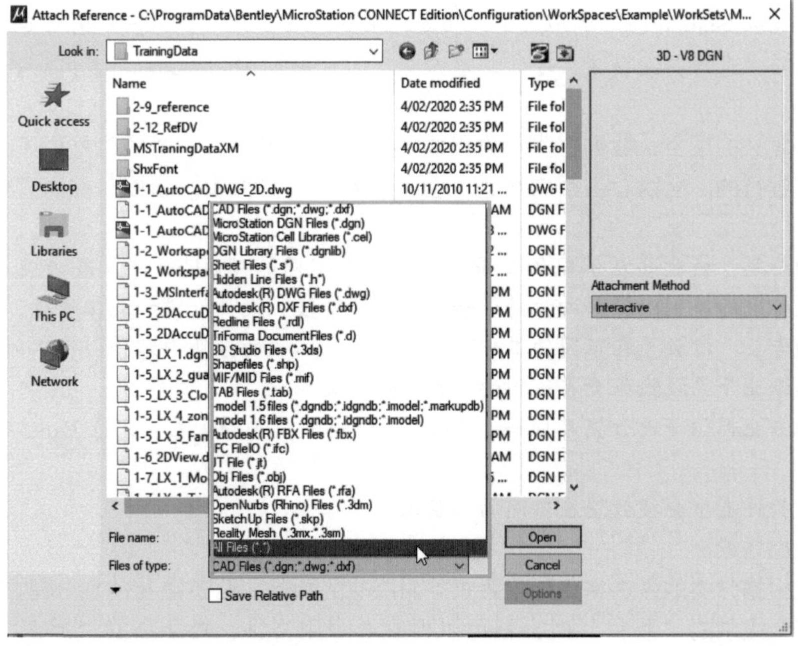

图9-0-2　可以参考多种文件运行

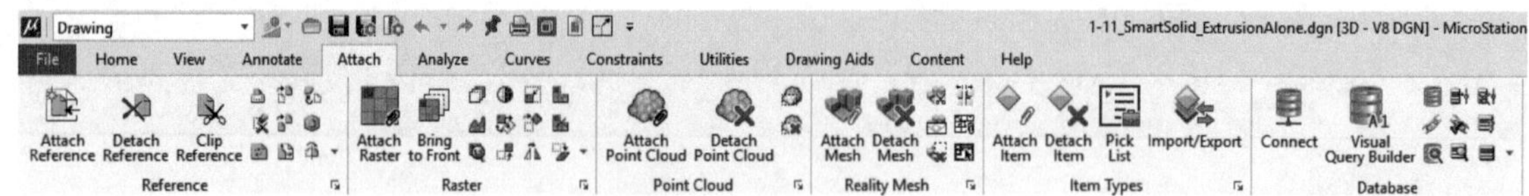

图 9-0-3　Attach 中的引用工具

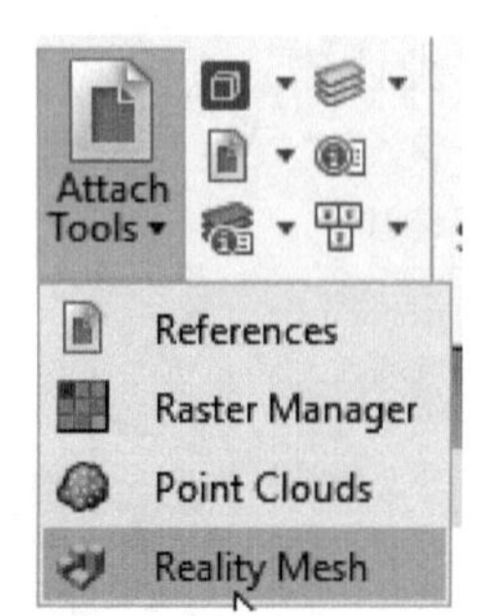

图 9-0-4　Home 中的引用工具

引用“Attach”是一种内容“映射”，在当前的文件中，你可以看引用的对象，也可以捕捉，但不可以对参考的对象进行修改。你也可以将参考文件中的内容复制到当前文件中，但这种复制后的内容已经属于当前文件，而不属于参考文件。

对于各种类型的“Attach”，例如文件参考“Reference”、实景“Reality Mesh”、点云“Point Cloud”和光栅“Raster”，都有相应的选项或变量来控制它，在这里，我们从一些应用实例来介绍“Attach”。

9.1　文件参考 Reference

某种意义上，精确绘图“AccuDraw”和文件参考“Reference”是 MicroStation 最重要的两项核心技术，在 MicroStation 最早的版本中，两项技术就已经存在了。而且，36 年后的今天，这两项技术的核心技术理念并没有太大变化。这说明当时在规划 MicroStation 时，就考虑得非常细致和完备。

对于一个复杂的项目，我们首先要进行内容的组织，因为，一个项目是由不同专业、不同人员一起协作进行的。所以，工程内容也不会只放在一个文件中。所以，在内容组织上，常用的方式是：

- 不同的阶段，被放置在不同的目录里，甚至是不同的 WorkSet 中，或者在子项目中来区别阶段标准的差别。例如初步设计和详细设计阶段，设计阶段和施工阶段。
- 不同的专业，被放置在不同的工作目录里以区分不同的专业内容并引用不同的专业标准。
- 不同的专业子系统被放置在不同的子目录或者文件中。
- 不同的专业部位会被放置在同一个 DGN 文件的不同 Model 里，就像 Excel 文件中的不同的表单。
- 不同的构件类型会被放置在不同的图层上。
- 不同的颜色等。

所以，应根据分类的需求将工程内容做不同层次的划分，而最重要的划分是文件级的划分。而当想要看某个级别的“整体”时，就可以建立一个空文件，将所需的“局部”内容参考起来。在工作的过程中，每个人的工作也需要其他人工作的辅助，也会去参考其他相关文件。

而作为最常用的文件参考类型就是 DGN 文件，结合前文讲到的 DGN 文件结构，这个工作过程是：

在当前打开 DGN 文件的激活 Model 中，参考另一个 DGN 文件的某个 Model，或者当前 DGN 文件的某个 Model。这是图形参考的过程。被参考的 Model 中的图形对象将会在当前 Model 中显示。

我们也可以只参考 Model 某个标准视图或者保存的视图，然后将其放置在当前 Model 的某个面上。

也可以参考 DWG 文件及其他的工程文件，文件类型不同，参考时的参数也有有差异。

通过“Home > References”工具来调出管理的对话框，也可以使用“Attach”菜单中的相同命令。

打开 Metrostation 中的 workset，在它的“3D Model”里有个“Master. dgn”文件（图 9-1-1），这个文件是一个组装案例，通过参考（图 9-1-2）将不同文件的内容组合在一起。

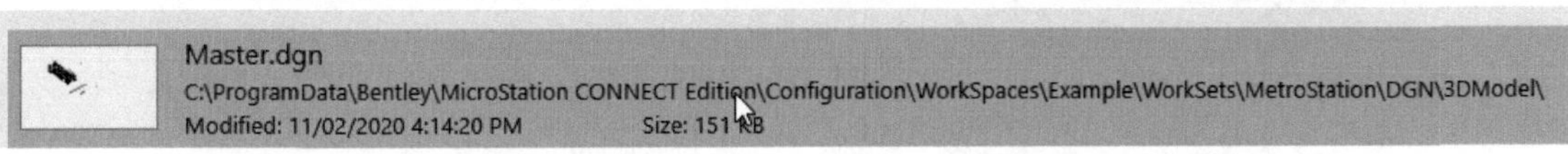

图 9-1-1　案例文件

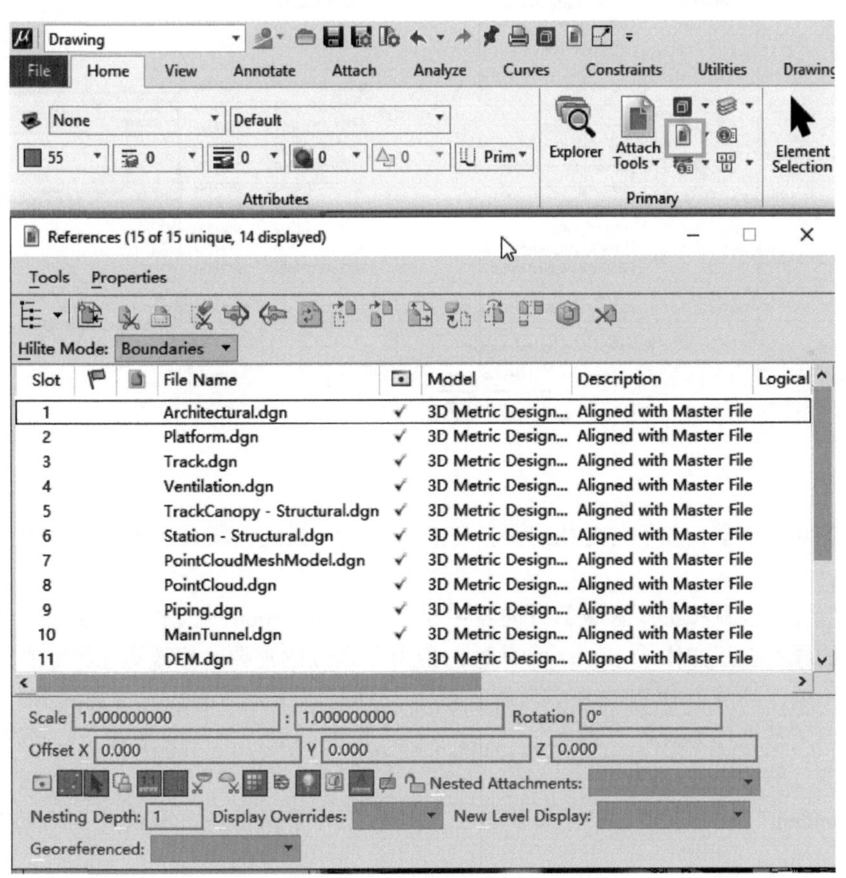

图 9-1-2　参考对话框

在上面的对话框中，你可以看到，这个主文件其实是一个“空文件”，它参考了不同的专业模型。点击某个参考的部分，在模型中会突显出来，“参考”其实是参考某个文件的某个 Model，每项“参考”都可以用一组“参数”来控制，例如参考比例、旋转角度、位置偏移等。

被参考的文件可能与主文件使用了不同的工作单位，在参考的过程中，MicroStation 会自动识别不同的工作单位，所以，你不用担心模型的大小问题。

9.1.1 参考对齐

参考的过程可以通过如下几种方式：

- 通过参考命令按钮。
- 通过从 Windows 资源浏览器拖动文件到参考的对话框中。
- 通过从 MicroStation 的浏览器中，直接拖动某个 Model 到参考的对话框中，如图 9-1-3 所示。

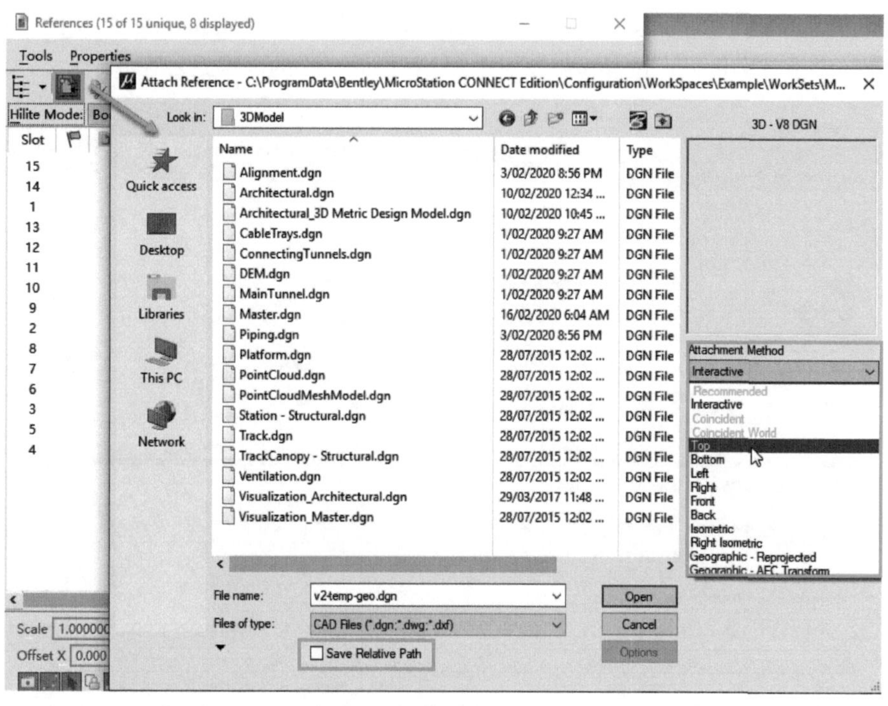

图 9-1-3 参考命令

在上面的对话框里，我们首先找到要参考的文件。设置文件路径关系和与主文件的“定位对齐”选项。

在前文的文件设置和工作区域部分内容中讲过，MicroStation 的工作空间是一个正方体，默认世界坐标的原点在正方体的中心，但有时也会为了定位的需要，修改这个默认的世界坐标的中心基点。所以，当两个 DGN 文件参考时，就涉及到是以正方体的边界作为对齐“基础”，还是以世界坐标的基点作为对齐“基点”，这就涉及定位的问题。倒不要把这个问题弄得太复杂，只需理解如下三种方式就可以：

- “Coincident”对齐表示，参考文件与主文件的设计平面对齐，而设计平面的原点不一定对齐。
- “Coincident World”对齐表示，参考文件和主文件的设计平面、原点都对齐。
- “Recommended”对齐方式，对于 Design 类型的 Model，默认是“Coincident”方式。

如果没有做特殊设置（例如使用“Go”的命令来移动设计平面的原点），那么上面三种方式的效果一样。

“Interactive”方式是交互设置一些参数。对于一次参考多个DGN文件，而且这些DGN文件只有一个Model，选择上面的三种方式之一，就直接将默认的模型加载到主文件中了。如果采用“Interactive”方式，会弹出如图9-1-4所示的对话框，让你设置每个DGN文件的参数，包括“参考哪个Model?”“每个Model的定位对齐方式是什么?”“是参考模型还是视图?”等。

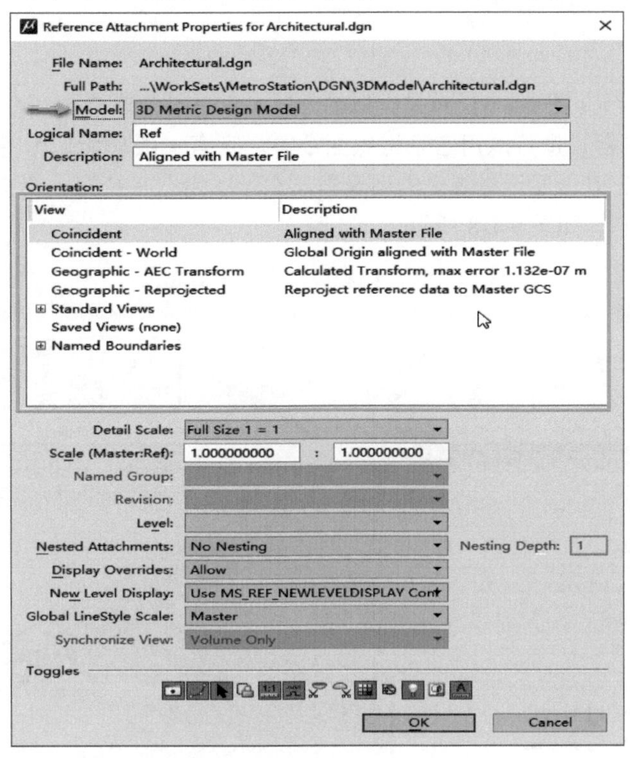

图9-1-4　交互参考属性设置

也可以通过从Windwos资源窗口中，直接将文件拖动到参考窗口中，如图9-1-5、图9-1-6所示。

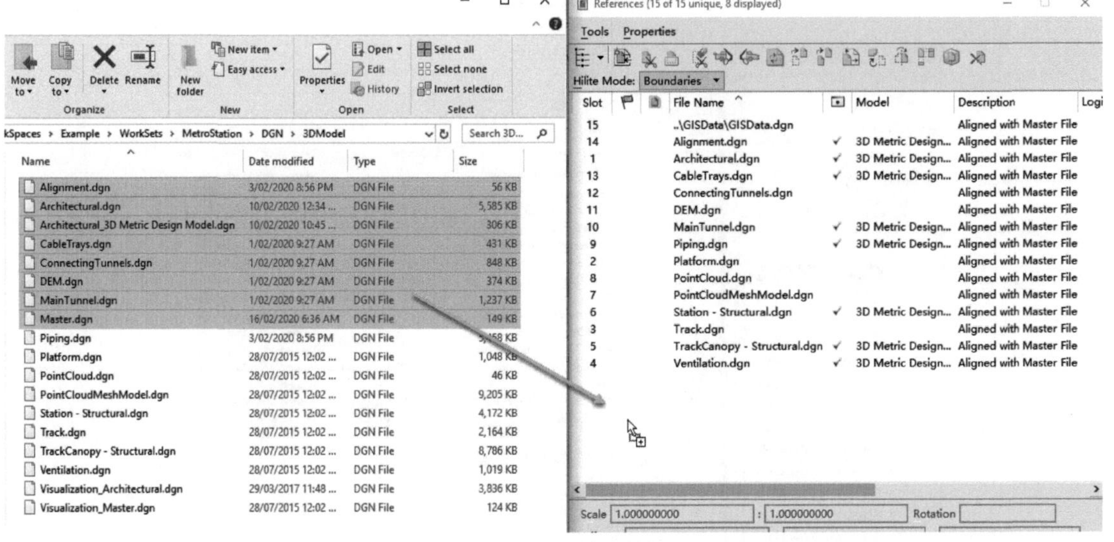

图9-1-5　从Windows资源窗口拖动文件到参考窗口中

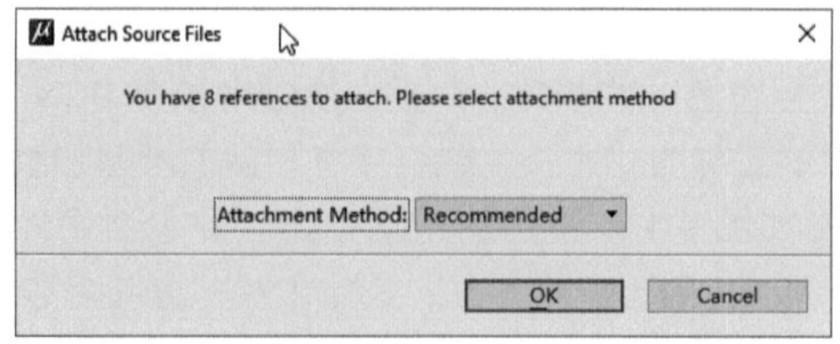

图 9-1-6　对文件的定位对齐方式进行确认

MicroStation 浏览器（图 9-1-7）也是类似的方式，它是一个非常强大的工具，可以浏览整个项目“WorkSet”的内容，也可以用它来组织图纸等。它有一项功能，可将整个项目的 DGN 文件中的 Model 都过滤出来，显示在统一的列表里。你可以用它来打开一个文件的某个具体 Model，也可以“参考”它，如图 9-1-8 所示。

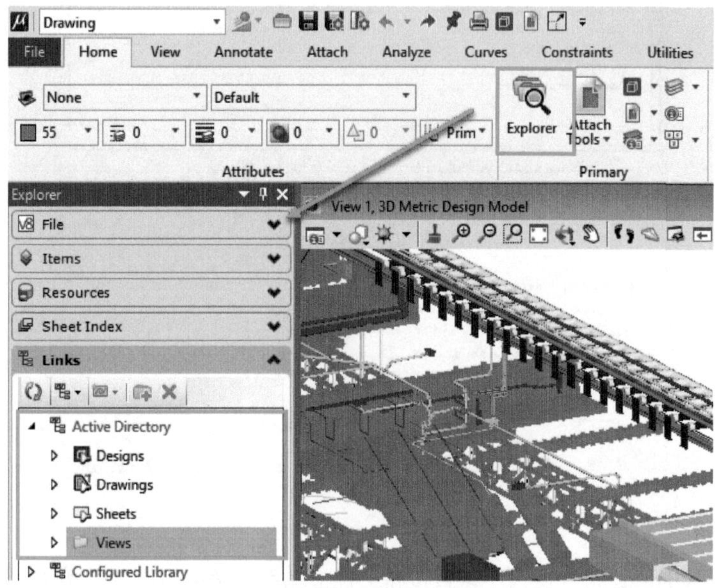

图 9-1-7　MicroStation 浏览器

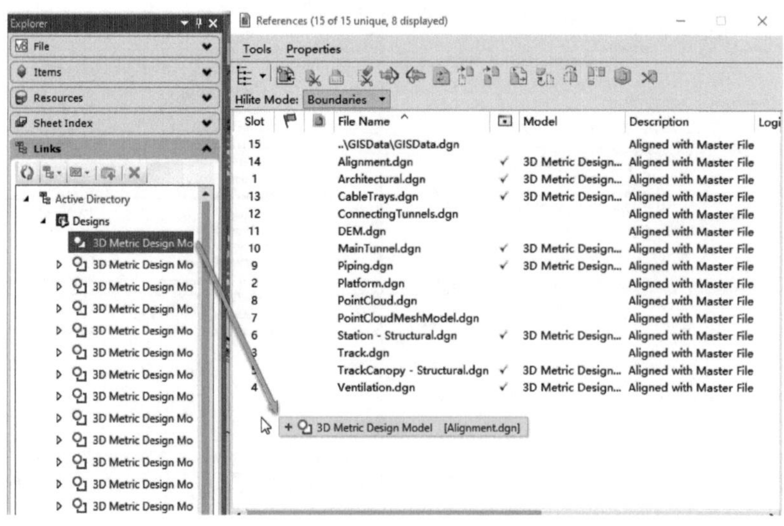

图 9-1-8　在 MicroStation 浏览器中拖动以实现“参考”

在实际的工程项目中，为了提高工作效率，有如下的建议供你参考：

对于设计内容（保存在 Design 类型的 Model），“单 DGN 单 Model”，这样便于在参考的时候不用选 Model。

在批量参考时，批量选择后，直接选“Coincident”对齐方式就可以实现“参考”。如果是在不同目录中的多个文件，如果想尽量一次都参考，可以利用如图 9-1-9 所示参考对话框的选项来选择多个文件。

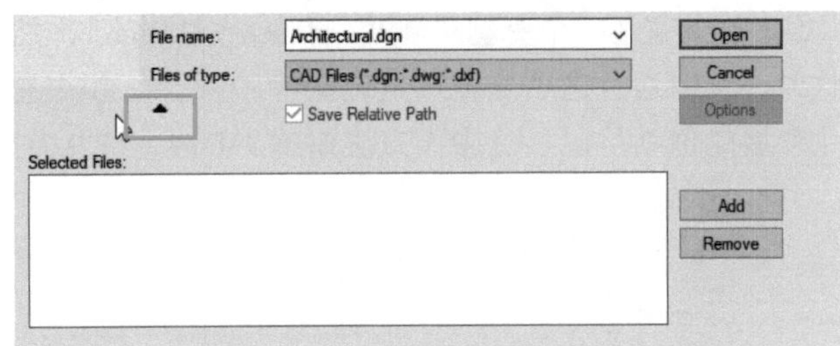

图 9-1-9　点击“三角”按钮可选择多个文件

9.1.2　文件路径

我们都知道文件是有存储位置的，例如 C 盘、D 盘中的某个目录，在默认情况下，MicroStation 记录的是绝对位置，那就意味着当你将主文件和参考文件复制到新的位置或者新的电脑上时，MicroStation 可能在这个“绝对”的位置上，找不到参考对象了。例如将相互参考的文件从 D 盘复制到 E 盘。

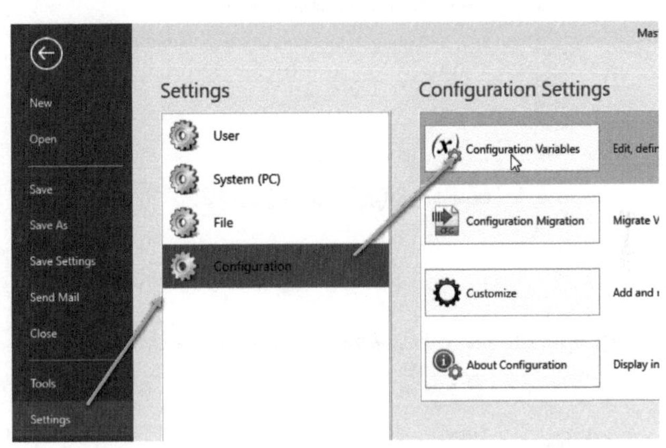

图 9-1-10　配置变量

为了避免这种现象，你可以通过“Save Relative Path”选项来让 MicroStation 保存彼此的相对位置。当这组文件被移动、复制到新的位置时，只要彼此的相对位置不变化，参考关系就存在。可以通过变量“MS_ALWAYSRELATIVEREFPATH”来强制打开这个选项，且不允许被修改，操作方法如图 9-1-10 ~ 图 9-1-12 所示。

再次打开参考对话框时，这个选项就会被强制打开，且变灰色了，如图 9-1-13 所示。

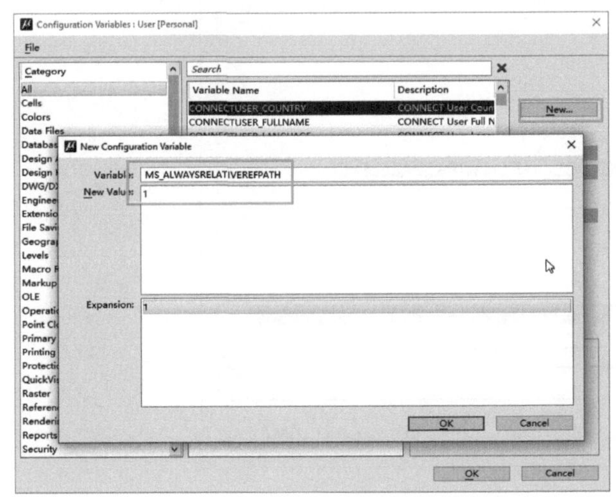

图 9-1-11　新建变量值

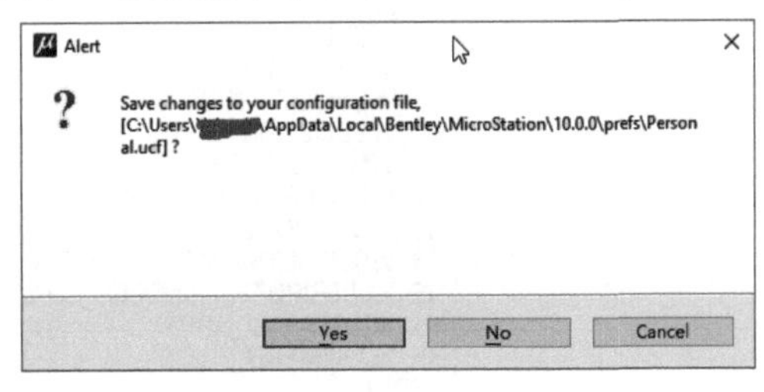

图 9-1-12　保存时，系统提示保存此设置

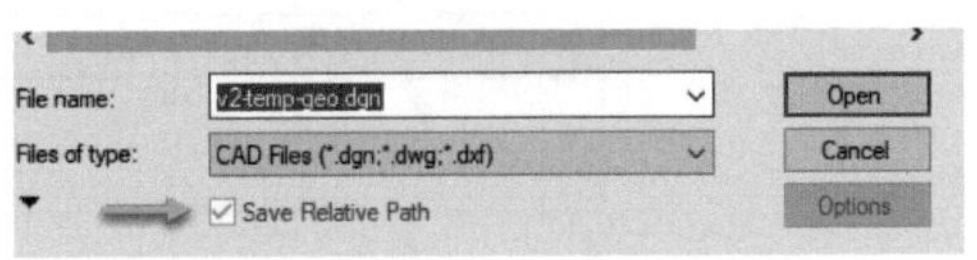

图 9-1-13　保存相对路径被强制打开

另外一个能够保证文件被移动时参考关系正确的方式是通过自定义变量的方式。

例如自定义了一个变量“MyWorkPlace_ Design”，然后将其指定到一个特定的位置。当参考文件时，可以通过这个变量来定位文件的路径。如果整个项目被移动到新的位置，则只需修改这个变量的值就可以了，操作方法如图 9-1-14 ~ 图 9-1-16 所示。

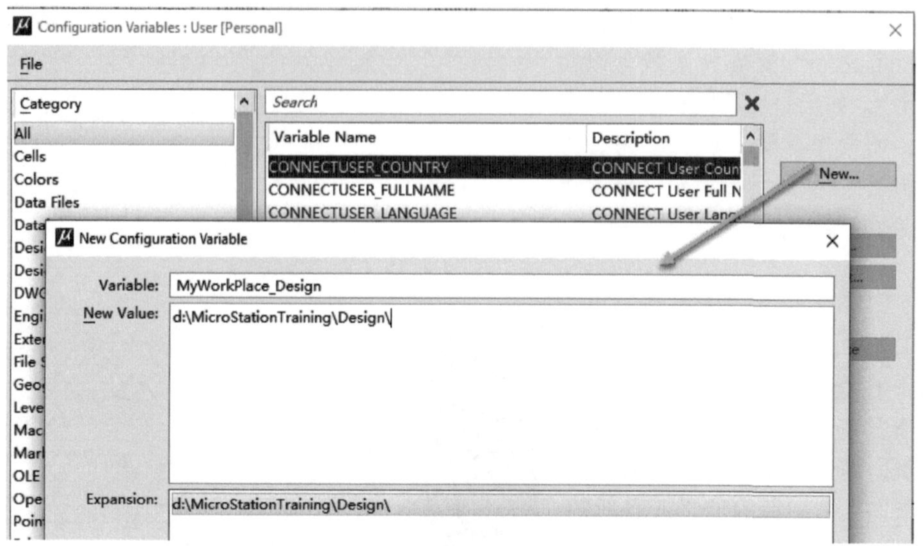

图 9-1-14　新建变量，设置路径作为变量的值，注意在末尾加“\”

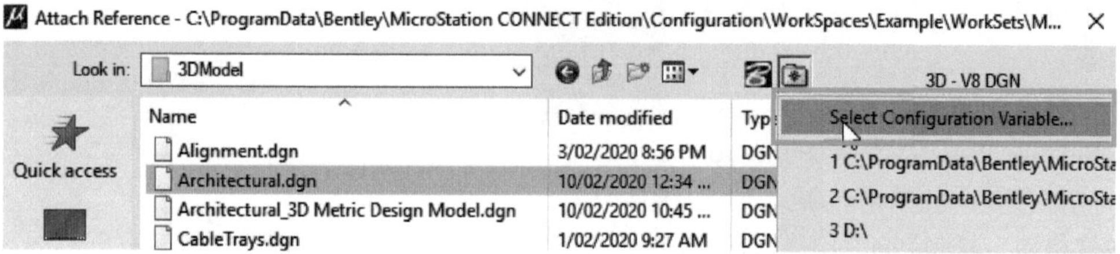

图 9-1-15　参考文件时，选择配置变量

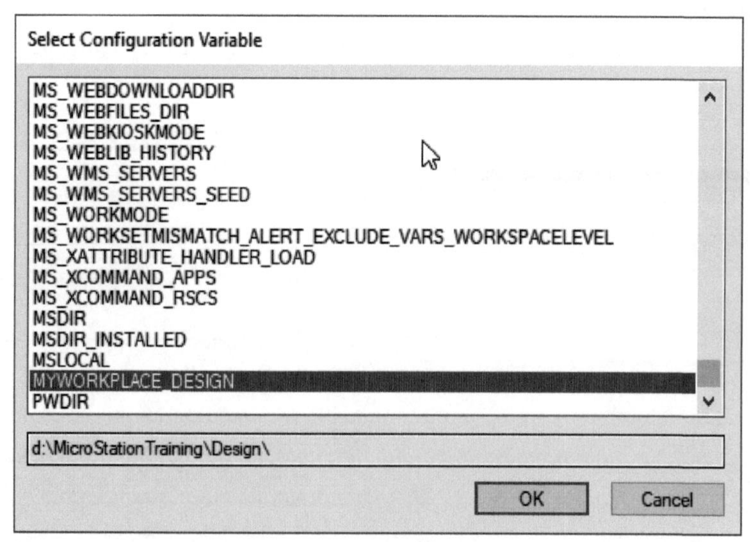

图 9-1-16　变量定义的位置

有很多种方法来参考一个文件，可根据需求来灵活的选择。世界上不存在任何的环境下都高效的方法，所以，要根据环境来选择方法。虽然细节决定成败，但千万不要简单问题复杂化。

通过上面的过程你也注意到，通过配置可以实现更多灵活性，这些灵活性在面对不同的应用需求时，会变得非常有效。如果没有以需求为前提，那么这种“灵活性”就变成了“复杂”。这也是为何有的人说 MicroStation 很难学，有的人却说它非常实用的原因。

9.1.3 区域参考

参考不仅仅是“模型”的参考，也可以是“视图”的参考。所以，在参考对话框中，除了对齐模型，也可以选择参考一个标准的视图或者自定义的视图。

打开默认安装目录下的如图 9-1-17 所示文件，并保存为一个新文件，这个 DGN 文件由 5 个 Model 组成，如图 9-1-18 所示。

Visualization_Architectural.dgn
C:\ProgramData\Bentley\MicroStation CONNECT Edition\Configuration\WorkSpaces\Example\WorkSets\MetroStation\DGN\3DModel\
Modified: 16/02/20 7:16:04 AM Size: 3835 KB

图 9-1-17 案例文件

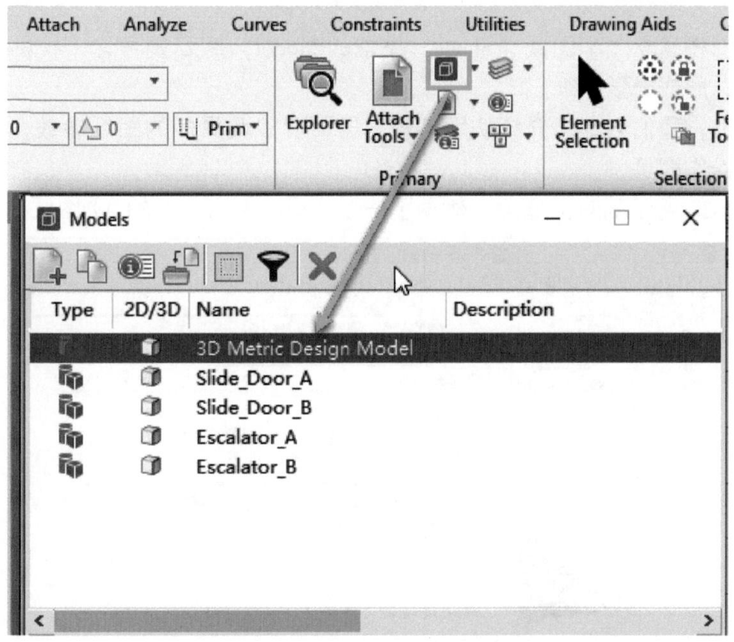

图 9-1-18 这个 DGN 文件由 5 个 Model 组成

通过前文所述的视图操作，将视图 1 变成如图 9-1-19 所示的样子（视图旋转、区域选择、视图样式、去掉网格）。将视图 1 保存为“Myview1”视图。这个视图不但可以被应用到视口，也可以被参考。

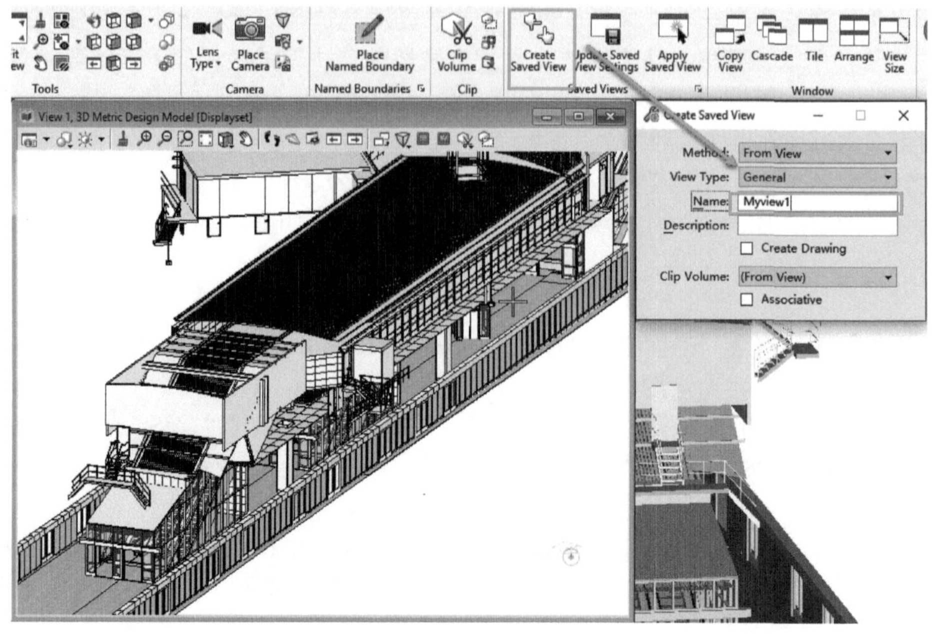

图 9-1-19　保存视图

接下来，我们将建立一个图纸“Sheet”类型的 Model，然后参考这个视图，和其他的标准视图组合在一起，形成一张图纸。

在后面的章节，我们会专门介绍切图流程。里面会涉及更多的图纸参数，在这里，我们只需先跟随下面的操作即可。

我们如图 9-1-20 所示的对话框里，建立了一张注释比例为 1∶1 的 A1 图纸。

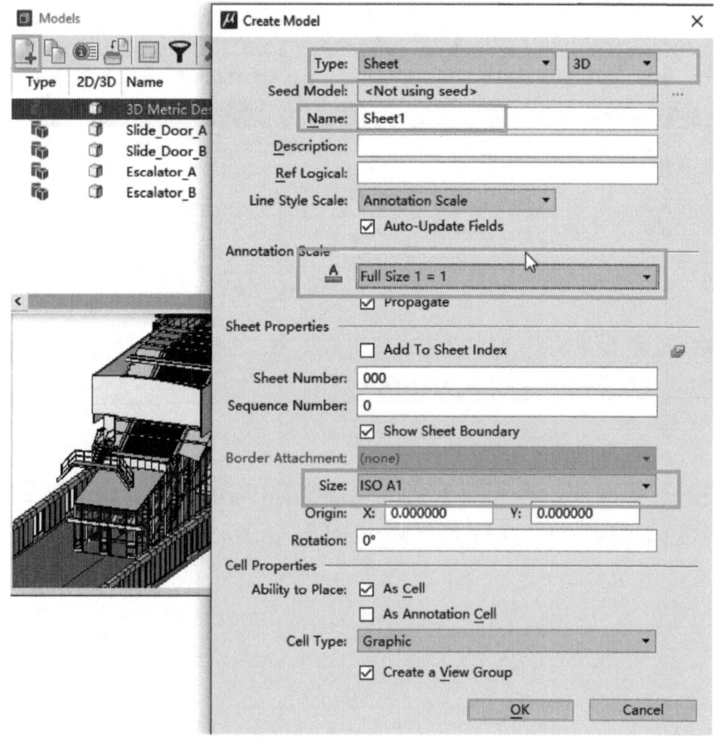

图 9-1-20　新建一张 A1 的图纸

新建完成后，你其实可以看到如图9-1-21所示的显示状态，这是图纸的区域，由于我们选择的注释比例是1:1，这就意味着图纸的区域与真实的A1图纸一样，当你布置图纸时，需要将真实大小的“模型”或者“视图”缩小到图纸上。所以，这也就涉及参考一个对象时的“参考比例”问题。

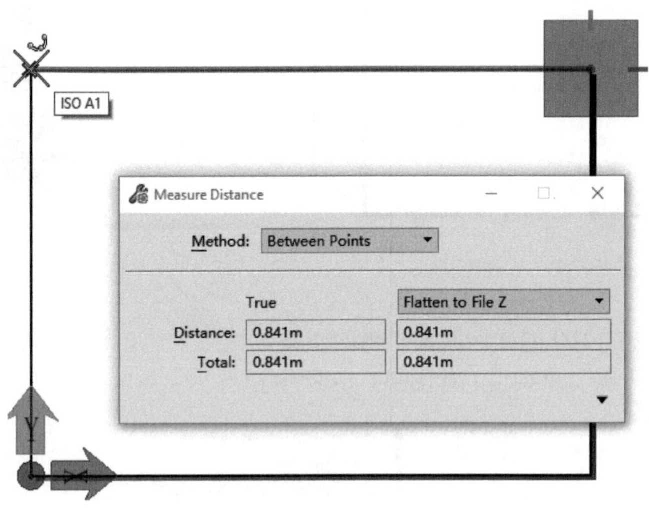

图 9-1-21　A1 图纸

不过不用担心，在MicroStation中，只要你遵循规则，比例关系会自动处理。

在当前的“Sheet”类型的Model中，参考名为“3D Metric Design Model”中的视图，操作如图9-1-22所示。

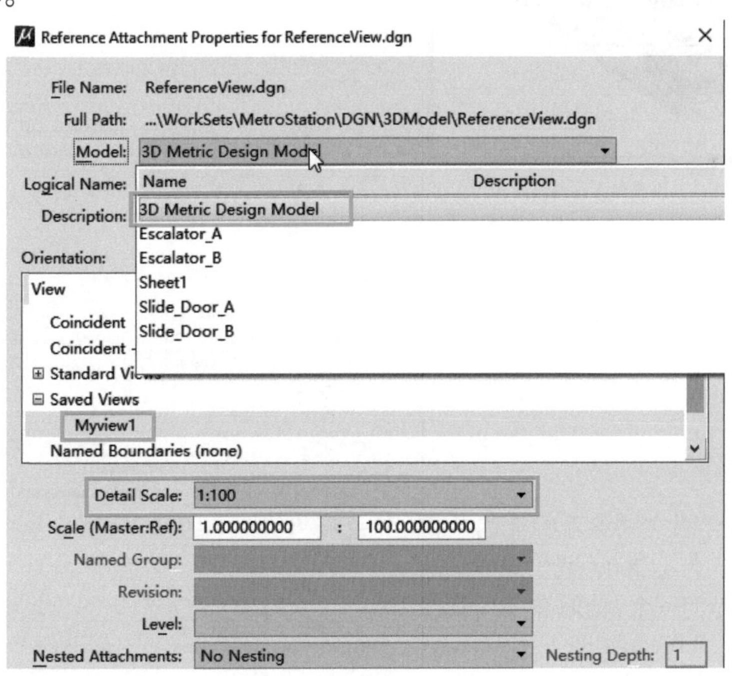

图 9-1-22　参考视图

设置完毕，确定后会出现如图9-1-23所示的提示，让你定位视图放置的位置。

确定后就可以看到如图9-1-24所示的视图参考。

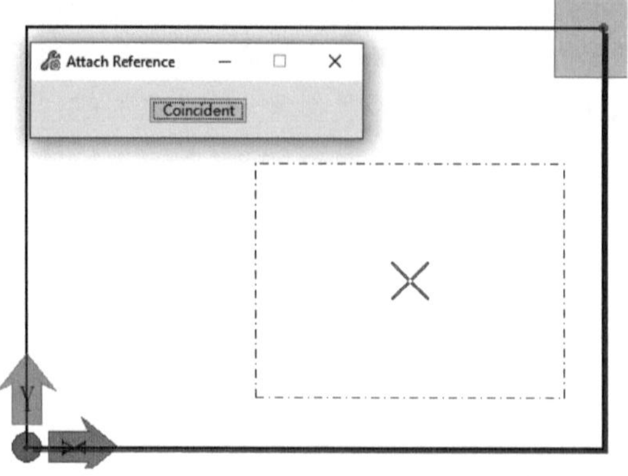

图 9-1-23　定位参考视图的放置位置

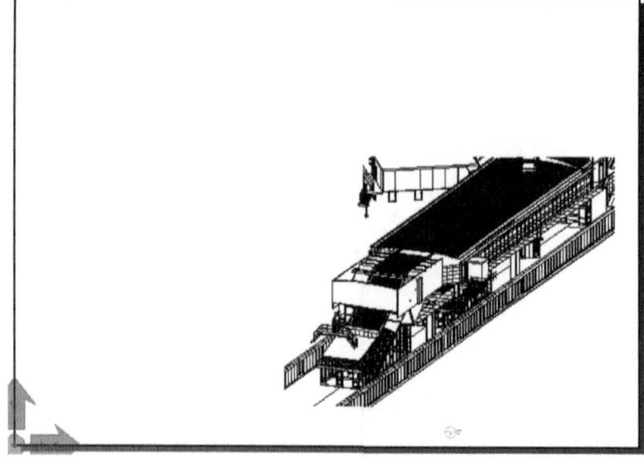

图 9-1-24　视图参考效果

如果你感觉视图以 1∶100 的比例放置占用的图纸区域太大了，则可以在“参考”的对话框里，通过修改“参考比例”来实现，如图 9-1-25 所示。

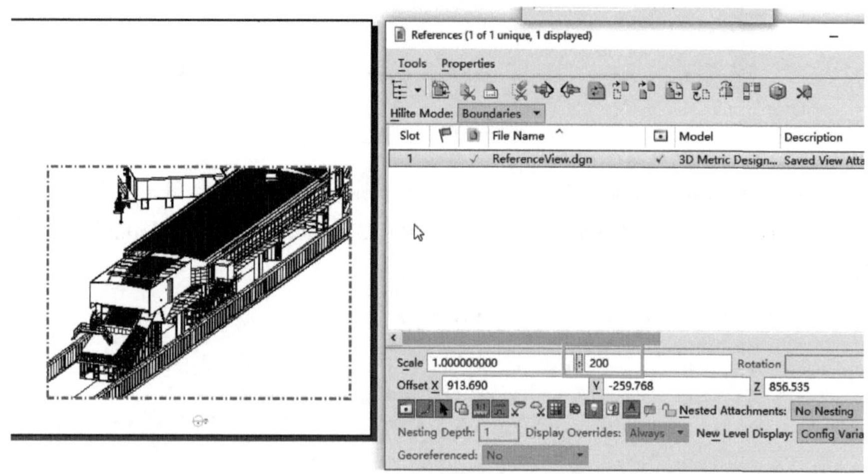

图 9-1-25　修改参考比例

9.1.4　参考操作

我们利用同样的方式参考标准的平面视图，参考的比例为 1∶200，我们先随便放置一个位置，参考同一个 Model 的不同视图如图 9-1-26 所示。

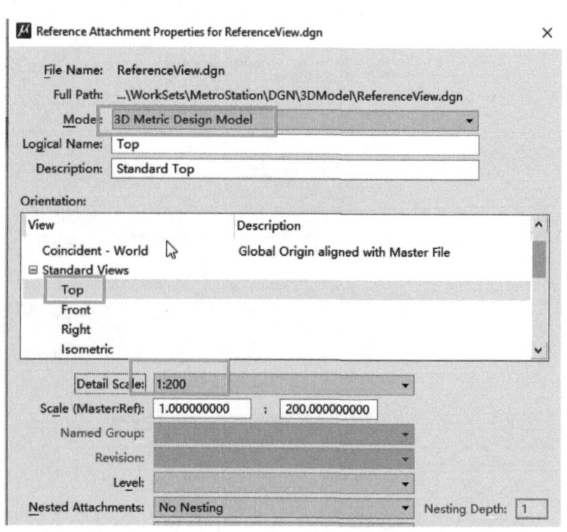

图 9-1-26　参考同一个 Model 的不同视图

参考完后，效果如图 9-1-27 所示。

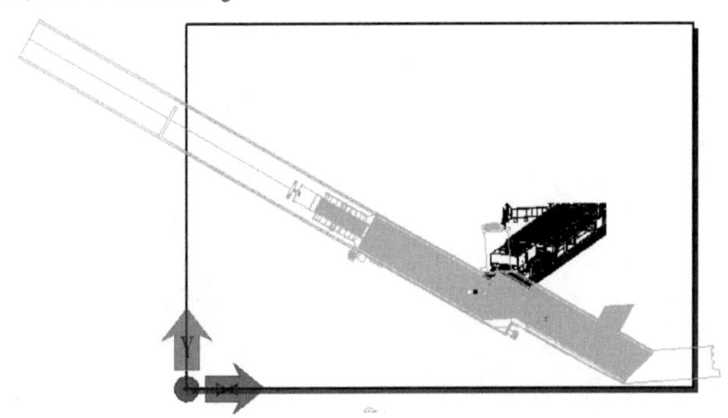

图 9-1-27　平面视图参考效果

从上图中你会发现。平面视图是倾斜的，看图时很不方便，同时，平面视图是被整个参考进来了，虽然我们可能只需要看到其中的部分区域。

在 MicroStation 中，可以对参考做操作，这些操作在参考窗口上部的工具条里，我们需要先选择操作的参考对象（可以多选），然后再执行操作，我们来介绍几个主要的操作命令。

9.1.4.1　旋转参考

我们首先通过“旋转参考”的命令，将平面视图旋转到水平位置。我们采用通过点来确定旋转基点、基线、目标位置的方式，具体操作如图 9-1-28 ~ 图 9-1-31 所示。

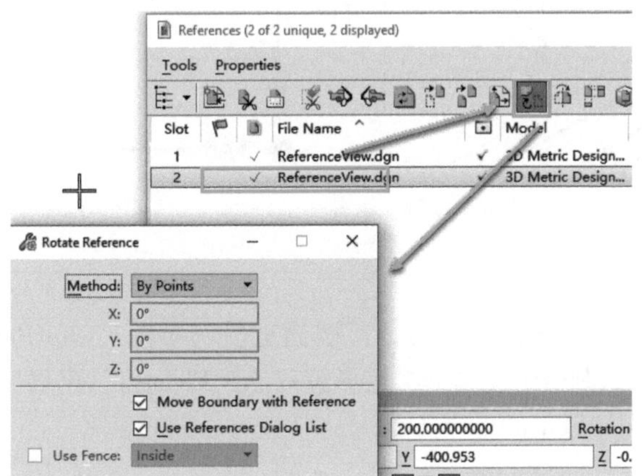

图 9-1-28　执行“旋转参考”的命令

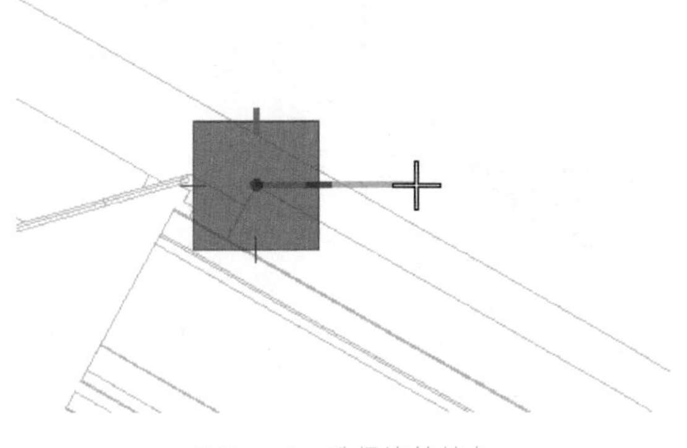

图 9-1-29　选择旋转基点

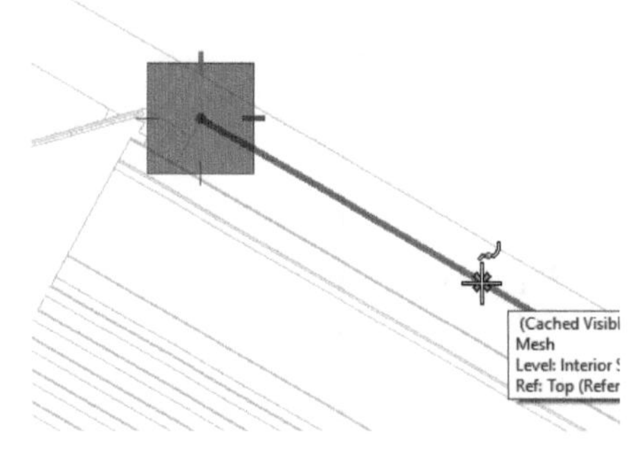

图 9-1-30　通过精确绘图快捷键 < N > 捕捉边上的最近点

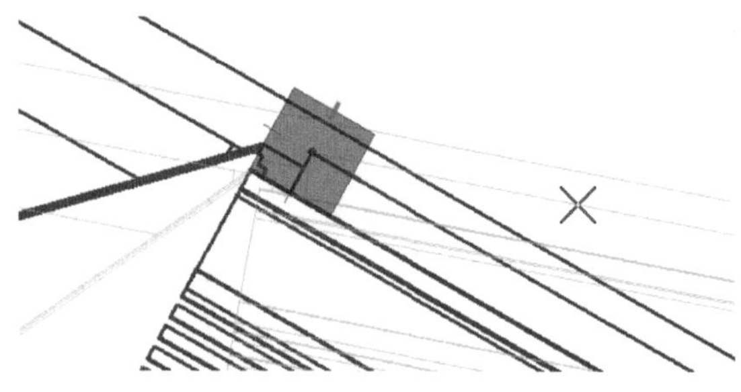
图 9-1-31　基点和旋转的边决定了旋转的基线

在确定目标位置时，通过精确绘图快捷键 < T > 将精确绘图坐标与顶视图平齐，按回车键锁定轴，然后点击任意位置即可“旋转平齐”，如图 9-1-32 所示。

最后的效果如图 9-1-33 所示。

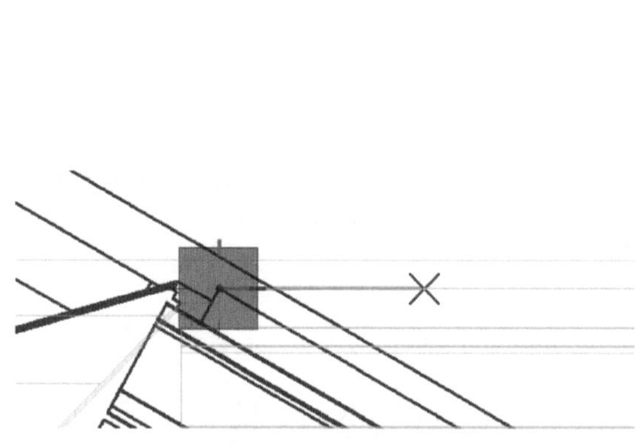
图 9-1-32　用精确绘图快捷键 < T > 将坐标与顶视图平齐

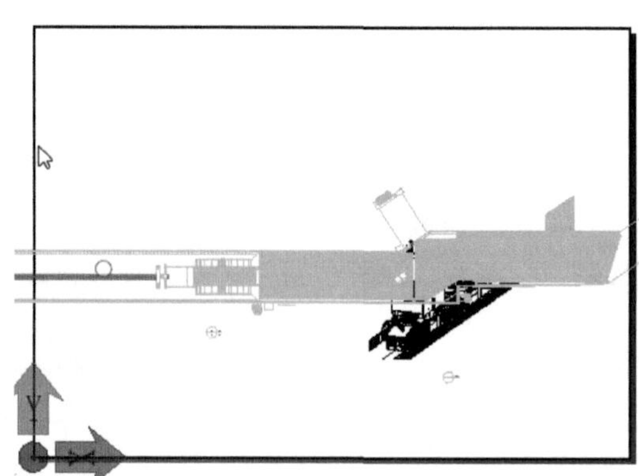
图 9-1-33　旋转后的效果

9.1.4.2　区域剪切

有时可能只想展示平面视图的一部分，可以通过剪切参考“Clip Reference”来实现只看到参考对象的某个区域。先绘制一个多边形、矩形等对象“Element”来确定剪切范围（图 9-1-34），但最常用的还是利用围栅“Fence”。

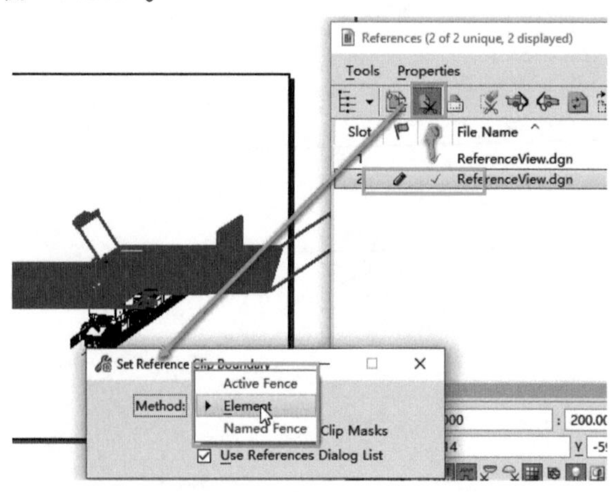

图 9-1-34　剪切参考命令

我们首先用“Fence”命令确定一个区域，如图9-1-35、图9-1-36所示。

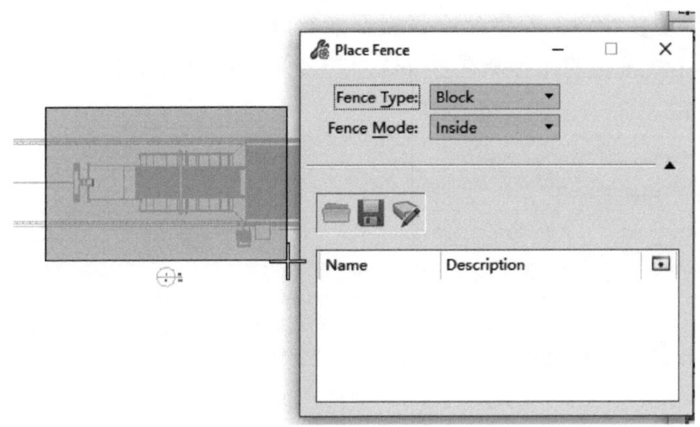

图9-1-35　放置围栅

单击鼠标左键确认后，效果如图9-1-37所示。

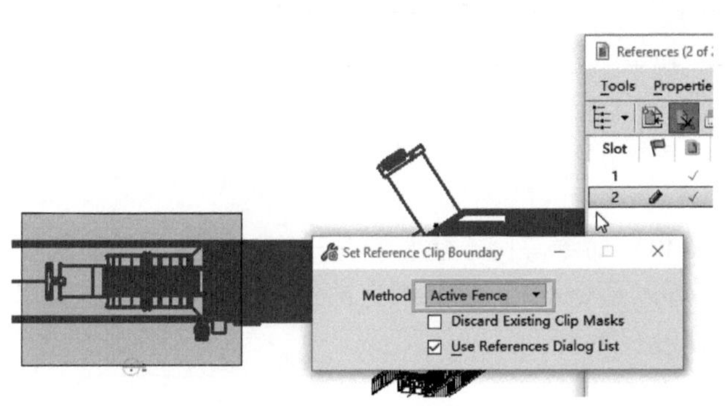

图9-1-36　剪切参考选择“Active Fence”当前围栅选项

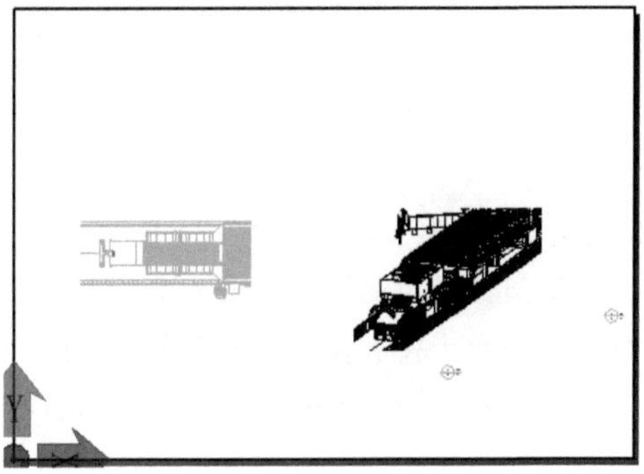

图9-1-37　剪切参考效果

9.1.4.3　移动参考

通过前文的操作，已经获得了平面视图的某个区域，但开始放置的位置可能不太合适，可以通过“移动参考”（图9-1-38）的命令调整移动，但这个命令只是在主文件中移动参考位置，不会对被参考的文件产生改变。可以先选中多个参考对象，然后一起移动。

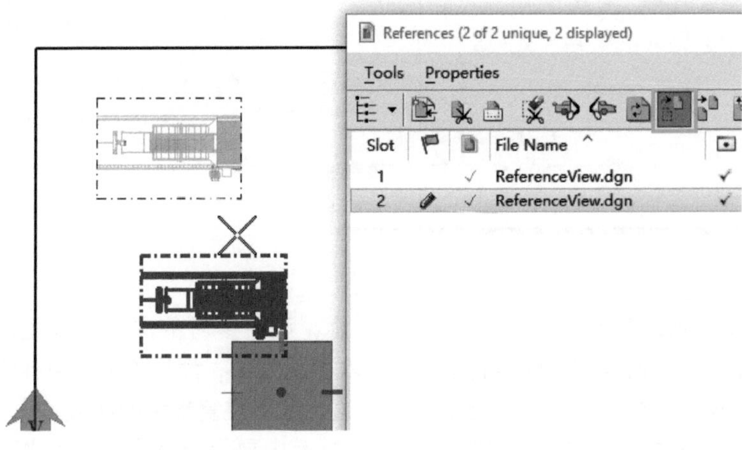

图9-1-38　移动参考

如果你精确知道移动偏移的距离，可以通过参考对话框中的偏移“Offset”里设置具体的偏移参数值。例如在模型参考中，若想让所有模型的参考位置升高2m，可以在“Offset”的“Z”输入栏里输入“2”（假设当前工作单位为m），如图9-1-39所示。同样，旋转的角度也可以在角度“Rotation”设置。

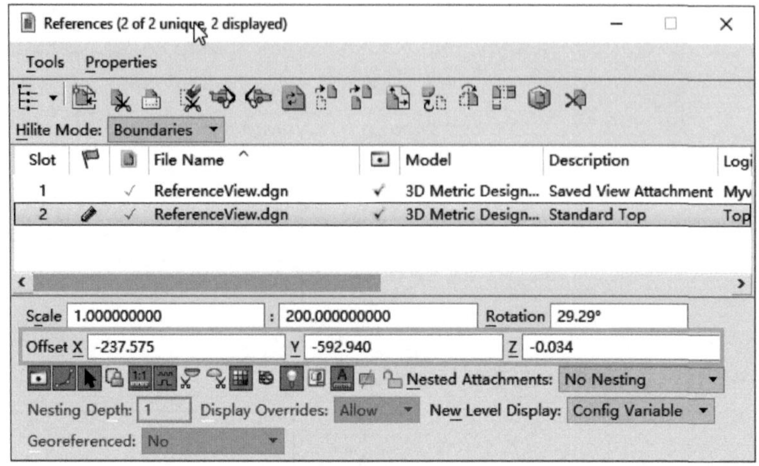

图9-1-39 参考对象的偏移参数设置

9.1.4.4 参考复制

使用参考对话框的“参考复制”（图9-1-40）命令等同于重复参考一次。而使用常规的复制命令相当于将被参考对象的部分内容（也可以是全部），复制到当前的Model中，复制完毕后，就成为了当前Model的内容，与参考文件没有关系了。

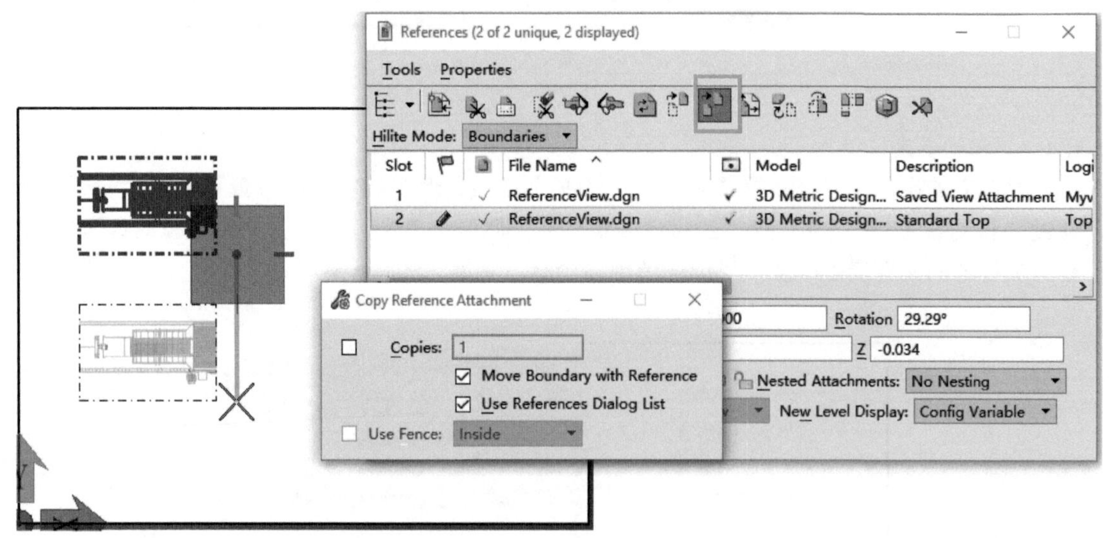

图9-1-40 参考复制

然后复制刚才操作过的平面视图。操作完毕后，可在参考的文件列表里，发现多了一项。这相当于参考了两次平面视图，即重新参考了一次平面视图，然后移动到目标位置。

当然也可以设置“参考复制”的复制次数，这相当于重复参考的次数。

两个平面图是一样的，如果想在新的平面图参考中显示新的范围，可以删除参考的区域设置“Delete Clip”（图 9-1-41），然后设置新的剪切区域（图 9-1-42），移动参考到新的位置（图 9-1-43）。

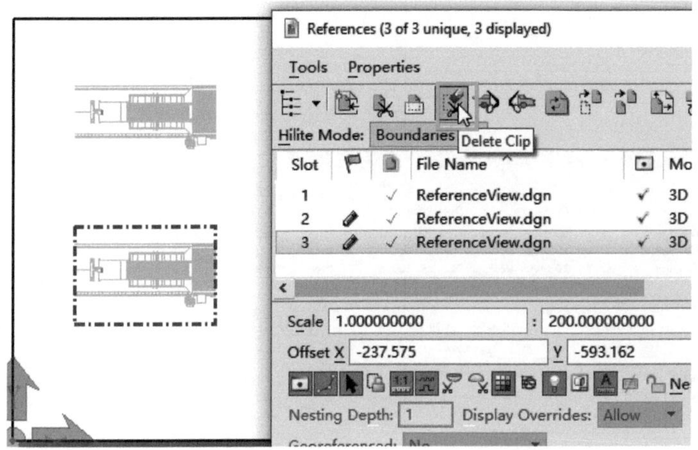

图 9-1-41　删除参考的区域设置

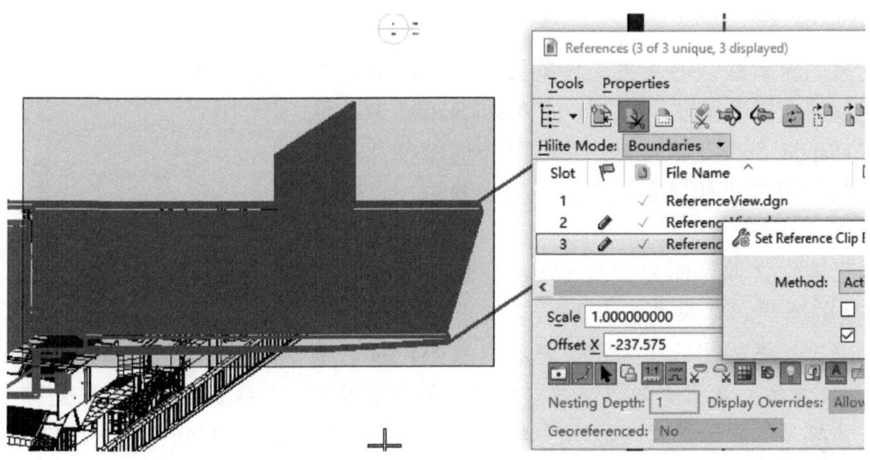

图 9-1-42　新的剪切区域设置

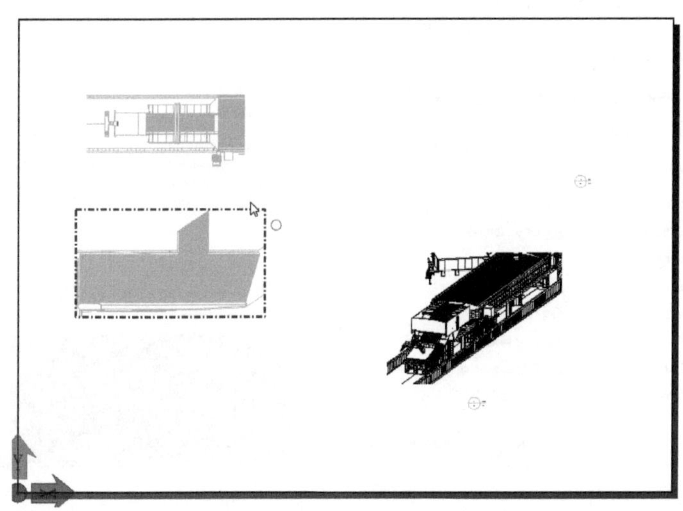

图 9-1-43　移动参考到新的位置

与剪切参考“Clip Reference”类似，系统还提供了一个遮盖参考“Mask Reference”（图 9-1-44）的命令，相当于将一个参考区域遮盖住（图 9-1-45），注意“Clip”和“Mask”可以同时使用。

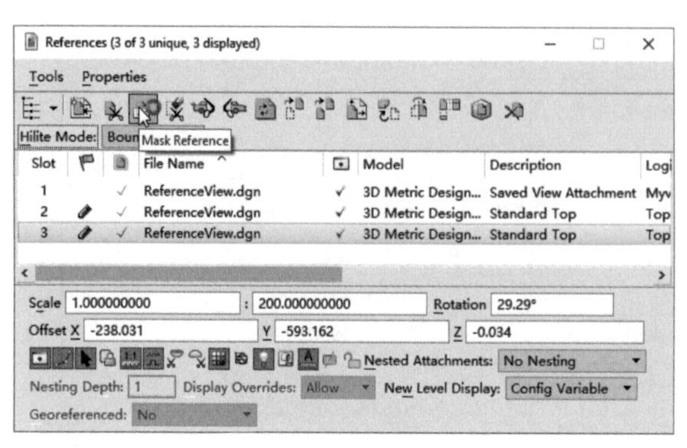

图 9-1-44 遮盖参考命令

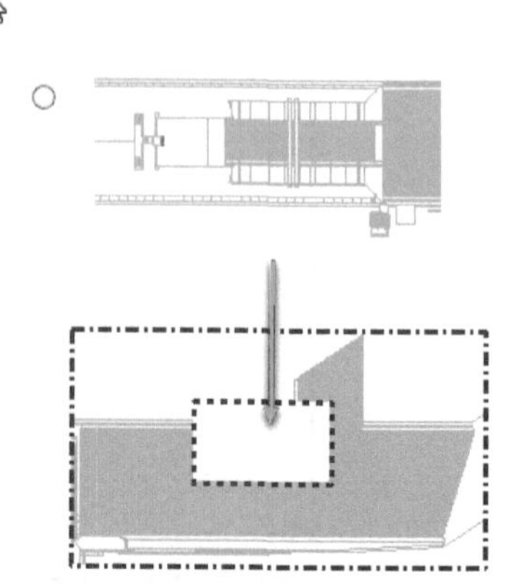

图 9-1-45 Mask Reference 遮盖参考区域

9.1.4.5 参考显示

参考对象的显示默认沿用主文件的显示方式。例如类似于体着色和线框显示等显示控制。在 MicroStation 中，用显示样式“Display Style”来控制。可以将不同的参考对象设置成不同的显示样式和显示设置。一旦设置后，它就不受主文件的影响。

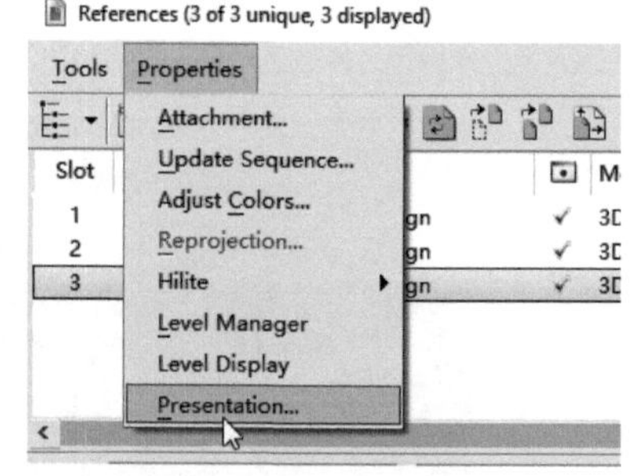

图 9-1-46 设置参考的显示样式

这就会形成主文件可能是“体着色”，而参考对象是“线框”模型的效果。在某些应用场合，这非常有用。例如想要参考一个二维的图纸作为定位基准（底图）来创建三维模型。“体着色”让三维对象更有立体感，但却很难捕捉 2 维底图的位置。这种情况下，就可以通过设置参考的显示样式和显示设置来实现，具体操作如图 9-1-46、图 9-1-47 所示。

另外，可以通过图层显示命令来控制参考对象的图层显示效果，同样的，这样的操作不会影响被参考的源文件，如图 9-1-48 所示。

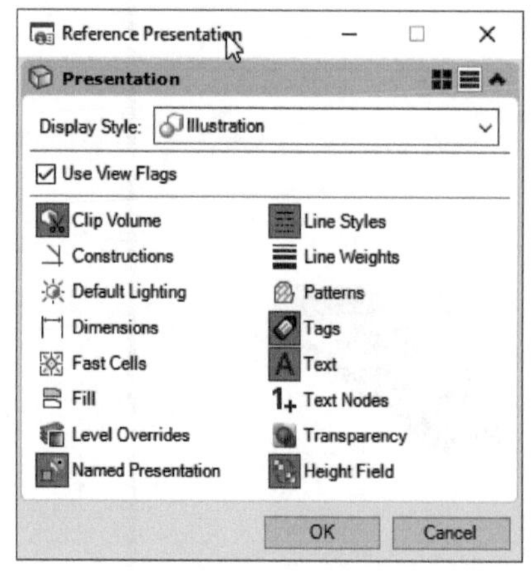

图 9-1-47 设置参考对象的显示样式和视图的显示设置

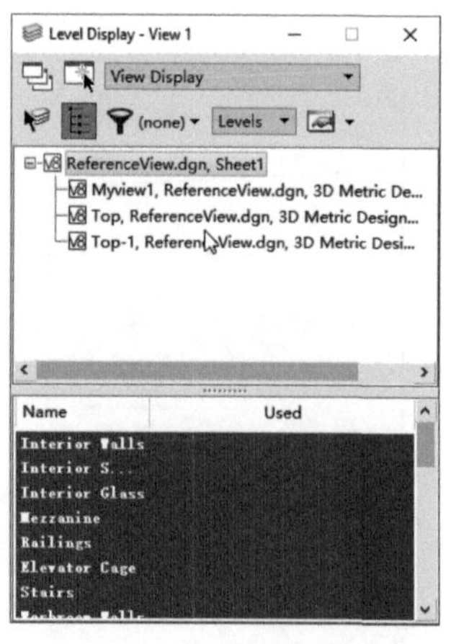

图 9-1-48 图层显示命令可以设置主文件和参考文件的图层显示

在主文件中，可以设置被参考对象是否被显示、捕捉、选择，如图 9-1-49 所示。例如，参考 2 维底图时，只希望底图被捕捉，但不希望被选择工具选中，因为“框选”复制时，不需要复制参考的 2 维底图。

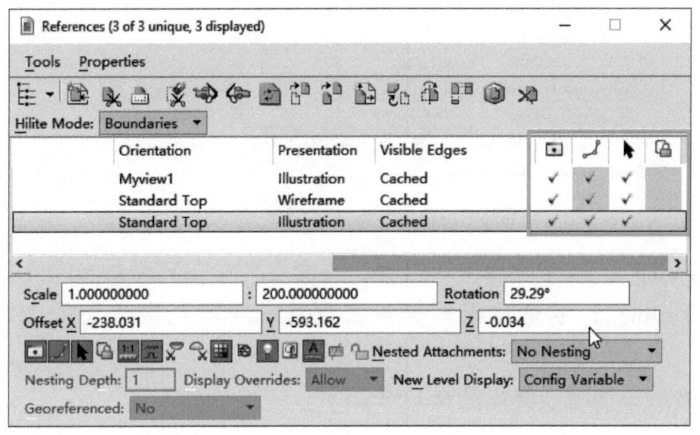

图 9-1-49　参考对象是否被显示、捕捉和选择

上述三个选项比较常用，它们的默认位置在“属性列”末尾，可以拖动到显示列的前面，这样可以快速根据文件名称进行打开或关闭，当然也可以进行批量操作，如图 9-1-50 所示。

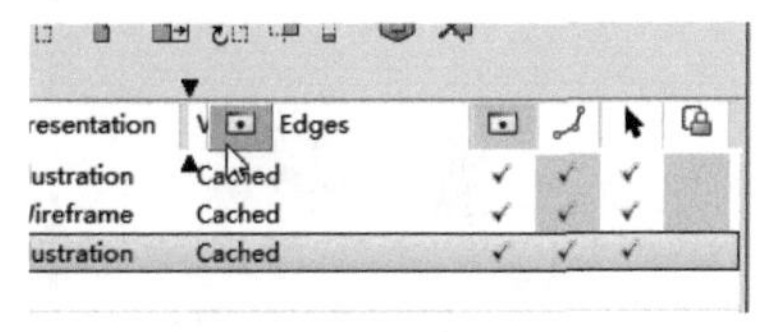

图 9-1-50　“属性列”可以拖动位置

9.1.4.6　参考嵌套

在工程实际应用中，不会只有一个主文件去参考所有的子文件。一般情况下，可采用分层参考的方式，也就是将局部的文件参考成一个“局部组装文件”，然后再建立一个空白文件，将这些“局部组装文件”再参考在一起，如图 9-1-51 所示，这就涉及“参考嵌套”的问题。被参考的 Model 里又参考了其他 Model，参考的嵌套设置决定了在主文件中显示几层参考。

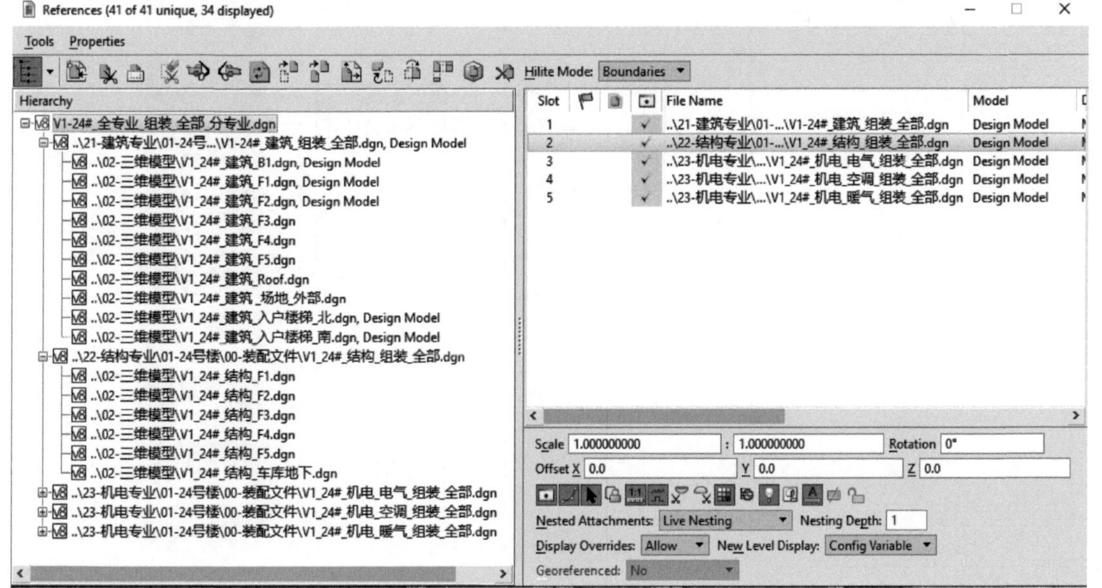

图 9-1-51　多层参考案例

在参考一个 Model 时，有“参考嵌套”（图 9-1-52）的设置选项。

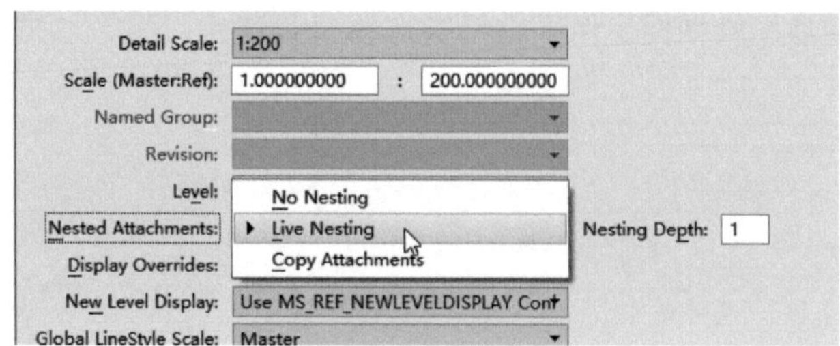

图 9-1-52　参考的嵌套设置选项

如果是“No Nesting”，就意味着没有嵌套，在主文件中只显示被参考文件内的内容。

如果是“Live Nesting”，就意味着需要设置层级，决定几层参考的内容会被显示在主文件中。

文件组织层次关系与参考嵌套如图 9-1-53 所示。

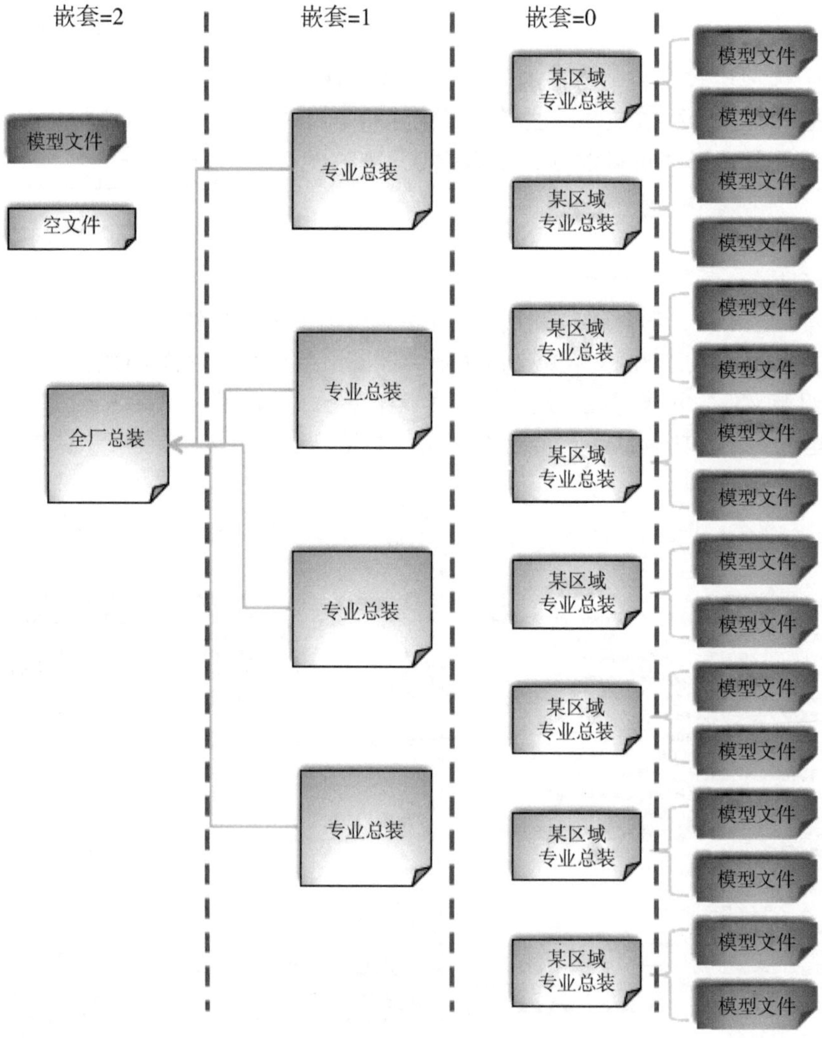

图 9-1-53　文件组织层次关系与参考嵌套

在工程实践中，参考的嵌套与功能内容的组织密切相关，建议如下：

- 一般情况下，内容组织不要超过 4 层，也就是最上层的参考嵌套为“2”。
- 一般情况下，在组装工作时，特别是项目移交时，最底层的文件将参考去除。
- 避免出现“死循环”的参考方式。也就是“A 参考了 B，B 参考了 C，C 参考了 A”，而又打开了多层参考嵌套，这时在参考的文件前会出现一个冲突标志。
- 避免完全相同的重复参考。这种重复参考一般是“A 参考了 B1、B2、B3，B1、B2、B3 同时参考了 C1”，这时如果参考嵌套打开，就意味着在 A 中出现了 3 份 C1，且完全重合，这是很难被发现的，但在切图的时候，系统会计算三次，并且处理它们之间的遮挡关系，很多未知的错误出现和运行速度慢都是由这种原因引起的。

参考的命令参数和操作还有很多，在这里就不一一赘述了，掌握参考的基本原则，再结合项目内容组织标准，就会非常容易地使用它。

9.2 实景参考 Reality Mesh

9.2.1 地理坐标系定位

在 MicroStation 中，实景参考的工具（图 9-2-1）、步骤、操作与通用的文件参考有点类似，操作比较简单，但也比较容易出错。因为里面涉及地理坐标系的内容，而且，对于云应用来说，也涉及实景模型和 BIM 模型位置的对齐与统一。所以，要正确应用实景模型就需要有 DGN 文件的相关知识，也要掌握与实景相关的地理坐标系的背景知识。

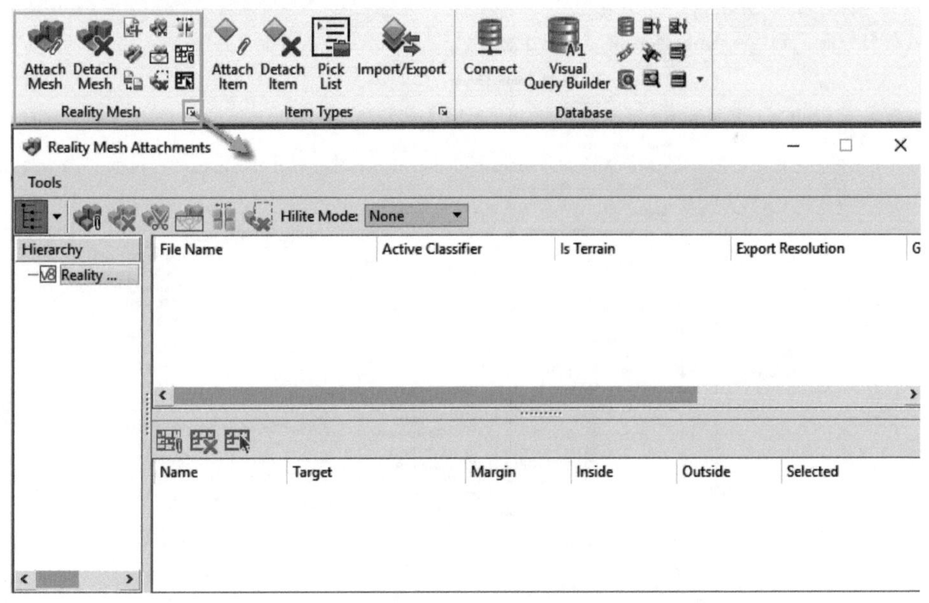

图 9-2-1 实景参考工具

- DGN 文件具有“工作单位”和“精度”的设置，这涉及工作空间的大小，决定了创建模型的精度和范围，如图 9-2-2 所示。

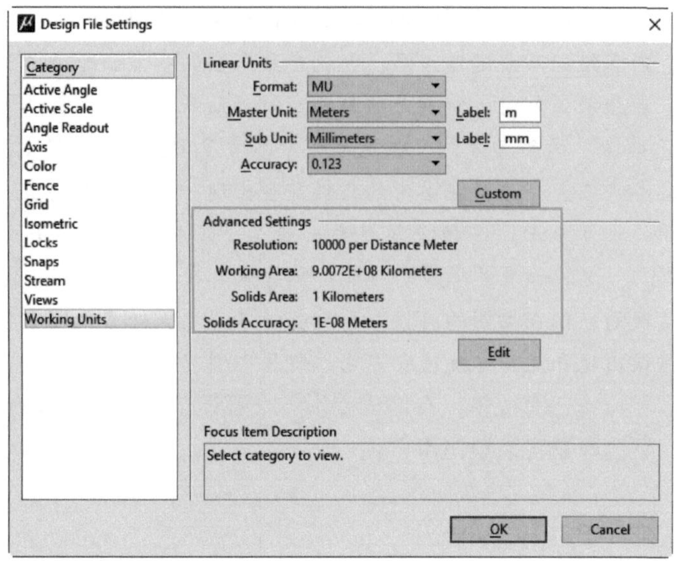

图 9-2-2　DGN 文件的工作范围“Working Area”

- DGN 可以进行地理坐标系的设置，来设定当前 DGN 文件所使用的具体地理坐标系，这样的设定也就确定了地理坐标系原点和世界坐标系原点的位置关系，如图 9-2-3 所示。

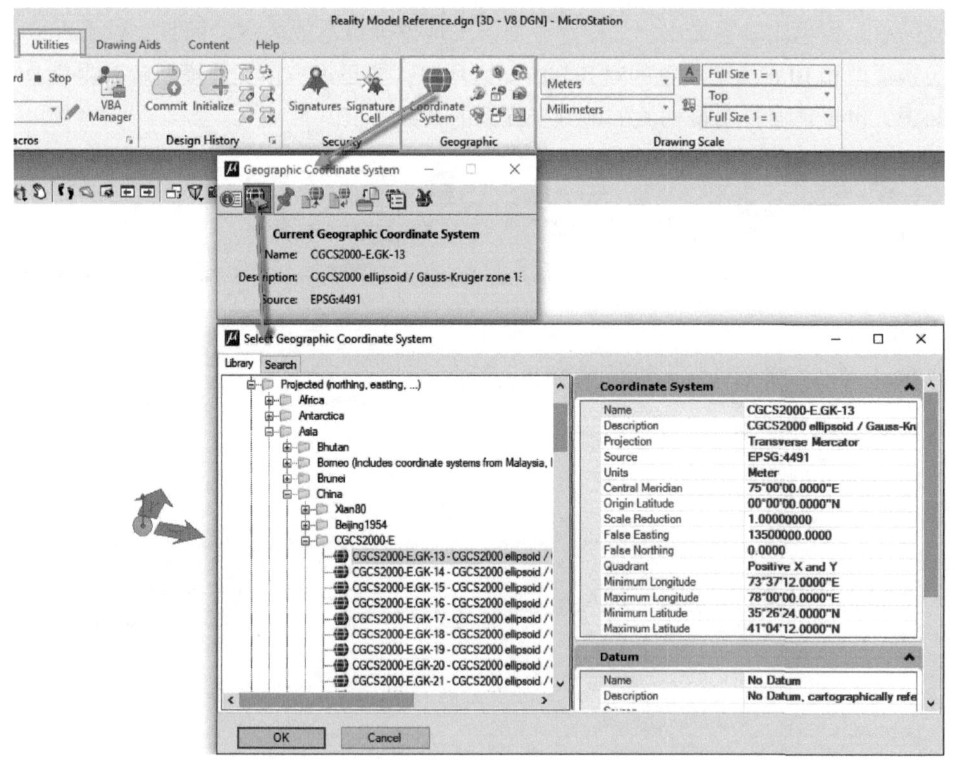

图 9-2-3　DGN 文件的地理坐标系设置

简单来讲，在工程实际应用中，为了正确表达地球上的精确地理位置，在地球的一系列位置放置了一系列的地理坐标系来进行局部的定位。因为如果采用一个坐标系来表达地球上的具体位置，一方面，有些点距离原点太远，会造成精度降低；另一方面，地球是个球体，故也无法用一个坐标系来表达，这就涉及具体坐标系的投影和展开问题了。

所以，对于一个大型的工程项目来说，例如“南水北调”工程，很有可能跨越了多个地理坐标系。在实际应用中，只需要为不同的模型设置不同的地理坐标系，虽然都是在原点附近绘制模型（同时也是靠近地理坐标系的原点），但在参考的时候，则需要选择地理坐标系对齐，模型就会根据地理坐标系的设置，自动设置正确的相对位置关系。

对于一个项目来讲，如果涉及地理坐标系定位，建议在项目初期就进行规划。当然也可以在种子文件中设置好地理坐标系。如果你在中途修改地理坐标系的设置，例如由地理坐标系 A 更改为地理坐标系 B，这时系统会询问你是否需要重新投影。这是因为在设定了地理坐标系 A 后，模型的具体位置就确定了，如果这时更改为地理坐标系 B，选择投影的话，就意味着需要利用新的地理坐标系 B 来度量、定位原有模型的位置，通常会投影到一个很远的位置，因为两个地理坐标系的原点一般都会距离得非常远，会超出 DGN 的工作范围，就会造成各种问题。

这个原理好像有点绕，但仔细想想就可以理解了。我们举个简单例子，用 MicroStation 默认的 MetroStation 工作环境来创建一个新文件，默认情况下，DGN 文件是没有设置地理坐标系的，如图 9-2-4 所示。

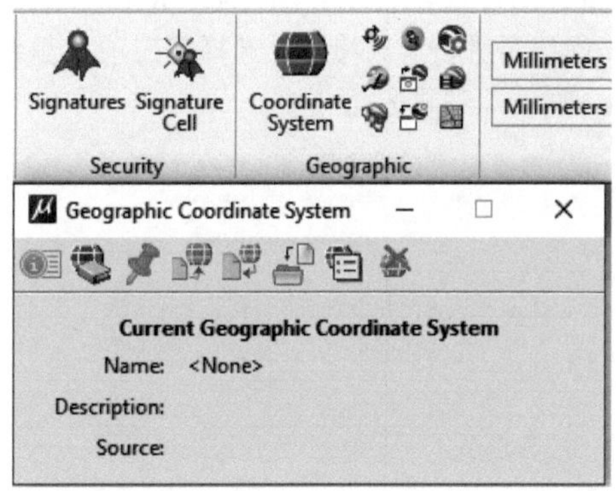

图 9-2-4　默认 DGN 文件没有设置地理坐标系

为 DGN 文件设置一个地理坐标系，每个地理坐标系也有单位的设置，当选择一个地理坐标系时，MicroStation 会提示你是否需要将单位协调一致，如图 9-2-5 所示。

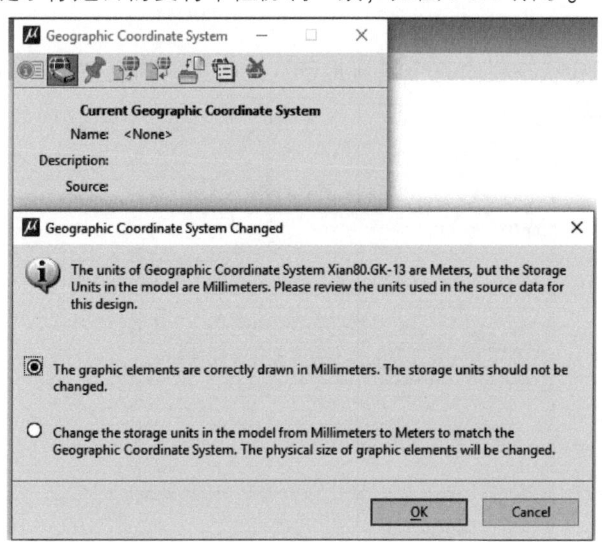

图 9-2-5　MicroStation 提示是否需要将单位协调一致

在原点附近绘制一个对象，例如绘制一个简单的立方体，如图 9-2-6 所示。

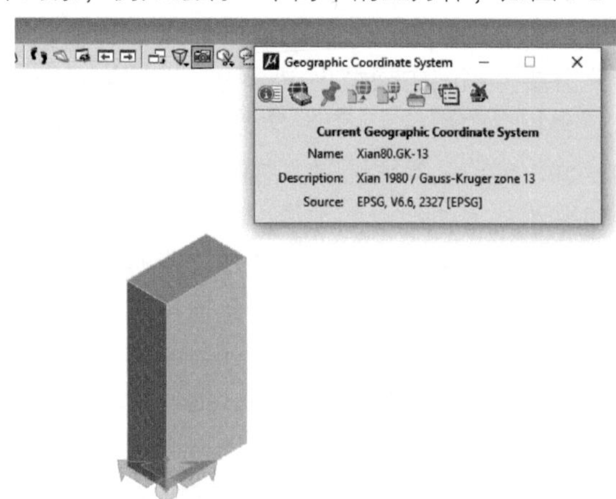

图 9-2-6　在原点附近绘制一个 1000×500×2000m 的立方体

这时，更改地理坐标系设置，由地理坐标系“Xian80. GK-13”变成“Xian80. GK-14”，这时会看到如图 9-2-7 所示的对话框询问你是否进行重新投影，选择第二项“重新投影”，如图 9-2-7 所示。

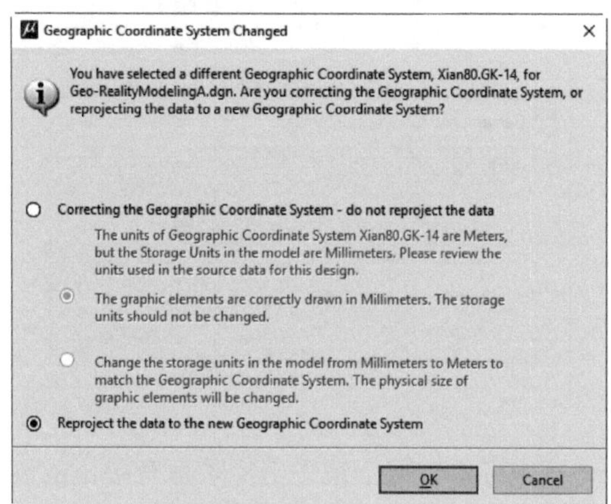

图 9-2-7　重新投影当前的模型

这个时候，会发现在状态栏内有个错误提示，说明当前的模型投影到工作范围之外了，无法进行操作，如图 9-2-8 所示。

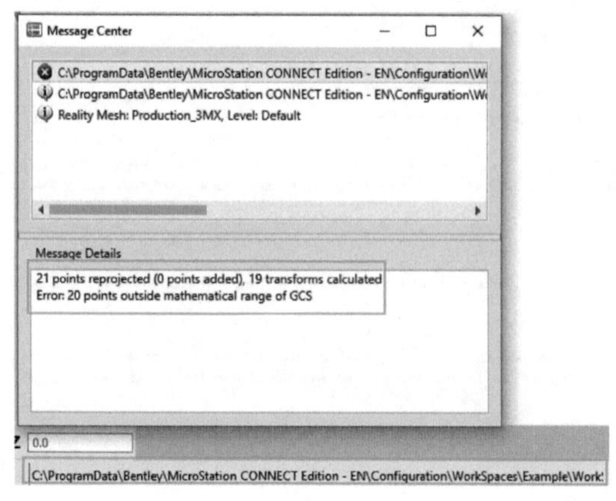

图 9-2-8　投影到了工作范围之外

参考一个具有地理坐标系设定的 DGN 文件，除了前面的坐标平面对齐等选项外，还可以以地理坐标系作为定位基准（图 9-2-9），但这个选项是否显示则取决于 DGN 文件是否设置了地理坐标系，而且也会涉及重新投影的选项，这面临的问题和前面叙述的一样。

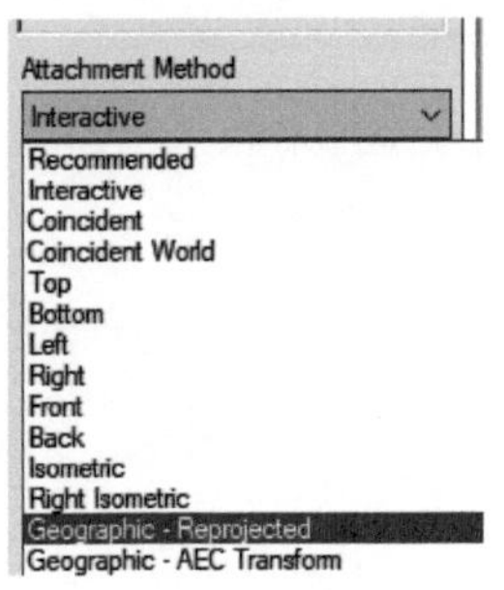

图 9-2-9　参考时以地理坐标系对齐

一般情况下，每个实景模型都有具体的地理坐标系设置和具体的地理位置，也有一些实景模型在处理过程中丢失了地理坐标系的设置信息，那就需要在后期再进行定位。

所以，当参考一个实景模型时，有两种选择：

（1）采用实景模型的地理坐标系设置进行投影和定位，这个过程会将已有模型投影到距离原点很远的位置。

（2）不采用实景模型的地理坐标系，通过鼠标定位实景模型放置的位置。

下面通过简单的案例来说明，如图 9-2-10、图 9-2-11 所示。

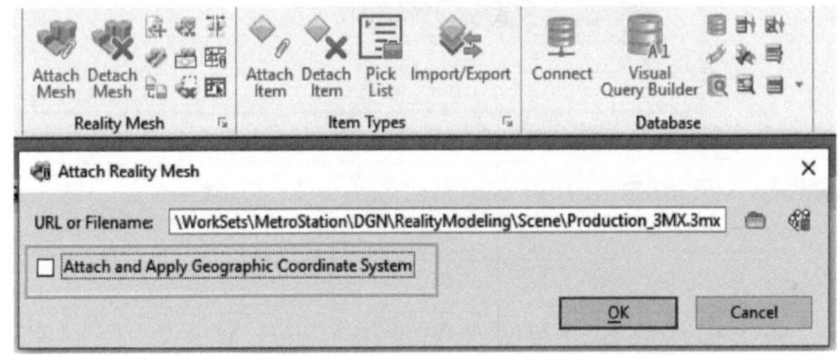

图 9-2-10　参考实景模型时，选择不应用地理坐标系

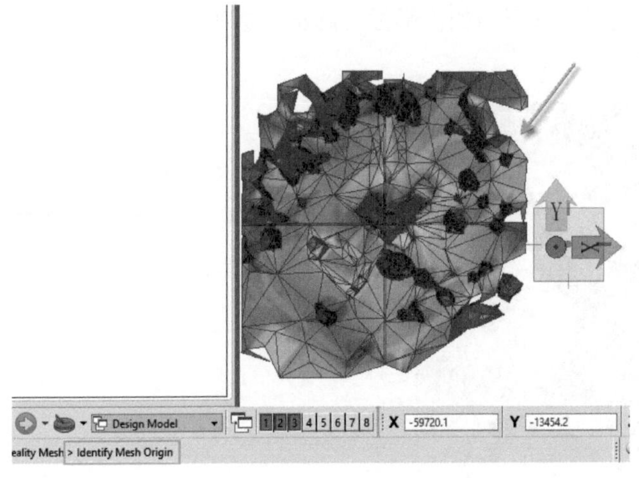

图 9-2-11　定义实景模型放置的原点

如果选择应用实景模型的地理坐标系，无论当前DGN是否设置了地理坐标系，都会根据实景的地理坐标系位置进行投影，注意实景模型的放置位置将由其地理坐标系设定来决定，如图9-2-12、图9-2-13所示。

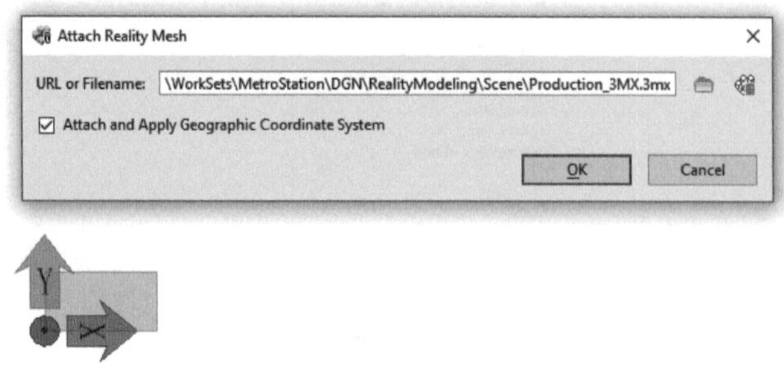

图9-2-12　选择应用实景模型的地理坐标系

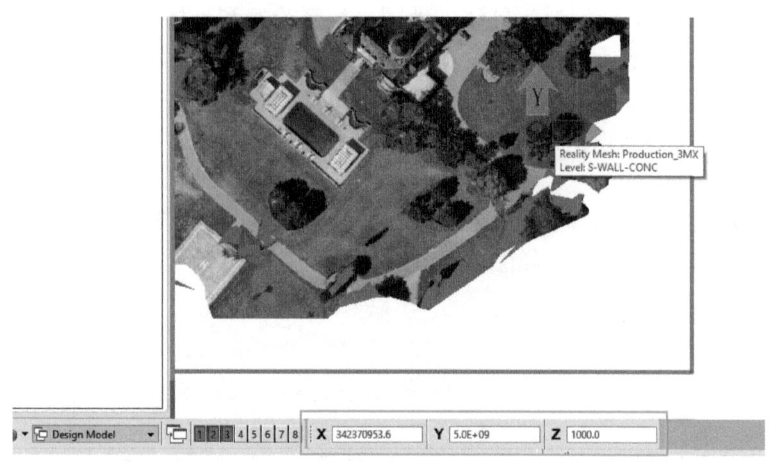

图9-2-13　重新投影模型位置

在视觉表现上，原来的模型好像没有太多的变化，而且ACS也显示在视图的中央附近，但如果你仔细观察，就会发现。这时模型已经放置在离世界坐标系GCS很远的位置了，在图9-2-13中，你可以看到精确绘图坐标系的坐标值。MicroStation建立了一个ACS与地理坐标系对齐，如图9-2-14所示。这个时候，如果新的投影位置超出了原来的工作空间范围，就会产生精度的问题，甚至会发生错误。

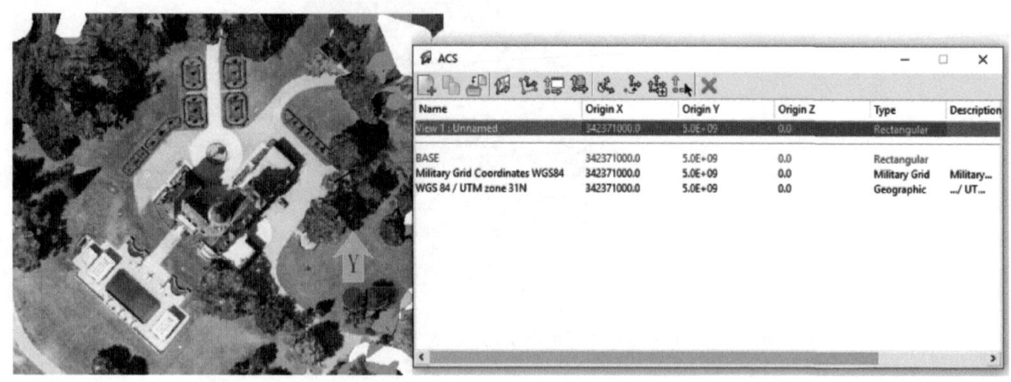

图9-2-14　MicroStation建立ACS以适配地理坐标系

希望你通过以上的步骤能明白地理坐标系和世界坐标系之间的关系。对于工程实际应用来讲，有如下两个原则来简化这个过程：

- 项目开始前，规划好所有的地理坐标系设置，如果需要转化，注意转换的精度设置。
- 避免进行坐标系的重新投影，以免造成精度降低。如果使用 iTwin 云平台时，建议独立处理 BIM 模型和实景模型。

9.2.2 实景模型应用

上面讲了很多地理坐标系的背景知识，下面简要说明使用实景模型的知识点：

- 当前版本，可以参考 3MX 和 3SM 格式的实景数据，这两种数据都可以通过 ContextCapture 输出。3SM 是最新的数据格式，是 Scalable 的实景，对于实景的精度控制和显示效果相较 3MX 更好。
- 可以参考下列三种位置类型的实景：

（1）本地位置。具体的磁盘地址，如“C:\ Reality”这样的地址。

（2）网络位置。可以是一个 FTP 或者 HTTP 链接，也就是一个 URL 位置（图 9-2-15）。在实景的处理过程中，可以发布实景到网络上，然后在 MicroStation 中引用。

（3）ProjectWise ContentShare。这是 ProjectWise 中的一项内容。

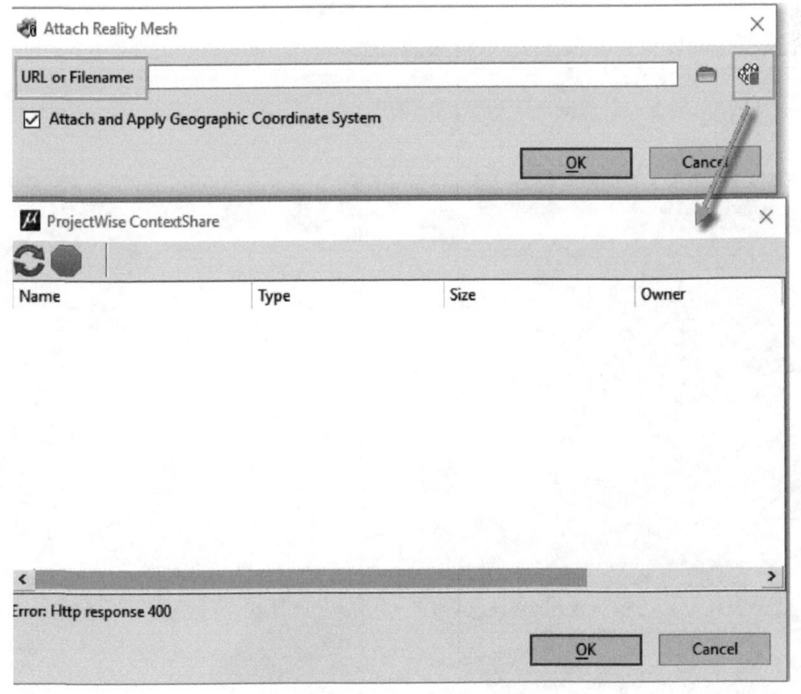

图 9-2-15　网络位置

- 实景是一个“整体”但通过 MicroStation 的 Classifiers 可以对局部进行处理，也就是可以分为多个区域，然后给每个区域赋予不同的工程属性。例如赋予邮政编码、人口数量等属性。

当然，作为引用对象，也可以对实景的参考对象进行局部的剪切显示和覆盖显示，实景参考案例如图 9-2-16 所示。

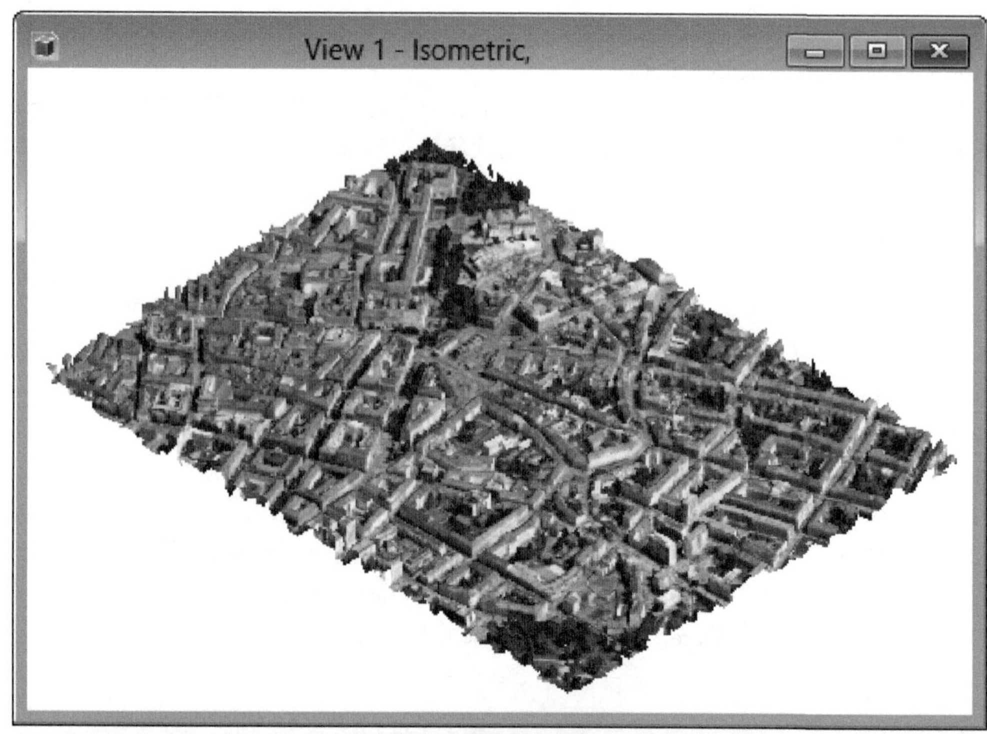

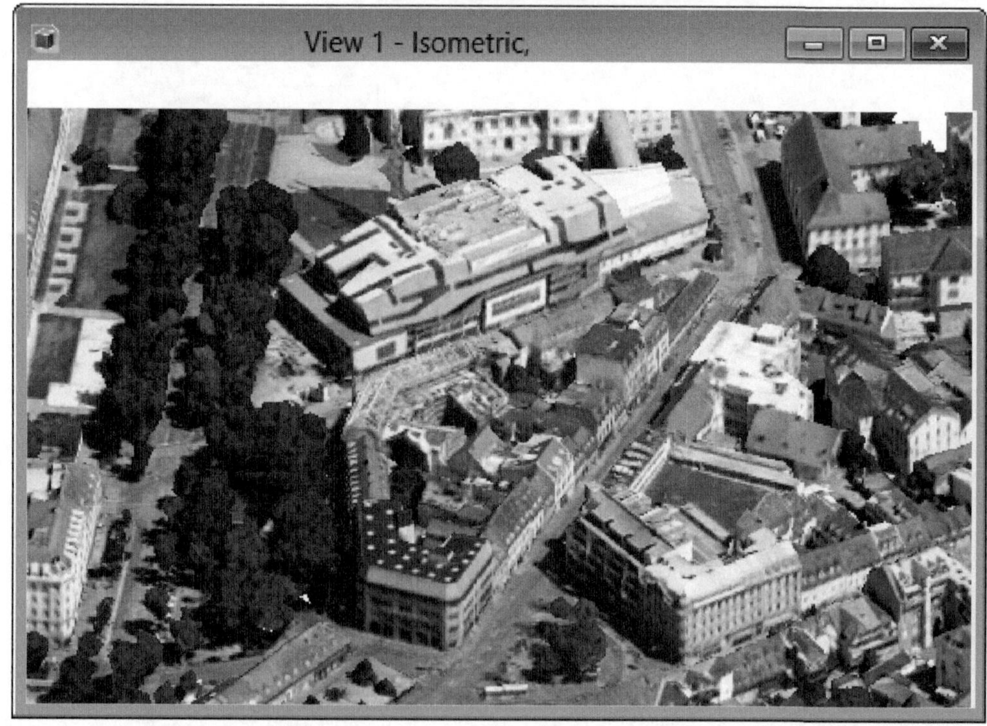

图 9-2-16　实景参考案例

实景模型是一组文件的集合，以 3MX 实景文件为例，它是由一个扩展名为 ＊. 3mx 的文件加上一组附属文件组成。在参考过程中，选择这个 3MX 文件即可。这个文件包含实景的地理位置以及一些实景组件。实景的模型组件以 ＊. mx3b 的扩展名文件格式存储。当 3MX 文件被参考时，MX3B 组件文件会被自动加载。

前文讲过，实景模型是由精确的地理位置和地理坐标系设置的，所以这涉及一个问题，当前 DGN 文件的地理坐标系和真实的位置的关系，如图 9-2-17 所示。

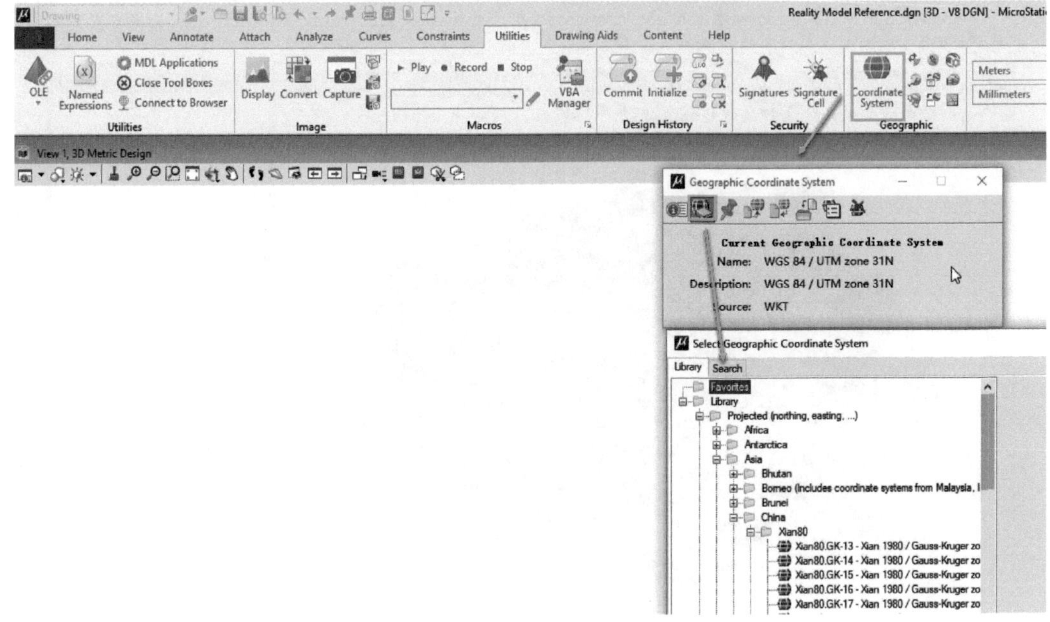

图 9-2-17　为 DGN 文件设置地理坐标系

在 DGN 文件中，我们可以设置地理坐标系，例如“XiAn80”就是一套地理坐标系，它涉及椭球体投影的地理信息概念。

当参考的实景模型的地理坐标系和当前的地理坐标系不同时，就会涉及该使用哪套坐标系的问题，在参考的对话框里有如图 9-2-18 所示的选项。

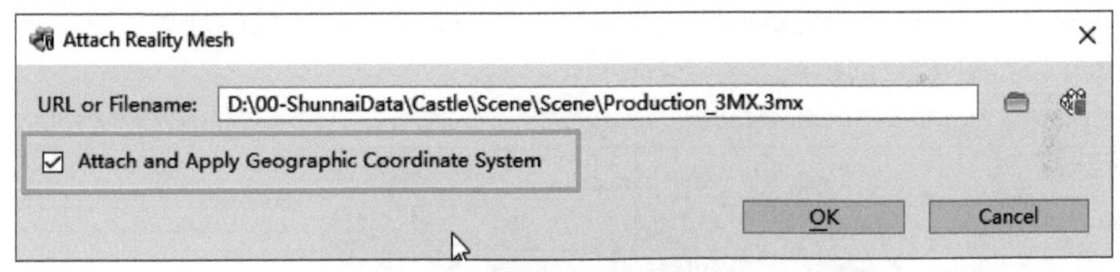

图 9-2-18　是否使用实景模型的地理坐标系

如果使用实景模型的地理坐标系，当前的模型就需要根据实景的坐标系重新投影。如果当签的 DGN 文件里已经有模型，系统会给出如图 9-2-19 所示的提示。参考实景模型的效果如图 9-2-20 所示。

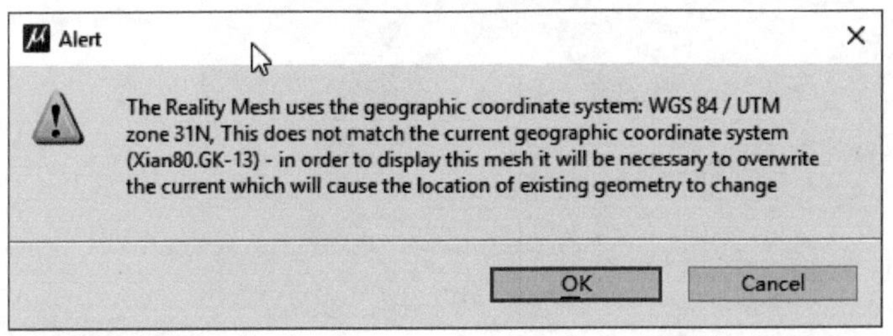

图 9-2-19　提示当前的 DGN 文件和实景的地理坐标系不同，需要投影

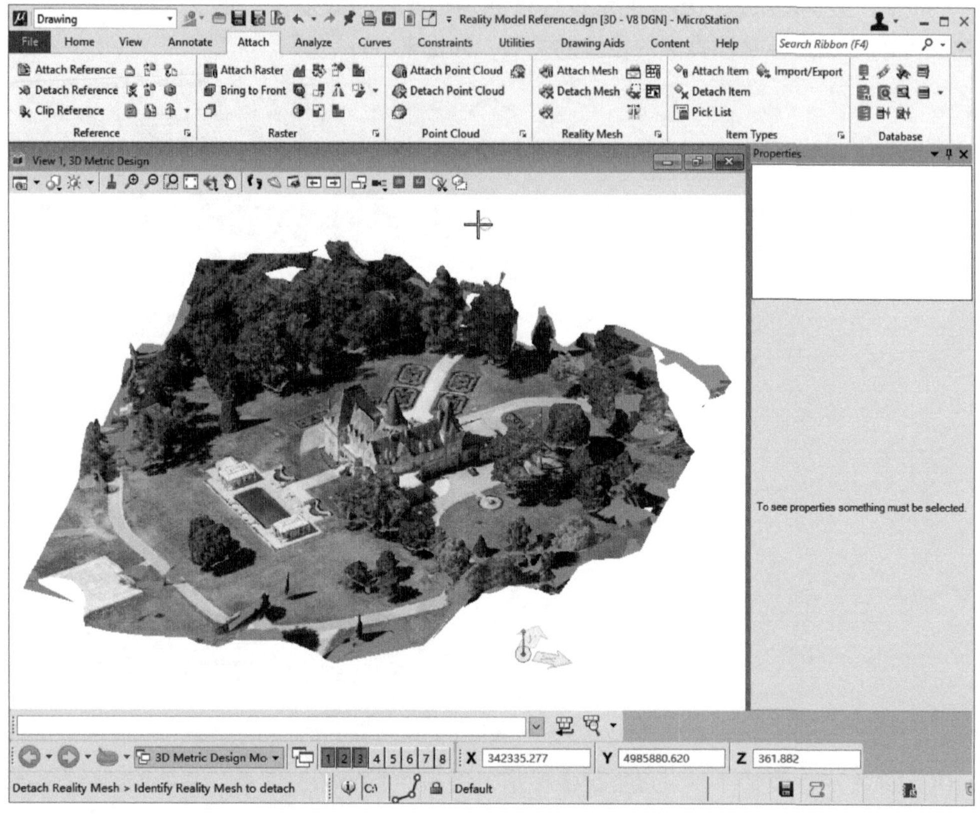

图 9-2-20　参考实景模型的效果

实景模型参考进来以后，和其他的参考对象类似，你可以只显示其中的一部分。实景模型是一个整体的面，但有时我们需要将其“单元化”然后查询具体区域的地理特性，这就是实景模型的单体化，如图 9-2-21 所示。

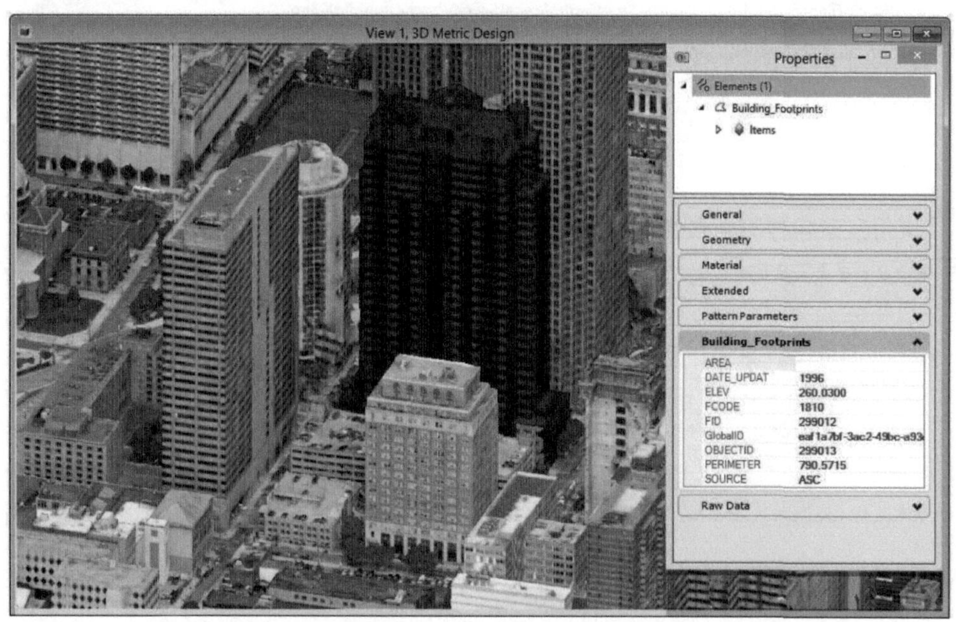

图 9-2-21　实体模型单元化

9.3 点云参考 Point Cloud

“点云”是由大量的位置点组成的数据文件，一般通过设备扫描物体表面而成。原始的点云数据扫描完毕后，一般需要特殊的软件模块进行处理，然后再提供给后续的工作环节使用。PointTools 模块就是用来专门处理点云数据的。

而对于 MicroStation 来讲，它属于一种利用处理好的点云数据的场合，它兼容多种点云数据类型，例如 POD，BIN，CL3，FLS，FWS，LAS，PTG，PTS，PTX，3DD，RXP，RSP，XYZ，E57，TXT 等，如图 9-3-1 所示。而 POD 格式就是 PointTools 文件的格式，它支持大体量的数据规模，而且可以实现高性能处理。所以，单就处理点云数据本身来讲，建议将其他的点云数据类型转换为 POD 格式。

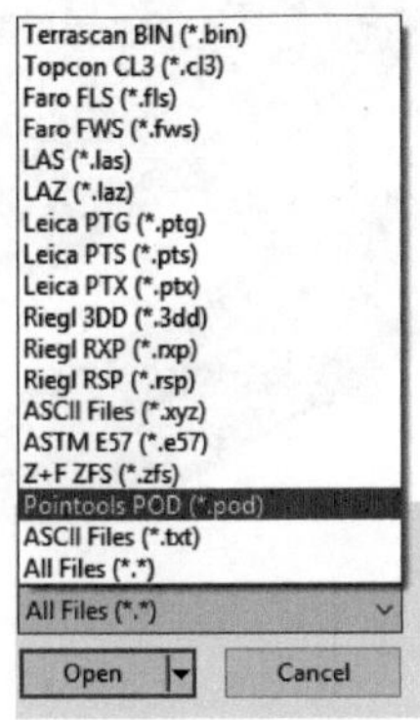

图 9-3-1　MicroStation 支持多种点云数据格式

在 MicroStation 中，可以参考点云数据用于模型融合、测量、定位、碰撞检测等，MicroStation 点云参考工具如图 9-3-2 所示。

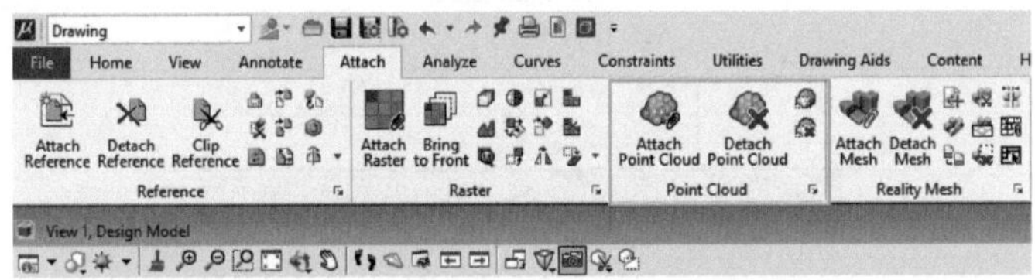

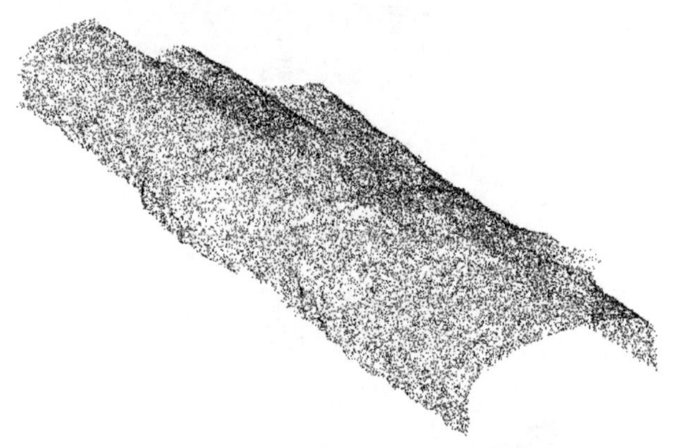

图 9-3-2　MicroStation 点云参考工具

点云参考后，也可以像普通的参考一样，控制是否显示，也可以用“Clip”工具，只显示所选区域的点云数据，如图 9-3-3 所示。

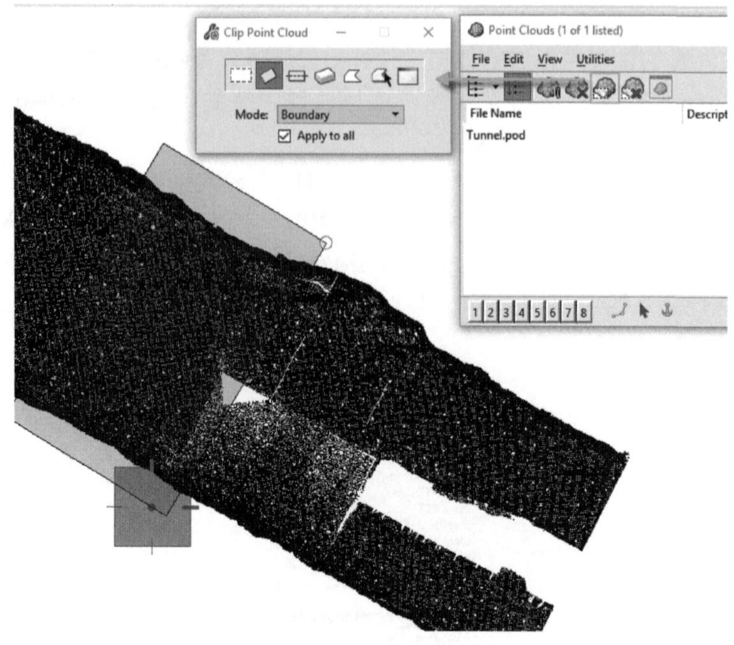

图 9-3-3　控制点云数据局部显示

9.3.1　点云操作

点云作为一种参考，可以使用通用的工具（图 9-3-4）进行移动、复制等操作，但是否可以操作取决于原始数据的设定和点云对话框中的选项。

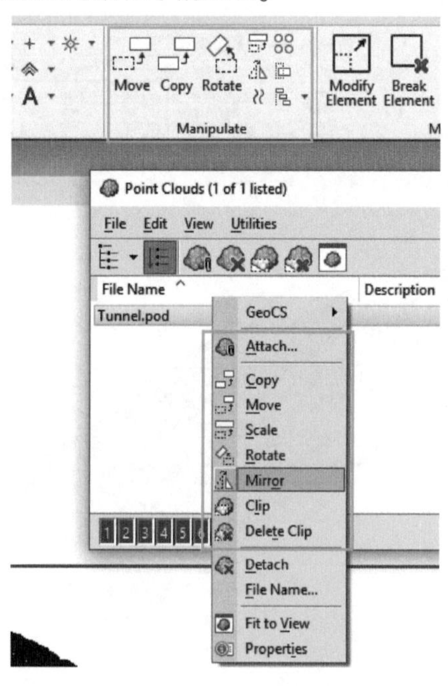

图 9-3-4　点云的操作工具

当然这里的“复制”是指复制点云的参考，你也可以在点云参考的“右键菜单”里找到这些工具。如果原始点云数据里设定不允许更改，那么在 MicroStation 中是无法进行相应操作的，这是为了保护原始数据的正确性。

原始数据设定可以更改这些点云数据，例如放大、缩小、移动位置等。在 MicroStation 中有一个“Anchored”的选项来限制是否可以做这些修改，这是从项目数据管理角度来保证数据的正确性，当这个选项被打开时（勾选），数据就无法被更改了，如图 9-3-5 所示。

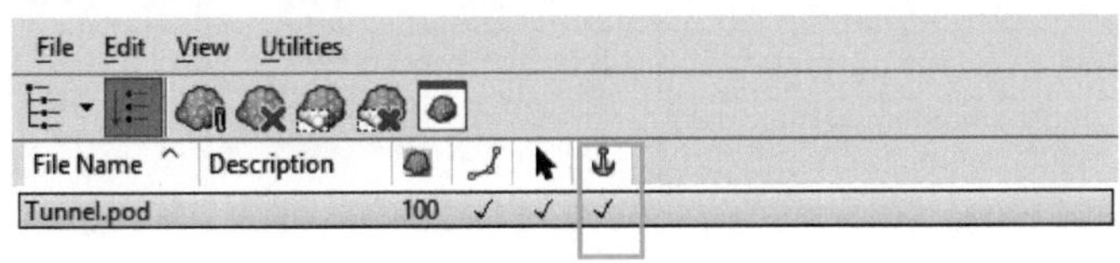

图 9-3-5　点云操作设定

9.3.2　点云显示密度

点云是由大量密集点组成的“云”，显示的效果在很多时候是“黑压压”一片。在 MicroStation中，可以设定点云显示的密度“Intensity”（图 9-3-6），以便更加容易的进行捕捉、测量等操作，在某些显示场合也更加清晰。

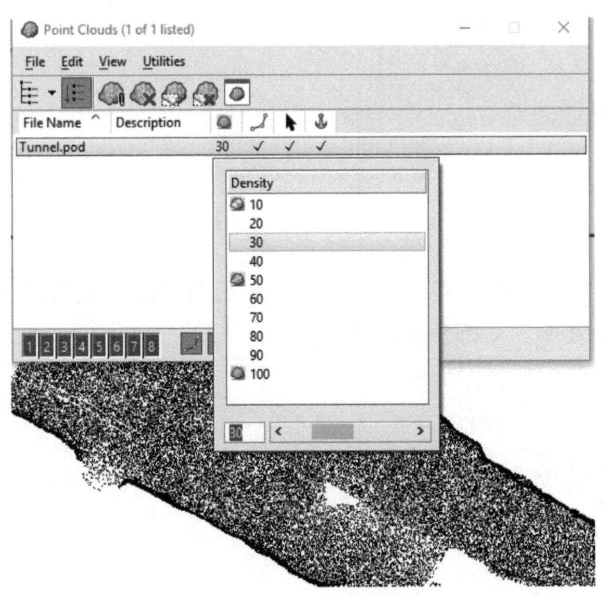

图 9-3-6　点云显示密度设定

9.3.3　点云数据格式转换

在点云对话中提供了转换“Convert”和输出“Export”的工具，让你转换现有的点云数据格式，如图 9-3-7 ~ 图 9-3-9 所示。

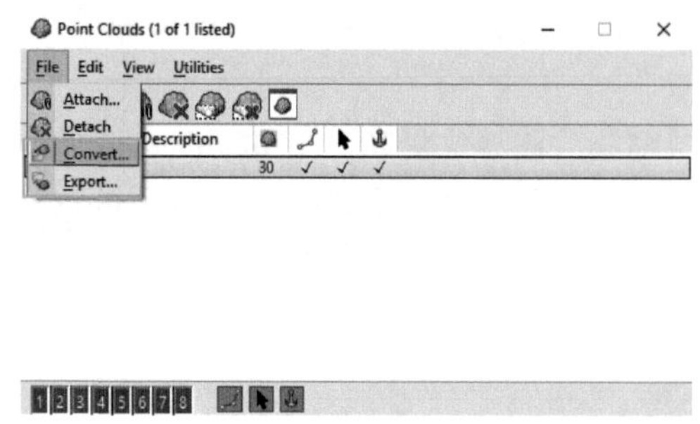

图 9-3-7　点云转换和输出工具

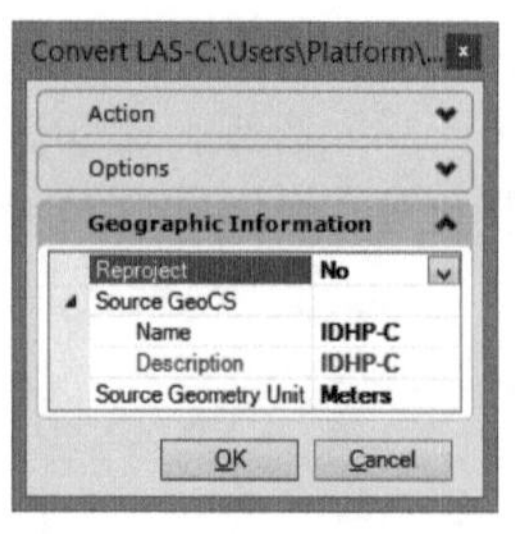

图 9-3-8　点云转换设定，涉及地理坐标系

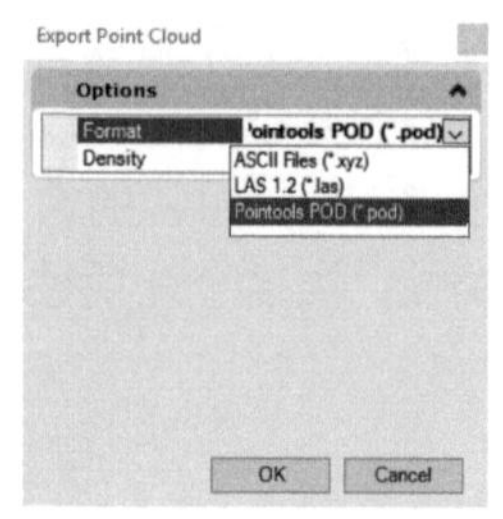

图 9-3-9　点云输出格式设定

9.3.4　点云地理坐标系

和实景中的内容一样，对于大场景的点云数据，很多时候需要地理坐标系来定位，可以为点云数据设定相应的地理坐标系来匹配应用场景。需要注意的是，这里是“临时”给点云数据设定一个地理坐标系，如图 9-3-10 所示。

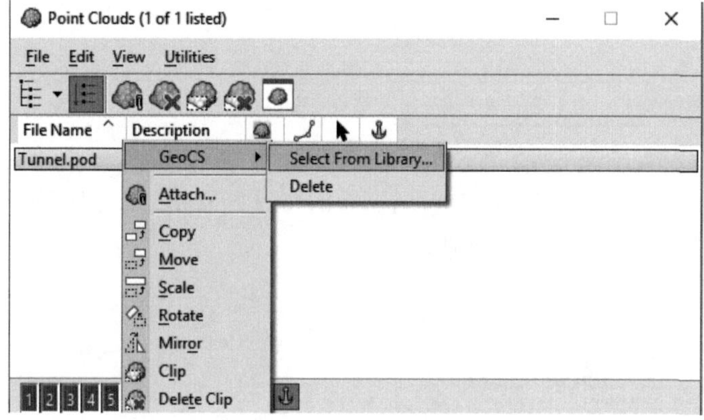

图 9-3-10　为点云设定地理坐标系 GeoCS

9.3.5　点云显示

点云作为一种“引用”数据，可以决定在哪个视图中显示，当然这些显示的状态也可以作为视图“View”被保存起来，如图 9-3-11 所示。

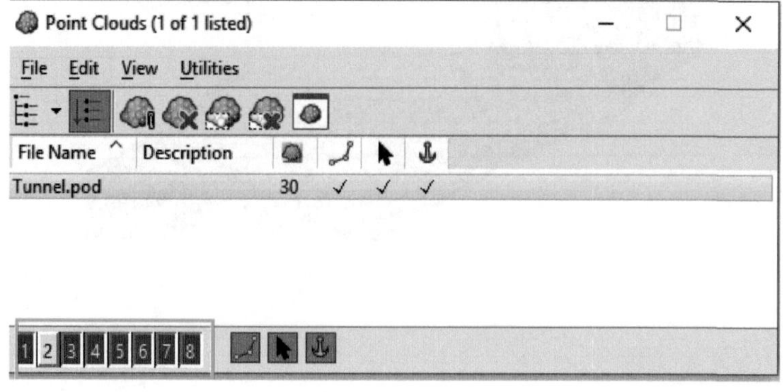

图 9-3-11　点云显示视图设置

如何显示点云？除了上面说的控制显示的密度外，还可以通过点云特定的显示样式“Point Cloud Styles”来控制，如图 9-3-12 所示，可以在视图属性中找到设置选项。

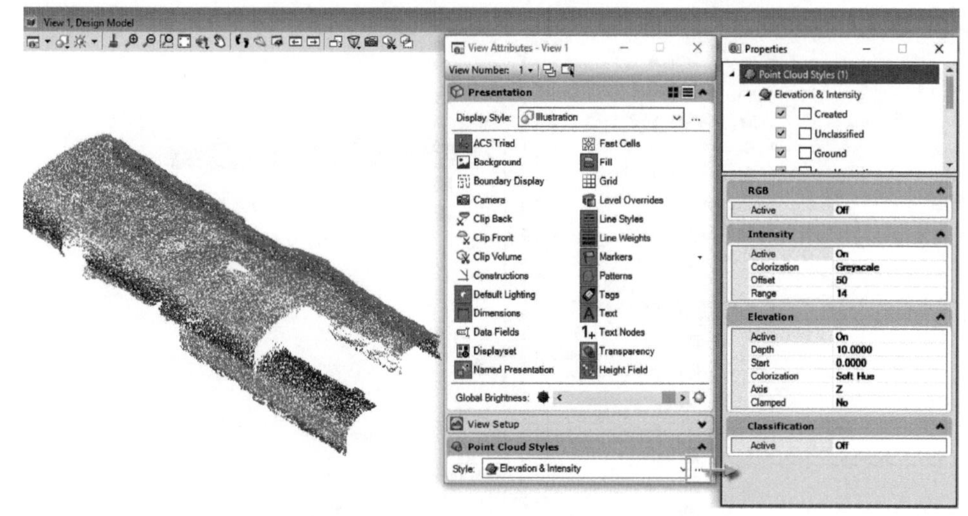

图 9-3-12　点云显示样式

点云样式“Point Cloud Styles”的工作原理是对点云进行分类，也就是“Classification”，然后用不同的显示设置来控制。

所以，如果想实现点云的分类显示，就得确定分类条件，并进行分类，这涉及点云的处理。分类工具其实是 Bentley 的应用模块“Descarters”中的功能，被添加到了 MicroStation 及其相关的应用软件中，例如在 OpenBuildings Designer 中也有类似的功能。

点云样式的编辑是通过 MicroStation 浏览器“Explorer”来实现的，你可以在“右键菜单”中找到相应的菜单，如图 9-3-13 所示。

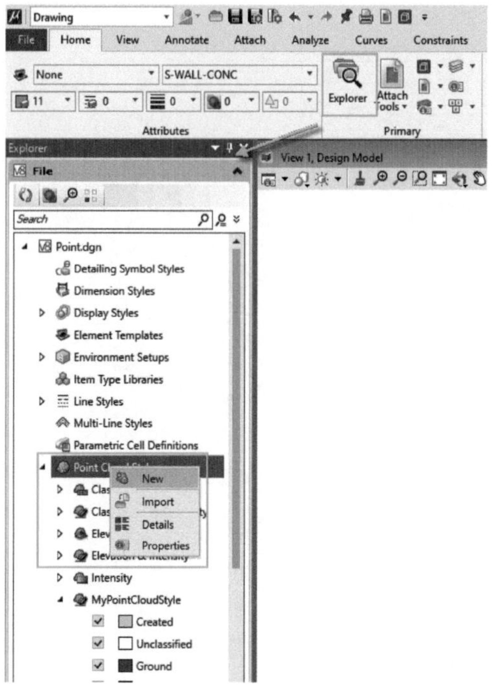

图 9-3-13　点云样式操作

设置一个点云样式就相当于建立了很多了规则，以显示不同类型的点云数据。不过，前提是被参考的点云数据已经进行了分类，然后通过显示样式的过滤器识别，最后再赋予特定的显示设定，如图 9-3-14 所示。

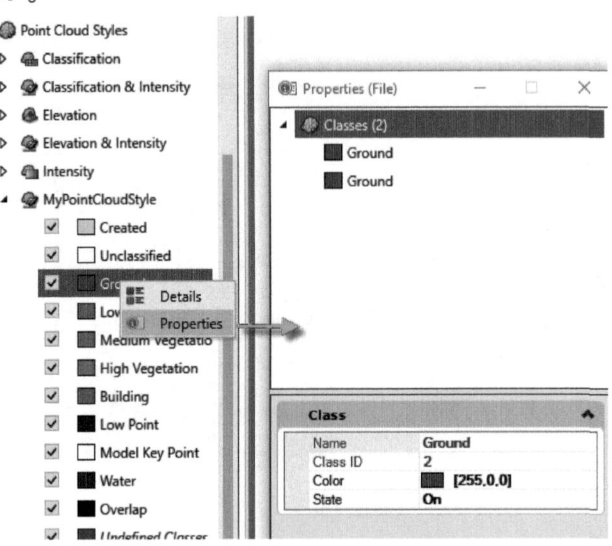

图 9-3-14　点云样式的详细设定

点云的操作就讲些这些内容，如果想详细了解细节，需要：

（1）具备测量的相关背景知识。

（2）了解“PointTools”和“Descartes”的相关内容。

第10章 单元对象Cell

在前面的章节里，我们简单介绍了单元对象“Cell”的使用，Cell 被保存在一个 Cell 库里，可以保存二维对象或者三维对象。

Cell 就是我们常说的“块 Block”，“Cell”是在 MicroStation 中的说法。那为何要使用 Cell 单元呢？那是因为，我们要经常使用某类对象，这类对象非常复杂，如果每次使用都要重新创建的话，非常耗费精力。所以，针对这类对象，需要做到“一次创建，永久使用”，这就是 Cell 产生的原因。相关 Cell 如图 10-0-1、图 10-0-2 所示。

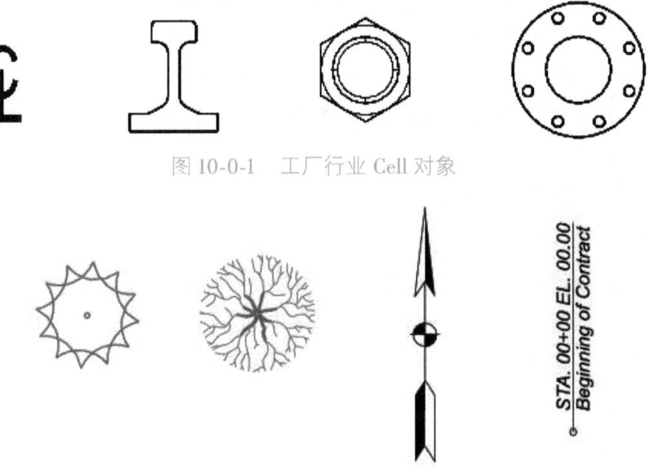

图 10-0-1　工厂行业 Cell 对象

图 10-0-2　市政行业 Cell 图符对象

每个 Cell，是以 Model 的形式保存在 DGN 文件中。虽然它的扩展名是 .cel，但从文件性质上，和 DGN 文件一样，我们可以打开一个 Cell 库文件，然后直接编辑里面的 Cell 内容。我们在链接一个 Cell 库时（图 10-0-3），也可以链接一个 DGN 文件，在这个 DGN 文件中，每个 Model 就相当于一个 Cell，它是否可以被当作 Cell 进行放置，取决于 Model 的属性设置里“Can be placed as Cell”属性值是否是“True”，如图 10-0-4 所示。

图 10-0-3　直接打开一个 Cell 库文件

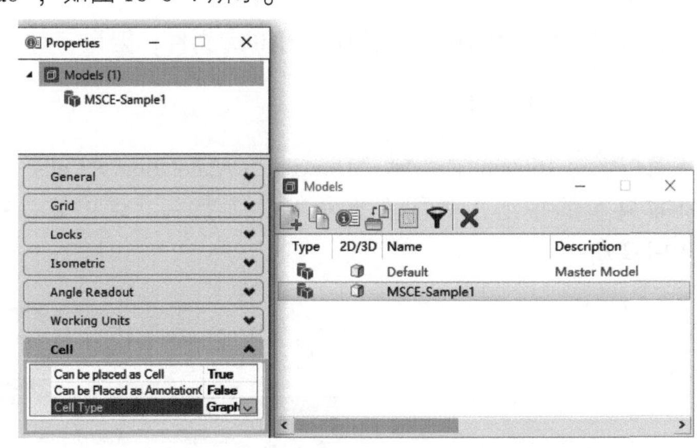

图 10-0-4　DGN 文件的 Model 属性中对于 Cell 的设置

每个 Cell 都有一个名字，我们可以通过批量的方式替换、更新文件中的 Cell 对象，这让设计更改非常方便。同时，MicroStation 提供了一种共享单元 “Shared Cell” 的存储模式。如果在一个 DGN 文件中，有多个同样的 Cell 对象，在存储上，你可以选择只存储一份定义，然后以多个位置引用，这就很好地减小文件体积。试想一下，在一个体育场的模型中，需要放置 5000 把椅子。如果每个精细的椅子模型的容量是 1M，如果不使用共享单元 “Shared Cell” 的话，那就意味着文件的大小将为 5G 左右。而使用共享单元，文件的大小也就 1M 多一点。MicroStation 只保存一把椅子的 Cell 定义，然后记录 5000 把椅子的位置信息即可。

每个 Cell 都有一个 “原点”，这个原点也是放置 Cell 时的基点。如果打开 Cell 库中的 Cell 定义，你会发现，Cell 的定义原点就是世界坐标系的原点。所以，创建 Cell 的最简单方式，就像是创建一个 DGN 文件中的 Model 一样，在 Model 里创建对象即可。

使用 Cell 可看作是一种小规模重复利用已有对象，而文件参考也有类似的功能，但是 Cell 在使用场合是以一个 “整体” 进行放置，而在文件参考过程中，你可以应用文件内部的细节。所以，在一般情况下，可以用 Cell 来表达某些 “对象库”。如果你将建筑专业的某个标准层当作 Cell 来重复放置，虽然技术上看似没有什么问题，但对于应用场合来讲是不对的，因为应用上需要知道标准层的很多细节，例如分层信息、对象类别等，而不是作为一个整体来使用。

10.1 单元库 Cell Library

在 MicroStation 中，我们常遇到的文件扩展名为 *.dgn、*.cel、*.dgnlib。它们分别存储工程数据、单元库和标准库，它们在本质上是同一种文件类型。你可以像打开 DGN 文件一样打开单元库（简称 Cell 库）文件，然后导入其他 Cell 库的单元。利用导入 Model 的功能导入单元如图 10-1-1 所示。

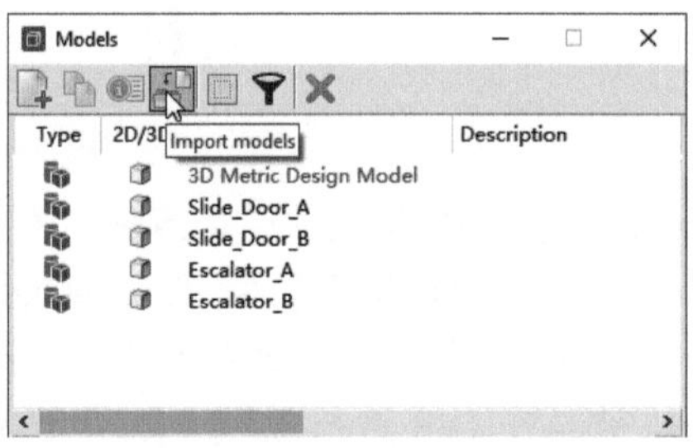

图 10-1-1 利用导入 Model 的功能导入单元

也可以链接一个 DWG 文件作为 Cell 库文件，因为有时也会在里面定义一些块 “Block”。

10.1.1 创建 Cell 库

可以通过 Ribbon 的菜单 “Drawing > Annotation > Cells” 的一组命令对 Cell 进行操作，在 Ribbon 菜单的每组工具的右下角都有个箭头，点击它，就可以进入单元库管理界面，如图 10-1-2 所示。

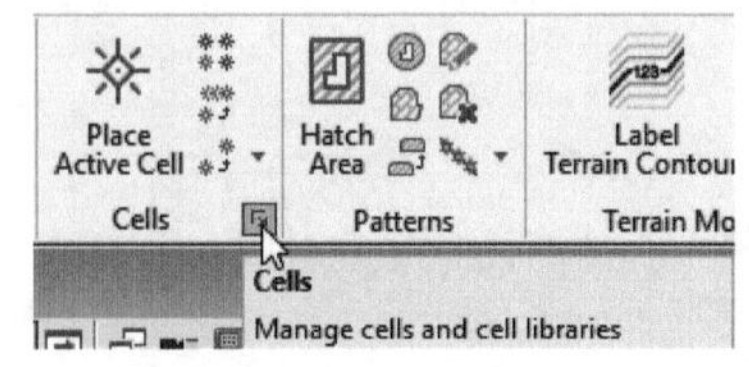

图 10-1-2 单元相关命令

通过 Cell 库管理界面（图 10-1-3），你可以链接一个 Cell 库，也可以新建一个 Cell 库，新建 Cell 库的过程非常简单，在此不再详细叙述。也可以用新建 DGN 文件的方式来创建一个 Cell 库，只需修改一下扩展名即可。

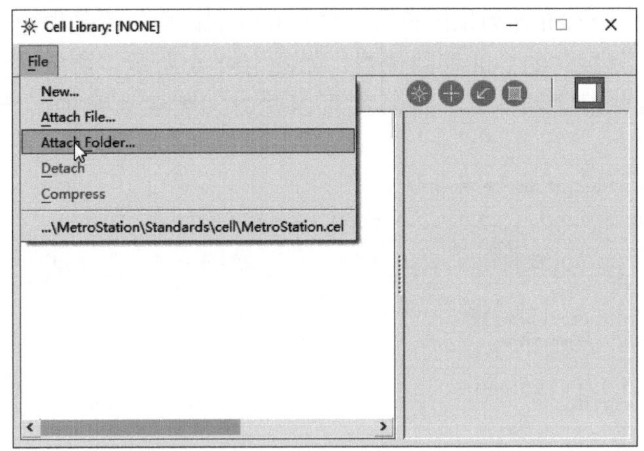

图 10-1-3　Cell 库管理界面

10.1.2　链接 Cell 库文件

在 MicroStation 中，我们在很多的场合都会使用 Cell，例如，用它作为一个点 “Point” 放置，用它来填充图案，用它作为 “端符”，当然它更多时候是被当作一个对象单元来放置。无论哪种应用场合，我们都需要先链接一个 Cell 库或者找到它保存的位置。因为，如果我们以共享单元 “Shared Cell” 的方式放置单元时，它的定义就被放置在当前文件中，我们也可以利用它再次进行放置或者应用。

在 MicroStation 中，我们链接 Cell 库的方式，有如下几种方式：

- 链接一个具体的 Cell 文件（CEL、DGN、DWG、SKP 等兼容格式），如图 10-1-4 所示。
- 链接一个目录，MicroStation 会自动搜索目录下的所有 Cell 库中的 Cell 文件，如图 10-1-5 所示。

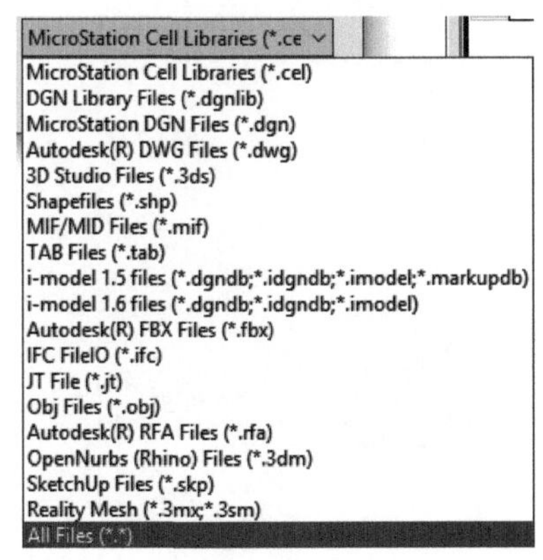

图 10-1-4　链接 Cell 库时，可以选择多种类型

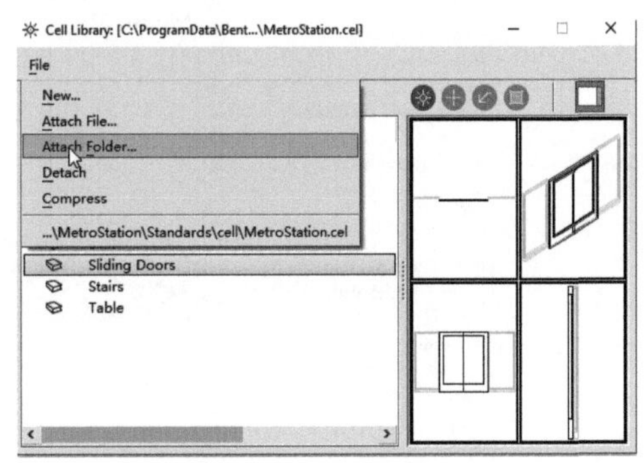

图 10-1-5　链接目录

上述方式会搜索这个目录下的所有兼容的文件，包括 DGN、DWG、CEL 文件等。如果你想采用这种方式，建议提前先将目录归类（例如将某个专业的 3 维单元放在一起），因为在一个长列表里找东西不是一种很高效的方式。

- 搜索“MS_CELLLIST”变量指向的目录。

前面提过，我们是在一个工作环境中工作的。工作环境其实是设置了很多特殊的变量来控制环境的各项参数。在 MicroStation 中，有很多间接利用 Cell 的操作。例如，在切图时，MicroStation 会自动使用一个 Cell 作为切图符号，这些 Cell 的读取位置是由变量来控制的。

“MS_CELLLIST”是默认的 Cell 库的位置，如图 10-1-6 所示，需要注意的是，一个变量可以同时搜索多个位置，用这种方式，你其实可以同时加载企业级的、专业级等不同层级的 Cell 库。

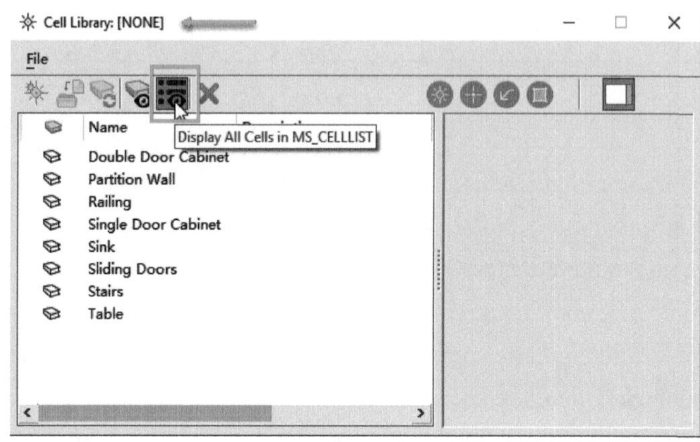

图 10-1-6　显示变量指向位置的 Cell 库

你可以通过配置工具查看“MS_CELLLIST”指向的位置，也可以增加新的位置让 MicroStation 自动搜索，如图 10-1-7 所示。

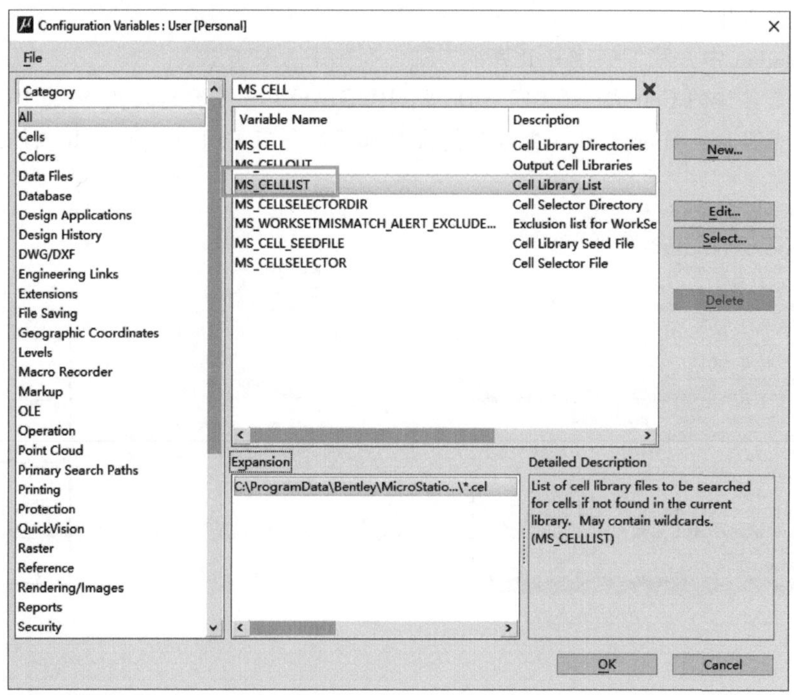

图 10-1-7　MS_CELLLIST 变量值

- 显示当前文件的共享 Cell。

当我们放置一个 Cell 时，我们可以以“共享单元”的方式来放置（图 10-1-8），放置完毕后，后续放置相同的 Cell 时，MicroStation 只保存一份，复制一个已经存在的共享单元也是相同的操作。所以这就减小了 DGN 文件的大小，同时也可以显示当前 DGN 文件的共享单元（图 10-1-9），用于再次放置。

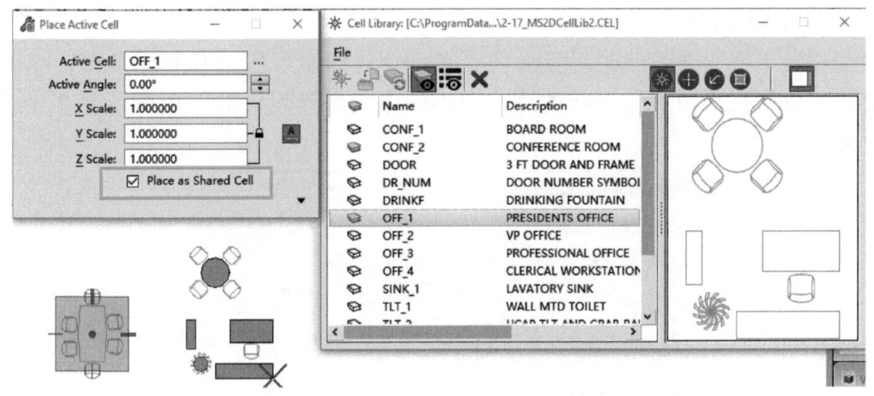

图 10-1-8 以“共享单元”的方式放置

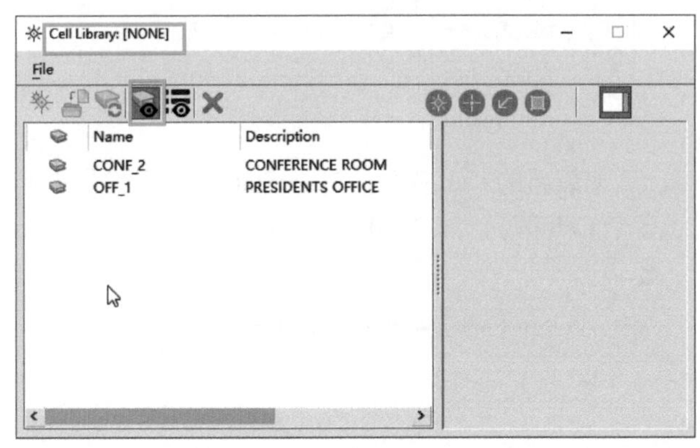

图 10-1-9 显示当前文件的共享单元

需要注意的是，我们可以同时在 Cell Library 界面中显示当前 DGN 文件的共享单元、MS_CELLLIST搜索的结果以及当前链接的 Cell 库。如果你想卸载 Cell 库，直接用“Detach”命令就可以了，如图 10-1-10 所示。

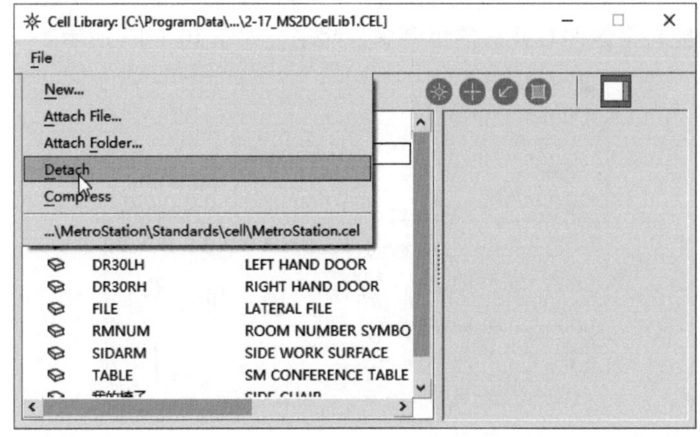

图 10-1-10 卸载单元库

- 使用 Cell Selector 加载 Cell 库。

“Cell Selector”是一个早期的工具，在 MSCE 版本中，这个命令被隐藏了，你可以通过 Key-in “MDL LOAD CELLSEL”来调用这个命令。这个命令其实很很好用，它以图示的方式显示所链接的 Cell 库，并可以记录住你当前链接了哪几个 Cell 库，以便于将来你重新加载这些库。Cell Selector 界面如图 10-1-11 所示。

例如，当你做电气三维设计时，可能需要在一个界面显示多个 Cell 库文件，而不想不停地链接 Cell 库，然后卸载后再去链接新的库。而你做电气二维设计时，也可以将多个二维的 Cell 库组合在一起使用。

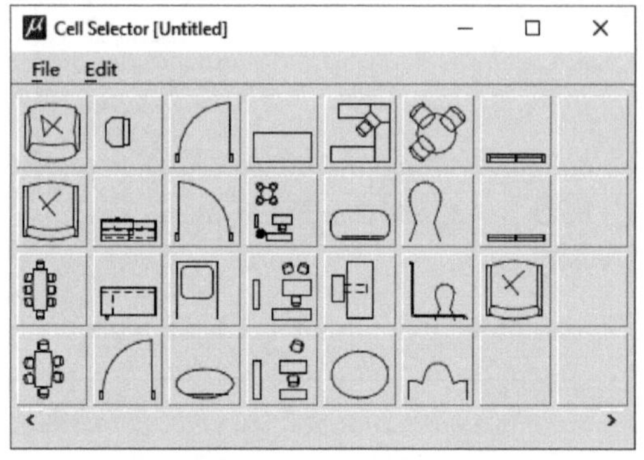

图 10-1-11　Cell Selector 界面

你使用“Cell Selector”加载新的 Cell 库时，MicroStation 会问你是否卸载现在的 Cell 库组合（可能当前你已经加载了多个 Cell 库），如图 10-1-12 所示。

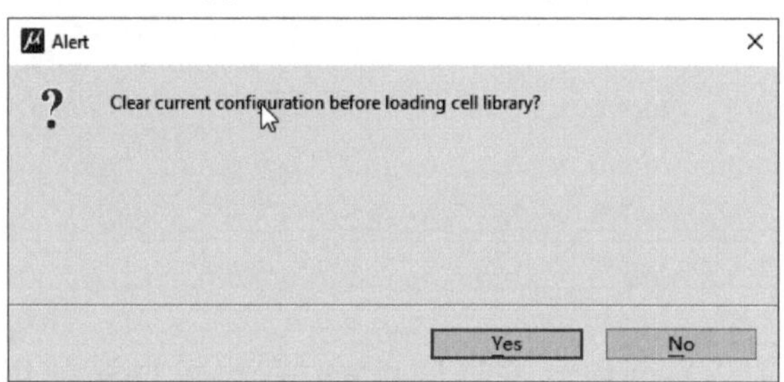

图 10-1-12　是否卸载当前的 Cell 库

如果选择“No”，新加载的 Cell 库就和当前的 Cell 库同时显示在一起，你可以利用“Cell Selector”的保存功能，将这种 Cell 库的组合保存起来，如图 10-1-13 所示。

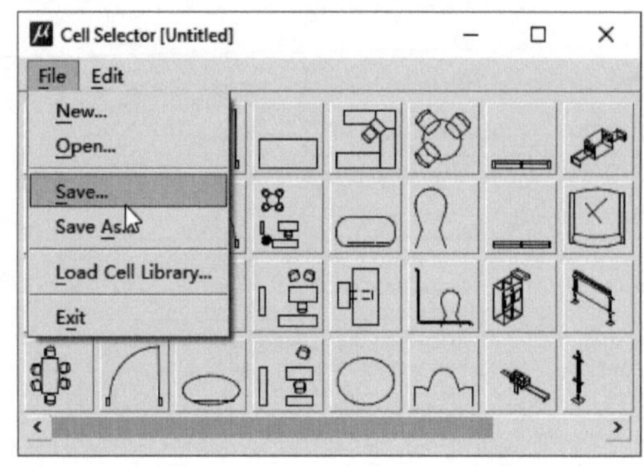

图 10-1-13　保存加载的 Cell 库组合

在“Cell Selector”中，点击某个 Cell，你就可以放置它了。

● **加载一个远程的 Cell 文件。**

你可以使用 Key-in“CELLSEL LOADURL”来加载一个 URL 的 Cell 库，你可以根据需要设置参数，如图 10-1-14 所示。

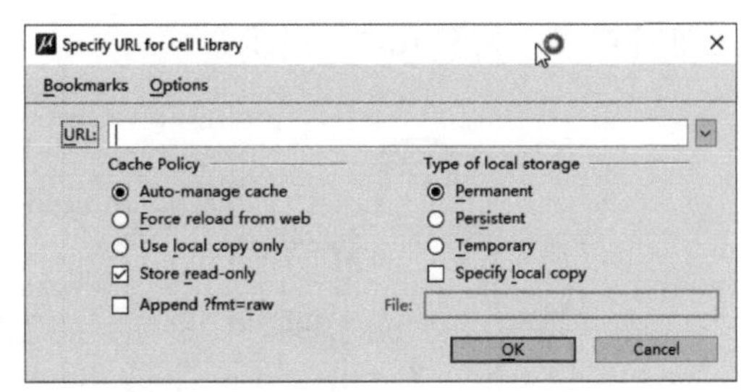

图 10-1-14　加载远程的 URL Cell 库

10.2　创建编辑 Cell

10.2.1　创建 Cell

Cell 库是需要积累的，当然也可以利用已有的 Cell 库和第三方的 Cell 库。创建 Cell 的操作非常简单，我们其实可以利用操作 DGN 的方式来创建 Cell，这也是最简单的方法，不过需要注意的是，Cell 库其实是一种“标准”，如果每个人都来创建，这就不是“标准”了。所以，在一个企业中，Cell 库的创建、维护、更新应该有专人来做，也需要按照一定的标准进行，做到“一人创建、多人共享、统一管理”。

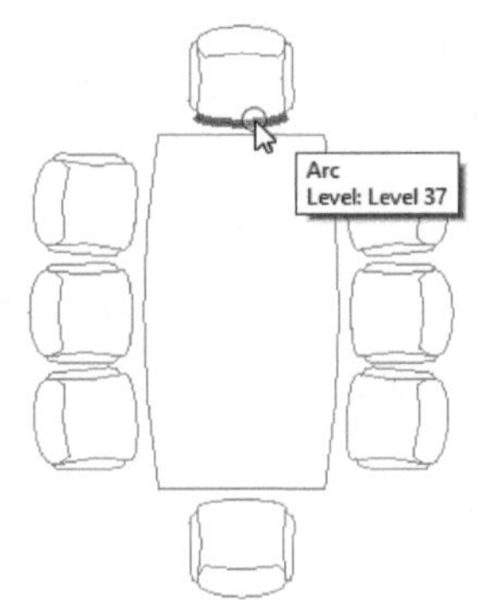

图 10-2-1　通过已有的二维 Cell，“炸开”后进行编辑

创建 Cell 的最常用步骤是：

（1）创建 Cell 包含的对象，需要注意，一个 Cell 可能分为不同的部件，你可以将 Cell 放置在不同的图层上。

（2）定义 Cell 的原点。

（3）打开一个已有的 Cell 库或者新建一个 Cell 库，然后利用新建 Cell 的名称保存到 Cell 库中就可以了。

操作实例如图 10-2-1 ~ 图 10-2-4 所示。

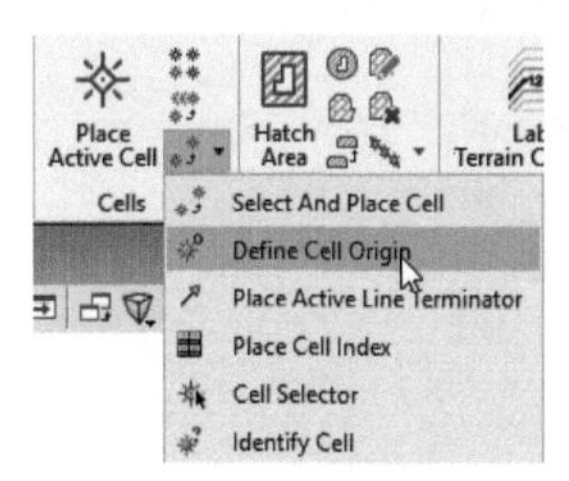

图 10-2-2　放置 Cell 原点命令，这个点就是将来 Cell 放置的基点

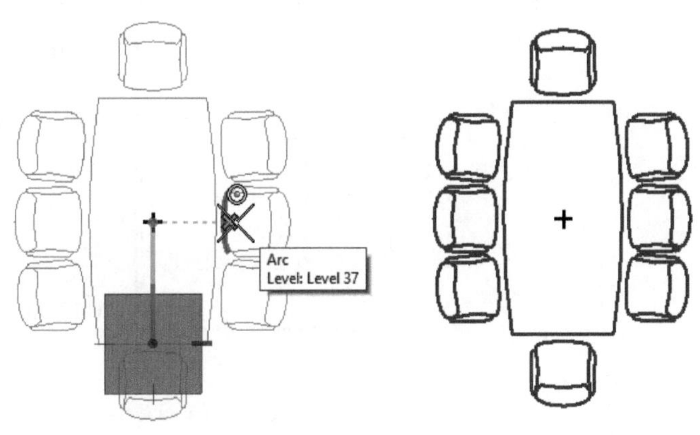

图 10-2-3　利用精确绘图，将中心作为 Cell 的原点

图 10-2-4　选中需要放在 Cell 中的图形

也可以先选中对象，然后再放置原点。对象的选择，可以用围栅“Fence”命令来选择。当原点和对象被确定后，就可以利用 Cell 库中的“Create Cell”命令来创建一个 Cell 单元，并保存

在 Cell 库中了，如图 10-2-5 所示。

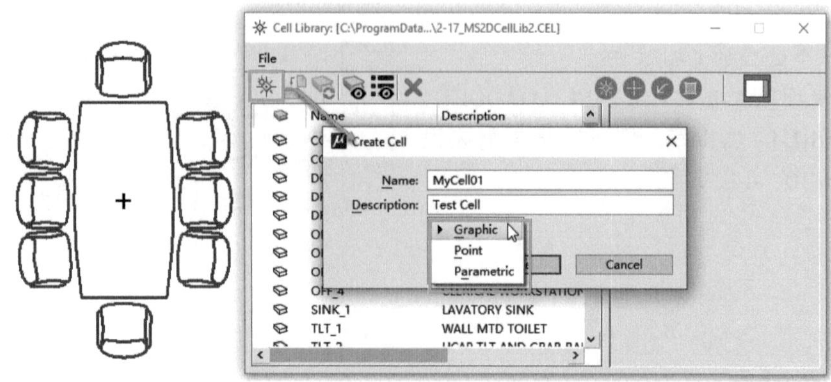

图 10-2-5　保存 Cell

在保存的对话框中，我们可以选择 Cell 的类型，最常用的三种 Cell 类型为：

Graphic（图形类型）：这种类型的 Cell 被放置时，Cell 不同的图层对象会被放置在创建时的图层上，如果 Cell 的图层在放置文件中不存在，MicroStation 会自动创建此图层。

Point（点类型）：这种类型的 Cell 被放置时，所有的对象会被放置在当前的图层。

Parametric（参数类型）：如果设置为"Parametric"类型，此单元就是"参数化单元"，可以实现参数化驱动单元的形体。它和点类型的 Cell 一样，会被放置在当前的图层。

我们也可以通过打开 Cell 库文件，然后像创建一个 Model 一样创建一个单元。在这个 Model 中世界坐标系的原点就是将来放置的单元基点。而这个 Model 的单元属性，可以通过 Model 的属性来设置。当然，你必须选择"Can be placed as a Cell"为"True"才能将此 Model 当作 Cell 单元来使用，如图 10-2-6 所示。

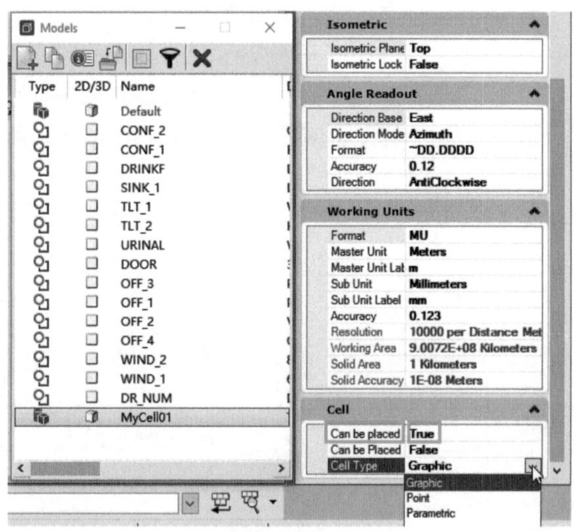

图 10-2-6　直接打开 Cell 库，设置 Model/Cell 的属性

10.2.2　编辑 Cell

编辑分为两种：

（1）编辑 Cell 库中的 Cell。

（2）编辑已经放置的 Cell。

10.2.2.1　编辑 Cell 库中的 Cell

如果想编辑一个 Cell，最简单的方式就是直接打开 Cell 库文件，然后找到这个 Cell，直接用图形编辑命令就可以了。也可以在 “Cell Library” 界面中，选中想要编辑的 Cell 单元，在 “右键菜单” 中，选择 “Open for Editing”（图 10-2-7），MicroStation 就会打开这个 Cell，根据需要进行编辑就可以了（这其实还是打开 Cell 库的方式）。

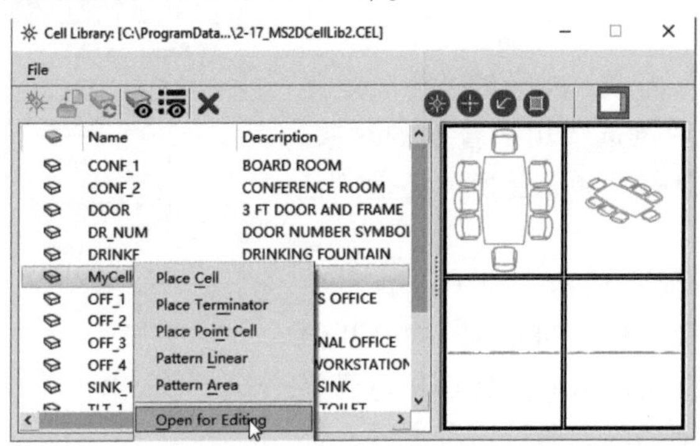

图 10-2-7　编辑 Cell

10.2.2.2　编辑放置在当前文件的 Cell

Cell 是作为一个 “整体” 被放置在当前文件的，所以你无法编辑 Cell 内部。不过你可以将其 “炸开”，但炸开后，它就不是一个 Cell 了。所以，Cell 的编辑在当前文件中是作为一个整体存在的，你可以复制、拷贝、镜像、更改大小比例等。

在当前文件中，我们会放置多个不同的 Cell，有时需要整体的替换和更新。

无论是 DGN 文件的一个 Model，还是 Cell 库中的一个 Cell，它们都有名称。当我们将一个 Cell 作为共享单元 “Shared Cell” 放置时，这个 Cell 的定义就保存在当前的 DGN 文件里了。这时候，我们就不能再放置一个同名的 Cell 在当前的文件，因为，这种情况相当于重名。一个名称不能即代表 A 又代表 B。系统提供的 “Replace Cell” 命令，可以用当前文件的 Cell A 替换 Cell B，也可以用连接的 Cell 库中的具有相同名称的 Cell B（但内容不同）来更新 Cell B。

例如，我们首先放置了三种 Cell，分别为 “OFF_1” “OFF_2” “OFF_3”，如图 10-2-8 所示。

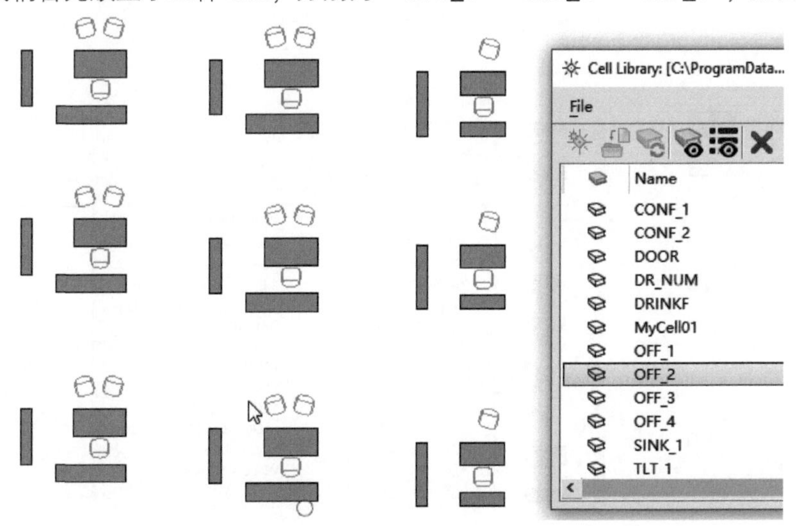

图 10-2-8　三种不同的 Cell 单元

如果我们想将单元“OFF_1”都替换成“OFF_3”，我们就可以使用“Replace Cells”的命令，如图 10-2-9 所示。

这个命令有两个选项：

“Replace”是指用当前文件的一个 Cell 来替换另外一个 Cell。

“Update”是用外部的 Cell 库来更新同名的 Cell。

我们先看“Replace”方式，执行的过程就是先选择被替换的对象，然后再选择用来替换的对象。这在“Mode”选项里，就是“单个替换”还是“替换所有”。

“Update”方式，必须先链接一个 Cell 库，例如，通过修改 Cell 的命令，将“OFF_3”的 Cell 做了修改。这时，所链接的 Cell 库中的此 Cell 与已经放置在本文件里的 Cell 不相同。通过这种方式，你可以利用外部的 Cell 库来更新当前文件中同名的 Cell，如图 10-2-10、图 10-2-11 所示。

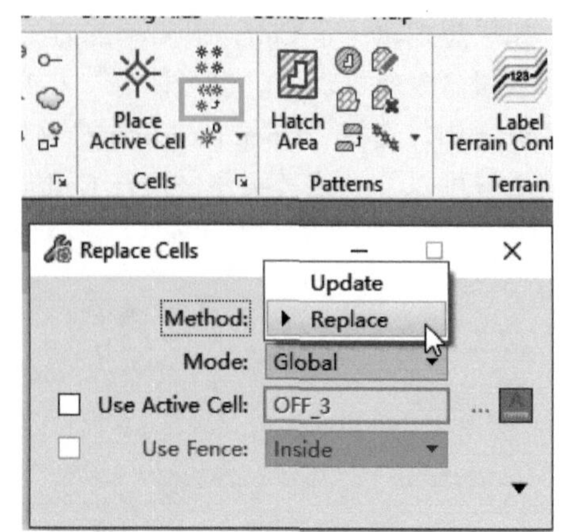

图 10-2-9 “Replace Cell”命令

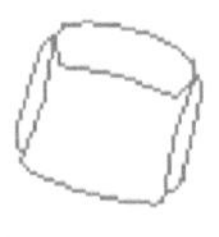

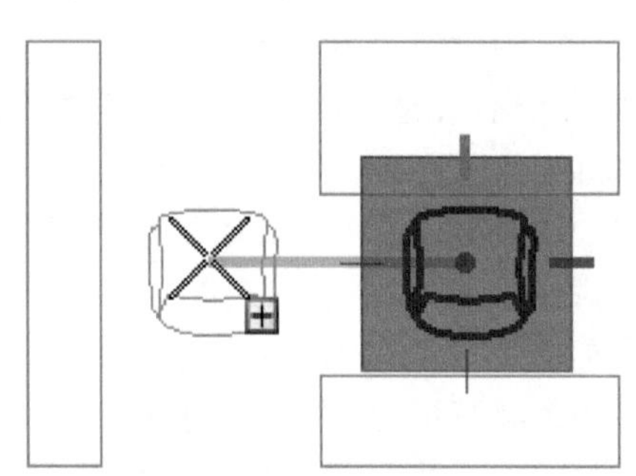

图 10-2-10 编辑“OFF_3”单元，复制了一个椅子

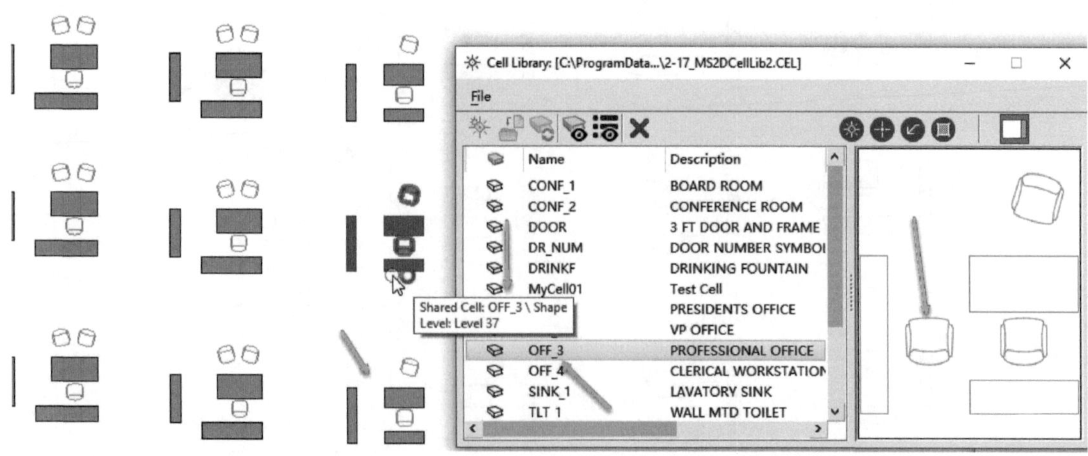

图 10-2-11 Cell 库中的 Cell 与当前文件放置的 Cell 名称相同、内容不同

利用“Update”选项，就可以实现批量的更新，如图 10-2-12 所示。

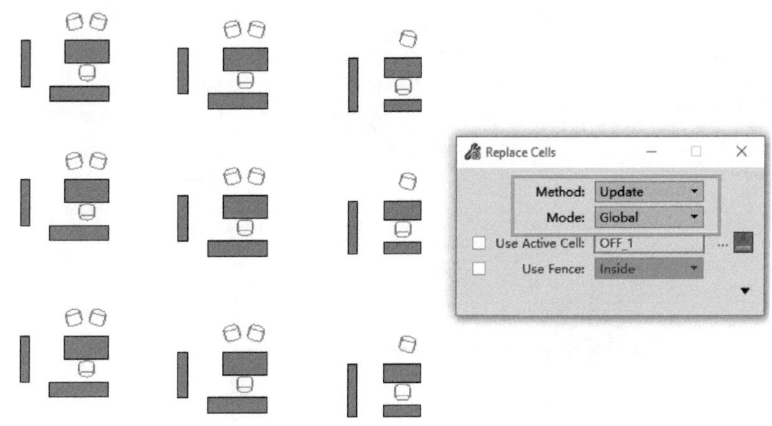

图 10-2-12　用外部 Cell 库更新 Cell

10.3　注释单元 Annotation Cell

注释单元“Annotation Cell”是受注释比例控制大小的 Cell，当我们创建一个 Cell 时，有是否设置成注释单元的选项。

- 工程上绘制的对象有两类：图形对象“Graphic”和注释对象“Annotation”。
- 图形对象，无论是二维还是三维对象，都是按照 1∶1 的真实比例来绘制的。
- 注释对象，一般是出现在二维图纸上，例如：标注、文字、符号等。它需要保持固定的图纸打印大小才能被人容易的读取，太小看不清楚，太大不美观。
- DGN 的每个 Model 都有一个注释比例来控制本 Model 注释对象的大小，也有一个开关决定注释比例是否起作用。例如，如果注释比例为 1∶00，若要放置一个创建时大小为 5mm 的文字，当这个文字被放置时，它就会被放大 100 倍，以与本 Model 的图形对象匹配。修改这个比例，注释对象也会被调整。
- 创建注释对象，无论是注释单元，还是文字样式、标注样式都是以实际的打印大小为基础的。

我们以简单的例子来说明这个过程，如图 10-3-1 ~ 图 10-3-3 所示。

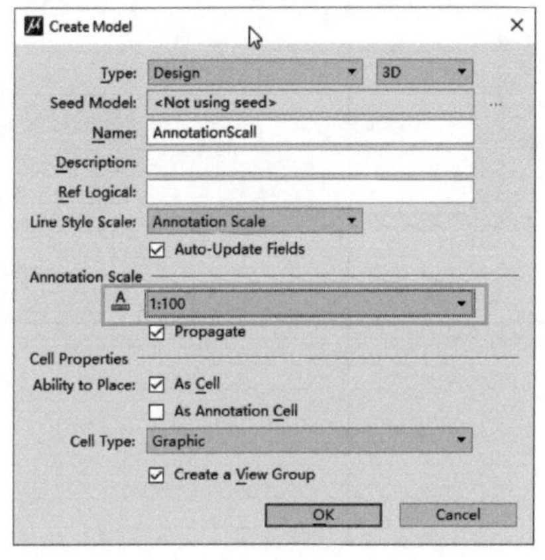

图 10-3-1　新建一个 Model，注释比例为 1∶100

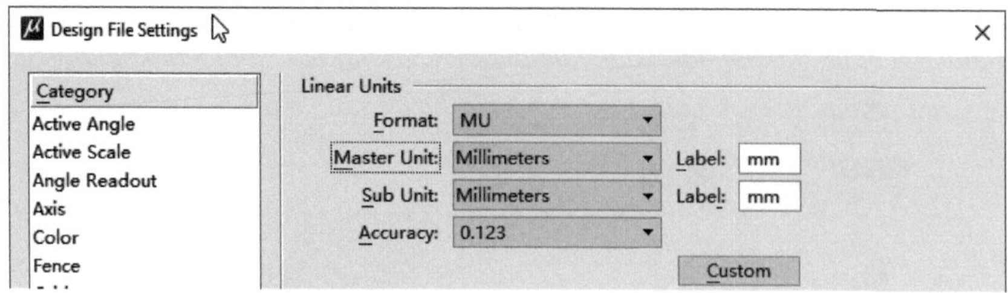

图 10-3-2　将工作单位设置为 mm，以便于比较

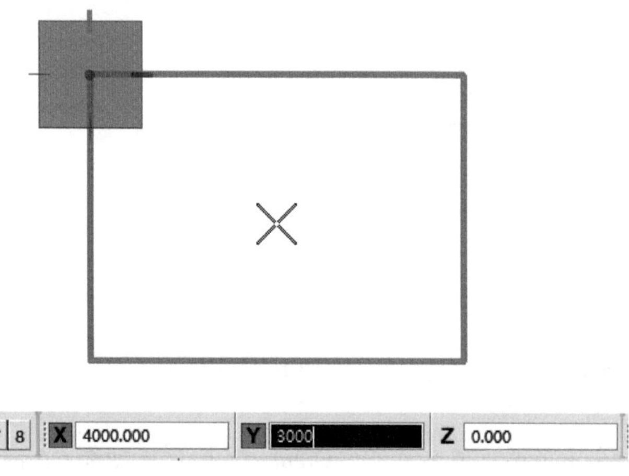

图 10-3-3　绘制一个“4000 × 3000”的矩形

在图 10-3-4 中，我们放置一个文字，文字的大小为 3mm，放置文字时，我们将注释比例打开。这时放置的文字被放大了 100 倍，字高为 300mm，你可以根据 4000 × 3000 的矩形，查看比例关系。如果，我们以 1∶100 的比例来出图时，矩形被缩小了 100 倍，这就是出图比例，而文字也正好是我们设置 3mm 打印尺寸。

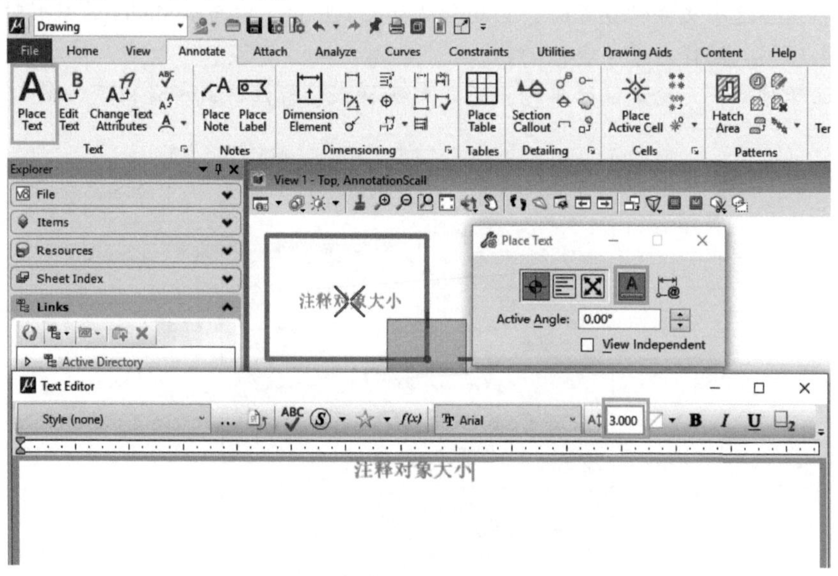

图 10-3-4　放置文字注释对象

当我们想以 1∶200 比例来出图时，这时矩形需要被缩小 200 倍，而注释文字需要保持 3mm

的打印大小不变，这就意味着，你在放置文字时，会被放大 200 倍，相比于图形，文字变大了，如图 10-3-5 所示。

图 10-3-5　修改了 Model 的注释比例，文字变大

回到注释单元，在一个 Model 中放置注释单元，这个 Cell 也会受注释比例的影响（如果放置时打开注释比例的话），我们通过如下操作，说明注释单元的使用，如图 10-3-6 ~ 图 10-3-9 所示。

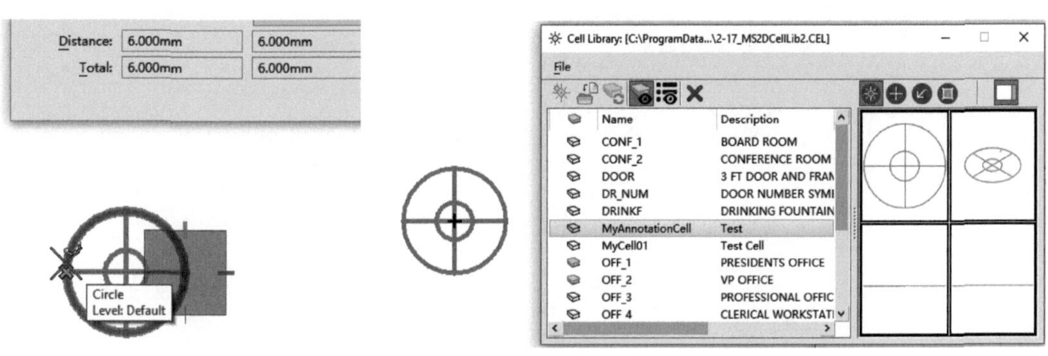

图 10-3-6　按照打印大小，新建一个直径为 6mm 的符号

图 10-3-7　创建为普通的 Cell

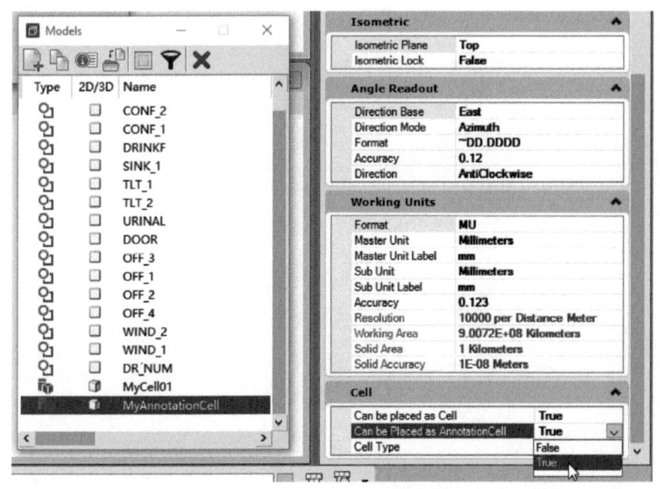

图 10-3-8　打开 Cell 库，设置此 Cell 的“Can be Placed as AnnotationCell”为“True”

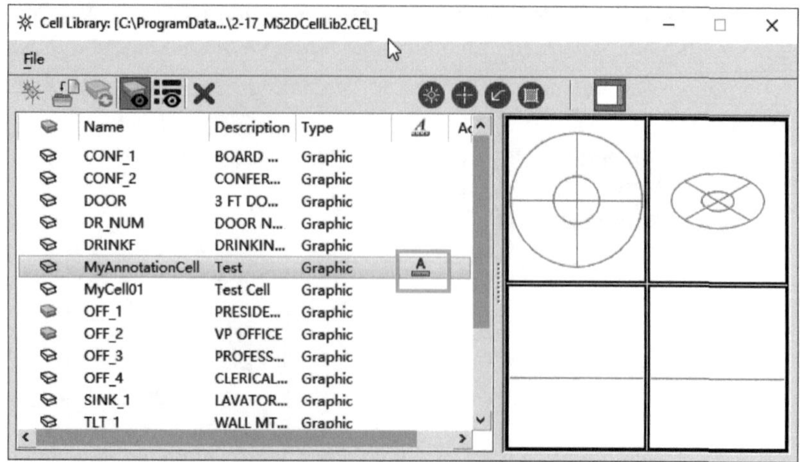

图 10-3-9 重新加载这个 Cell 库，后面有注释单元的符号

我们放置这个注释单元时，我们需要将是否启用注释比例的“开关”打开，才能用当前的注释比例放大放置的注释单元，如图 10-3-10 所示。

图 10-3-10 注释对象被放置在 1:200 注释比例的 Model 中

第11章 图纸输出

前文讲文件结构的时候简单介绍了从三维设计“Design”到切图输出“Drawing”到图纸组织“Sheet”的过程。三维模型和二维图纸都是表达和传递设计不可或缺的部分，而且各有优势。

例如，在表达空间关系时，三维模型可以从各个角度观看细节（图 11-0-1）；而表达工艺流程时，二维流程图则更清晰明了（图 11-0-2）。

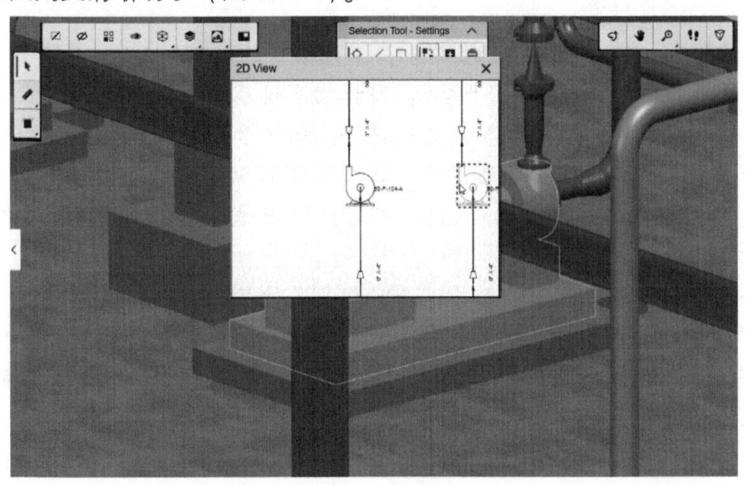

图 11-0-1　三维模型和二维图纸关联

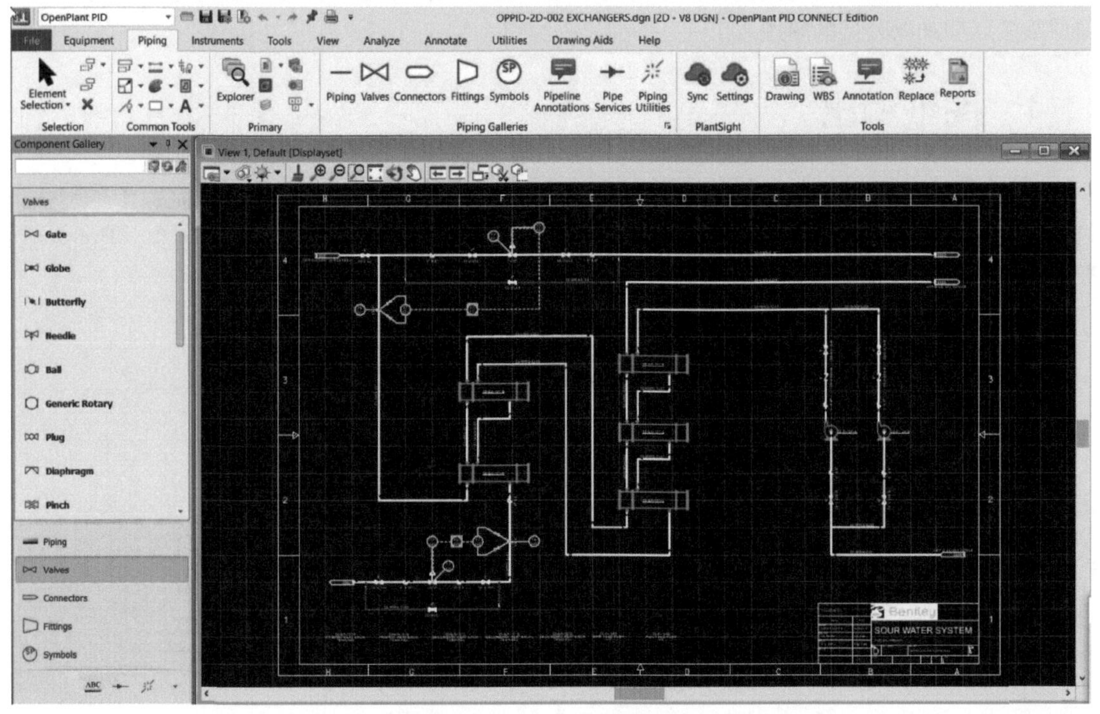

图 11-0-2　工厂行业用的工艺流程图

在本章节里，我们将讲解从三维模型到二维图纸的输出过程，这是一种“流程”，而且是统一的流程。我们往往将个人习惯和标准流程混在一起，没有合理地区分和管理，虽然在很多时候看似灵活方便，但对于整个项目来讲效率却很低。

突出“流程”的另外一个原因是，固定了流程，才能实现标准化，才能实现自动化。所以，自动化是某种“规律”的自动化。必须将“标准流程”放到项目的第一优先级，而后才是个人的使用习惯。

对于图纸输出，MicroStation 提供了基于动态视图“Dynamic View”的图纸输出方式。这是所有基于 MicroStation 的应用软件图纸输出的基础。在专业软件中，只不过是在此基础上增加一些专业的“切图规则”。例如在 OpenBuilding Designer 中，通过在动态视图中添加切图规则将管道切成单线，并自动添加标准，然而进行图纸输出。

在介绍具体内容前，先列出如下的要点：

- 要在同一个项目中组织“切图”过程，因为切图过程需要调用到存储在工作环境中的切图标准，这也是实现“自动化”流程的前提，相当于“生产线”。
- 要使用标准的工具，采用标准的方式，放在正确的 Model 里。MicroStation 的浏览器可以自动分类哪些是“原料”（Design），哪些是“半成品”（Drawing），哪些是“成品”（Sheet）。
- 虽然条条大路通罗马，但每一条并不一定都是最快捷的道路。三维模型和二维标注需要在正确的节点正确地添加。就像一条生产线或是一个工艺流程，某些原料加早了或加晚了都会有问题。例如，将三维模型和二维标注放在一起将需要花费额外的精力来控制文字和标注的大小。
- 三维模型在“Design”类型的“Model”中创建，以实际大小“1:1”创建。设置标注、文字符号等注释对象大小时，是以实际的打印大小为基准，不需要考虑出图比例。

以上要点是出图流程的关键，很多问题的出现就是因为上述要点没有好好注意，有时还会造成很多后期难以分析的问题。

11.1 图纸输出

先从一个简单的例子来说明图纸输出的过程，然后再解释相关的概念和流程。图纸输出的过程就是：多个三维模型参考在一起，然后通过放置一个切图符号来形成一个切图“Drawing”，在图中添加标注后被参考到图纸“Sheet”中用于打印输出。

基本的工作流程如图 11-1-1 ~ 图 11-1-3 所示。

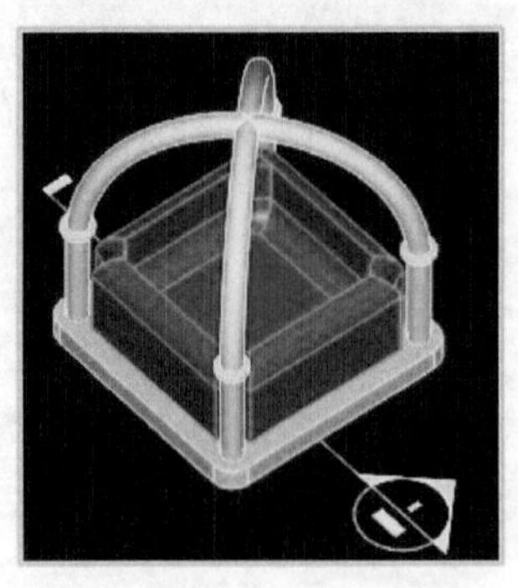

图 11-1-1 “Design”阶段模型组装后定义切图类型和位置

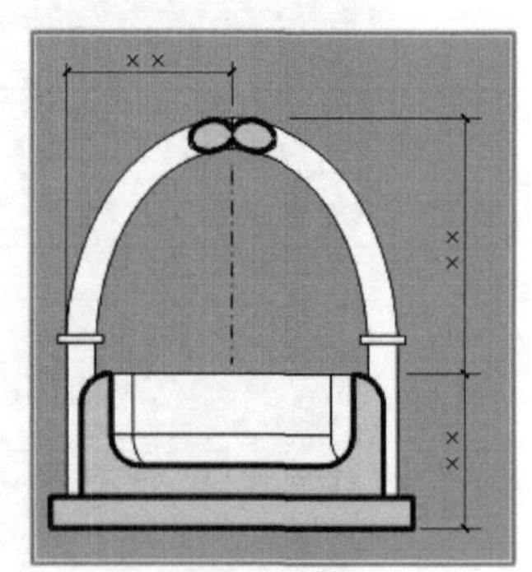

图 11-1-2 在切图“Drawing”中添加标注

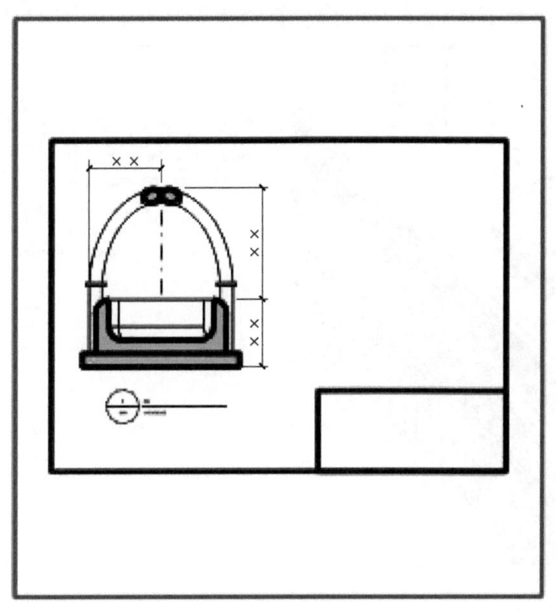

图 11-1-3　以合适的比例参考切图 “Drawing” 并输出图纸

11.1.1　模型参考

在设计阶段会产生很多不同专业的模型，每个专业又用不同的 “局部” 文件来存储不同的部位、楼层或者系统类型。可以在每个局部的文件中，参考出图所需的模型，然后进行出图。建议将设计和出图分开，用一个新建模型组织文件为出图所用，如图 11-1-4 所示。

以 MicroStation 默认的 MetroStation 的 “WorkSet” 为例。在 3DModel 目录下加上一个新的模型组织文件 “DesignComposi tion. dgn”，种子文件要选择 “3D_Metric_ Design. dgn”。

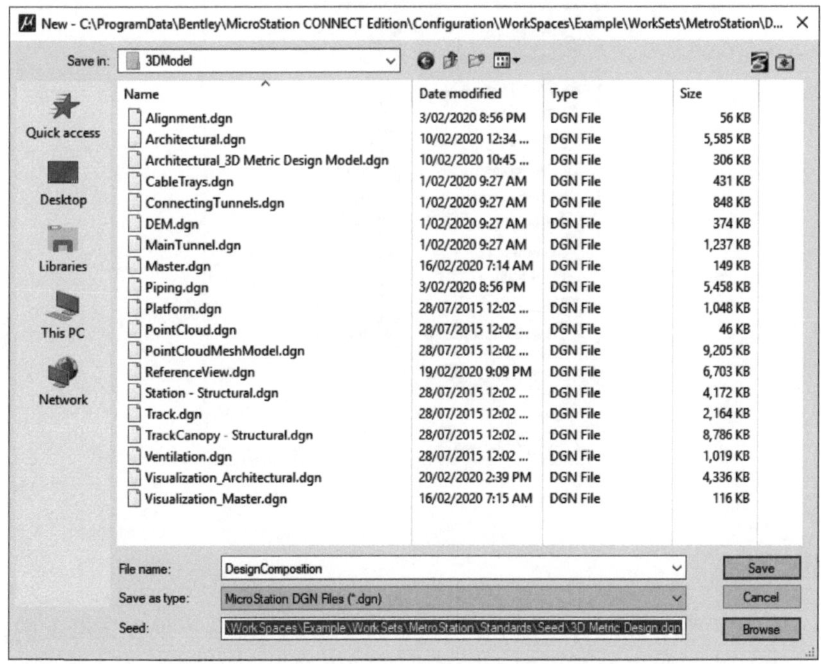

图 11-1-4　建模模型组织文件

参考“3D Design”目录下的建筑、结构、管道模型文件，如图 11-1-5 所示。

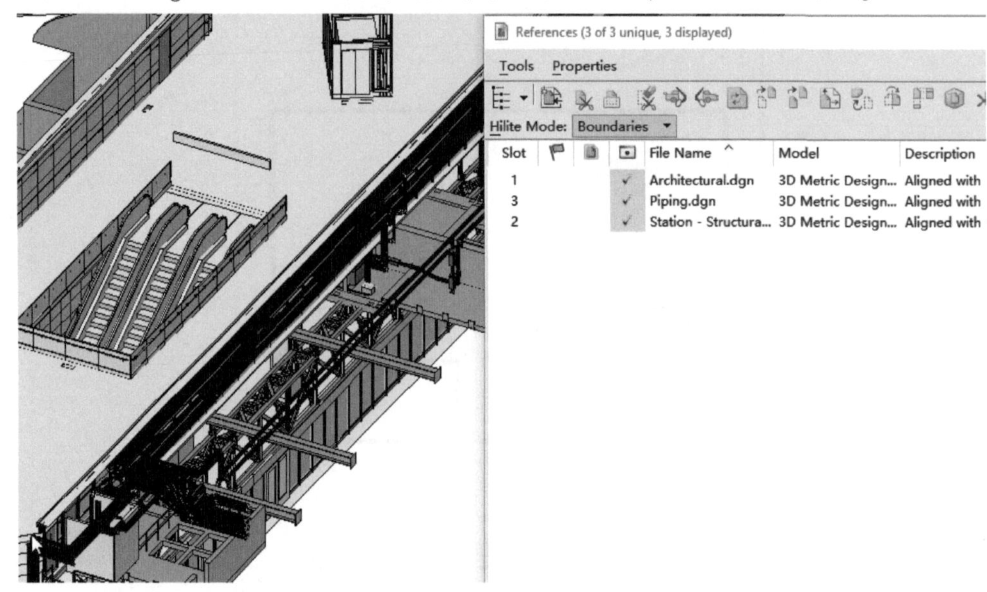

图 11-1-5　参考出图所需文件

在默认情况下，使用的种子文件是有相机透视效果的，可通过视图属性关闭“相机”和“网格”，如图 11-1-6 所示，便于后面的切图定位。

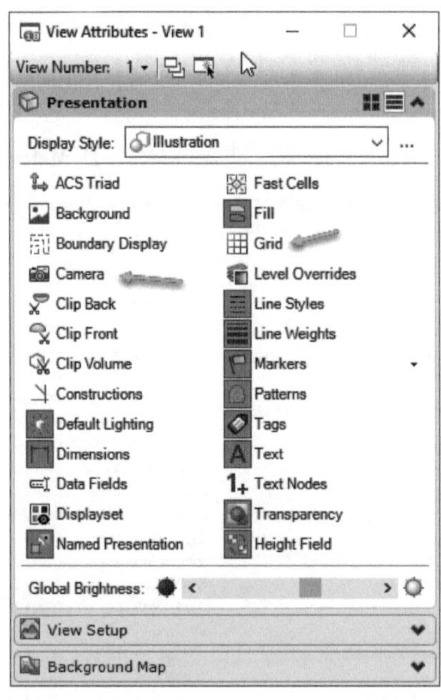

图 11-1-6　关闭“相机”和“网格”

11.1.2　模型过滤

参考三个专业模型的情况下，可能某些专业的对象是不需要出现在图纸上的，可以利用图层显示的功能来关闭一些不需要出现在图纸上（换句话说就是不需要“出图”）的图层，如图 11-1-7 所示。

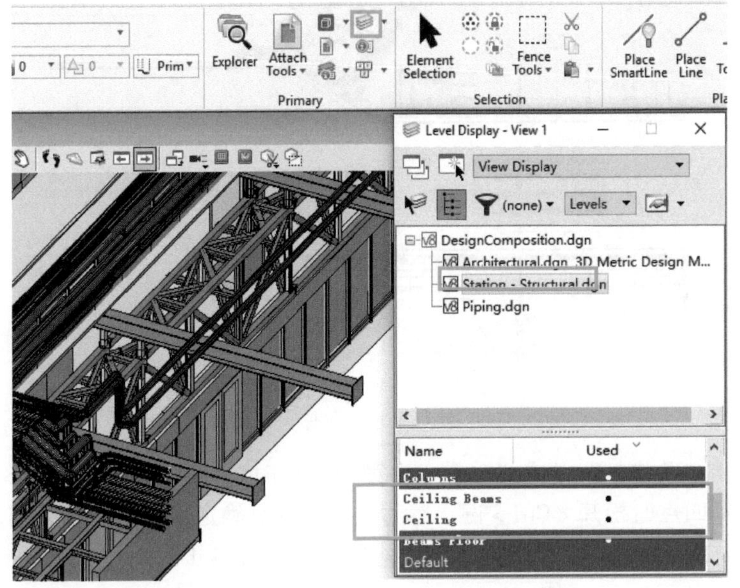

图 11-1-7 关闭不需要“出图”的图层

如果想输出平面图的某个区域，也可以通过“参考”的“剪切”功能，只显示想要“出图”的范围，如图 11-1-8 所示。

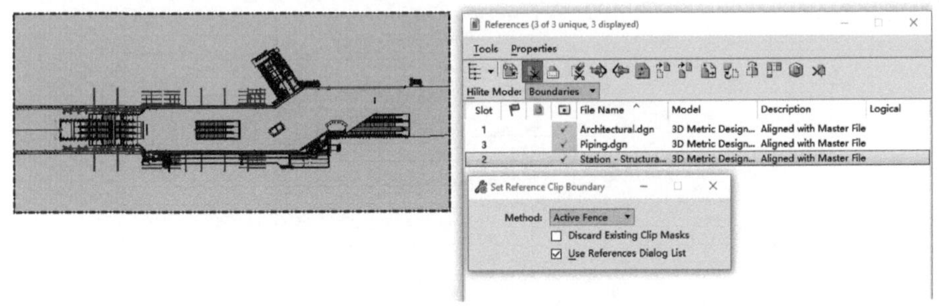

图 11-1-8 将三个“参考”旋转水平，然后用围栅选定平面图进行“出图”

11.1.3 放置切图

在 Ribbon 界面找到放置切图符号的相关命令，切图工具“Section Callout”，如图 11-1-9 所示。

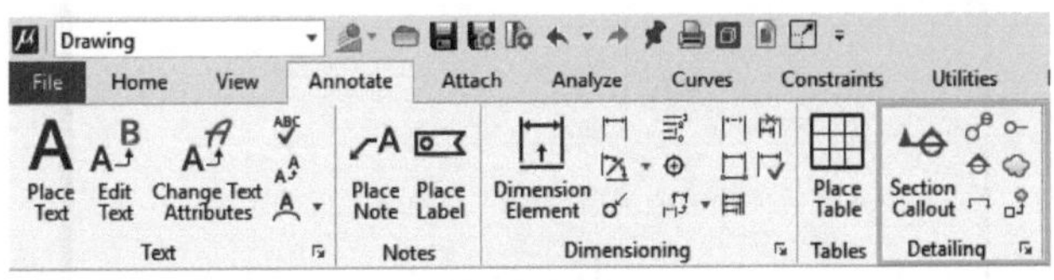

图 11-1-9 切图工具

我们以一个稍微复杂的“阶梯剖”（图 11-1-10）为例，剖面图是由一个剖面、一个剖切方向、一个剖切方向上看到的“深度”来决定的。所以，定位剖面图的过程就是定义剖面然后定义一个深度。如果是平面剖切，只需通过两个点来定义剖切的起点和终点，这两点也可以确定剖面的范围，再通过第三点定义剖切的深度和方向。

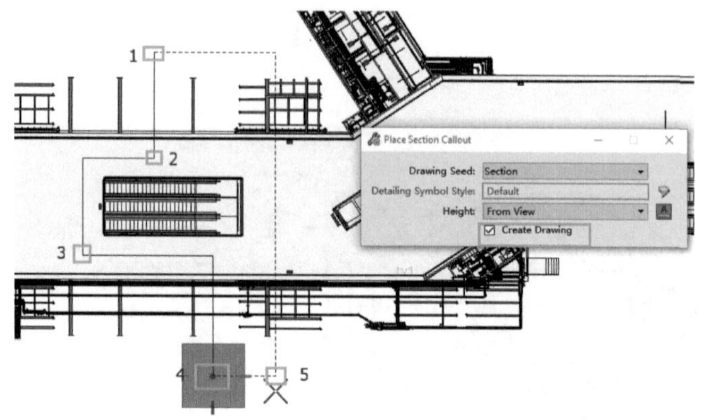

图 11-1-10　阶梯剖

如果采用“阶梯剖”的方式，在点击第一个点时，就需要按住 <Ctrl> 键来定义第二、三个点，在定义第四点时松开 <Ctrl> 键，然后点击第五点确定剖切方向和范围。在工具对话框中，勾选“Create Drawing”，一旦定义完成后，会弹出如图 11-1-11 所示的对话框。

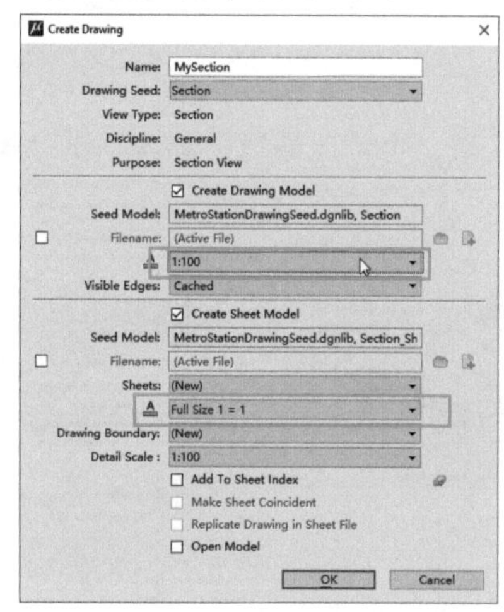

图 11-1-11　切图“Drawing”和图纸“Sheet”设置

以上方式是自动定义位置和模板，并将在此位置建立的动态视图“Dynamic View”参考到一个“Drawing”中，然后再自动根据模板生成一张图纸“Sheet”。可以勾选“Open Model”选项，确认后，自动打开这张图纸，如图 11-1-12 所示。

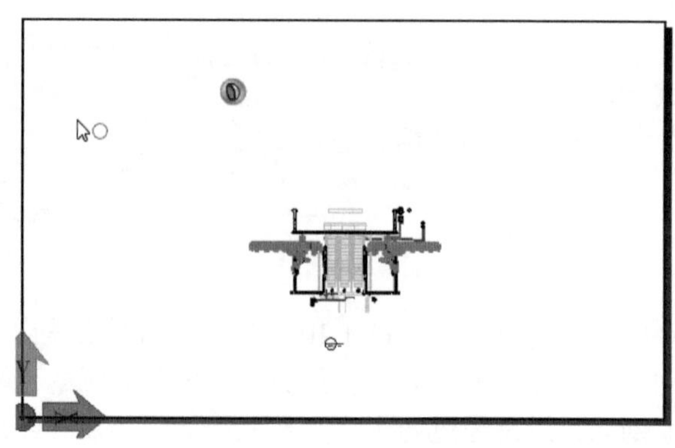

图 11-1-12　自动生成的图纸

在“Models”的列表里，会发现系统自动生成了一个“Drawing”类型的“Models”和一个“Sheet”类型的“Model”来保存图纸，自动使用的图纸模板尺寸为“A1”，如图 11-1-13 所示。

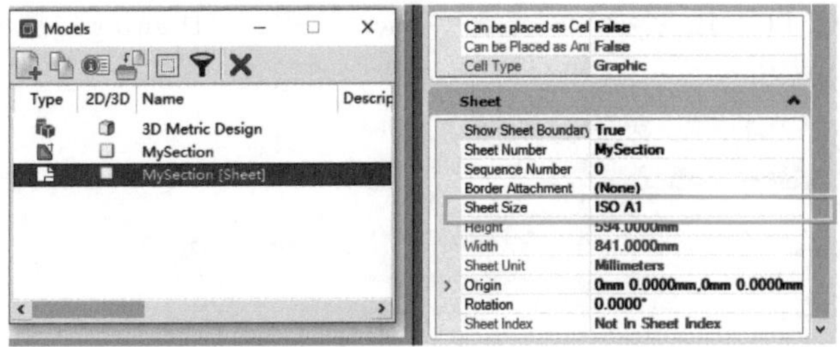

图 11-1-13　自动生成的图纸“Sheet”

可以参考“Border”目录下的 A1 图框文件，如图 11-1-14 所示。

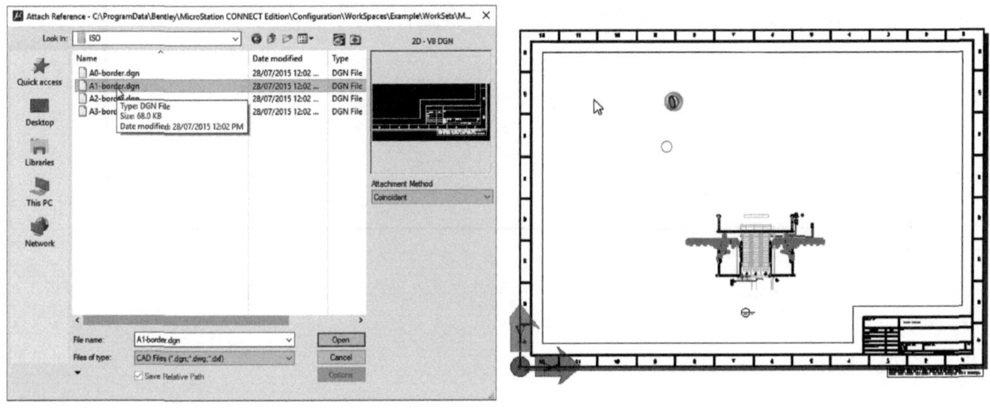

图 11-1-14　参考图框文件

11.1.4　添加标注

我们可以打开“Drawing”的“Model”，然后添加一些注释对象（图 11-1-15），由于这个“Model”的注释比例默认为“1∶100”，所以，标注文字对象会被放大 100 倍。

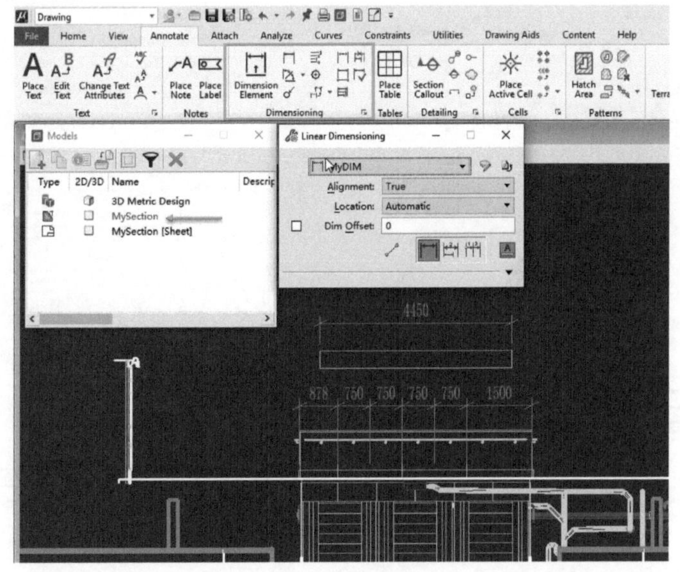

图 11-1-15　在“Drawing”里添加注释对象（标注）

“Sheet” 图纸是参考了 Drawing 的，所以注释对象（标注）也会显示在图纸中。如果你使用相同的标注样式在图纸 “Sheet” 里标注，就会发现标注文字大小是一样的，不用刻意调整 “注释比例” 的问题，如图 11-1-16 所示。但是在 “Sheet” 中，“Drawing” 里的标注是被参考过来的，移动被参考的 “Drawing”，标注也会随之移动。如果在 “Sheet” 里标注 “Drawing” 对象，那么要移动 “Drawing” 和标注，就得分别移动。

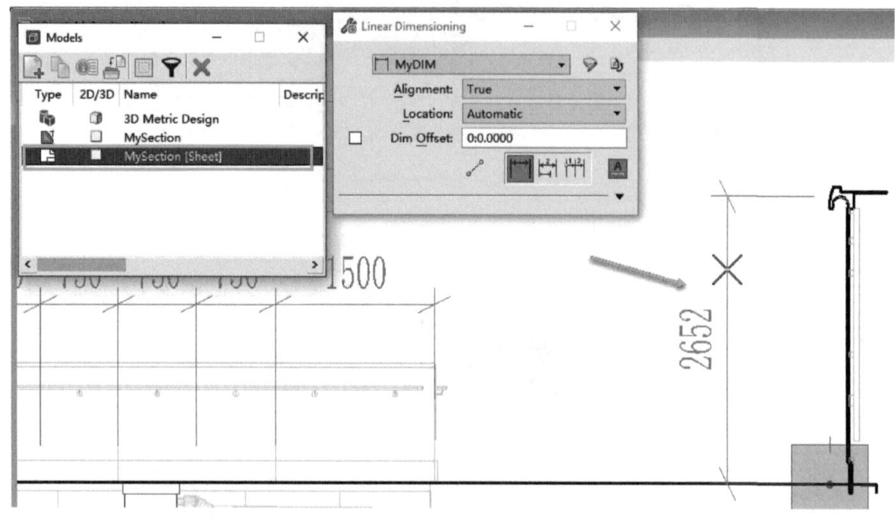

图 11-1-16 在 “Sheet” 里标注时，标注文字大小是一样的

11.1.5 图纸组织

我们可以按照如上文所述的操作定义另外一个剖面图，如图 11-1-17 所示。这次选择只生成切图 “Drawing”，不生成 “Sheet”，如图 11-1-18、图 11-1-19 所示。然后将两个切图 “Drawing” 放在同一张 “Sheet” 中。

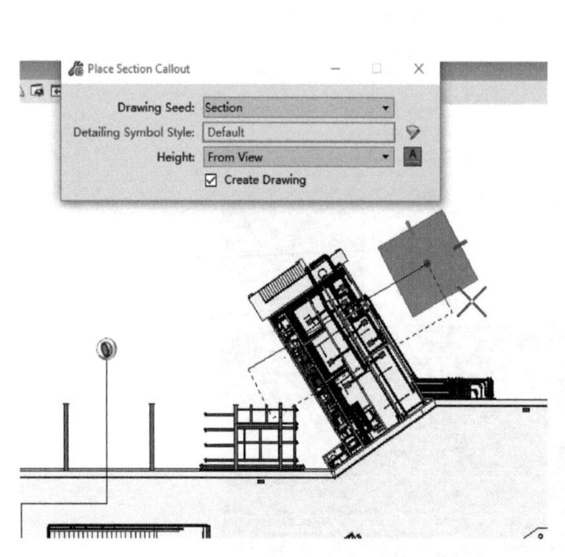

图 11-1-17 定义另一张切图

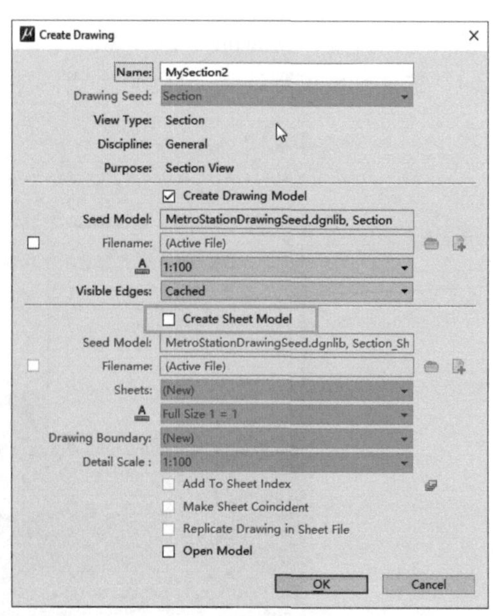

图 11-1-18 只生成切图 “Drawing”，不生成 “Sheet”

可以在原来的“Sheet”中，参考上述“Drawing”。方法为，打开“Sheet”，从“Model”的列表中，选择第二个切图“Drawing”，然后拖动到“Sheet”上（图 11-1-20），松开鼠标左键，系统弹出对话框让你选择默认对齐的方式，选择“Recommended”方式即可（图 11-1-21）。然后在图纸上确定位置，由两个“Drawing”组成的图纸如图 11-1-22 所示。

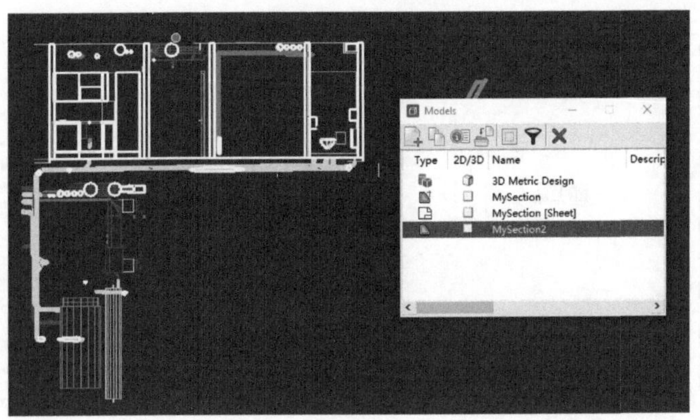

图 11-1-19　新生成的切图“Drawing”

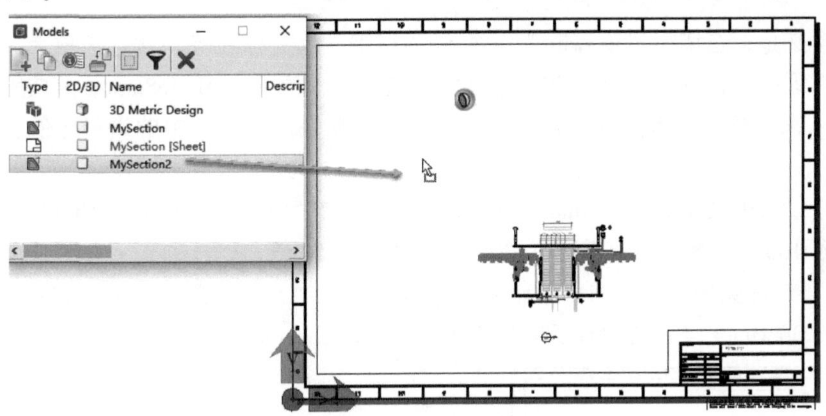

图 11-1-20　拖动“Drawing”到“Sheet”

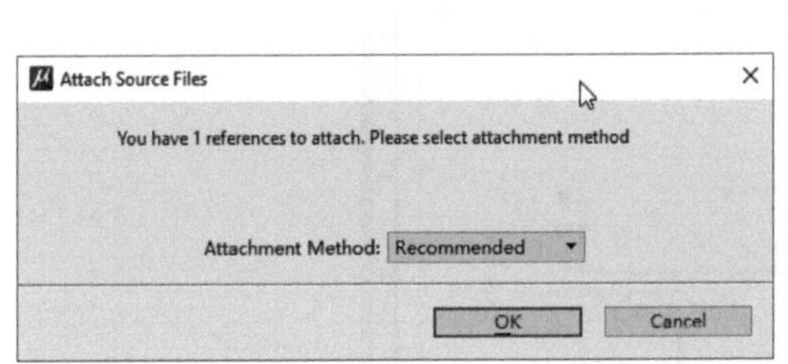

图 11-1-21　选择“Recommended”

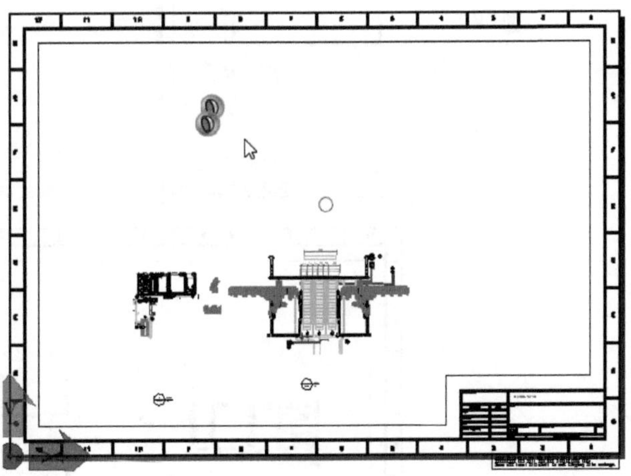

图 11-1-22　由两个切图“Drawing”组成的图纸

可能两个切图“Drawing”的位置不太合适，可以通过移动参考的命令进行移动，如图 11-1-23 所示。

在图 11-1-23 中，你会发现，参考的比例为“1∶100”，在图纸上可能感觉切图“Drawing”有点小，若想改成“1∶50”，直接修改比例就可以，注意使“Use Active Annotation Scale”按钮保持按下的状态。

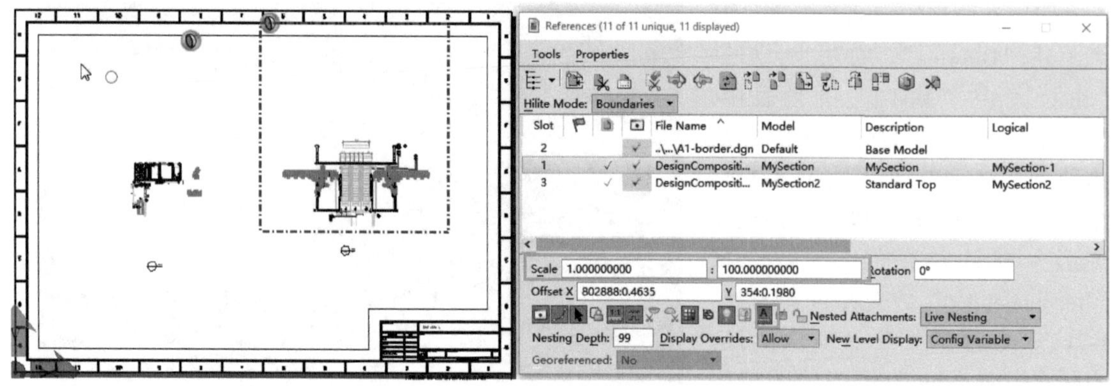

图 11-1-23　移动参考的切图“Drawing”

这里的含义是，在切图“Drawing”里标注的文字、尺寸标注等内容，被放大了 100 倍，被参考近当前图纸中时，只被缩小了 50 倍。此按钮被按下则表示，MicroStation 会按照当前图纸的注释比例 1∶1 来调整被参考的注释对象的大小，而忽略在原始文件中的注释比例和被参考时的缩放比例。

如果原来设置的文字高度为 3mm，在图纸上显示的文字高度为 3mm。如果按钮没有被按下，则表示放大了 100 倍，标注文字高度为 300mm，缩小了 50 倍，标注的文字在图纸上显示的高度就为 6mm 了，这其实是不合理的，除非你非要这么做，尝试一下就可以看到效果。

建议在“Drawing”里的注释比例就是被参考进图纸 Sheet 时参考比例，如图 11-1-24 所示。

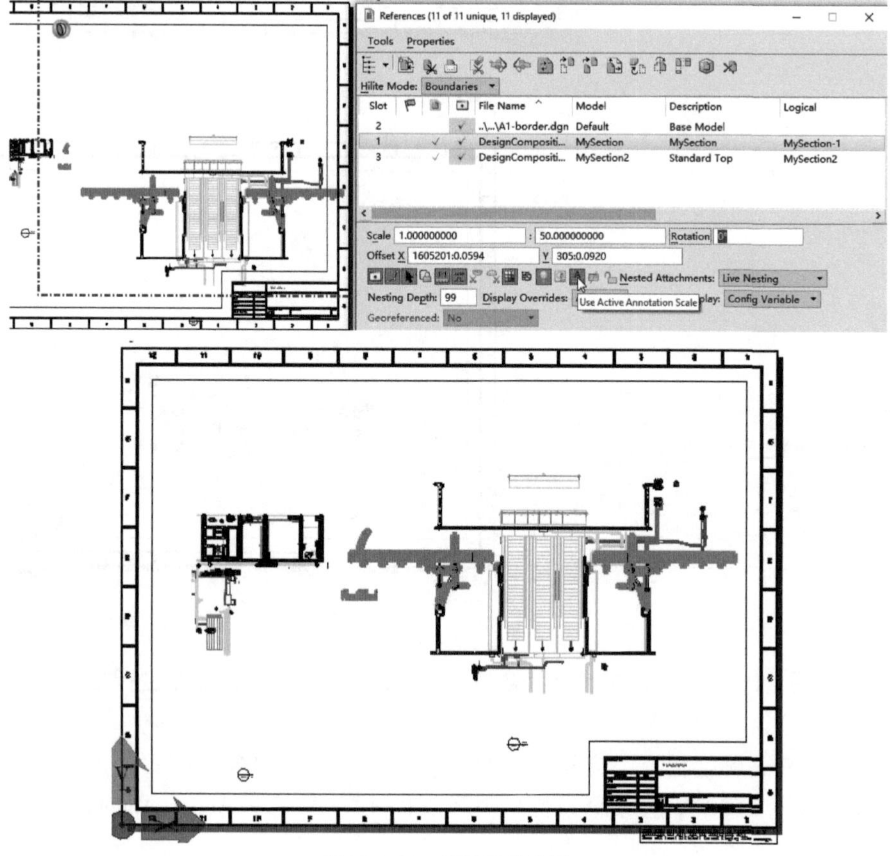

图 11-1-24　调整后的效果

11.1.6 图纸导航

在图纸上的每个切图“Drawing”都有一个切图的标记符号，不同的切图类型，标记符号也不同。在 MicroStation 中，可称之为“Marker”对象。如图 11-1-25 所示，当鼠标点击到这个“符号”上时，会出现一个菜单，它相当于一个链接，让你从图纸可以导航到三维模型上去。

点击“符号”后，你会回到所选择切图的切图方向上，可以选装三维模型，查看这个切图的位置及范围，如图 11-1-26 所示。

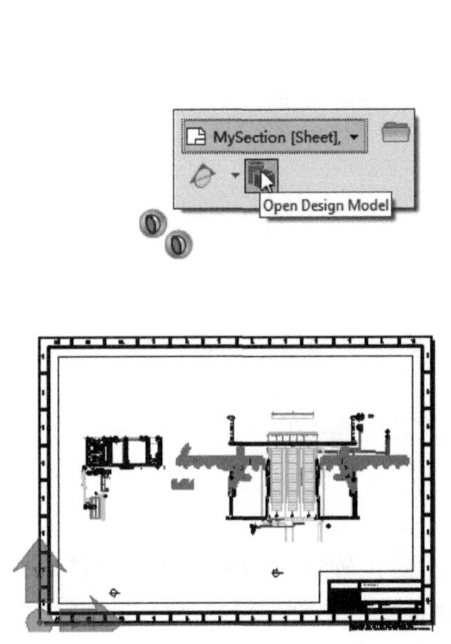

图 11-1-25 点击“符号”回到三维模型

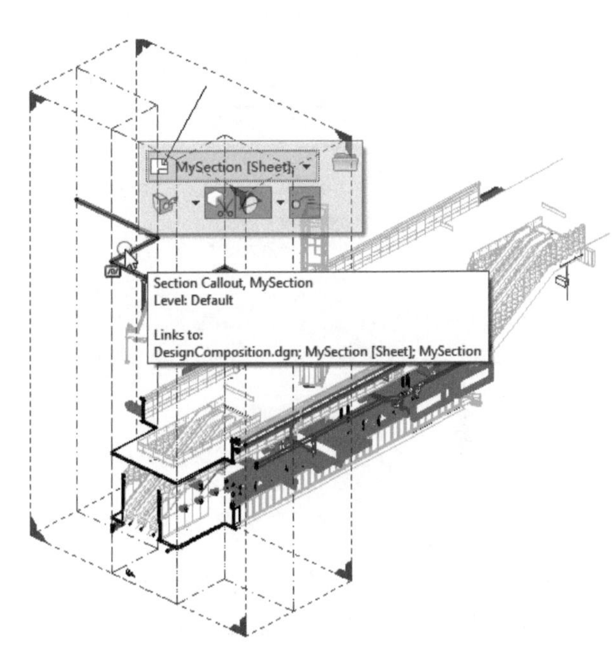

图 11-1-26 在三维模型上查看切图的位置和范围

如图 11-1-27 所示的在三维模型上的切图标记，可以选择将二维图纸放在三维模型上，标记对象可以在视图属性中设置显示和关闭，如图 11-1-28 所示。

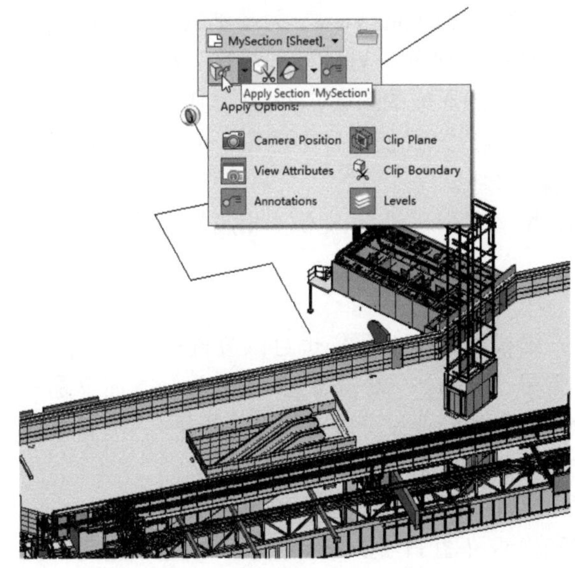

图 11-1-27 在三维模型上的切图标记

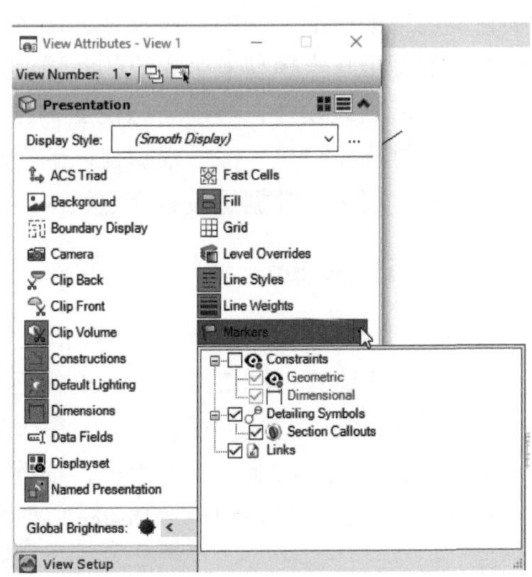

图 11-1-28 在视图属性中对标记对象设置显示和关闭

11.1.7 图纸打印

“Sheet”创建完毕后，可以通过“打印”的操作通过物理打印机打印或者打印（输出、生成）成 PDF 文件，可通过打印驱动程序进行设置，如图 11-1-29 所示。

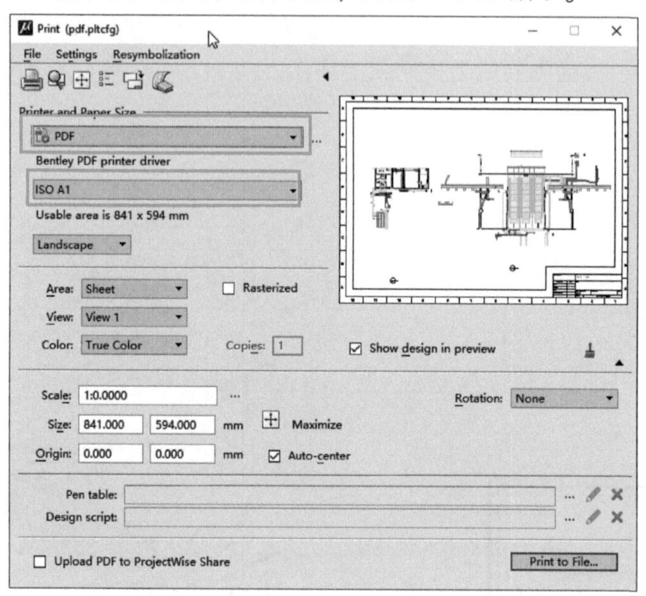

图 11-1-29 打印输出

以上就是 MicroStation 的切图过程，所以基于 MicroStation 的应用软件，所采用的方式基本一样。只不过在专业软件中，有相应的切图模板和标准设置。也会有专业的切图规则来控制更多专业的切图细节。在下面的章节里，我们将深究更多关于切图的细节。

11.2 相关概念

基于 MicroStation 的三维“出图”都是以动态视图“Dynamic View”为基础的。动态视图利用项目环境中的标准，例如符号设置、切图规则。从某个视图“View”来观察三维模型，形成可供打印的图纸。当模型发生更改的时候，通过动态视图形成的图纸，也会自动更新。

通过参考组装模型，通过动态视图输出图纸。这样的方式使项目中的每个人都可以看到整个项目的三维模型全貌，然后根据自己的需求来输出图纸。

在这个过程中，数据是被有序组织的。工作环境“WorkSet”也提供了相应的模板和设置。

11.2.1 设计 Design

在 DGN 的 Design 类型的 Model 中，放置了三维模型，当然我们也可以放置一些二维的对象。这其实是三维设计和二维设计方式的不同。但是，“设计”重在表达、交流设计，而不是为了出图。通常情况下，我们在设计时，每个专业将其他的专业设计内容作为“背景”，然后根据需求进行组装，我们按照真实的大小，根据工作单位的设置来创建。

在这个阶段，我们是利用“Design”类型的“Model”来做的，虽然你也可以在“Drawing”中创建，但是，你应该按照正确的类型进行创建和组织（图 11-2-1），因为，系统会根据此来识别，并可以批量操作。

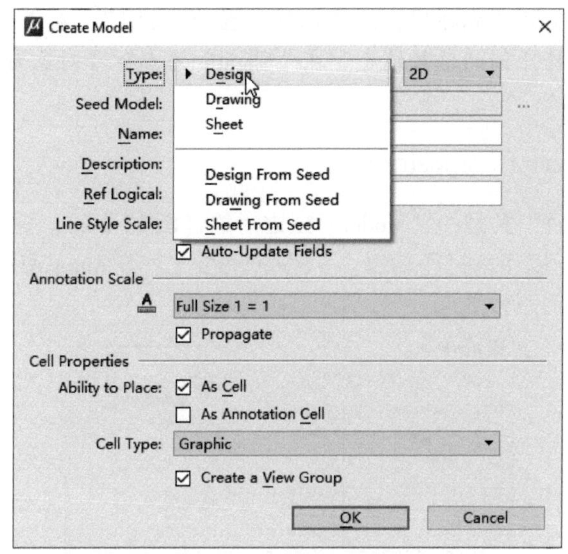

图 11-2-1　创建 Model 时，需要选择合适的类型 Type

对于“Design”类型的“Model”，我们一般不用修改“Annotation Scale”的设置，保持“1:1”就可以。需要注意的是，这里是设置在这个“Model”中，当你放置文字、标注等对象时，被放大的倍数。但我们一般不建议在“Design”的“Model”中放置注释对象。

11.2.2　设计组装 Design Composition

设计组装是出图的前提，我们需要根据出图需求，以“1:1”的比例参考所需要出图的三维模型，然后通过图层的关闭功能来隐藏一些不需要出图的对象，我们可以利用视图属性、参考的区域显示灯工具来“精简”出图的模型。

另外一个建议是，我们可以为不同的出图目的，建立多个出图用的设计组装文件。不要将所有的模型都参考在一起，然后再去操作。例如，你如果想出暖通的平面图，只需要建立一个空白文件（建议不要在设计文件中直接参考后出图），然后参考建筑模型和暖通系统模型。根据需要来关闭建筑的某类对象，例如室内的装修模型对于暖通的定位来讲可能不重要，可以通过图层关闭功能来隐藏它。也可以用参考的“局部显示”命令，只显示建筑模型的某个区域。

11.2.3　切图 Drawing

我们一般用“Drawing”类型的“Model”来参考动态视图，对于“Drawing”来讲，就要考虑出图比例的问题。而对于“Design”阶段则不需要。出图比例是“Design”模型被缩小的比例，如果以模型为基准，也是注释对象被放大的倍数，即：“出图比例 = 注释比例”。

“Drawing”的本质是参考定义好的动态视图“Dynamic View”。我们可以选择在“Drawing”上做必要的标注，标注会按照“Annotation Scale”来放大。然后“Drawing”被参考的 Sheet 图纸时，又会被自动缩小相同的倍数（如果“Sheet”的注释比例是 1:1 的话），虽然，这听起来有点复杂，但实际操作中，你只需按照如下的注释比例设置原则就可以。

- 设计“Design”类型的“Model”，注释比例不重要，如果你真要添加注释对象，例如，在三维模型上标注文字，那么就用注释比例控制放大的倍数。
- 切图“Drawing”类型的“Model”，注释比例就是将来的出图比例，可以添加注释对象，被放大相应的倍数。

- 图纸“Sheet”类型的“Model”，注释比例设置为“1∶1”，参考“Drawing”时，自动按照“Drawing”注释比例的倍数缩小。在“Sheet”添加注释对象时，以设置的真实打印尺寸放置。

11.2.4 图纸组织 Sheet Composition

图纸组织是在“Sheet”类型的“Model”里进行的（图 11-2-2）。建立一个“Sheet”时，需要输入相应的图纸信息，以用来打印输出。“Sheet”的概念与 AutoCAD 中的布局“Layout”非常相似，都是为了出图而设计的。

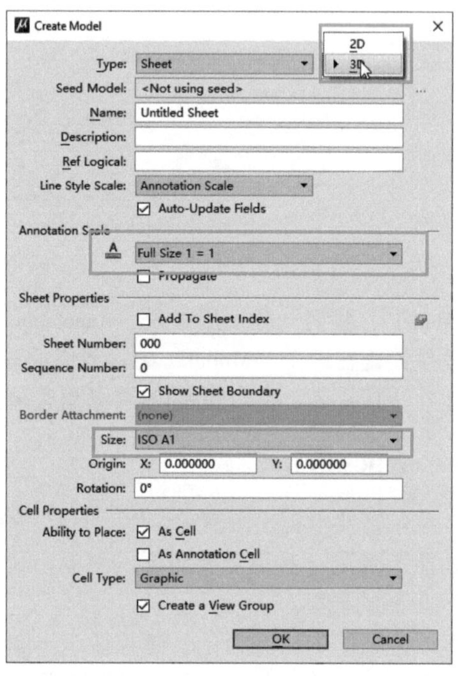

图 11-2-2 Sheet 类型的 Model

在一个“Sheet”中，我们可能会放置多种类型的切图“Drawing”，如果用手工的方式来放置，效率太低。所以 MicroStation 设置了切图区域“Drawing Boundary”的概念。切图区域“Drawing Boundary”是在“Sheet”的种子文件中，默认设置的一些区域，每块区域表明了这块区域放置什么类型的“Drawing”。这样在自动生成的时候，每个“Drawing”的位置、类型就会被正确地放置，就如图 11-2-3 一样。

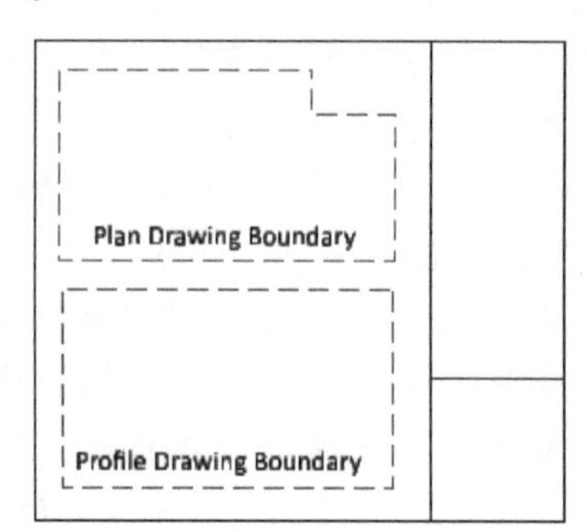

图 11-2-3 在 Sheet 中设置切图区域

所以，为了实现自动化的操作，可使用如下过程：在模型中创建动态视图，设置视图类型（例如平面、侧面、剖面），如图 11-2-4 所示，然后选择相应的“Drawing”类型模板，就可以自动放置到“Sheet”的相应区域里。

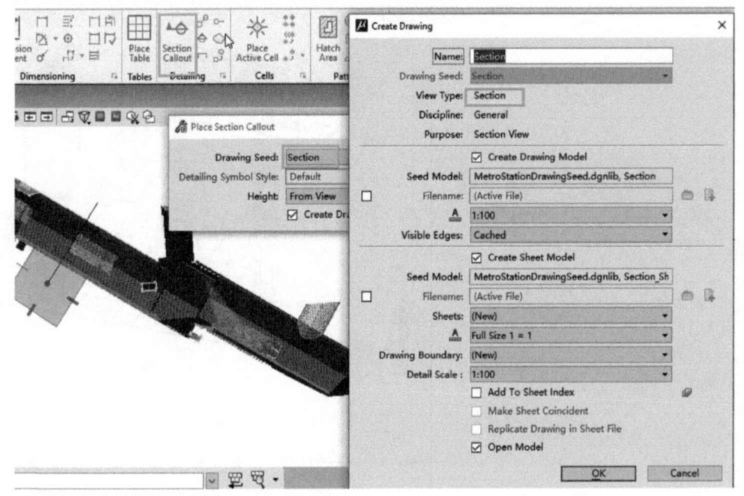

图 11-2-4　创建动态视图时，设置视图类型

11. 2. 5　注释对象 Annotation

文字、符号、标注等对象都属于注释对象。注释对象建议放置在“Drawing”或者“Sheet”中。如果一个“Drawing”（例如平面图）会被引用到多张“Sheet”中，你只需在“Drawing”中标注一次就可以了。但是，如果多次引用同一“Drawing”的比例不同，也就是“出图”比例不同，就需要考虑注释对象与图形对象的大小关系及位置。

11. 2. 6　标记对象 Marker 及 Marker 工具栏

当建立了动态视图时，无论在“Design”“Drawing”还是“Sheet”类型的“Model”中，你都会看到一些标记对象，这些对象允许你在三维模型和二维图纸之间“跳转”。不同类型的“Drawing”，其标记对象“Marker”也不一样，“Marker”的显示与否可以在视图属性中设置，如图 11-2-5 所示。

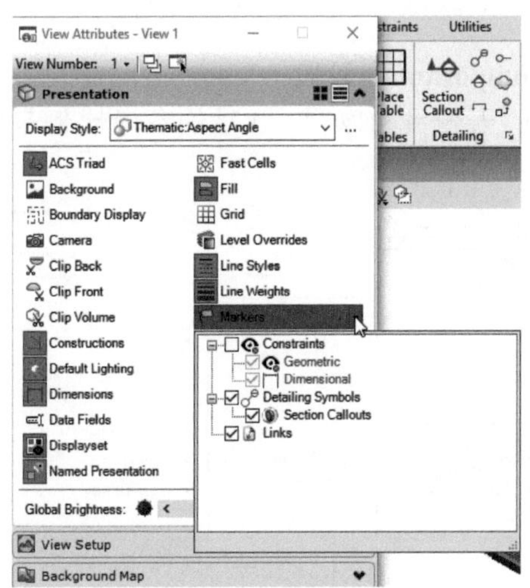

图 11-2-5　设置标记对象“Marker”显示与否

Marker 工具栏（图 11-2-6）内，可以让你将二维图纸显示在三维模型的相应位置。这时，二维图纸类似于一种超链接的方式存在。所以，这种技术在 MicroStation 中被称之为超模型 “HyperModels”，如图 11-2-7 所示。你也可以对某个具体的对象来添加链接，如图 11-2-7 所示。

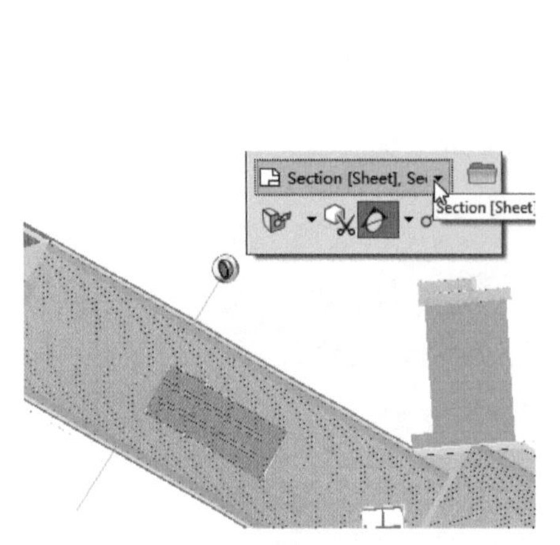

图 11-2-6　Marker 工具栏

图 11-2-7　超模型 “HyperModels” 将二维图纸显示在三维模型上

11.2.7　出图阶段

结合上面的概念，对于一个项目来讲，我们需要沿袭正确和规范的出图流程，而不是单个专业和文件的特例操作。大体上，出图流程可以分为六个阶段。

1. 设置项目出图标准 “Project Standards” 阶段

设置项目出图标准阶段包括一些种子文件、符号样式、图层等标准设置，这些标准大部分是保存在项目标准 “. dgnlib” 文件里的（图 11-2-8），被整个项目所调用。

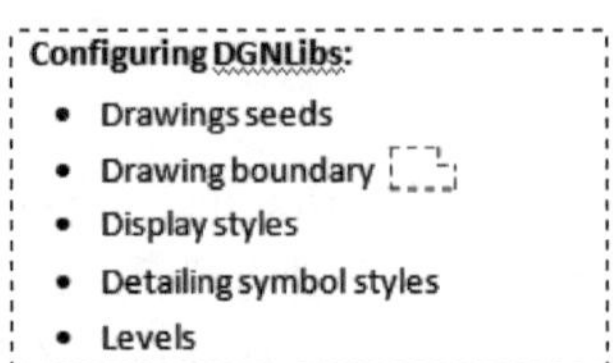

图 11-2-8　项目标准文件包含的部分内容

2. 设计组装 “Design Compositon” 阶段

设计组装阶段是以不同的出图目的以 “1∶1” 的参考比例来组装三维模型，如图 11-2-9 所示。

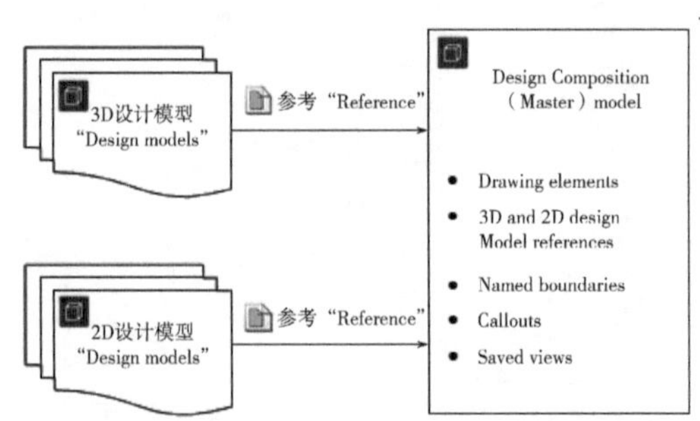

图 11-2-9　设置组装

3. 视图组织“View Composition”阶段

视图组织阶段是通过定义切图“Drawing”的位置、范围等参数来定义一个动态视图，每个动态视图在创建的时候都设定了一个类型（平、立、剖），然后参考到一个“Drawing”文件中。

在这个过程中，先不要考虑组图的问题，先把需要出图的各个“面”定义好。每个视图都会有一个链接的标记对象“Marker”与之对应，用来将三维模型和二维图纸链接在一起。

4. 图纸组织“Sheet Composition”阶段

图纸组织阶段以最终的打印图纸“Sheet”为单位来组织不同的切图“Drawing”，在这过程中需要考虑打印比例的问题。

5. 图纸目录“Schedule and Reports”阶段（如需要）

图纸目录阶段的操作过程是个“选项过程”，可以创建一个图纸目录供打印，也可以直接输出为一个“Excel”文件。

6. 打印输出“Printing，Publishing and Export”阶段

在打印输出阶段过程中，可以选择输出到打印机，或生成“PDF”文件，也可以输出为其他数据格式的文件，如图 11-2-10 所示。

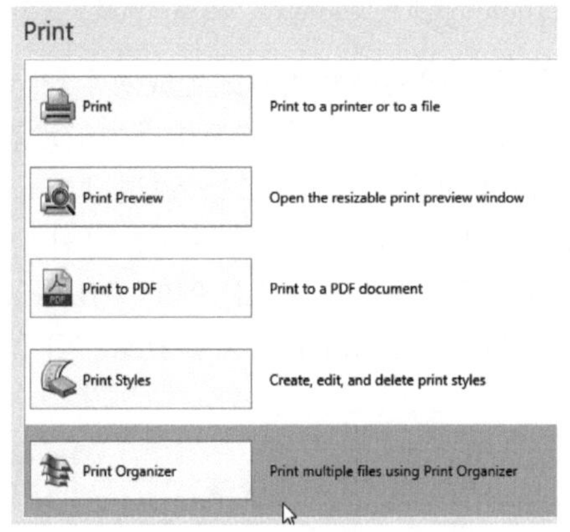

图 11-2-10　输出功能

如果你要打印到纸质图纸的话，就需要通过“打印样式”来控制线的粗细或线型的比例等。例如在绘制对象时，设置了“1”号线宽、“2”号线宽等属性，但每个“线宽号”的具体打印宽度则是通过打印驱动配置的选项来控制的，这类似于一种“映射”，如图 11-2-11 所示。你也可以为不同的打印用途设置不同的打印驱动配置。

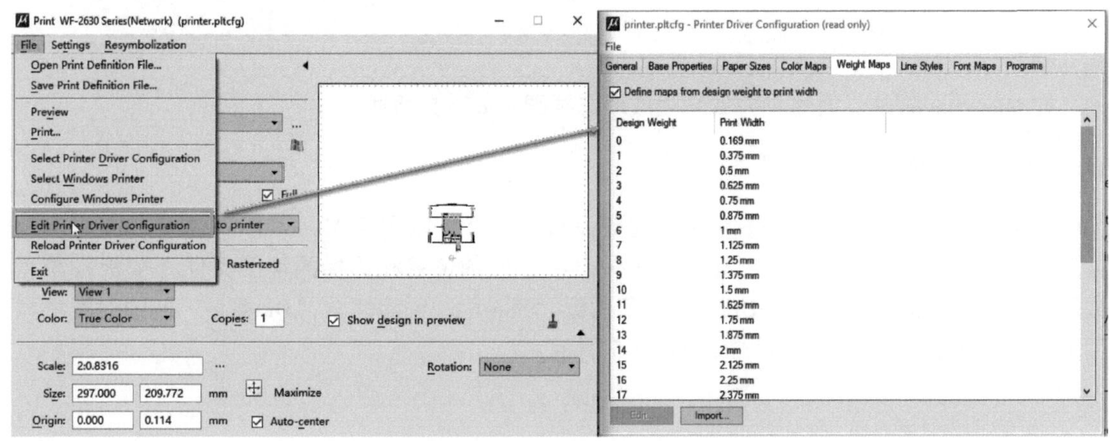

图 11-2-11　设置打印驱动配置

11.3 动态视图生成方式

从前文所述的流程可以知道，通过动态视图可自动生成切图“Drawing”和图纸“Sheet”。动态视图是一种特殊类型的视图“View”，相比于普通的“View”，它可以记录更多的信息。图纸输出是动态视图的主要的用途，每个动态视图记录了切图“Drawing”的类型，如图 11-3-1 所示。

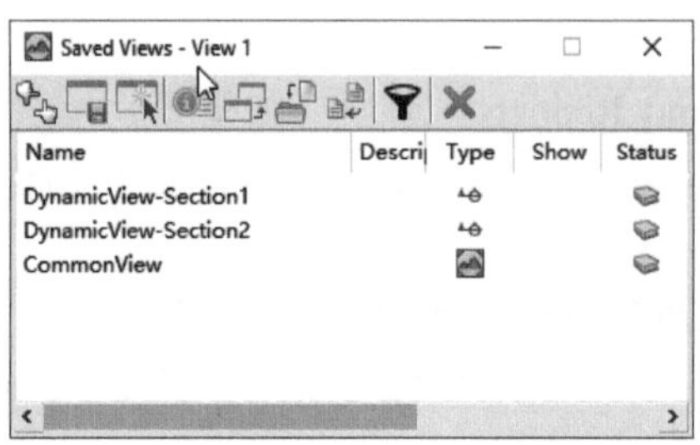

图 11-3-1 动态视图被保存，类型与常规视图不同

图纸输出过程就是相当于用放置切图符号的方式生成两个动态视图，并保存起来。

所以，在 MicroStation 体系下，图纸输出过程的基础是生成动态视图“Dynamic View”。这个动态视图生成后，是作为一种特殊的视图被保存的，通过“Dynamic View”可以生成“Drawing”（图 11-3-2），这本质上是在“Drawing”中参考了动态视图。所以，你可以通过一个动态视图生成多张“Drawing”。例如你需要生成不同注释比例的“Drawing”（标注大小不同，而图形是实际大小）。然后这些不同比例的“Drawing”会被放置在不同的打印图纸中，如图 11-3-3 所示。

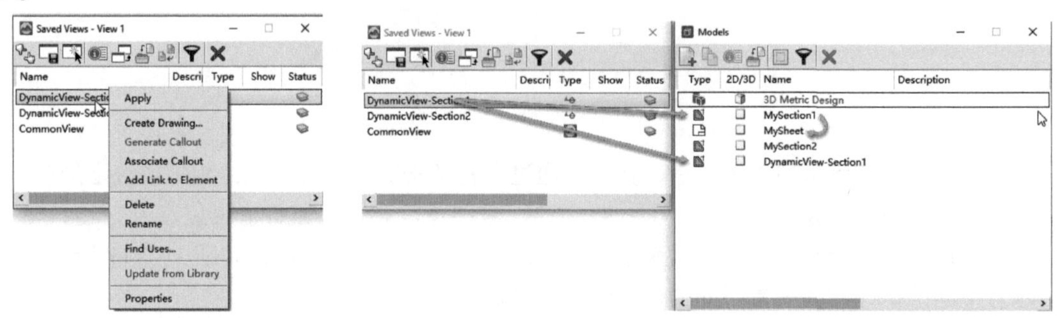

图 11-3-2 通过动态视图生成“Drawing”

图 11-3-3 一个动态视图生成两个“Drawing”

在 MicroStation 中，有多种方式来生成动态视图，如下文所述。

11.3.1 自动创建动态视图

如果你在项目环境中将出图相关的配置设置好，就可以利用 MicroStation 提供的工具实现自动出图。选择相应的工具后，MicroStation 会根据你的位置和选择的种子文件（模板）来生成动态视图，然后输出切图“Drawing”和图纸“Sheet”。创建切图“Drawing”时的对话框如图 11-3-4 所示，自动出图的流程如图 11-3-5 所示。

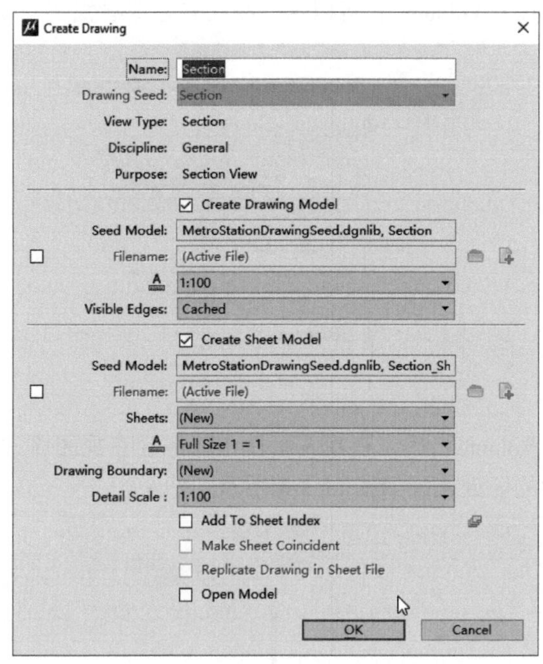

图 11-3-4　创建切图“Drawing”时的对话框

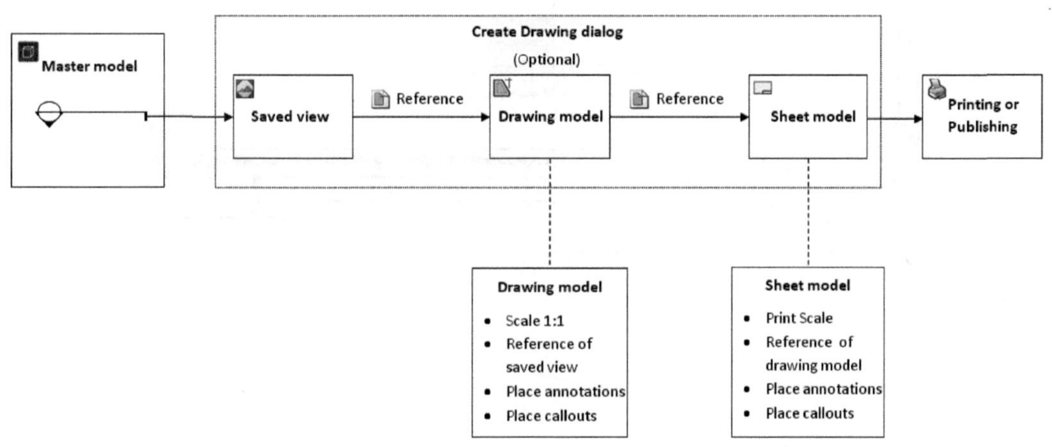

图 11-3-5　自动出图的流程

11.3.2　手动创建动态视图

通过“Clip Volume”可以只查看选定区域的内容，也可以通过它来创建动态视图。在这里，为“Clip Volume”补充一些细节内容，同时介绍它创建动态视图的功能。你可以通过它来创建不同的显示效果。

11.3.2.1　显示区域

通过“Clip Volume”可以只显示选定范围内的对象。如果你在平面图上设定一个区域，那么在垂直方向上，这个范围是无限延伸的。但“Clip Volume”的本质是，设定了一个平面范围，将空间划分为内、外两部分，然后将外面的内容隐藏掉。但你可以选择它是否被显示，或者以怎样的显示样式被显示。内部的部分又被剖面划分为“前面”“后面”“剖面”。

如果没有区域显示“Clip Volume”，可以通过视图属性或者视图工具栏来设定视图的显示样式，如图 11-3-6 所示。

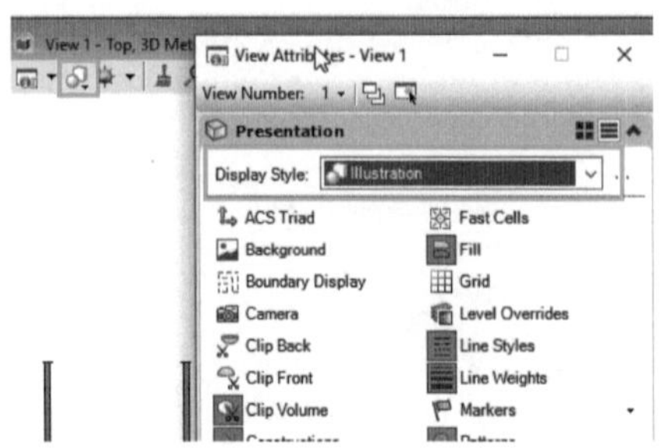

图 11-3-6　设定视图的显示样式

我们设定一个“Clip Volume”后，在视图属性中，你会在视图属性中看到如图 11-3-7 所示的选项，默认只显示选定的区域效果如图 11-3-8 所示。

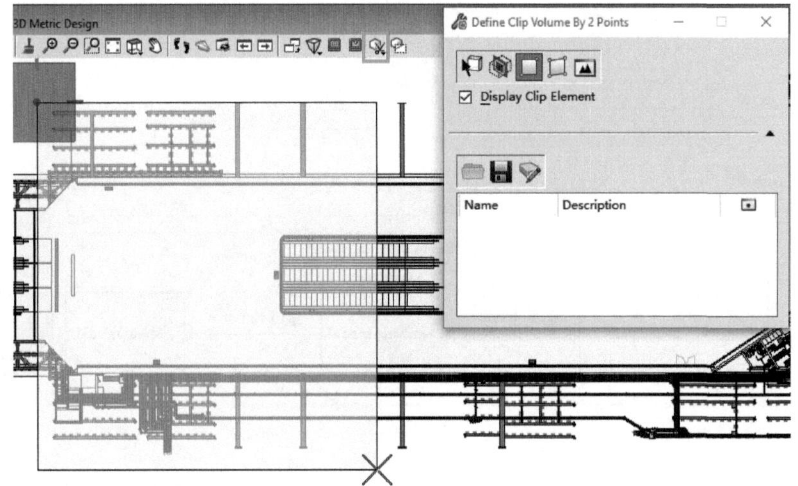

图 11-3-7　设定一个矩形的区域显示

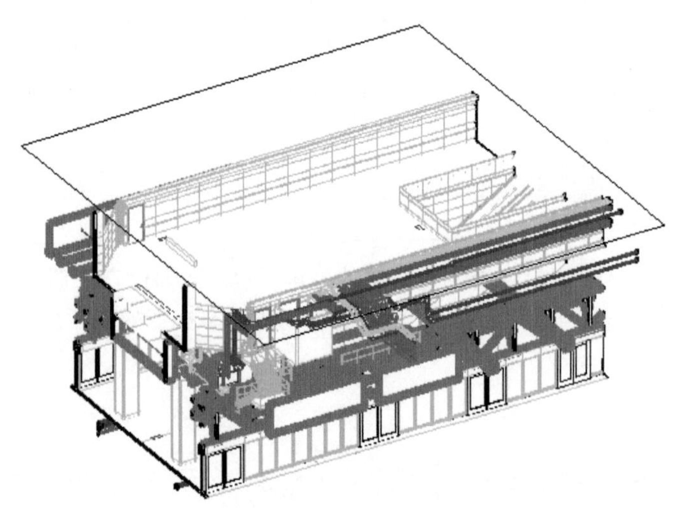

图 11-3-8　默认只显示选定的区域效果

这时，如果用“显示样式”来切换显示演示，你会发现它不起作用了，如图 11-3-9 所示。

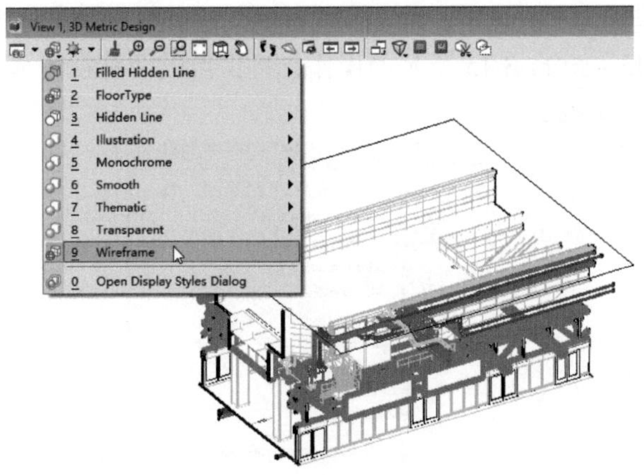

图 11-3-9 通过显示样式不能控制区域显示

打开视图属性，你会看到 MicroStation 专门为 “Clip Volume” 的不同部分设定了不同的显示样式设置，如图 11-3-10 所示。默认情况下把区域外的部分 “Outside” 给隐藏了，可以选择是否显示，还可以设定显示样式。

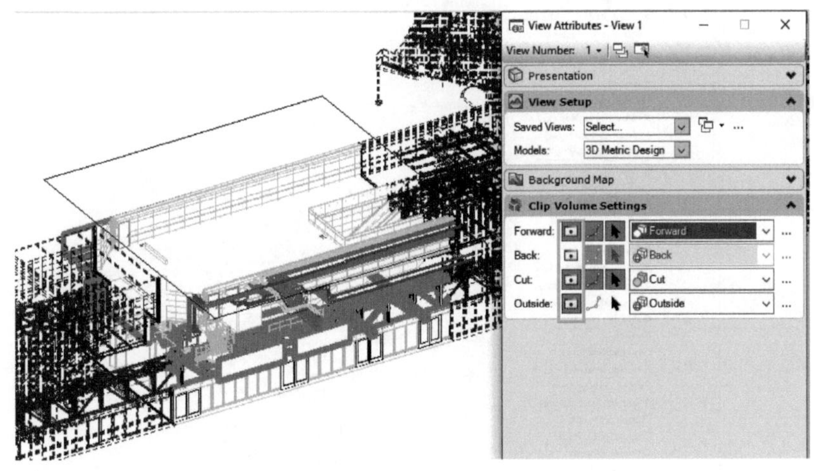

图 11-3-10 Clip Volume 的显示设置

从上图中可以看出，已经将外边区域的部分打开，并以 “虚线” 的显示样式来显示。你在为 “Clip Volume” 的不同部分设定显示样式时，会发现比视图的显示样式要少，如图 11-3-11 所示。

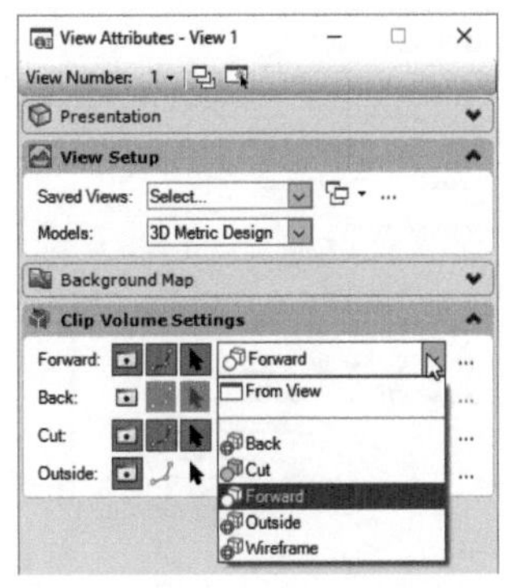

图 11-3-11 “Clip Volume” 的显示样式

出现这样的现象是因为，在设定一种显示样式时，已经设定了是否用于区域显示“Clip Volume”。通过如图 11-3-12 ~ 图 11-3-15 所示的操作，将常用的两种视图显示样式“Illustration”和“Transparent”设定为区域显示。

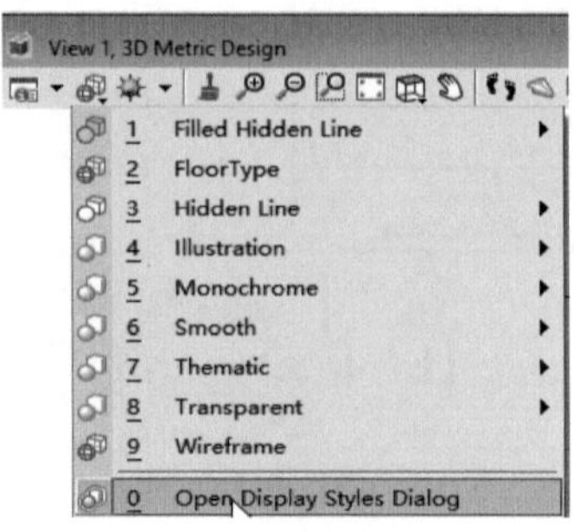

图 11-3-12　打开视图显示样式对话框

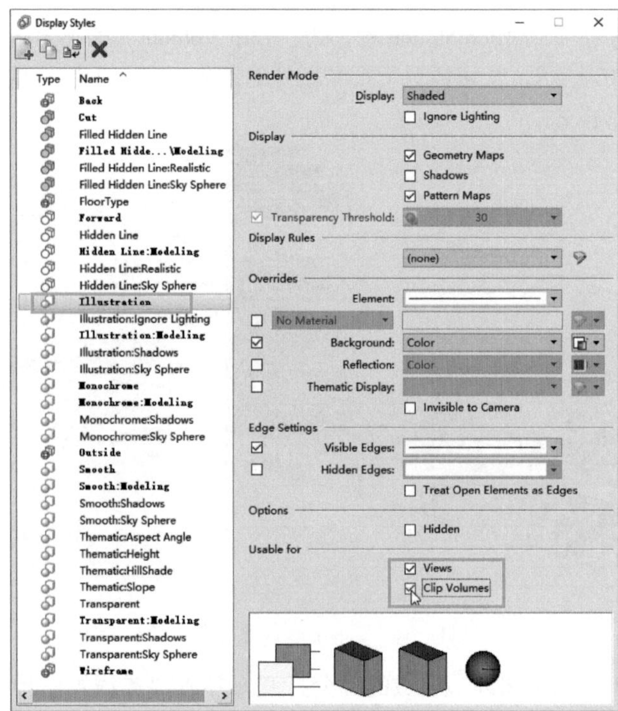

图 11-3-13　设定显示样式的使用场合

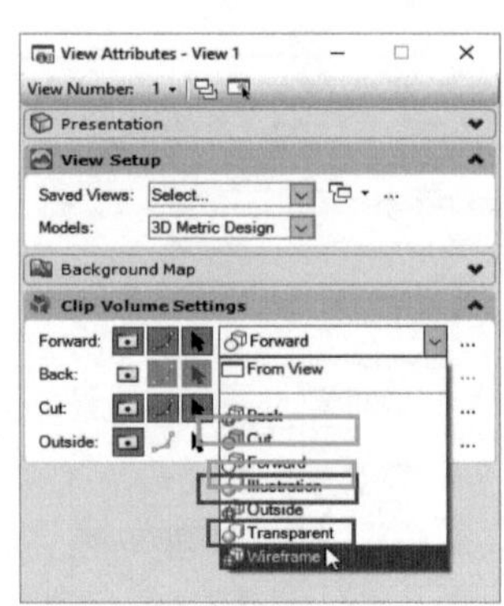

图 11-3-14　在视图属性中，可以为“Clip Volume”设定显示样式

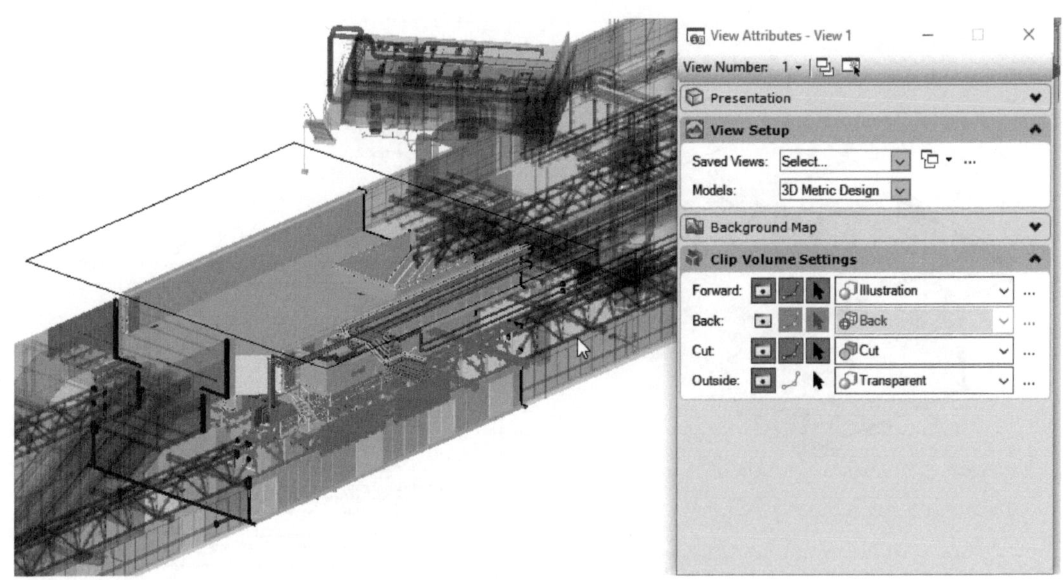

图 11-3-15　外部透明，内部体着色

设定显示区域时，使用了一个矩形，而这个矩形是有空间位置的，它把内部划分为前面、后面和剖面。由于上面的例子中，矩形是在模型的上面，可以用移动工具向下移动矩形，显示的区域也会发生变化。你也可以为剖面（图 11-3-16）设置一种显示样式，例如轮廓线的线宽和颜色，以及是否填充等。在专业软件 OpenBuilding Designer 中，甚至可以设置显示材质。

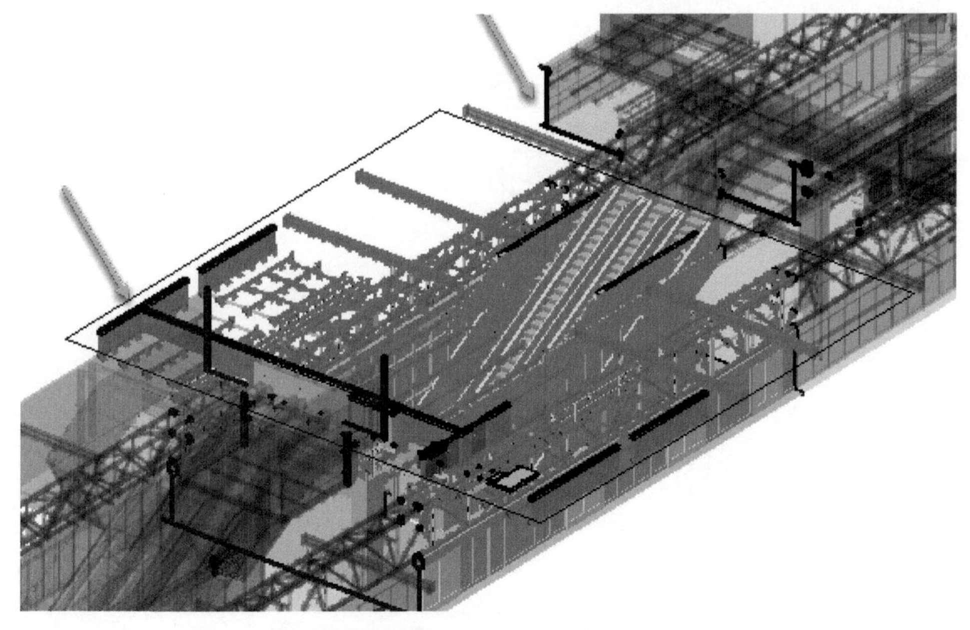

图 11-3-16　剖面的显示样式

无论是全部显示、区域显示、视图属性的设置还是显示样式选择、图层的打开关闭、参考的显示与否，都是控制视图“View”的因素，一旦设置完毕，就可以将其保存为视图，如图 11-3-17 所示。将来时，你可以快速回到这个视图的设置，也可以将其参考的一些图纸进行打印。通过这种立体的“二维图”，可以更形象地展示设计成果。

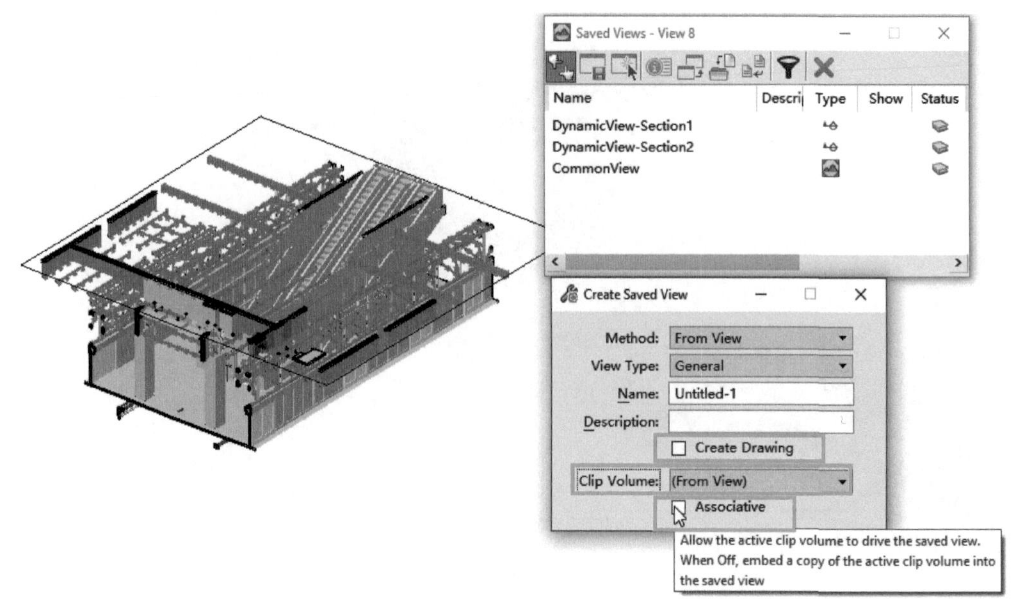

图 11-3-17　保存带有“Clip Volume”的视图

从上图中，你可以看到有两个选项，一个是“Create Drawing”，是让你以此剖面看到的内容作为切图“Drawing”；另一个是“Associative”，不但保存了“Clip Volume”的区域设定，还有能控制保存的视图区域是否与外部的区域联动。

11.3.2.2　放置剖面

放置剖面可以用来创建真正的动态视图，如图 11-3-18 所示。

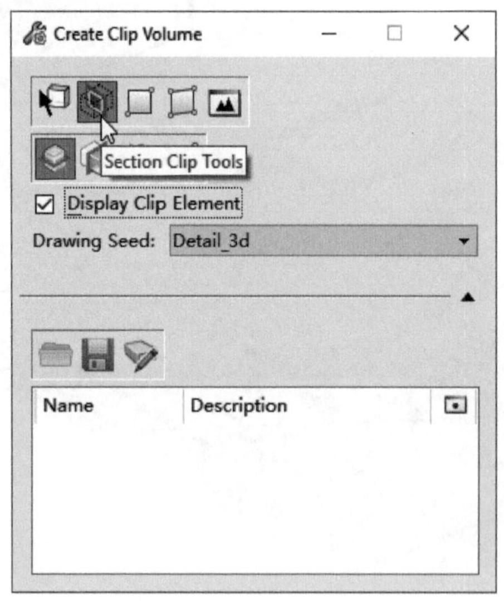

图 11-3-18　创建剖面

你会发现，这和我们放置切图符号是有点类似的，预设了三个方向的剖面和指定点以确定剖面方向，而且在这个对话框中，也有选择切图种子文件的选项。

选择一个剖切方向，然后在视图中点击，会出现如图 11-3-19 所示的效果，一个虚拟的范围由六个靶点控制，你可以拖动靶点来调整显示的范围。中心的箭头显示剖切的位置和方向。

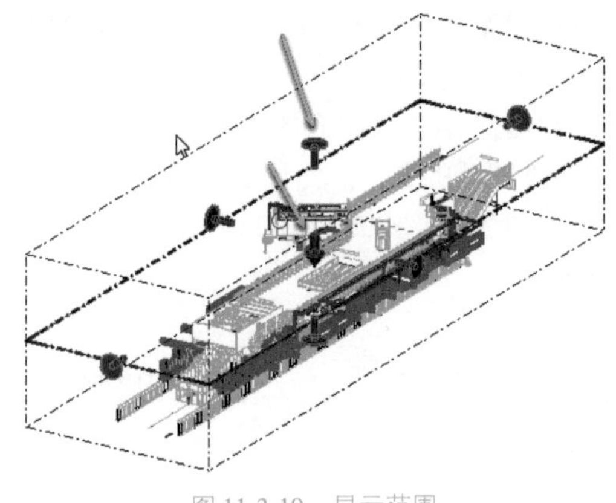

图 11-3-19　显示范围

你可以通过中心箭头或者四周靶点的“右键菜单”来切换观察的方向，在剖面的“右键菜单”里，可以创建一个切图“Drawing”，如图 11-3-20、图 11-3-21 所示。

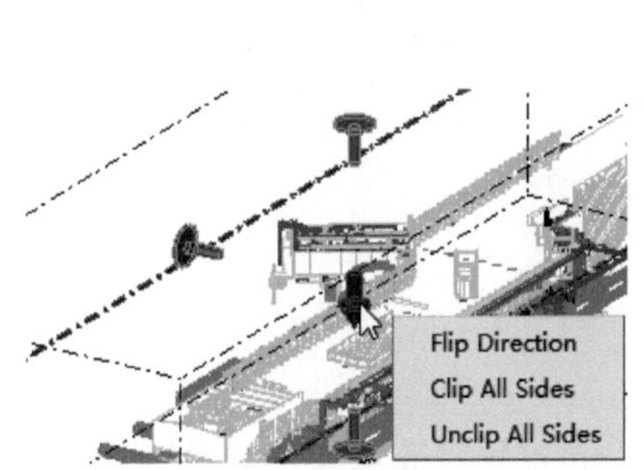

图 11-3-20　箭头的右键菜单用来调整观察方向和深度

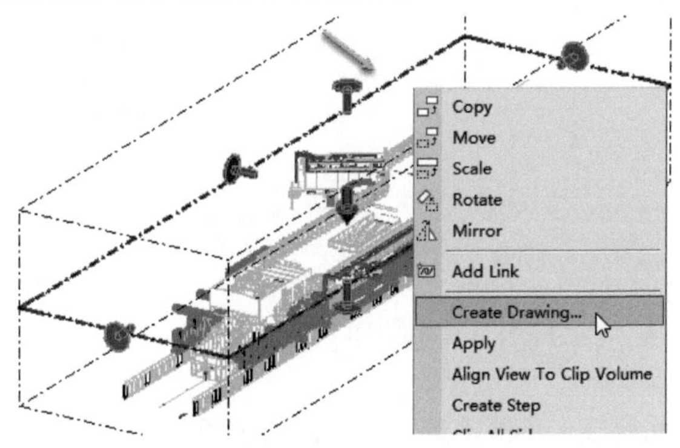

图 11-3-21　剖面的“右键菜单”用来创建切图“Drawing”

在“右键菜单”中选择“Create Drawing Model”来创建切图时，系统也会保存一个动态的视图，如图 11-3-22 所示。

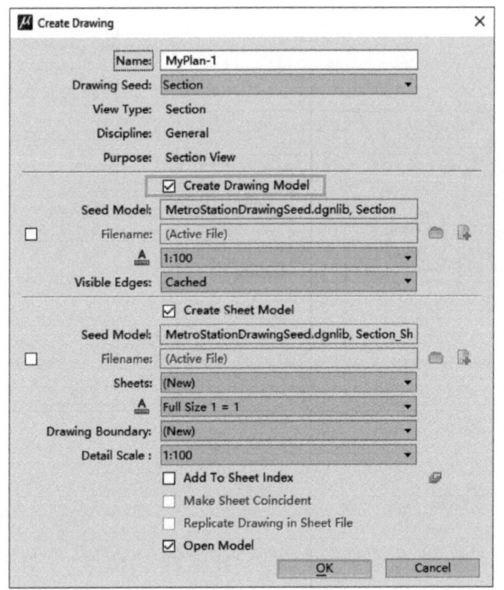

图 11-3-22　创建动态视图

所以，动态视图保存的是从剖面方向看到的内容，而普通视图是保存“View”从角度看到的内容。

在整个切图流程中，动态视图保存了“剖面的位置、观察到的范围、每部分是否显示以及如何被显示”，同时这也是对二维图纸的要求。然后这个图纸被参考到切图或者图纸中。这个过程可以是自动参考、也可以是手动参考，如图 11-3-23 所示。

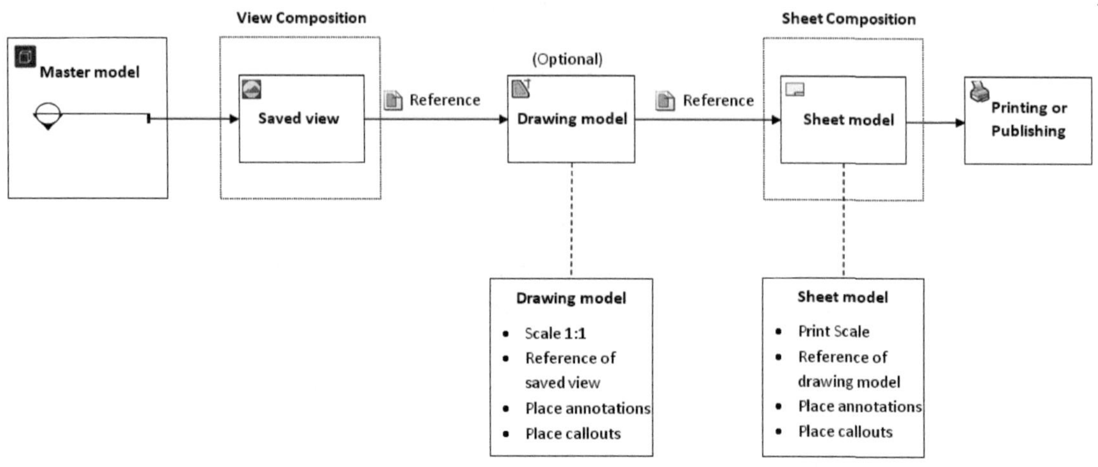

图 11-3-23　手动参考动态视图的流程

11.4　切图 Drawing

如果我们不能理解三维设计的出图流程（图 11-4-1），也就很难理解为什么对于 DGN 的文件结构中，Model 分为了“Design”“Drawing”“Sheet”类型（图 11-4-2）。同样，如果我们还是停留在二维的“手工绘图”时代，我们也会认为这样很麻烦。

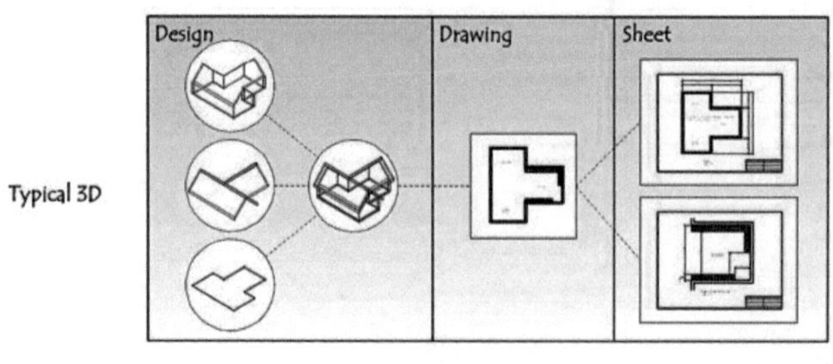

图 11-4-1　典型的三维设计流程

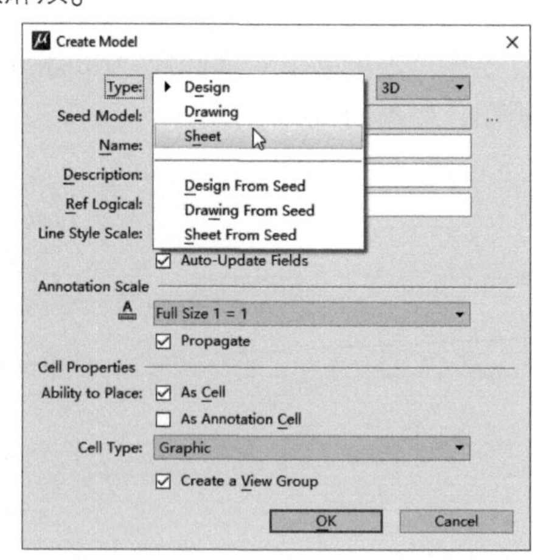

图 11-4-2　创建 Model 时的类型选择

11.4.1　Drawing 的缓存机制

在前文的内容里，我们不断地深化和强调工作流程的概念。对于工程软件来讲，就是将典型的工作流程固化为软件的操作逻辑，这是具有前瞻性和普适性的方法。

所以，图纸并不是在“Design”类型的 Model 中建立了模型后再在顶视图上做标注、加图框，也不是在“Sheet”类型的 Model 中，直接绘制最终的打印图纸。而是在基于信息模型的工作流程中，每个专业都专注自己的内容，同时，参考其他的专业作为“背景”。而在做设计检视或者出图时，就需要将不同专业的模型参考在一起，然后创建一个视图“View”，然后保存在“Drawing”中。那为什么不直接在“Sheet”中参考动态视图呢?

从实际操作中，这样也是可以的，但是，通常情况下需要“中间过程”来对“View”进行处理和保存一个“缓存”。

如果你在“Sheet”中直接参考动态视图，那么当模型丢失了，图纸也就没有了。所以，在很多情况下，需要图纸“Sheet”和模型暂时脱离，这就是“Drawing”最大的作用，它提供了一个“缓存”空间。你可以根据切图规则、可见边设置，建立一个动态视图的“快照”。这个快照不随着模型的更改而变化，而是当你选择重新加载时，才根据新的模型进行运算可见边，如图 11-4-3 所示。

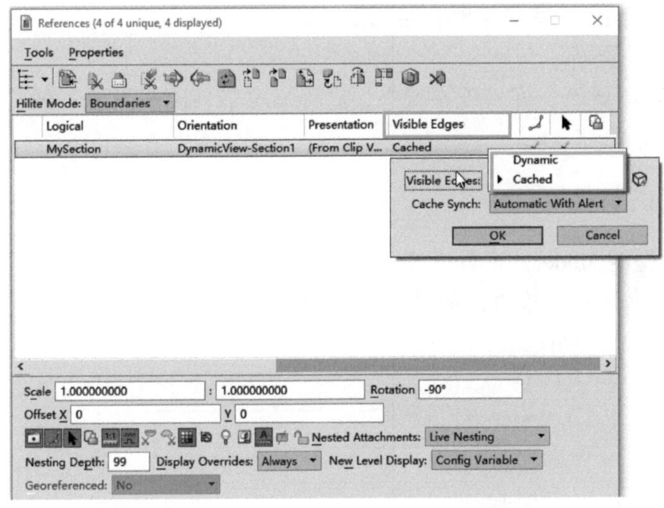

图 11-4-3　在“Drawing”中的可见边设置

试想一下，如果随时变化，就需要立即进行可见边的运算，使系统速度大幅降低。如果原始模型对象发生了更改，那么，快照上也会有相应的显示，可参考图 11-4-4。

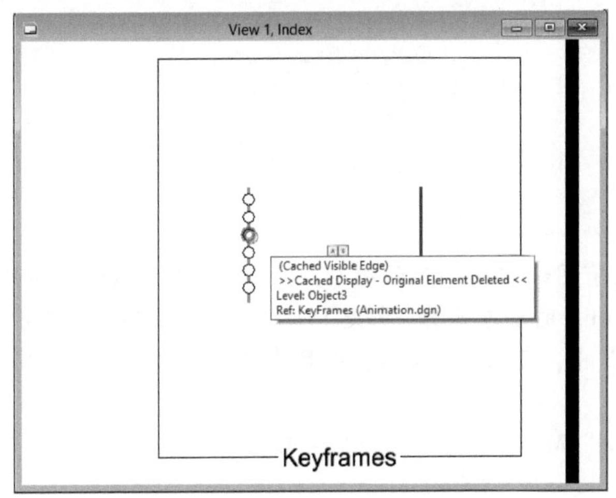

图 11-4-4　原始对象已经被删除

同时，这样的缓存方式，也让你只提供“缓存”的二维图纸给第三方，而不必提供原始模型，这就是“Drawing” Model 存在的意义。

当模型非常复杂时，计算可见边需要等待很长的时间，甚至你会认为已经“死机”了。这是因为 Windows 将一个长时间处理的过程看作“无反应”，为了避免这样的“假象”，你可以通过变量设置“MS_DISABLEWINDOWGHOSTING = 1”来避免，来告诉 Windows “MicroStation 还‘活着’”。

当然，这并不能从根本上解决速度的问题，如果每次都经历一个“长时间”的处理过程，将大大降低效率。所以，在 MSCE 版本中，它采用了增量发布的方式来提升性能。同时，有如图 11-4-5 的选项来进行控制。

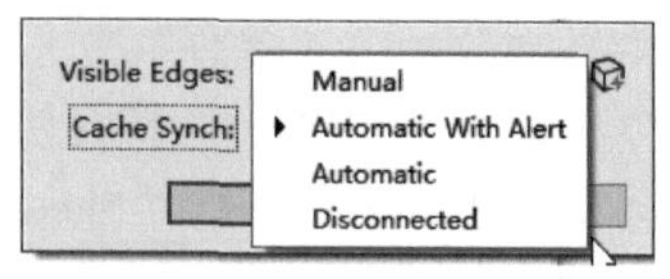

图 11-4-5 缓存同步机制

“Manual”：手动方式，只有在使用“Reload”命令时才更新。

“Automatic With Alert”：有更新时，给出提示。

“Automatic”：自动更新。

“Disconnected”：不更新，保持现在状态，这种情况下，由于系统不做检测，打开文件的速度会很快。

11.4.2 Drawing 的特性

对于 Drawing 类型的 Model，它具有如下特性：

（1）“Drawing”永远是二维的，如图 11-4-6 所示。

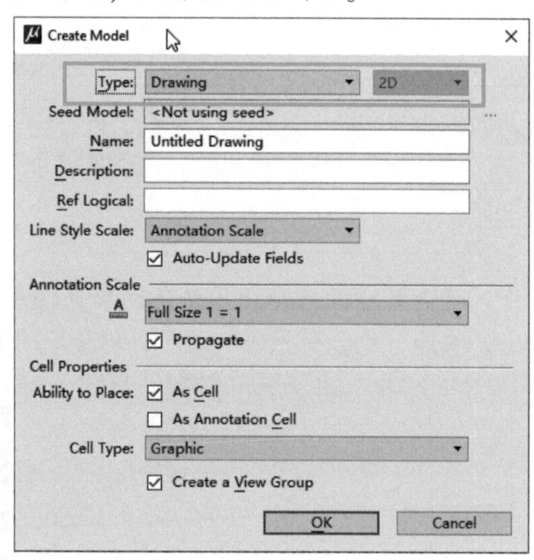

图 11-4-6 “Drawing”永远是二维的

（2）“Drawing”没有图纸“Sheet”的边界，因为它不是被最终打印的。

（3）被参考进 Drawing 的动态视图，都是 1:1 比例，而且都是与世界坐标系对齐的。

（4）在“Drawing”中，可以进行标注，而且建议这样做，注意设置正确的注释比例“Annotation Scale”。

（5）一个“Drawing” Model 只能参考一个动态视图。

第12章 注释对象

一张图纸分为了两部分内容：图形对象"Graphic"和注释对象"Annotation"。注释对象一般被标注在 Drawing 和 Sheet 类型的 Model 里，受注释比例的控制。虽然可以将注释对象放置在三维的"Design"模型上，但这样做的意义不大，因为它会被放置在某个特定的高度和特定的位置上，当我们旋转视图时，二维的注释对象就会被遮盖。如果你想为某个三维视图加标注，正确的做法是保存一个三维视图，参考到 Drawing 切图或者 Sheet 图纸中。然后再进行标注。

注释对象包括了文字、尺寸标注、标签等，在这里，我们只介绍一些核心内容，在使用注释对象时，要时刻注意如下原则：

- 注释对象受注释比例影响，要打开注释比例的按钮。
- 注意使用标注样式，设置大小时以打印的大小为基准。
- 参考一个带有注释对象的文件时，MicroStation 有选项，让你设置使用主文件的注释比例来调整被参考文件中注释对象的大小（图 12-0-1），还是保持使用被参考对象注释比例的设置。

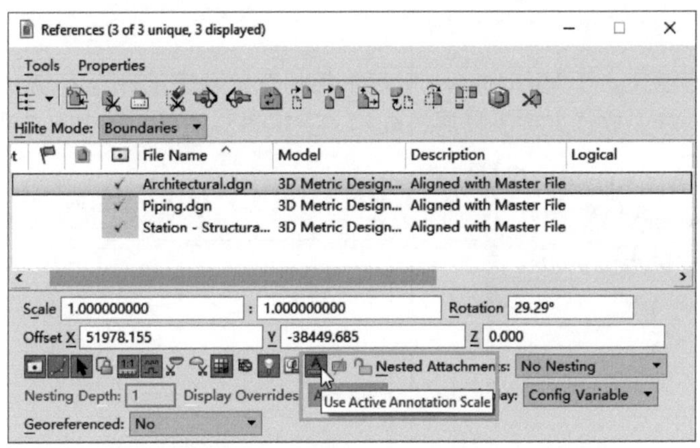

图 12-0-1　使用主文件的注释比例来调整被参考文件中注释对象大小

- 文字样式和标注样式等设置是项目标准的一部分（一般情况下，不要"每个人"都设置）。它作为工程标准，保存在扩展名为"Dgnlib"的文件中。

每个人都可以设置文字样式和标注样式看似是非常灵活的方式，但对于一个项目来讲，效率低且难以统一标准化，特别是在更改时，更是费时费力。所以，在 MicroStation 中，使用任何的样式"Style"，基本都是引用工作环境"WorkSet"中的内容。所以，当你放置文字时，使用的文字样式，几乎都是引用项目（工作）环境的样式，如图 12-0-2 所示。

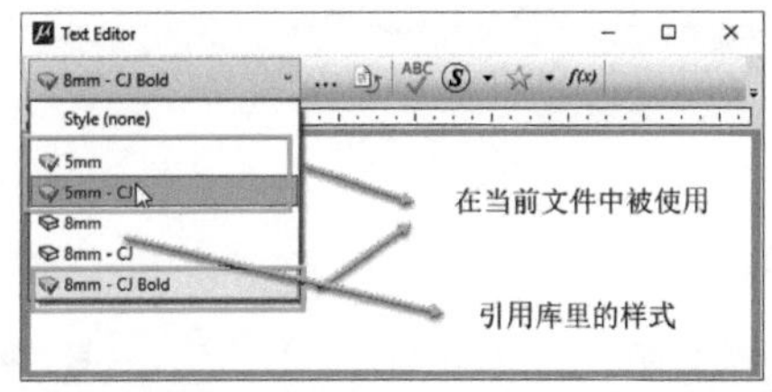

图 12-0-2　引用工作环境中的样式

12.1 文字 Text

文字是最常用的注释对象，MicroStation 也提供了很多相应的命令，文字工具及文字样式如图 12-1-1 所示。

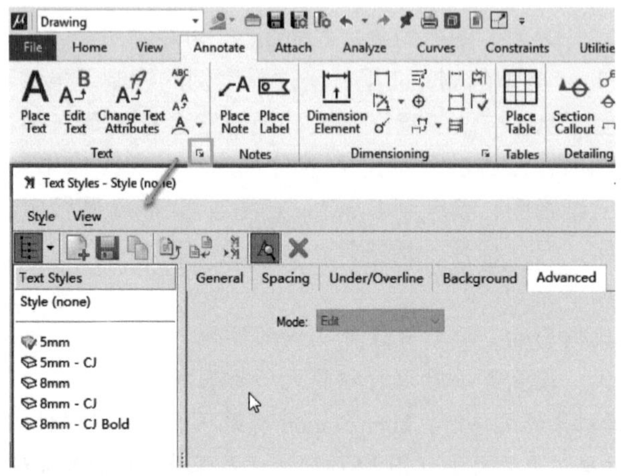

图 12-1-1 文字工具及文字样式

文字对象的操作过程，在 MicroStation 中越来越和办公软件的操作方式一样，包括样式的选择、特殊符号的插入等。放置文字工具属性框和文字编辑对话框如图 12-1-2 所示。

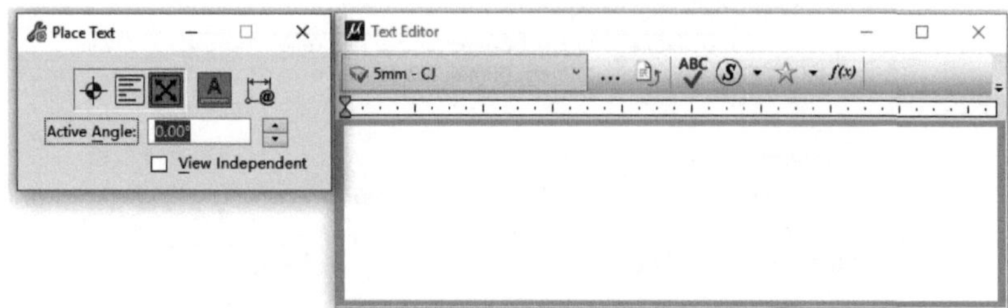

图 12-1-2 放置文字工具属性框和文字编辑对话框

12.1.1 放置方式

在 MicroStation 中，当选择放置文字时，有两个对话框出现，一个是工具属性框，另一个是文字编辑框，如图 12-1-3 所示。

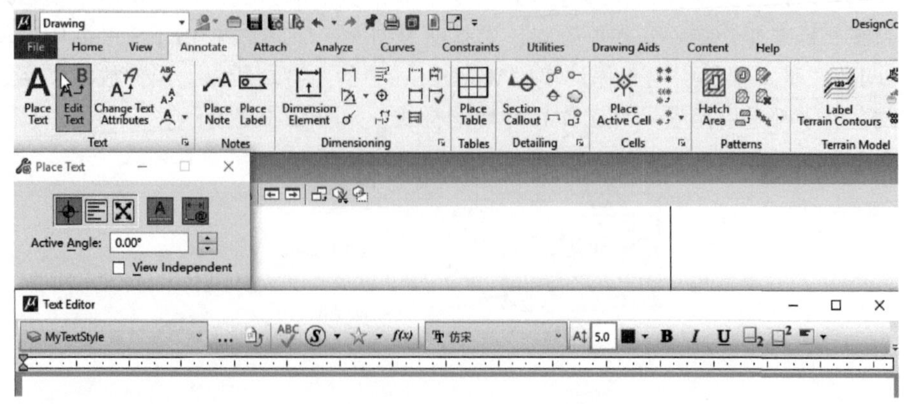

图 12-1-3 放置文字

在文字编辑框中，你可以输入文字内容，“换行”也可以按回车键或者用 <Tab> 键，这里的操作和文字办公软件差不多。通常情况下，我们是用文字样式来控制文字的，但不建议在编辑文字时，直接设置字体、颜色等属性。因为，如果你将来修改了文字样式，那么所有使用此样式的文字都会被自动更改。操作的原则是“先选择文字，再修改样式”。

在工具属性框中，设定放置文字的选项：前三个图标分别是基点放置方式“By Origin”、自动换行方式“word-wrap”（图 12-1-3）和固定宽度方式“Fitted”。

基点放置方式是在文字样式里设定的，如图 12-1-4 所示。

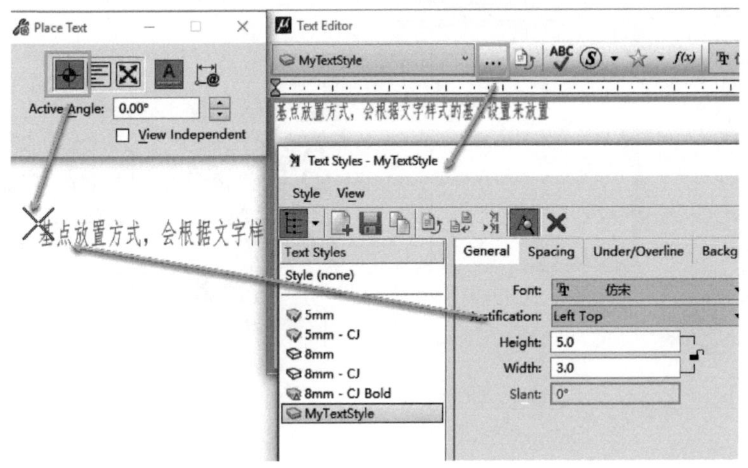

图 12-1-4　文字的基点放置方式

自动换行方式是根据指定的宽度来排列文字，当你选择这种方式时，需要先通过按住鼠标左键来指定一个范围，然后再输入文字内容，如图 12-1-5 所示。需要注意的是，无论是文字还是范围都是受注释比例的影响的。

固定宽度方式是在放置文字时，需要指定两点来控制宽度，如图 12-1-6 所示。

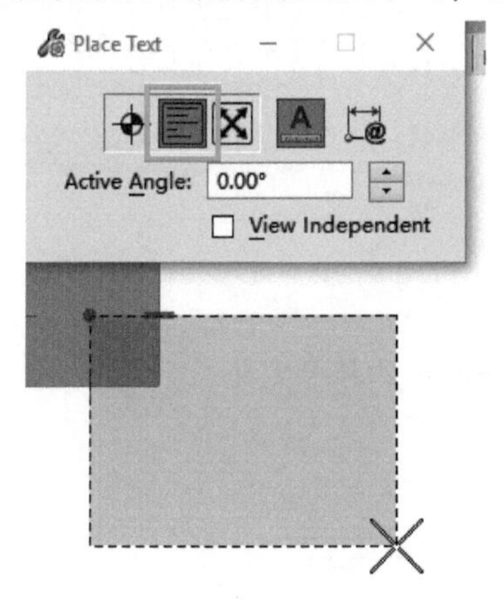

图 12-1-5　自动换行方式“Word-warp”设定了文字放置的范围

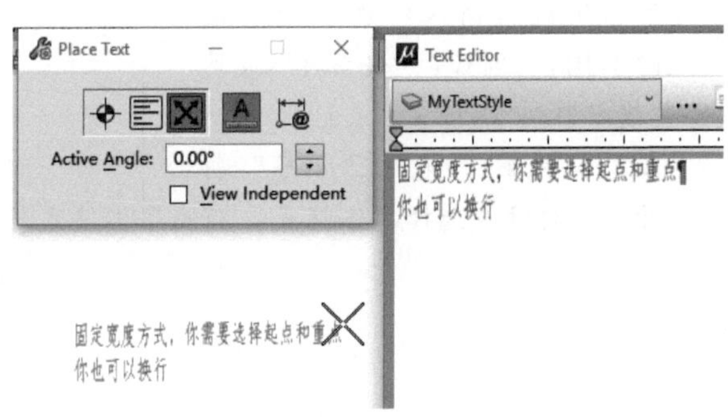

图 12-1-6　固定宽度方式

另外，在 MicroStation 中还提供了沿着对象放置文字的方法，与“固定宽度”有点类似，只不过这种方式是沿着“直线”放置，如图 12-1-7 所示。

在工具属性框中的后两个图标，分别是“注释比例”和“关联对象”。“注释比例”建议始终是被选中的，以正确设置注释对象的大小。

当“关联对象”（图 12-1-8）被选中时，如果选择一个物体，然后在文字编辑框输入文字，当物体被移动时，文字也会跟着移动。

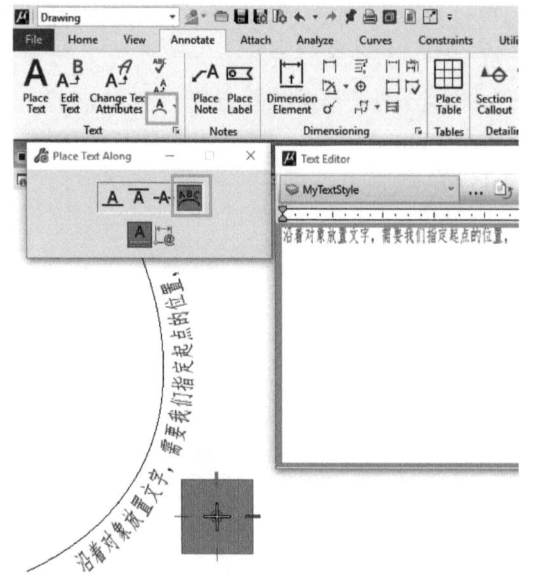

图 12-1-7　沿着对象放置文字

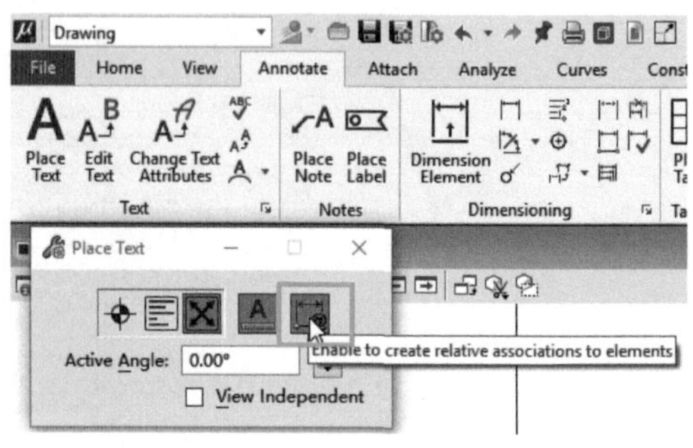

图 12-1-8　关联对象

对于工程上用的特殊符号，可以通过文字编辑框顶部的特殊符号按钮（图 12-1-9）来输入。

对于特殊符号，需要注意：

- 特殊符号是保存在字体文件中的，所以，你要先选择字体格式。
- 每种字体特殊符号有很多，可以通过“右键菜单”加入常用。
- 可以用键盘输入特殊符号（图 12-1-10），例如：“%%d”表达“度数”，“%%p”表达“正负号”，“%%c”表达“钢筋”符号。需要注意选择字体格式，有的字体格式里没有一些特殊符号定义。

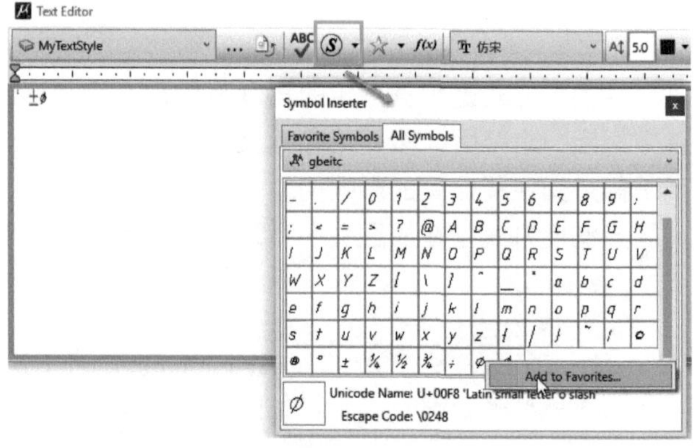

图 12-1-9　特殊符号

特殊符号-度°
特殊符号-正负号 ±
特殊符号-钢筋 Ø

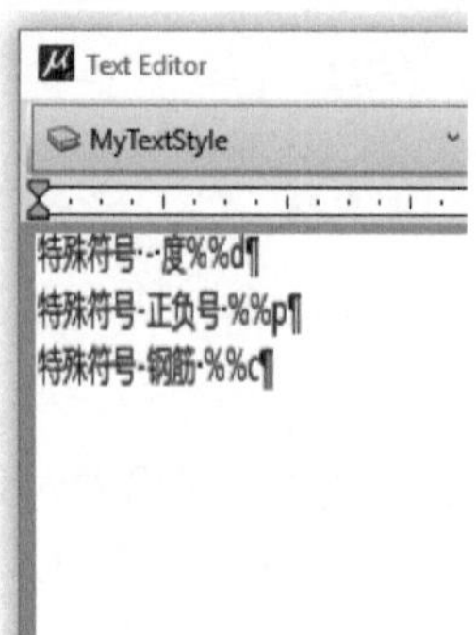

图 12-1-10　用键盘输入特殊符号

12.1.2 文字内容

在 MicroStation 中，文字对象的内容可以由如下几种方式来设置。

- 输入的字符。

放置文字对象如图 12-1-11 所示。

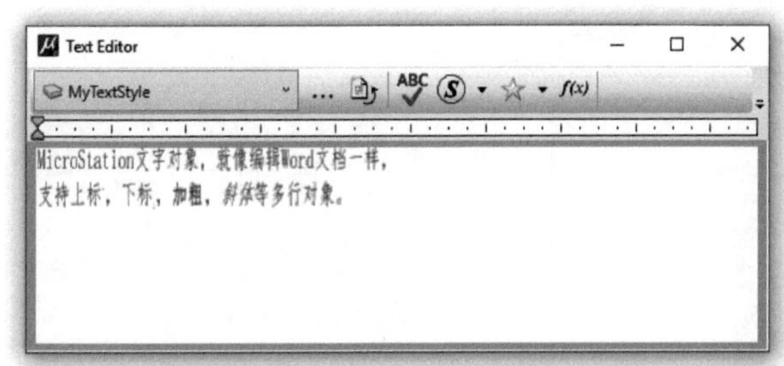

图 12-1-11 放置文字对象

- 输入域 “Data Field”，相当于一种预留的区域，以便将来进行输入，它可以和具体的字符混合在一起。

在文字框中，输入 “姓名:” 然后单击鼠标右键，选择 “Insert Enter Data Field”，可输入将来可以输入的字符数，如图 12-1-12 ~ 图 12-1-14 所示。

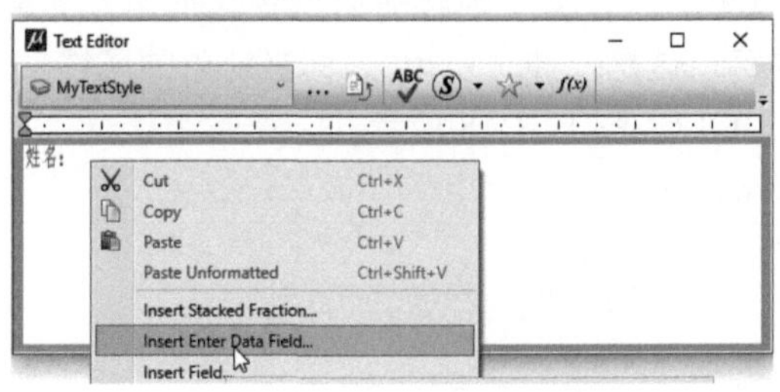

图 12-1-12 插入输入域 “Data Field”

图 12-1-13 设定输入域的参数

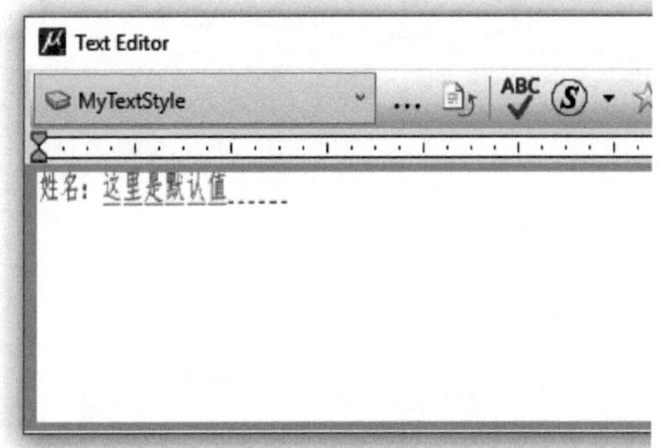

图 12-1-14 放置时的效果

在放置时，文字下面可能没有虚线，如果不设置默认值，而且在视图属性中也没有将“Data Fields”选项打开，放置后，将什么都看不到。这是由于在视图中，输入域“Data Field”是否显示，受视图属性的控制，如图 12-1-15 所示。

MicroStation 提供了相应的命令，让你可以输入、更改文字域的内容，如图 12-1-16 所示。

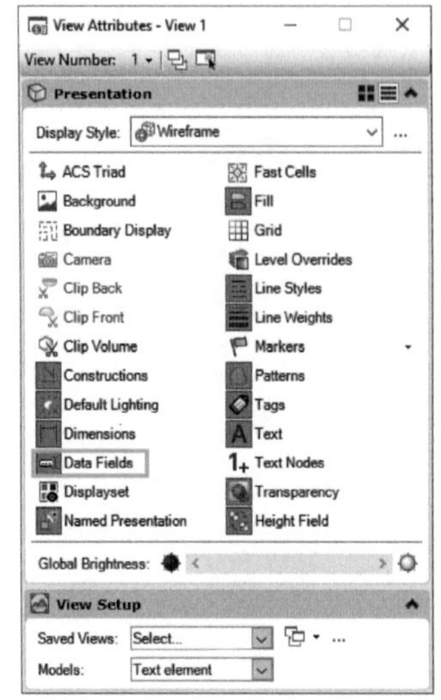

图 12-1-15　视图属性中，打开显示输入域开关

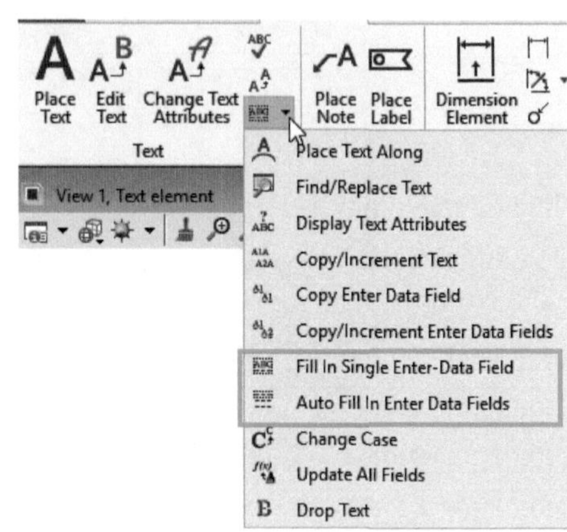

图 12-1-16　输入域“Data Field”输入命令

• 对象属性占位符。

这是一种占位符“Placeholder”，它的内容来源于对象的属性和链接对象的内容。例如，我们想放置一个文字来表达矩形的面积，当我们编辑矩形时，文字内容随面积变化而自动更新。要实现这种操作，可以以矩形的属性作为文字的内容，这是一种“引用”，即当对象的属性发生更改时，文字内容也会自动更新。具体操作如图 12-1-17、图 12-1-18 所示。

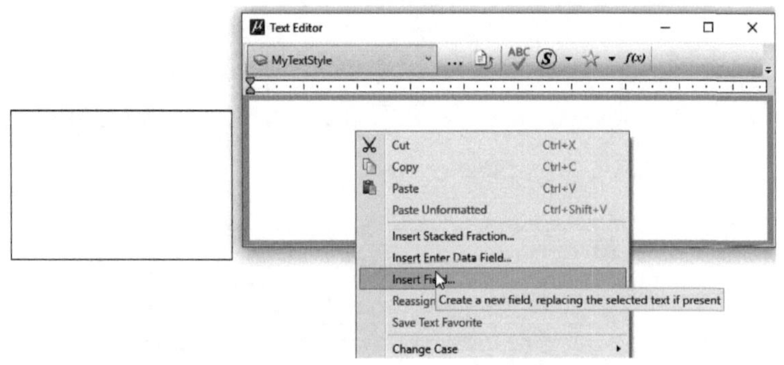

图 12-1-17　输入文字时，选择“Insert Field”

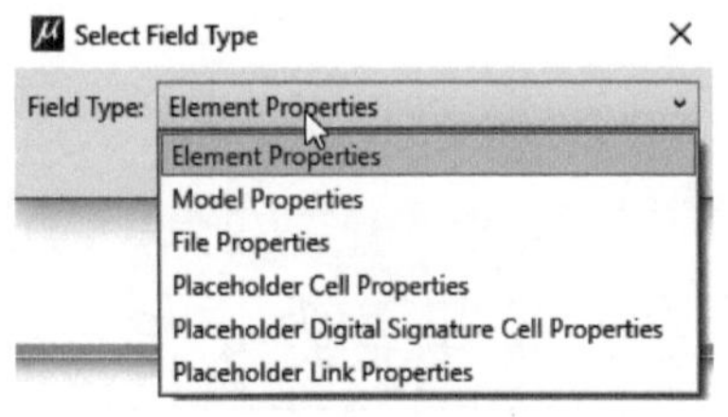

图 12-1-18　选择对象属性“Element Properties”

这时，根据命令行提示，点击需要标注的矩形，弹出如图 12-1-19 所示的对象属性对话框，选择“Area”面积属性，并做相应的设置，然后在视图中指定标注的文字位置。

图 12-1-19 设定标注的属性

当调整矩形大小时，你会发现标注的数值会自动更新，如图 12-1-20 所示。

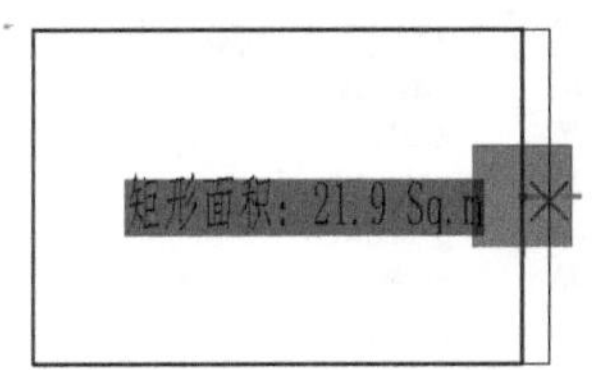

图 12-1-20 标注的数值自动更新

同样可以使用 DGN 文件中的 Model 的属性作为标注的内容。

- 单元占位符。

单元占位符（图 12-1-21）通常是与标注单元、详图符号密切相关的。特别是链接属性的使用，必须和出图流程以及详图符号标注结合起来，例如文字由外部链接的对象属性决定，如图 12-1-22 所示。

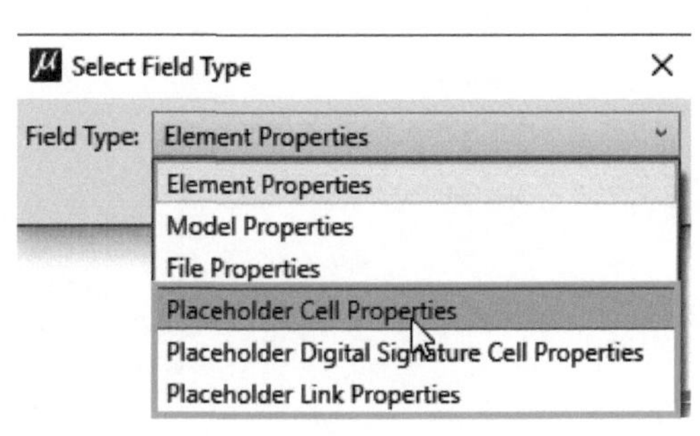

图 12-1-21 单元占位符

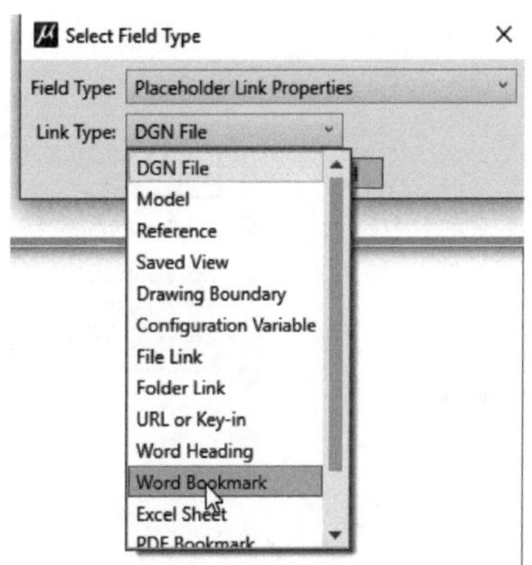

图 12-1-22 文字由外部链接的对象属性决定

12.1.3 字体支持

MicroStation 支持三类字体：Windows 字体、AutoCAD 字体和传统的 MicroStation 字体。Windows 字体文件放置在 Windows 的“Font”目录下，

MicroStation 可自动读取 Windows 字体，如图 12-1-23 所示。

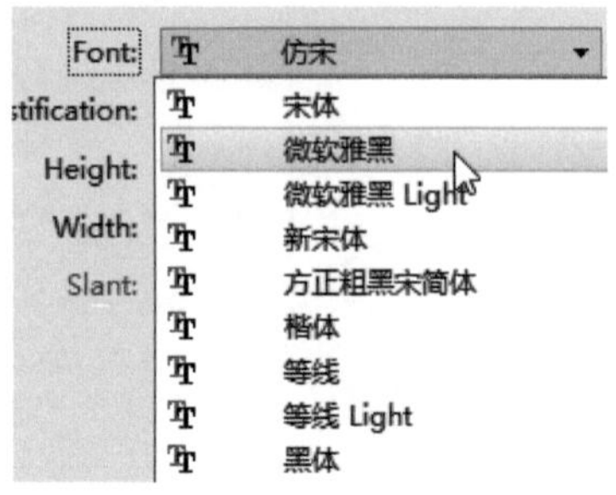

图 12-1-23 自动读取 Windows 字体

AutoCAD 的“shx”字体文件，通常默认放置在“C:\ Program Files \ Bentley \ MicroStation CONNECT Edition \ MicroStation \ Default \ Fonts”目录下，你也可以通过变量来设置具体的搜索位置，如图 12-1-24、图 12-1-25 所示。

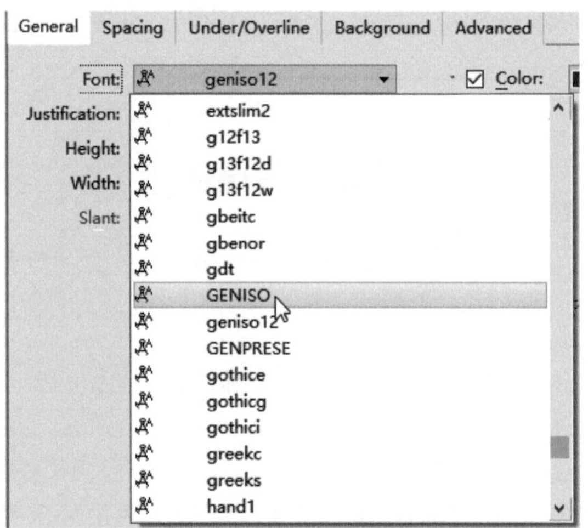

图 12-1-24 AutoCAD 的 shx 字体

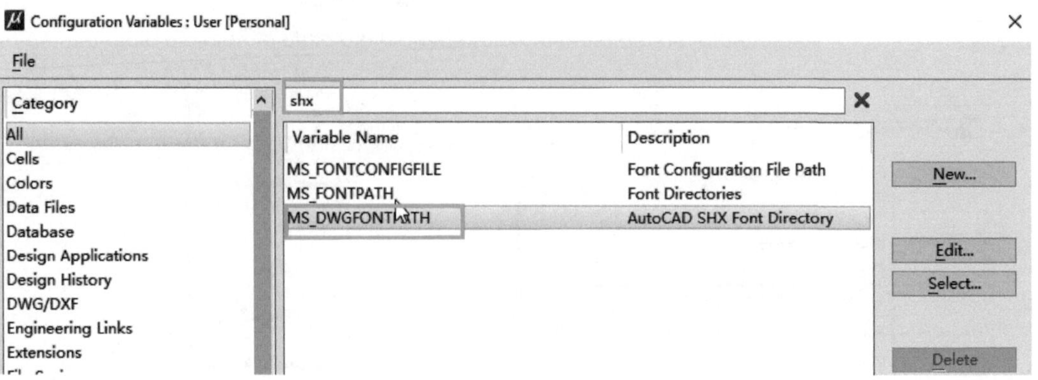

图 12-1-25 设定 shx 字体位置的变量

对于 shx 字体，如果使用中文，就必须要使用大字体“Big Font”，也就意味着，若你为英文指定一种 shx 字体，还必须为中文指定一种大字体。在文字样式的字体设置对话框中，首先设置英文的 shx 字体，然后在“Advanced”选项卡里，再设置中文使用的大字体，如图 12-1-26 所示。

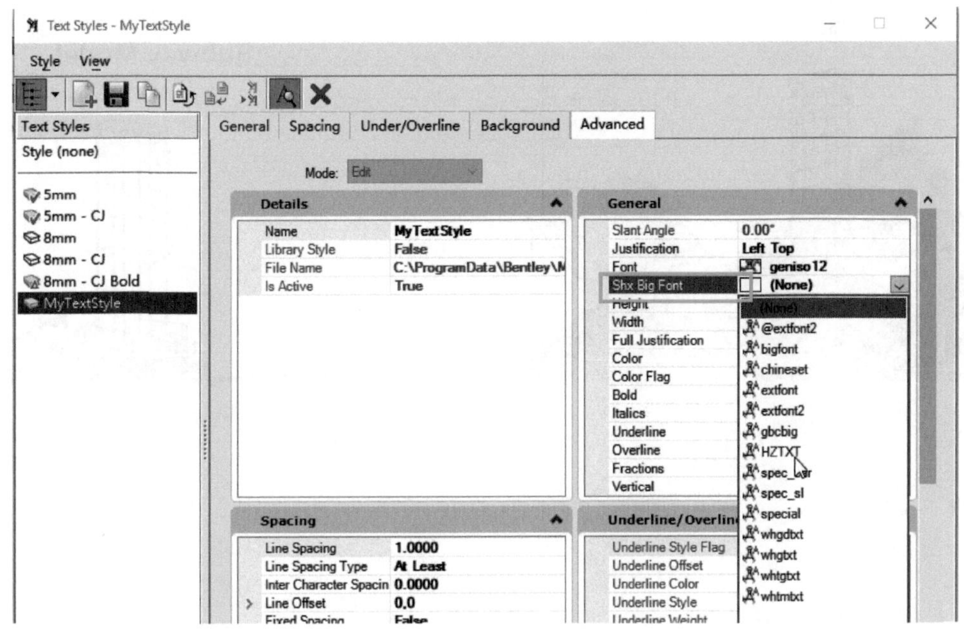

图 12-1-26　使用 shx 的中文大字体

MicroStation 字体是保存在 RSC 文件中的一组字体，现在已经不再更新，最早的 V7 版本就是使用此字体，现在仍然兼容此字体以处理 V7 版本的文件，如图 12-1-27 所示。

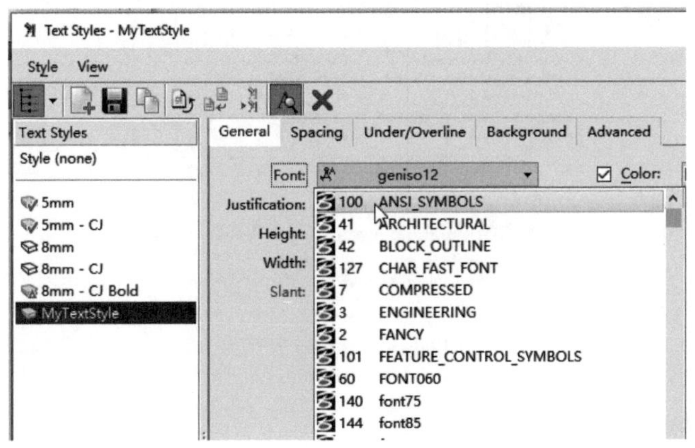

图 12-1-27　MicroStation 传统字体

12.1.4　视图独立

一般来讲，通常不会在三维的“Design”模型中放置文字对象。如果将文字对象像其他的对象一样放置在一个特定的平面上，当旋转视图时，二维的文字对象会始终与三维空间的真实位置和方向对齐。

如果想旋转视图时文字总是正对着视图方向，就要用到放置文字的“View Independent”

选项。

这种方式可以使用在某些三维视图中，以对三维模型做标示，建议在使用时，捕捉到某个具体的点，这样在旋转视图时，文字就会围绕这个点来旋转，如图 12-1-28、图 12-1-29 所示。

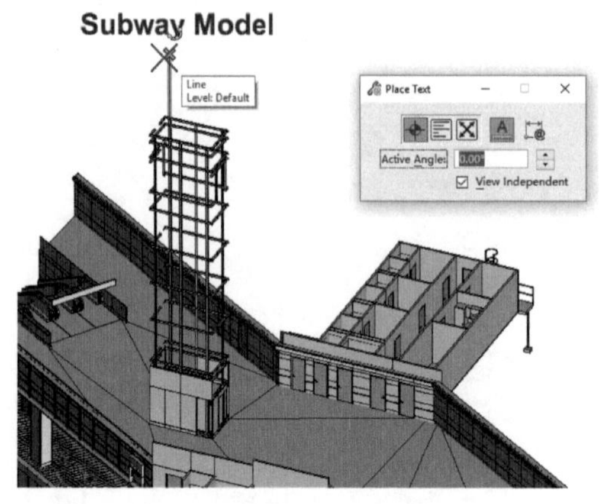

图 12-1-28　在三维模型上放置“视图独立”的文字对象

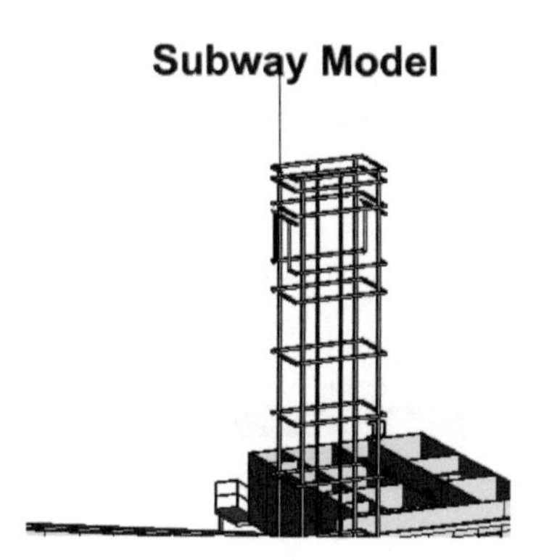

图 12-1-29　旋转视图时，文字始终正对视图

12.1.5　文字操作

12.1.5.1　编辑文字内容

可以采用双击文字对象或者采用编辑命令来编辑文字，编辑完毕后，在视图中单击鼠标左键完成操作，如图 12-1-30 所示。

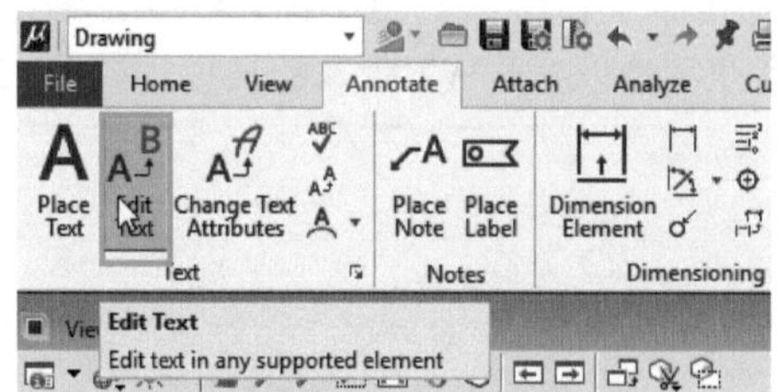

MicroStation文字对象，就像编辑Word文档一样，支持上标，下标，加粗，斜体等多行对象。

图 12-1-30　编辑文字内容

12.1.5.2　改变文字样式

文字的修改，不建议修改单个字的大小、字体等，而是采用修改文字样式的方式统一修改。在 MicroStation 中，文字的属性是由文字样式决定，不同用途的文字对象用不同的文字样式来控制，这样便于统一修改。

这和编辑 Word 文档一样。在 Word 中，很多人习惯的方式是“输入文字→选择文字→设置字体大小等属性”，这其实是一种效率低的方式。就像笔者在写这本书的时候，如果采用这样的方式，整本书很难实现样式的统一，我采用 Word 里的“样式”来控制不同等级的文字对象，而且还设置了相应快捷键，如图 12-1-31 所示。

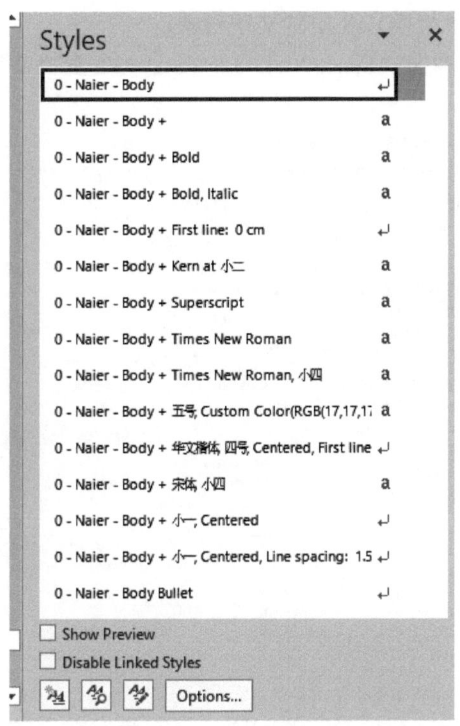

图 12-1-31　本书草稿阶段在 Word 中用的“样式”

可参考一个通用的原理：用样式“Style”来控制属性，这样以后修改样式，所有对象的属性就会统一修改。一个项目的样式，应由管理员统一控制，设计师只需使用即可。

让我们回到 MicroStation 的文字属性更改，虽然你可以单独修改文字的某个属性（通过工具框中的“三角号”可以看到更多的属性修改项），但不建议这样做，直接更改为其他的样式即可，如图 12-1-32 所示。

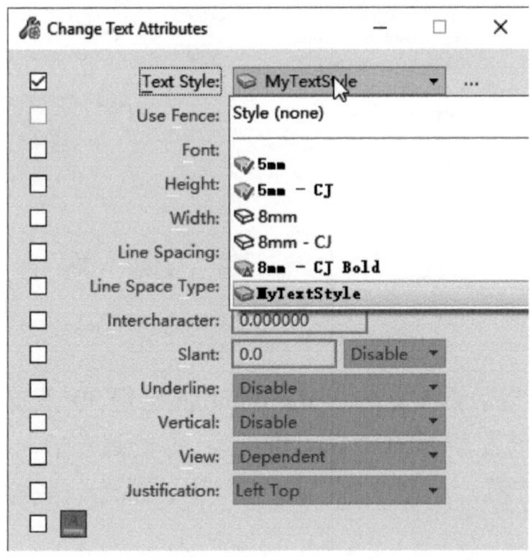

图 12-1-32　更改文字样式

12.1.5.3　查找替换

文字的查找替换（图 12-1-31）和 Word 类似（图 12-1-33），需要注意的是下面两个选项：

“In Cell”：决定是否查找替换 Cell 里的文字对象。

“Use Fence”：你可以用围栅“Fence”来提前设定一个查找替换的范围，而不是将所有的对象都查找替换。

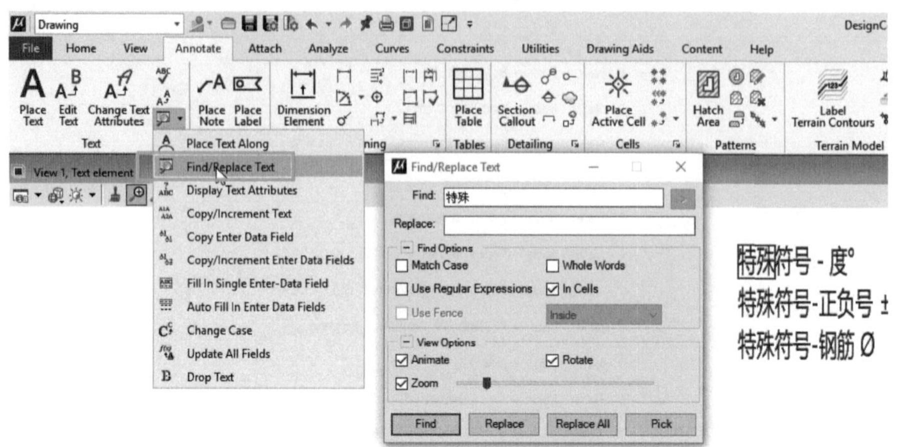

图 12-1-33　文字查找替换

12.1.5.4　复制序列文字

“Copy/Increment Text”用来根据设定的间隔，复制带有数字的文字对象，复制的结果自动更改文字的数值。这对于对象的编号操作非常方便，如图 12-1-34 所示。

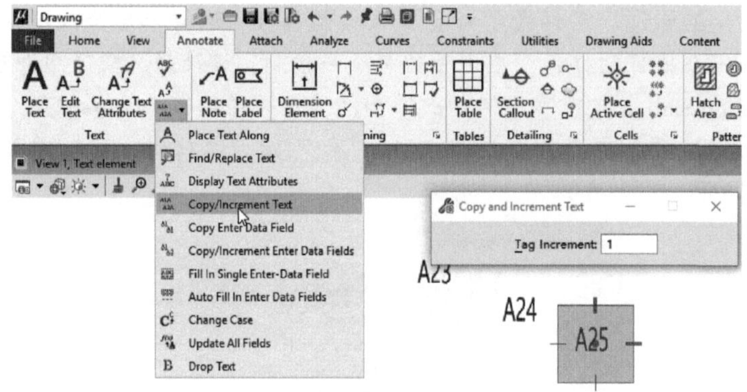

图 12-1-34　复制序列文字

MicroStation 还有其他的文字修改命令，MicroStation 已经 30 多岁了，很多命令虽然已经退出了历史舞台，但仍然可以在前面所述的“Tool Boxes”里找到它们。而现在很多软件采用的 Ribbon 界面，其实是根据工作流程，从命令的“海洋”里，挑选一些命令组合在一起的。

12.1.5.5　文字样式

文字样式里有很多选项来设置文字的属性，下文着重讲述如何组织文字样式。

对于一个项目来讲，文字样式和其他样式一样是需要统一的。所以，文字样式是放在工作环境“WorkSet”里的。如图 12-1-35 所示，在左边的样式列表里，灰色部分就是在工作环境中的文字样式，并没有保存在当前文件中。如果你在这个对话框中新建了一种文字样式，那这个文字样式就保存在当前文件，打开其他文件时就看不到了。虽然你可以在 DGN 文件之间将样式导入导出，但最正确的方式就是放置在工作环境里，实际上，MicroStation 是用一个变量“MS_DGNLIBLIST”来搜索相应位置 DGN 文件中的样式。

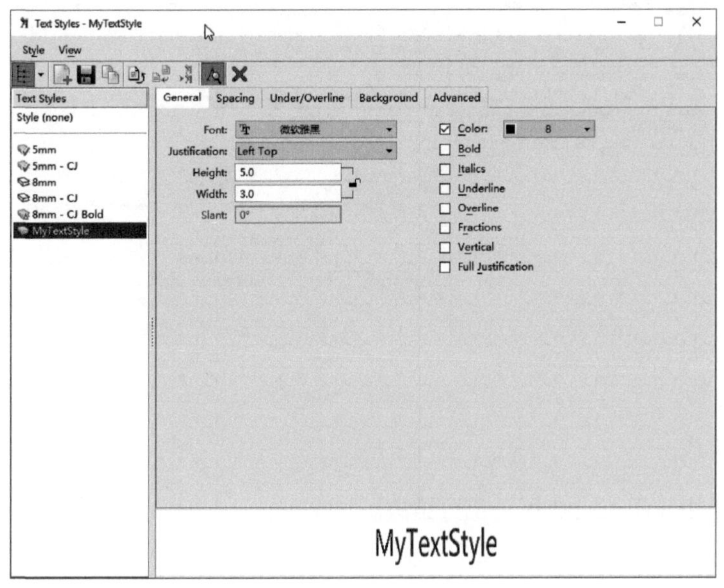

图 12-1-35　文字样式对话框

当你使用了“库”里的文字样式，它的图标就会高亮显示。如果在当前的文件中，你对此文字样式的属性做了更改，这就意味着，当前文件的文字样式和库中的同名文字样式设置就不同了。这时，你可以通过“Update All From Library”命令，用库里的文字样式更新当前文件的文字样式。导入、更新文字样式如图 12-1-36 所示。

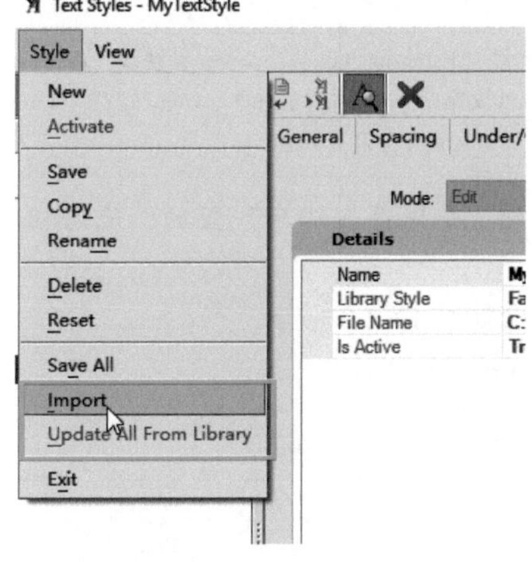

图 12-1-36　导入、更新文字样式

12.2　标注 Dimension

尺寸标注和文字对象一样，是最常用的注释对象，受注释比例的控制，需要设定标注样式，也可以和被标注的对象相关联。标注样式也是保存在工作环境中的项目标准，建议统一进行管理，而不是在每个文件中都进行设置。

MicroStation 提供了如图 12-2-1 所示的标注工具。

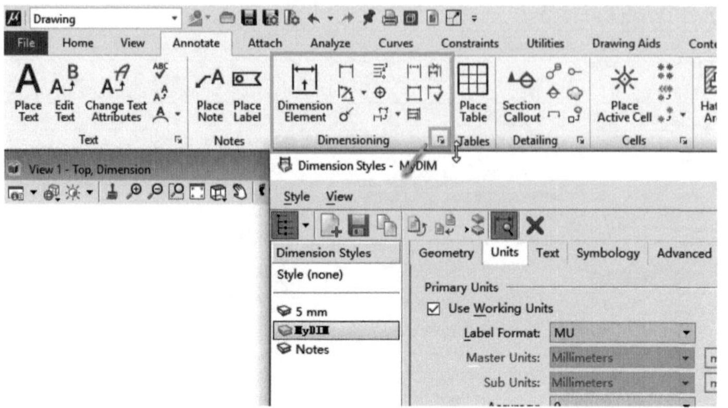

图 12-2-1　标注工具

12.2.1　标注样式

一个标注对象由如图 12-2-2 所示部分组成。

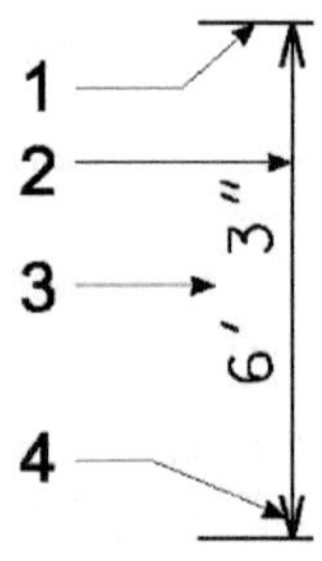

图 12-2-2　标注样式

1——延伸线“Extension Line”　2——标注线“dimension Line”
3——标注文字“Dimension Text”　4——端符“Terminator”

对于标注样式，说明如下几点：

- 标注样式和文字样式一样，是保存在“库”里的，使用相同的更新管理机制，所以建议在项目级统一管理。

标注样式的导入、更新命令如图 12-2-3 所示。

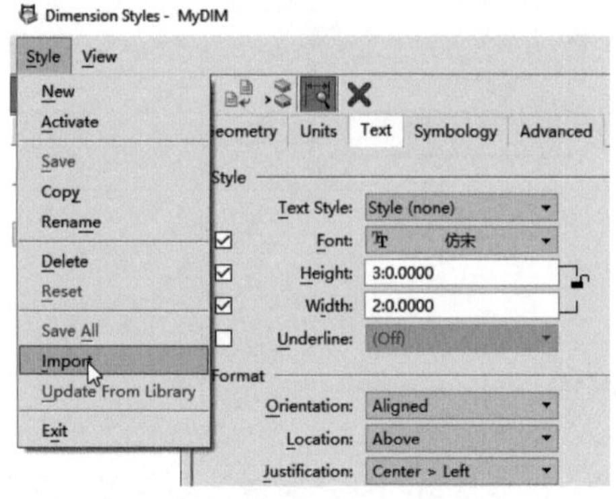

图 12-2-3　标注样式的导入、更新命令

- 标注样式中不同元素的大小是以文字大小为基本单位的。

如图 12-2-4 所示，文字的大小为 3 ×2mm（当前工作单位为 mm），这个大小也是图纸打印时的大小。

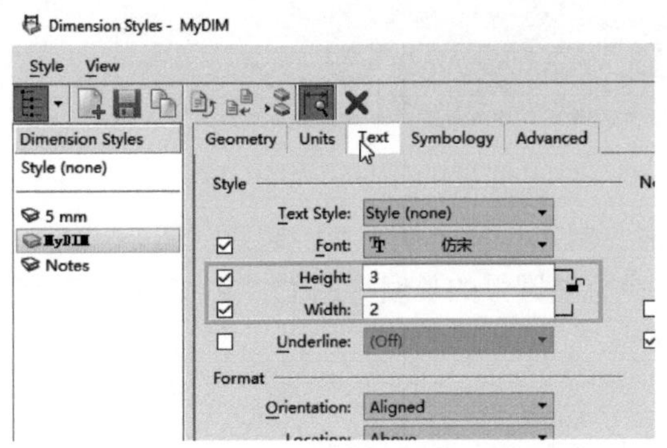

图 12-2-4 文字大小以当前工作单位为基准

延伸线偏移和端符大小都是文字大小的倍数，如图 12-2-5 所示。

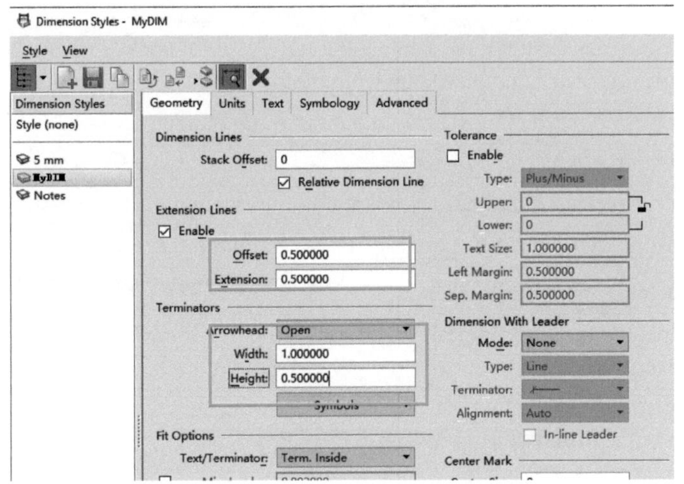

图 12-2-5 延伸线偏移和端符大小都是文字大小的倍数

所以，其他对象的大小都是由文字的大小决定的，而且标注样式中的文字，也可以使用文字样式。

- 标注的数值可以是工作单位，也可以由自己设置，也可以同时标注两种单位，如图 12-2-6、图 12-2-7 所示。

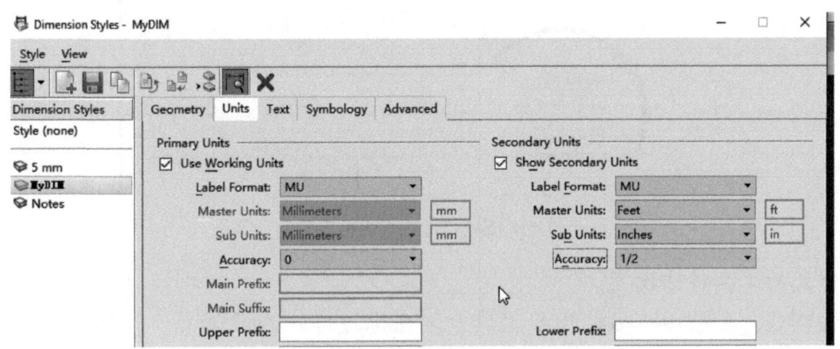

图 12-2-6 标注数值单位设置

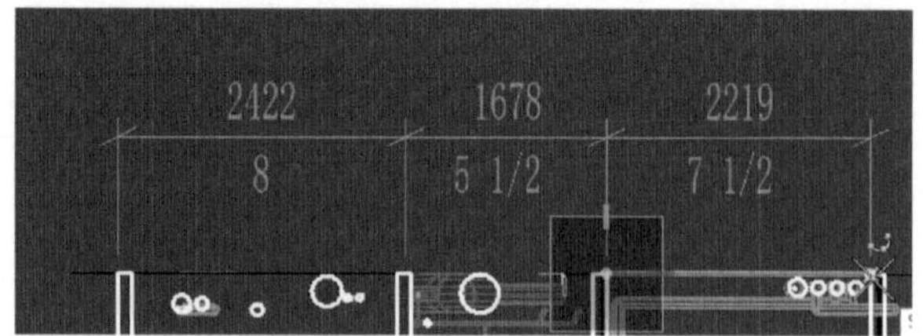

图 12-2-7　标注两种单位

当标注一个圆弧角度时，其实是指定了三点：起点、圆心、终点。这时有两个选择，一是标注角度（图 12-2-8），二是标注圆弧的长度（图 12-2-9），这可在标注样式中设置。

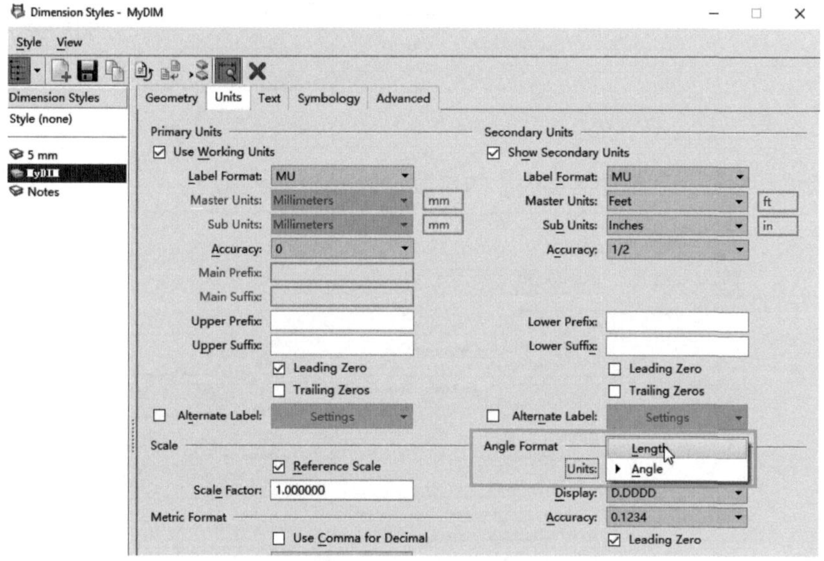

图 12-2-8　标注角度

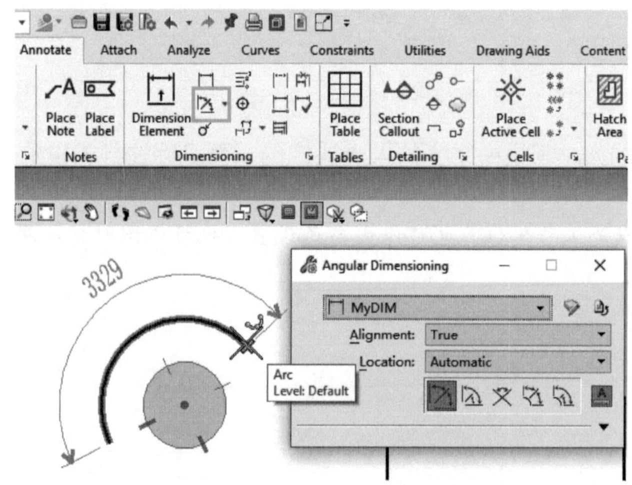

图 12-2-9　标注圆弧的长度

● **标注样式的工具特殊设置。**

一种标注样式，会被用在多种标准工具上。在标注样式的设置中，为不同工具都做了特殊设定（图 12-2-10）。在高级“Advanced”选项卡里可以找到。

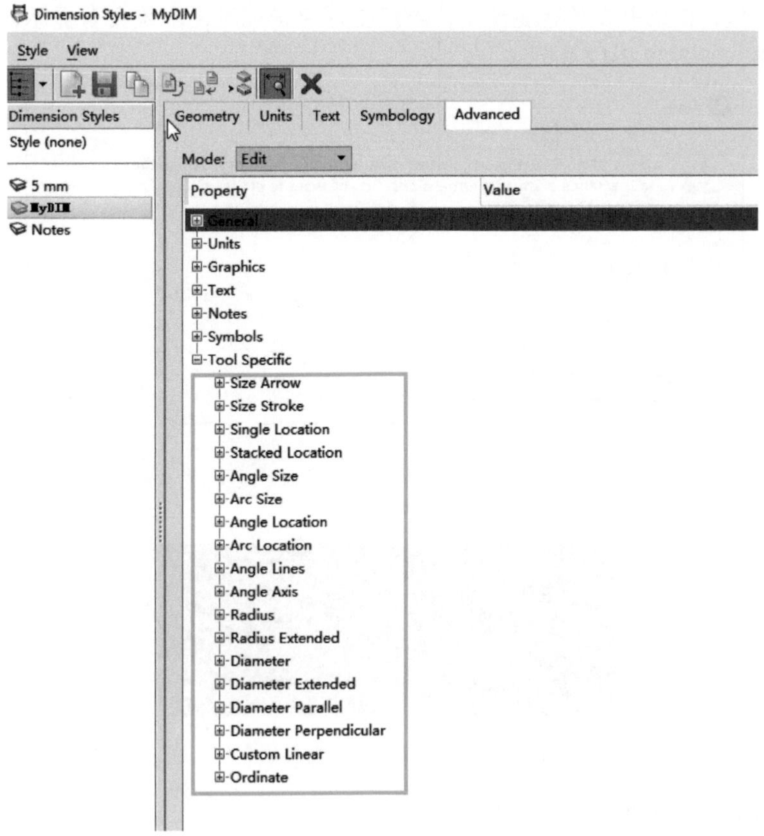

图 12-2-10 为不同工具做了特殊设定

例如，尺寸标注的终端符采用的是斜线还是箭头，这可以在“Size Arrow”中设定，如图 12-2-11所示。

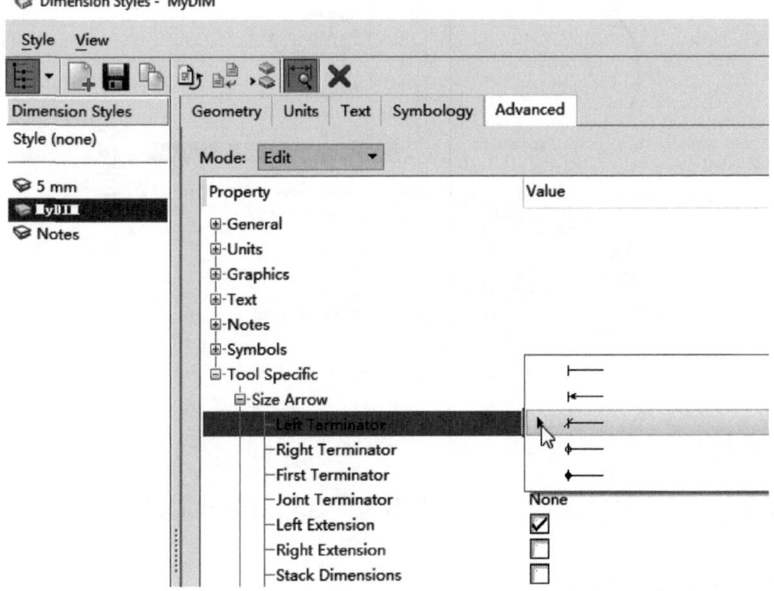

图 12-2-11 设置尺寸标注的端符

需要注意的是，如果更改了标注样式，当点击保存样式时，系统会有提示，询问是否修改已经标注的对象，如图 12-2-12 所示。

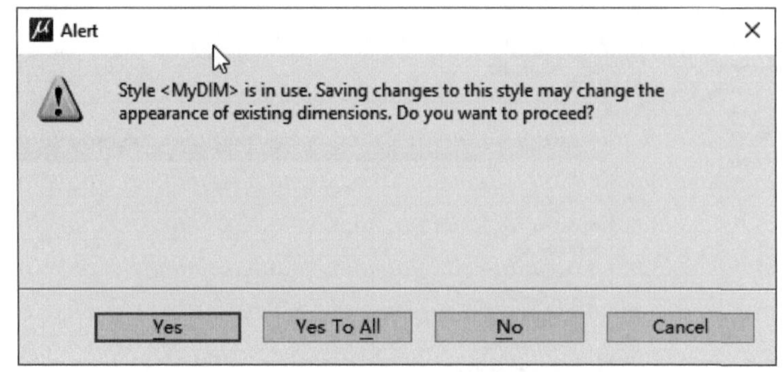

图 12-2-12　提示询问是否修改已经标注的对象

保存后的显示效果如图 12-2-13 所示。

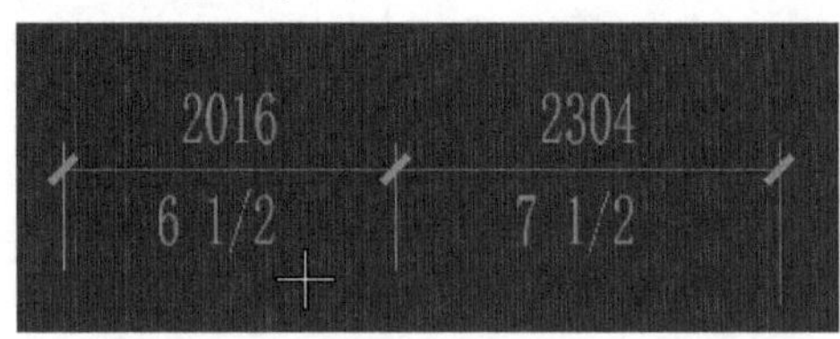

图 12-2-13　修改端符的线宽和比例大小

半径标注时的特殊设置如图 12-2-14 所示。

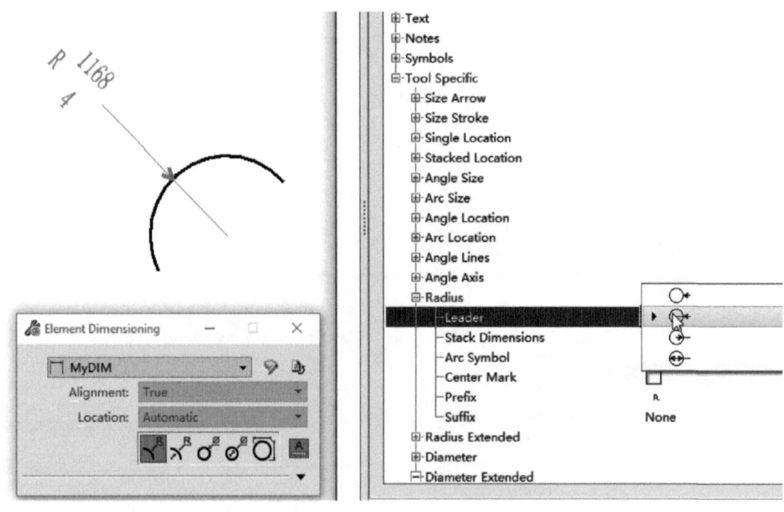

图 12-2-14　半径标注时的特殊设置

12.2.2　标注工具

MicroStation 提供了不同的标注工具，用于不同的标注对象和需求，例如：长度标注、角度标注、半径标注等。

- 对象标注“Dimension Element”。

最常用的就是对象标注，当点击对象时，它就会自动识别，然后给出相应的标注，如图 12-2-15 所示。而其他的标注工具都需要确定相应的点来确定标注的内容。

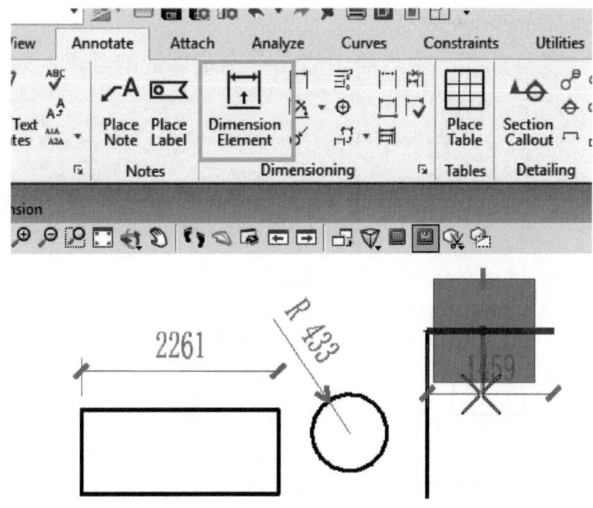

图 12-2-15 对象标注 “Dimension Element” 自动识别对象

- 多对象选择标注 Linear Dimensioning。

不同的标注工具，所使用的标注选项也不同，例如线性标注工具，可以选择多个对象的选项（图 12-2-16）来实现批量标注。

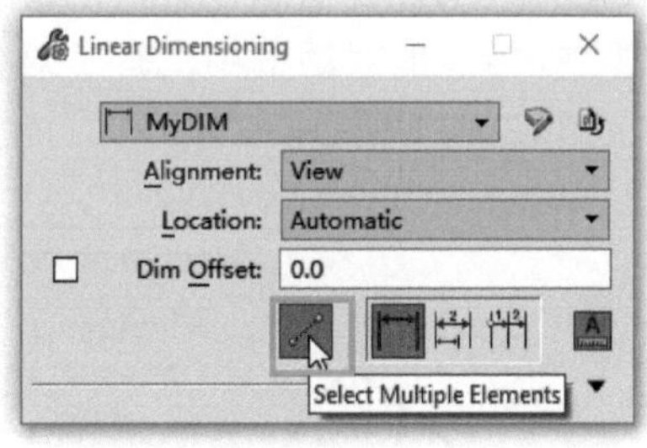

图 12-2-16 多对象选择选项

此选项选择后，通过确定一条穿过对象的直线来选择被标注的多个对象，如图 12-2-17、图 12-2-18 所示。

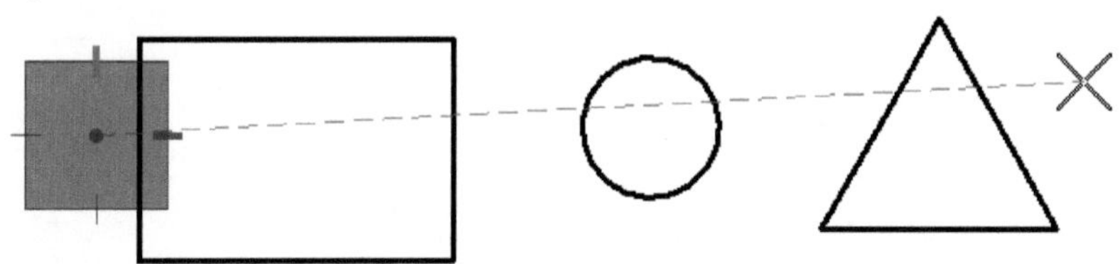

图 12-2-17 选择多个对象

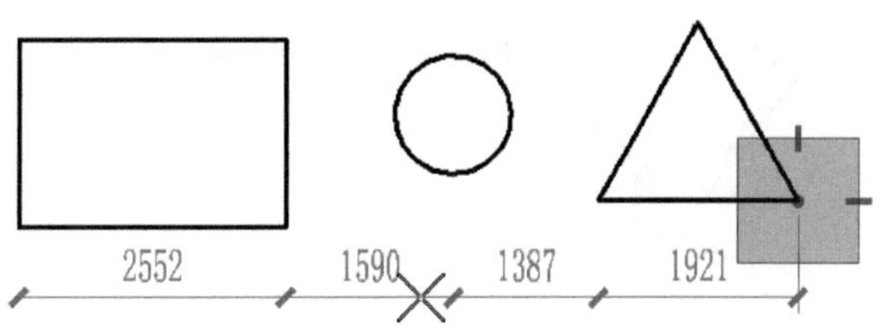

图 12-2-18 标注多个对象

- 高度标注“Ordinate Dimensioning”。

高度标注需要选择一个基点和一个方向，然后再确定标注的基点，如图 12-2-19 所示。

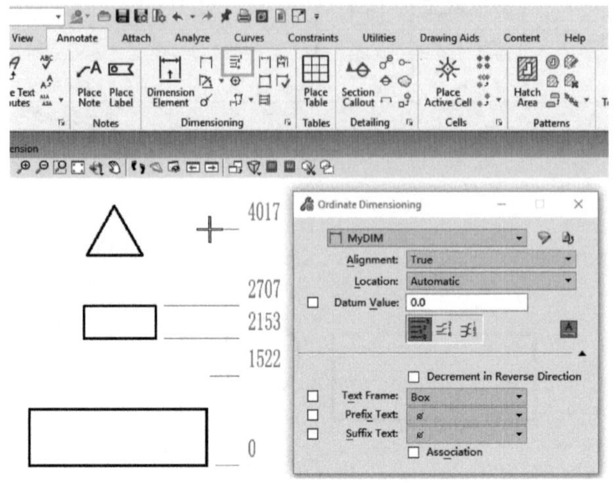

图 12-2-19　高度标注

12.2.3　对齐方向

无论是对象标注命令还是长度标注命令，当确定了两个点的时候，就需要确定标注长度的方向，这就涉及对齐方向的问题。在标注的对话框中，有“对齐”“Alignment”的选项，用来设定标注的方向，如图 12-2-20、图 12-2-21 所示。

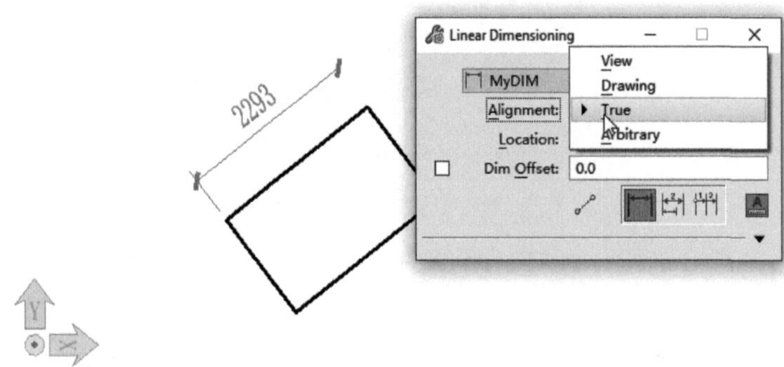

图 12-2-20　按照对象真实的方向进行标注

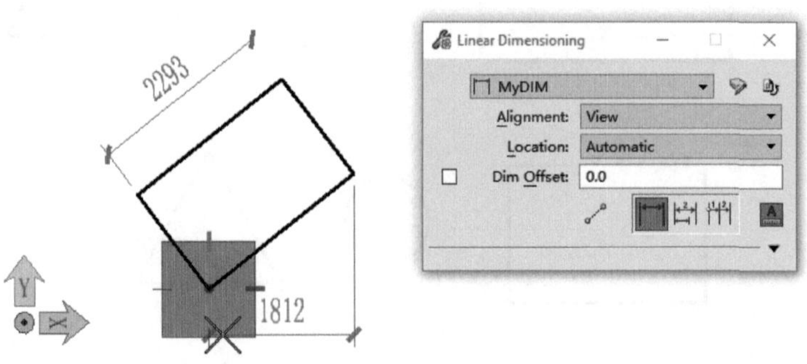

图 12-2-21　以视图方向进行标注

12.2.4 标注关联

标注时，可以选择将标注对象关联，当移动、编辑标注对象时，标注是自动更新的。在标注的工具框里，选择“Association”就表示了关联的操作，如图 12-2-22、图 12-2-23 所示。

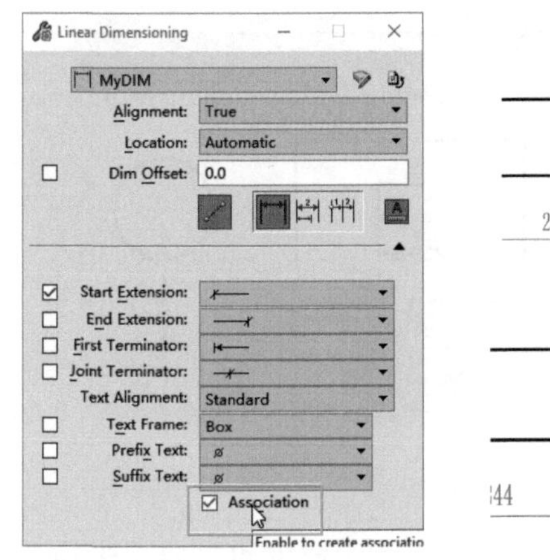

图 12-2-22 标注关联选项

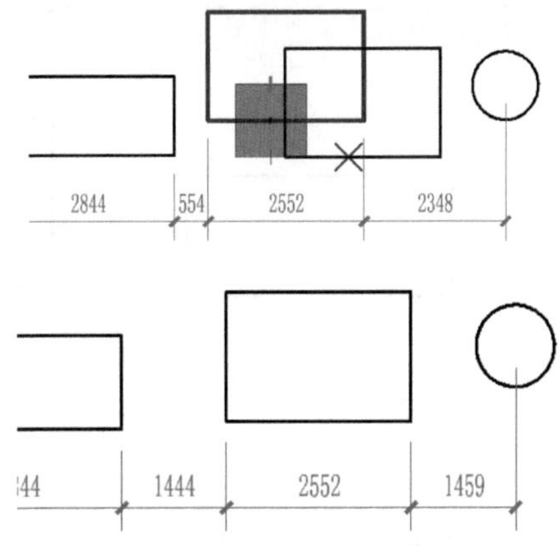

图 12-2-23 移动对象，标注会自动更新

如果删除了关联的对象，标注就会变成虚线，如图 12-2-24 所示。

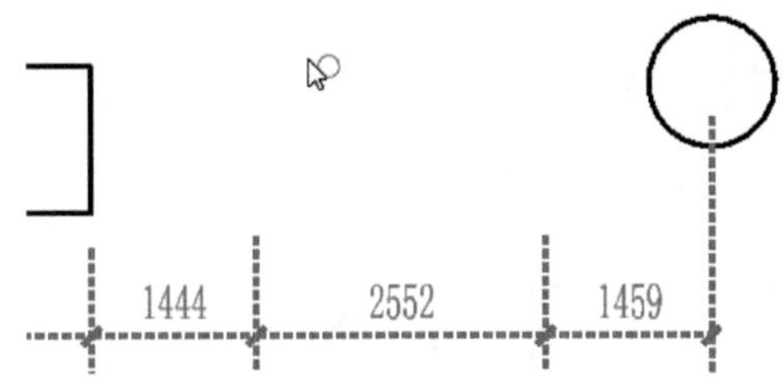

图 12-2-24 对象删除，关联的尺寸标注变成虚线

如果你想解除与对象的关联，就使用“Drawing > Home > Group > Drop”的命令来使尺寸标注和对象解除关联。在 MicroStation 中，很多的操作都有“Association”的选项，都可以用这个命令来解除关联，如图 12-2-25 所示。

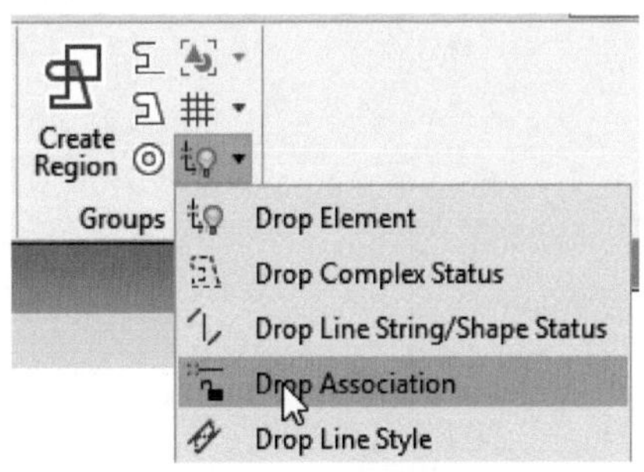

图 12-2-25 解除关联

12.2.5 插入标注

一个尺寸标注对象包含多个标注基点，但它是作为一个整体存在，所以，如果你想增加一

个标注点，就需要采用插入标注的命令，如图 12-2-26 所示。

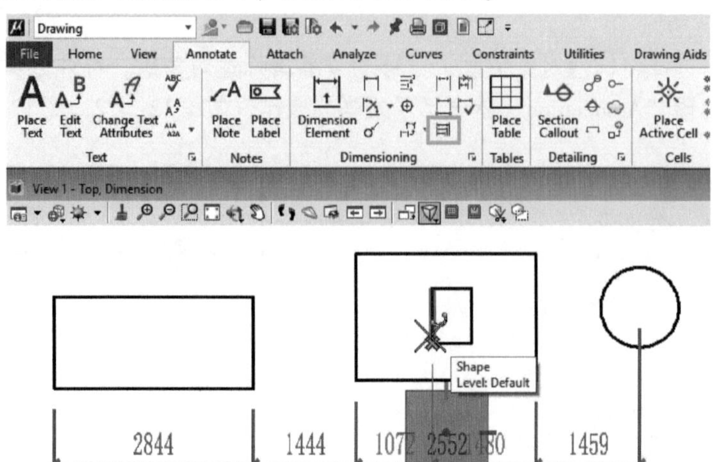

图 12-2-26　插入标注

在前面的对象编辑部分，讲到了插入顶点的操作，这个命令也可以用来插入一个标注点，如图 12-2-27 所示。

同样，移除一个标注点的操作也可以用删除一个顶点的方式来实现，如图 12-2-28 所示。

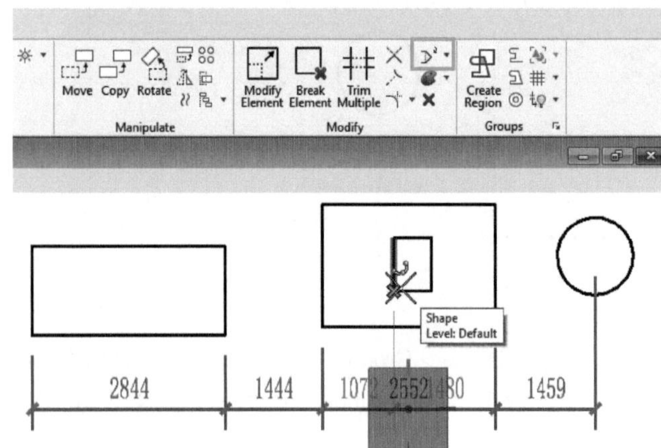

图 12-2-27　用插入顶点的方式插入标注点

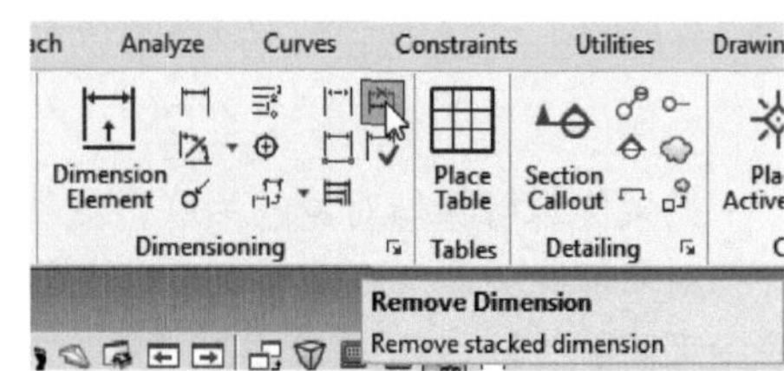

图 12-2-28　删除一个标注点

第13章 打印输出

当三维设计和二维组图完成后，就需要将它们打印输出。打印操作，可以输出到一个具体的打印机，也可以打印到不同类型的文件。例如，将带有三维渲染视图的图纸“Sheet”输出为一个 JPG 文件，这其实也是一种打印操作。

13.1 打印成什么

是输出到物理打印机还是生成（输出）具体的文件？可参考图 13-1-1 ~ 图 13-1-3 的操作。

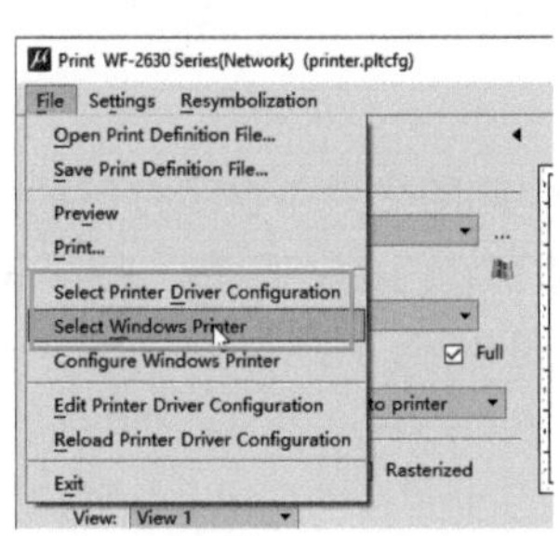

图 13-1-1　选择物理打印机或生成（输出）文件

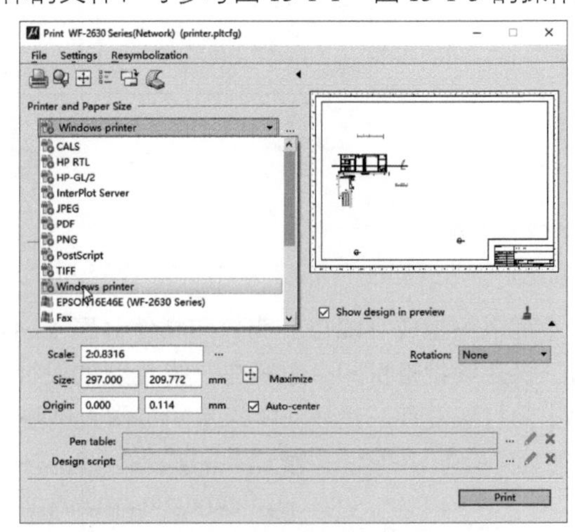

图 13-1-2　选择打印机或者文件类型格式

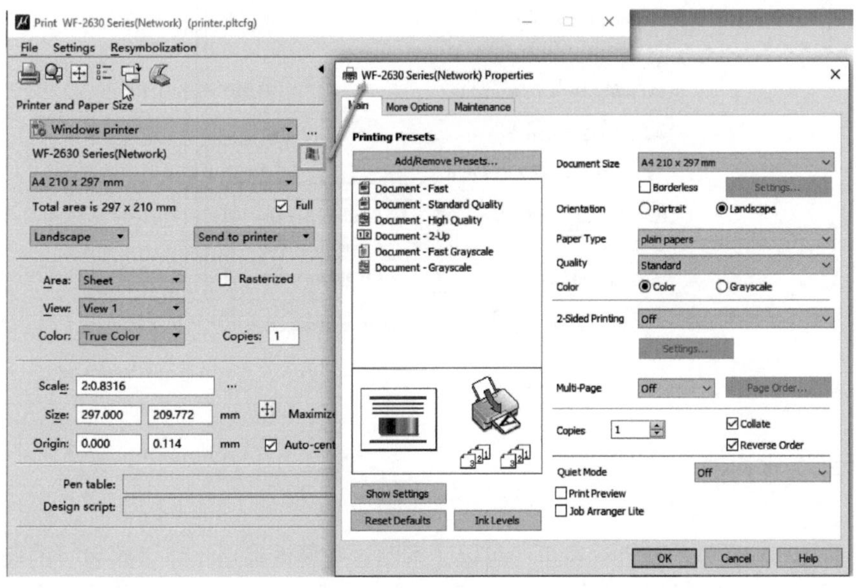

图 13-1-3　打印机设置

如果你打印一张图纸 “Sheet”，我们知道它是有固定大小的，例如 A1 尺寸图纸，如果你的打印机最大支持 A4 尺寸，这时系统就会自动进行缩放，如图 13-1-4 所示。

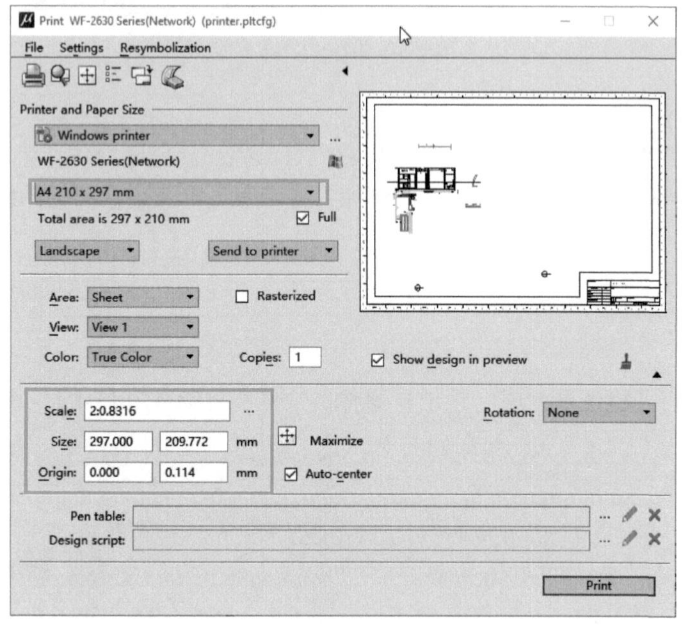

图 13-1-4 图纸的缩放

也可以先生成（输出）为打印文件（图 13-1-5），这个打印文件包含了打印的内容和打印的设置，供后续批量打印。通常在一些大型的设计院里，都有专门的打印室，每个设计师只需要先输出为打印文件，然后让打印室的工作人员统一打印就可以了。

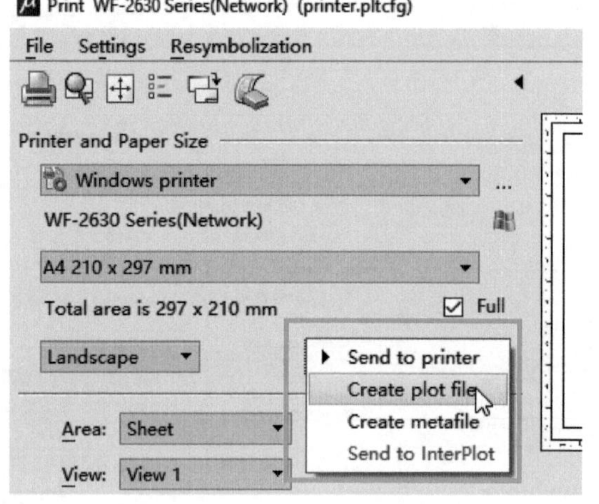

图 13-1-5 输出为打印文件

13.2 怎么打印

在前面的线宽和线型的属性介绍里，可以了解到这些属性都是一种 “数字” 的表示。例如：3 号线宽、4 号线宽。在设计的时候，你会发现线宽在视图放大缩小时，视觉感受却是一样的，因为它是以屏幕点阵单位来显示的，这非常适合于绘制图形。

而在打印时，通过打印配置文件，决定了图形如何被打印、线宽和线型如何被打印。在某种程度上，选择一种“打印机”就是选择了一种打印的配置文件，如图 13-2-1 所示。

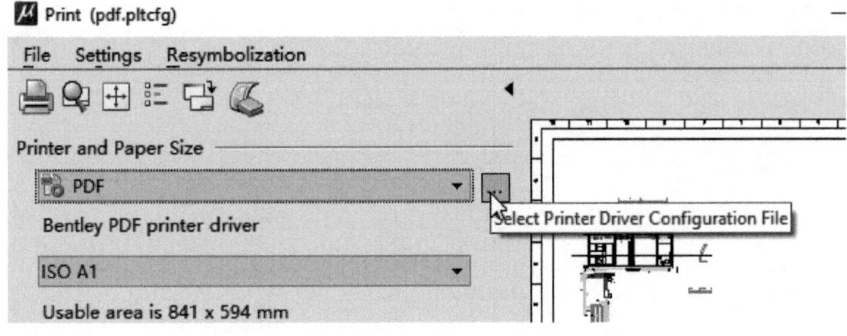

图 13-2-1　选择打印配置文件

你可以编辑设置打印配置文件，设置完毕后，注意一定要重新加载，才可以使对打印配置文件所做的编辑生效，如图 13-2-2 所示。

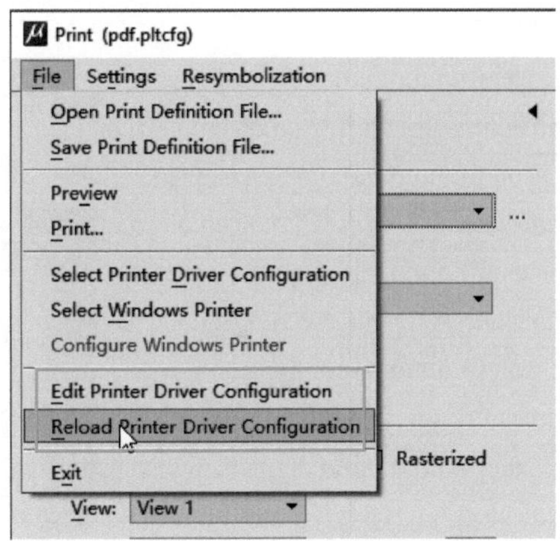

图 13-2-2　编辑/重新加载打印配置文件

你可以通过“另存为”建立自己的打印配置文件，如图 13-2-3 所示。

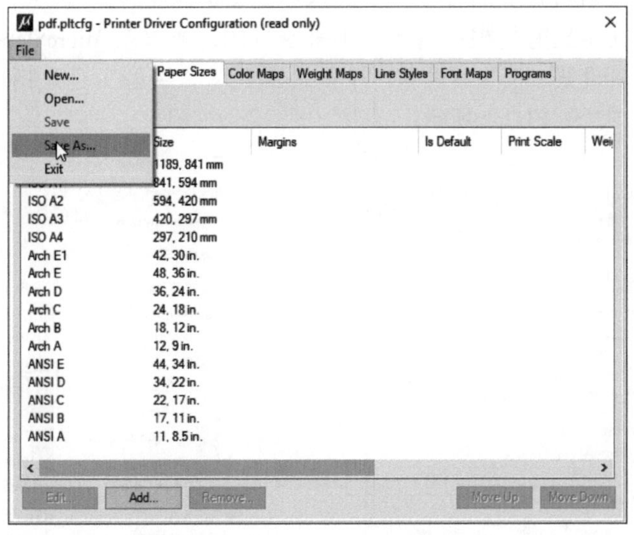

图 13-2-3　另存为自己的打印配置文件

下面是对一些关键的特性的解释，如图 13-2-4 ~ 图 13-2-6 所示。

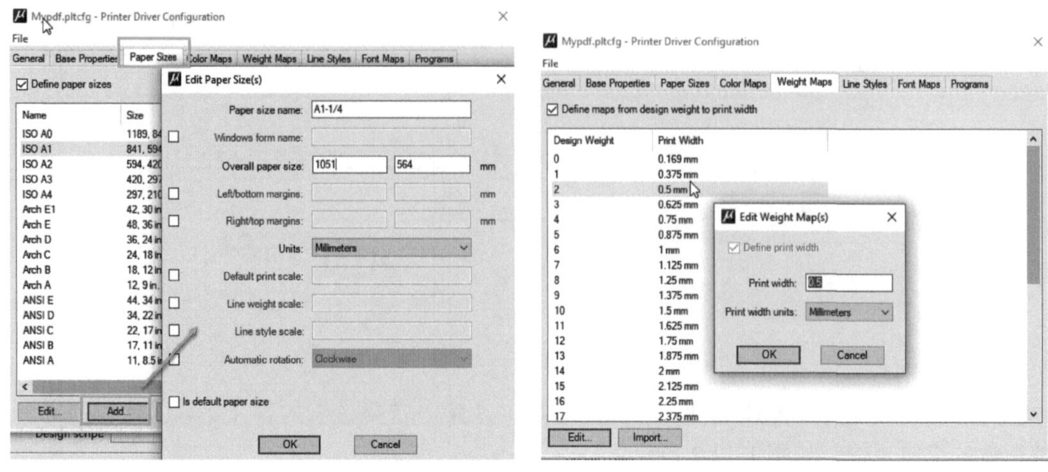

图 13-2-4　增加自定义图符大小　　　　图 13-2-5　线宽的真实打印大小

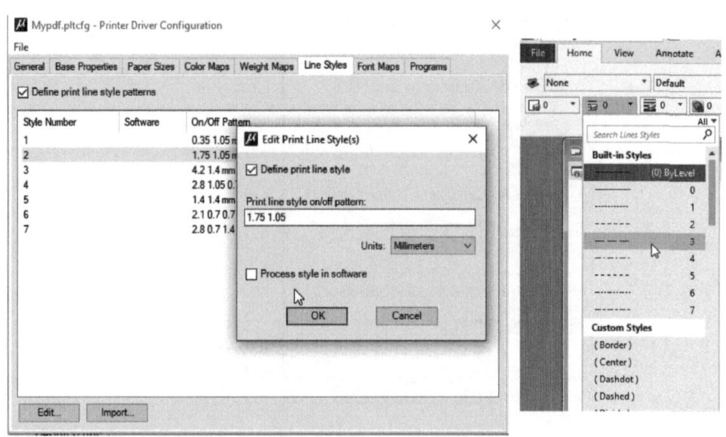

图 13-2-6　打印标准线型

需要注意的是，在 MicroStation 中有两类线型：一类是标准线型（0 ~ 7 号），另一类是自定义线型。自定义线型在定义时是根据真实大小来定义的，所以在 MicroStation 的 Model 设置中，也有对真实线型的比例设置。而在视图属性中的是否显示“线型”也是指自定义线型，而不是标准线型，如图 13-2-7、图 13-2-8 所示。

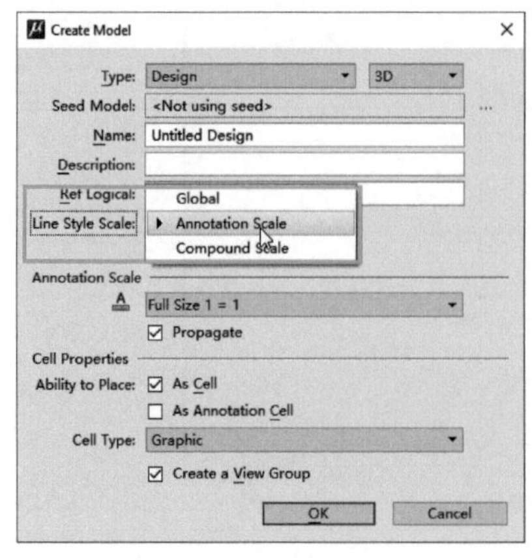

图 13-2-7　Model 属性中对自定义线型的设置

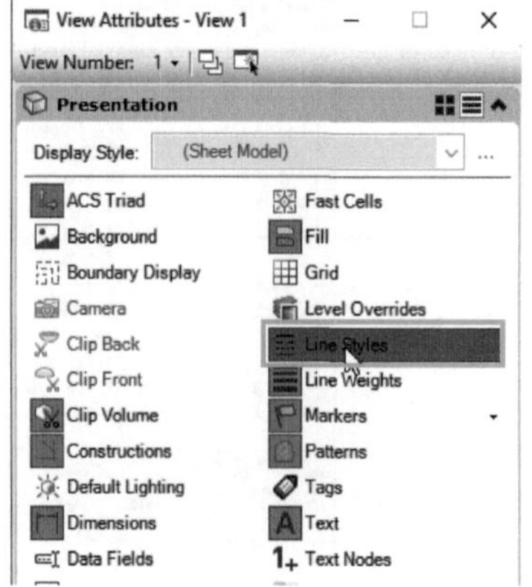

图 13-2-8　视图属性中的线型是指自定义线型

13.3 打印选项及内容

打印的范围由三个选项决定：图纸“Sheet”、围栅“Fence”和当前视图“View”，如图 13-3-1 所示。

像视图属性一样，在打印里，也有打印属性“Print Attributes”来决定打印哪些对象，如图 13-3-2 所示。

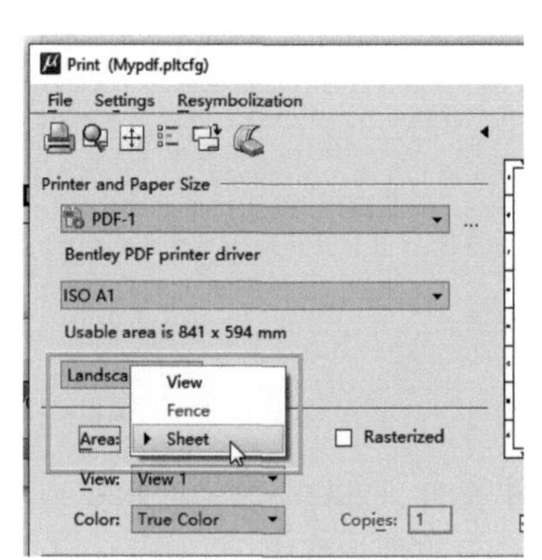

图 13-3-1 打印范围设置

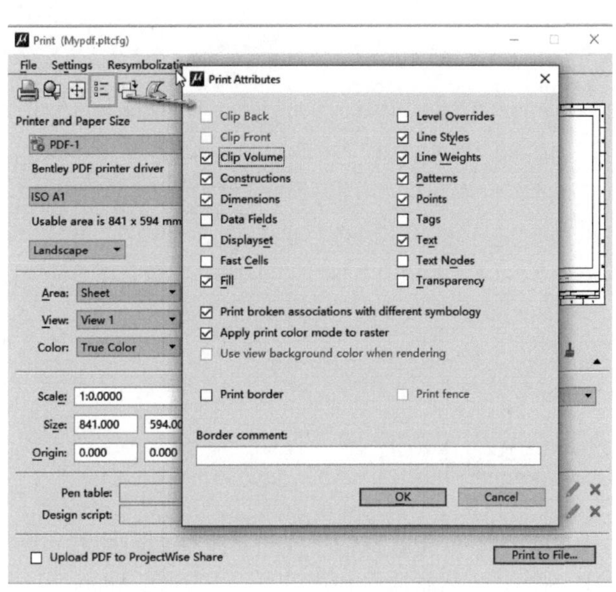

图 13-3-2 打印属性设置

13.4 打印样式

打印过程中所做的设置可以保存为一种打印样式，将来可以调用这种打印样式以实现相同的打印效果。相同的，样式可以保存在工作环境里。打印样式选择如图 13-4-1、图 13-4-2 所示。

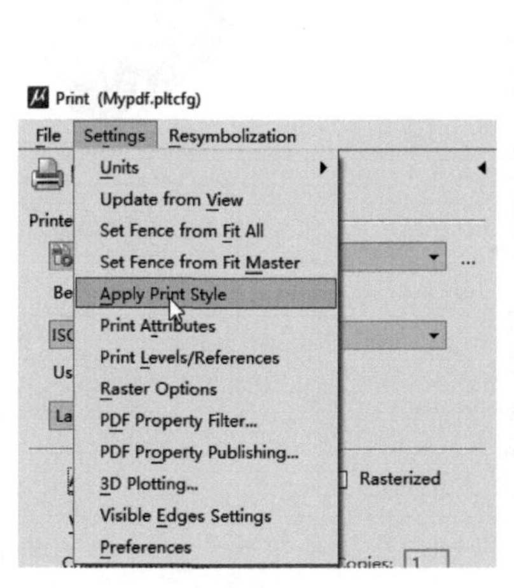

图 13-4-1 打印样式选择

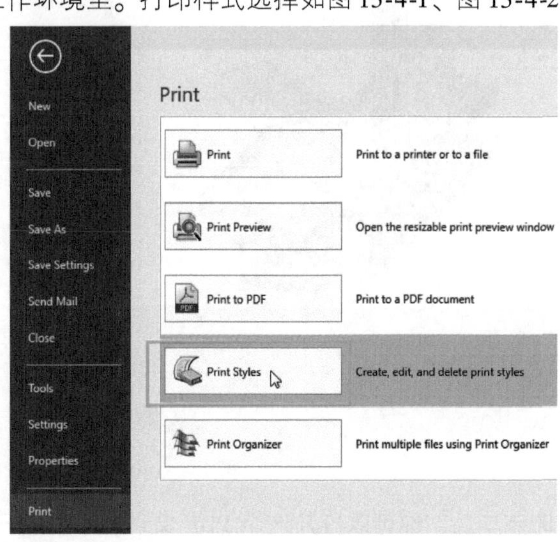

图 13-4-2 打印样式命令

打印样式设置（图 13-4-3）中包含了打印配置、打印范围，以及前文介绍的一些选项。在批量打印的过程中，我们可以选择不同类型的“Sheet”文件，然后分别选定相应的打印样式以实现快速批量打印。

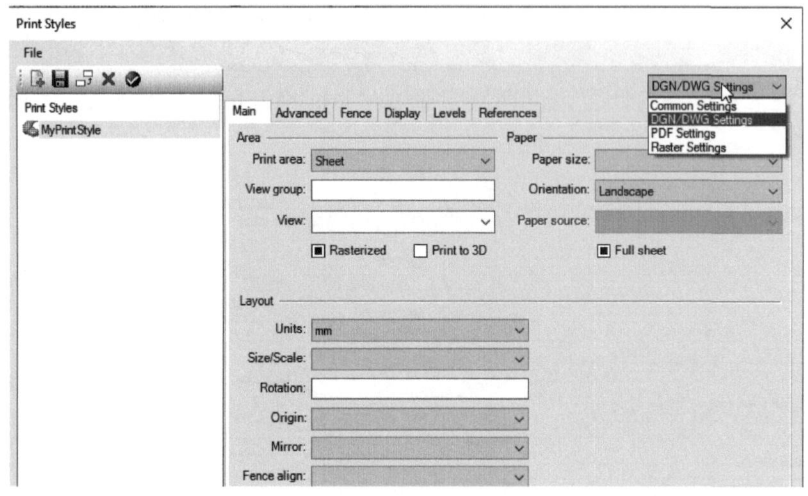

图 13-4-3　打印样式设置

13.5　三维打印

在 MicroStation 中，我们可以将三维模型打印为三维的 PDF 文件，其核心其实就将模型打印为 U3D 的格式，然后插入 PDF 文件，U3D 是 Adobe 公司兼容的三维数据格式。

13.5.1　直接打印三维 PDF 文件

直接打印三维 PDF 文件，这个 PDF 文件中只包含一个 U3D 的文件，当然，你打印的对象应该是视图中的三维“Model”，而不是二维的“Sheet”，如图 13-5-1 所示。

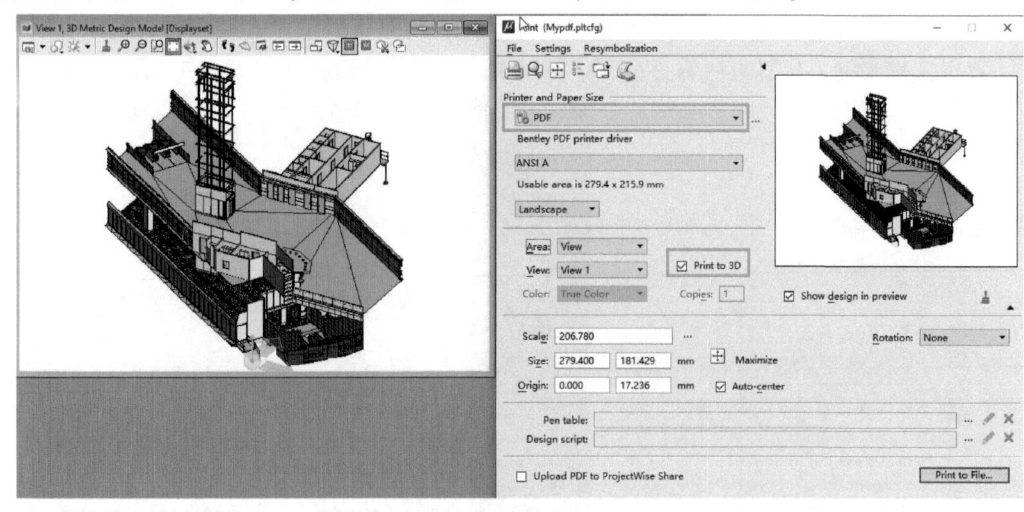

图 13-5-1　打印为三维 PDF 文件

打印完毕后，你可以打开这个 PDF 文件，可能由于计算机的安全设置，会出现如图 13-5-2 所示的提示。

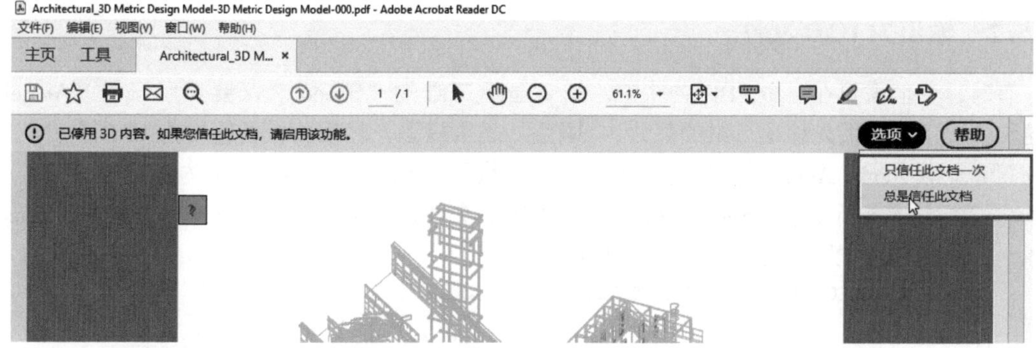

图 13-5-2 安全提示

确定后可通过 PDF 文件浏览三维模型，如图 13-5-3 所示。

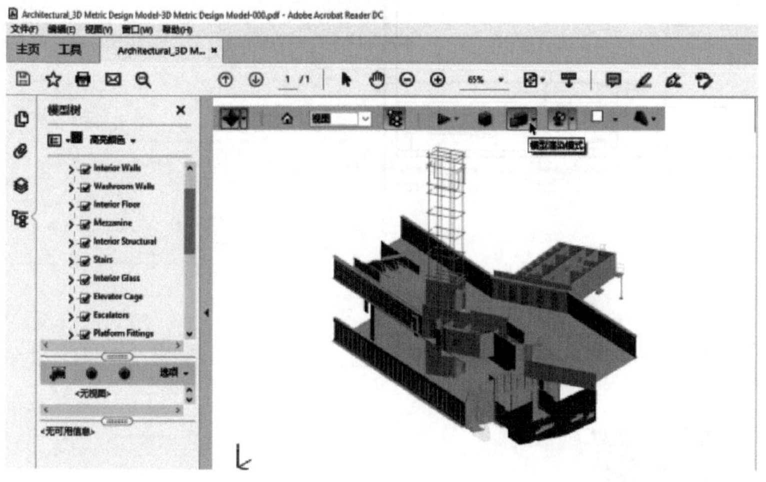

图 13-5-3 通过 PDF 文件浏览三维模型

如果你是用专业版的 Adobe Reader 来查看，在工具条的右边会有个剖切的按钮，你可以对模型进行动态剖切，如图 13-5-4 所示。

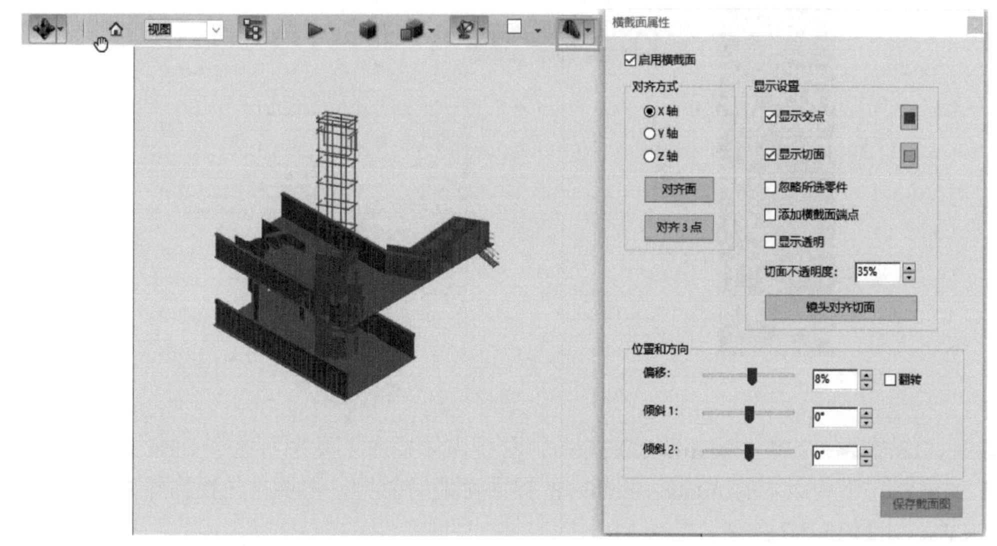

图 13-5-4 专业版 Adobe Reader 的剖面功能

13.5.2 输出为 U3D 文件

有时，我们需要在一个 PDF 文件中，既要显示二维的“Sheet”，又要显示三维“Model”。在这种情况下，我们先输出二维的部分，“留空”三维模型，然后将模型输出为 U3D 文件格式，再使用专业版 Adobe Acrobat 打开这个 PDF 文件，然后将 U3D 文件插入二维的 PDF 文件中。

将如图 13-5-5 所示的“Sheet”打印为一个 PDF 文件，你会发现，对于一个二维的“Sheet”对象，打印的对话框里没有输出 3 维“Model”的选项。

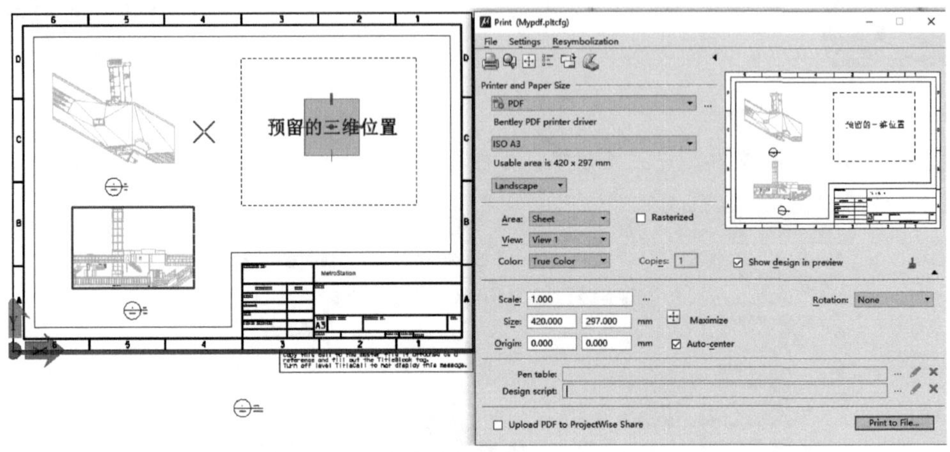

图 13-5-5 首先打印二维“Sheet”图纸

回到模型所在的“Model”，设定默认的视图大小，然后输出为 U3D 文件，如图 13-5-6 所示。

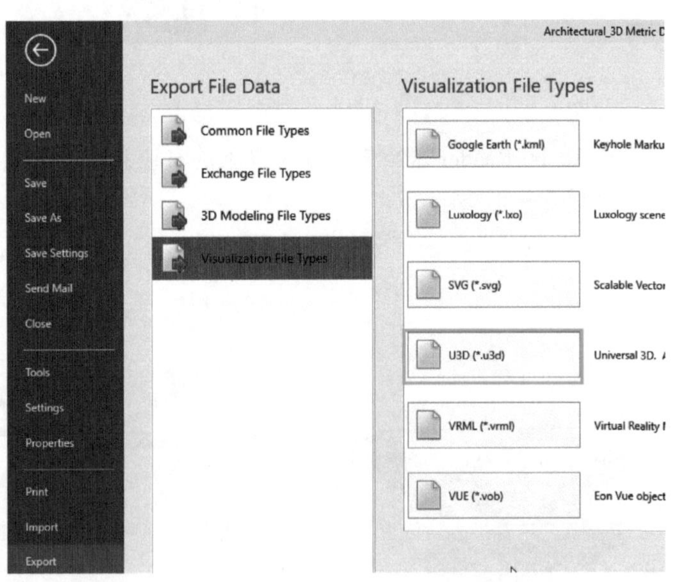

图 13-5-6 输出 U3D 文件

这时，你需要使用专业版 Adobe Acrobat，利用媒体插入工具来将这个 U3D 文件，插入到二维 PDF 的位置。不同版本的 Adobe Acrobat 的界面可能有差异，需要首先找到媒体工具，然后添加 3D 文件，如图 13-5-7 所示。

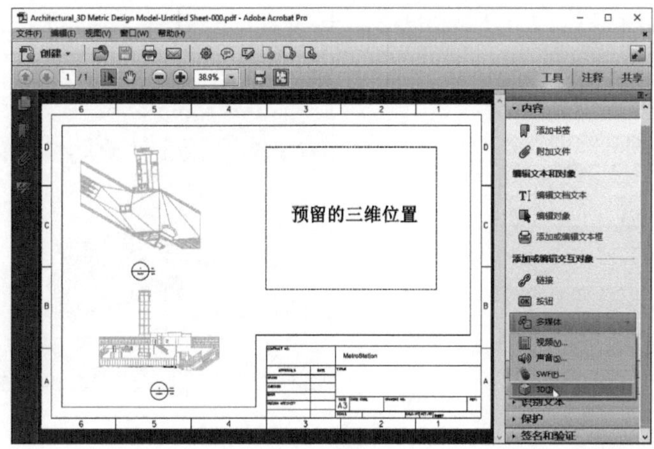

图 13-5-7　添加 3D 文件

首先在 PDF 中选择一个范围。然后选择 U3D 文件，并设置相应的选项，插入后保存 PDF 文件，如图 13-5-8 ~ 图 13-5-10 所示。

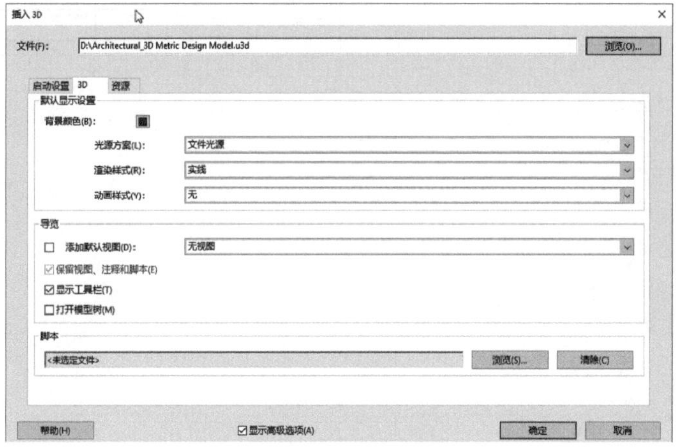

图 13-5-8　插入 U3D 文件的设置

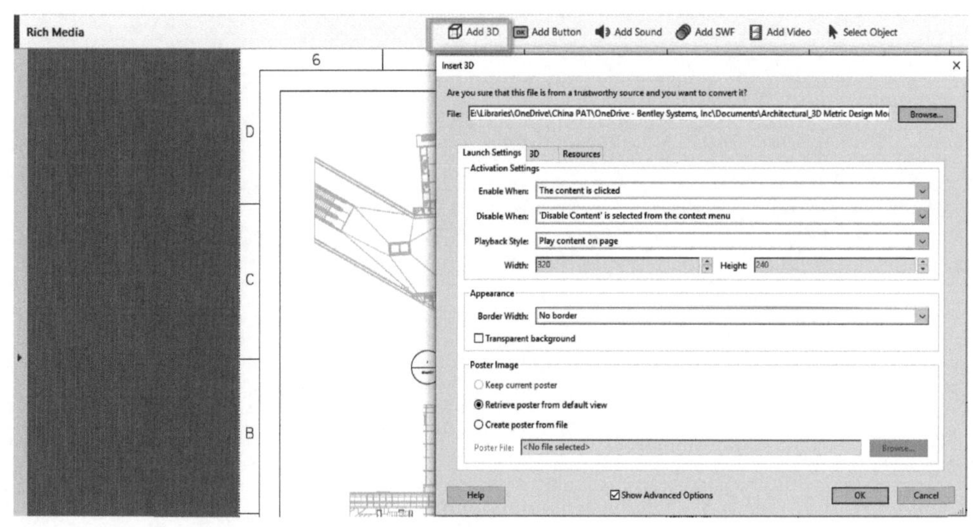

图 13-5-9　添加 U3D 文件

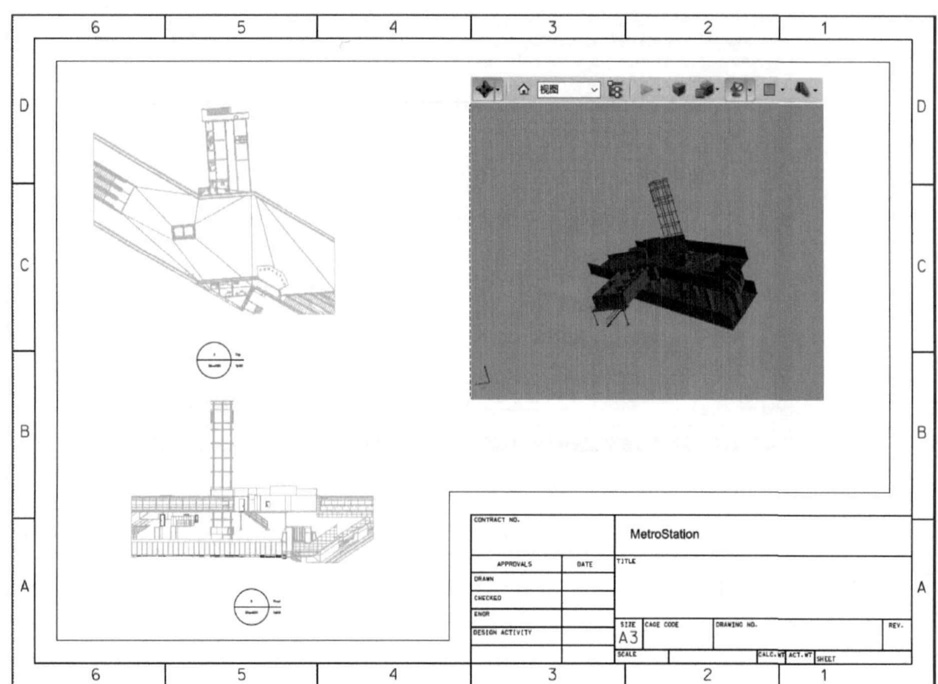

图 13-5-10　最终效果——二维图纸和三维模型在一个 PDF 文件中

本篇总结

本篇的主要内容是 MicroStation 的基础使用，我在叙述本部分内容时将一些有关联的因素结合在一起，然后与某个具体的工程问题相匹配。

在学习软件的时候，特别是工程软件，必须与某个工程应用结合，才能知道为何如此操作。

如果你还没有参加工作，还没有太多实际的工程经验，也正好利用本篇来理解工程的需求。从某种意义上说，你首先要做的是理解工程上的需求，然后找寻解决问题的思路，这就是工作流程“Workflow”，然后再来利用相应的工具来解决问题。这就像我们懂得了钢琴每个键的弹奏方式，并不能代表我们可以弹出美妙的乐曲。

又有点扯远了，还是回到本篇的要点总结上来，下面还是以条目的方式列出。

- 每个 DGN 文件都是在一个“工作环境”下工作的，这就是“WorkSet”。工作环境里保存了样式、设置、图层定义等。选择正确的工作环境，然后打开 DGN 文件。注意是由管理员对工作环境统一管理。
- 每个 DGN 文件分为多个“Model”，“Model”分为三种类型：设计“Design”，切图“Drawing”，图纸“Sheet”。三种类型的“Model”需要与三维设计流程结合在一起理解。每个“Model”有属于自己独立的工作单位设置。注意是由多个“Model”共享同一套图层系统。
- MicroStation 有两个突出的优点：精确绘图“AccuDraw”和参考引用“Reference”。精确绘图可以帮助你在三维空间中快速定位。结合世界坐标系“GCS”、辅助坐标系“ACS”和精确绘图快捷键的使用，可以实现直觉式的绘图操作。参考引用可以让你根据自己的需求，组合不同的内容在一起。
- 注释对象受注释比例的控制，注释的大小是实际打印的大小。
- 学会用样式“Style”来控制对象的属性，而不要手动的设置多个属性“Attribute”。
- 具体的命令执行分为三个步骤：选命令，设置工具属性，看提示进行操作或者定位。注意单击鼠标的左键是“确认”或者“数据”键，单击右键是“重置”，可以用 <ESC> 键来结束当前的命令。

将思维方式从二维平面，扩展到三维空间，尝试做越来越复杂的模型、解决越来越复杂的工程问题，你的技巧和经验就会快速提升，而且记忆牢固。完成了本篇内容后，如果你善于自己思考和总结，就可以非常容易地进行本书姊妹篇有关“高级操作和环境定制”的内容了。

后 记

时间犹如白驹过隙，转眼已经在 Bentley 工作了 12 年多的时间，现在仍然记得第一次培训 MicroStation 时的手足无措，生怕哪里出错。从而对它心生敬畏，便决定一定要好好学习它，这一学，便是 12 年。

当面对 MicroStation 众多的选项设置时，我也时常感到困惑，为何不做得再简单些，可以让我“傻瓜式”操作。但当我和读者交谈，倾听读者的需求时，我终于明白 MicroStation 为何这样设计，因为 MicroStation 没有轻视我们。

学习，可能永远不是细节，而是解决问题的思路。

所以，一路学来，感受 MicroStation 的变化和成长，从 V8i 到 CE 版本，开始时，困扰于初期的不稳定，现在惊喜于不断出现的新变化。便有了将自己走过的弯路和一些体会分享给读者的想法。

从去年便开始规划，无奈事情繁杂，无法很好地梳理思路。突如其来的形势打乱了所有人的节奏，变化也让我们重新思考一些事情，重新评估一些事情的价值。也让我下定决心开始编写本书。

从春节假期开始编写本书，历时 6 个多月的时间，期间经历了多次的修改过程，有时为了调整一处细节或增加一个知识点，不得不重新编写整个章节。也不知道经历过多少个深夜和黎明。而现在，终于编写完毕，长舒了一口气，心情也有些难以言表。

在这个过程中，非常感谢我的爱人 Yolanda，她不厌其烦地提醒我多休息，更是竭尽全力准备一日三餐。还有可爱的女儿 Chloe，她虽然帮不上什么忙，但是她的存在本身就是一种身心的舒缓。

希望本书的内容，能够给读者一点点的参考。更希望大家有自己的思考方式和看法。

更希望大家一切安好，有不计成本付出的东西，更有让你身心放松的人和你在一起！

赵顺耐